山西省高水平专业群建设系列教材

园林硬质景观工程

王　燚　主编

中国林業出版社
CFPH China Forestry Publishing House

内 容 简 介

本书根据高职园林工程技术专业职业岗位能力培养需要，依据国家园林工程技术专业职业技能标准，以工程项目为载体，按照园林工程项目建设的工作内容与学生学习规律分为9个单元，教学内容包含了园林硬质景观工程设计、工程材料应用、工程施工技术及施工标准规范，各单元设置了相应的习题与实训操作，能够较全面地覆盖园林硬质景观工程的施工内容。

本书可作为高职高专院校、五年制高职、成人教育园林及相关专业的教材，也可作为园林相关工作的培训教材。

图书在版编目(CIP)数据

园林硬质景观工程 / 王燚主编. —北京：中国林业出版社，2022.8
山西省高水平专业群建设系列教材
ISBN 978-7-5219-1744-4

Ⅰ.①园… Ⅱ.①王… Ⅲ.①景观-园林建筑-建筑工程-高等职业教育-教材 Ⅳ.①TU986.3

中国版本图书馆CIP数据核字(2022)第110762号

中国林业出版社·教育分社

策划编辑：田 苗 曾琬淋 丰 帆　　**责任编辑：**丰 帆

电话：(010)83143557 83143558　　**传真：**(010)83143516

出版发行 中国林业出版社(100009 北京市西城区刘海胡同7号)
E-mail：jiaocaipublic@163.com
http：//www.forestry.gov.cn/lycb.html
经　　销 新华书店
印　　刷 北京中科印刷有限公司
版　　次 2022年8月第1版
印　　次 2022年8月第1次印刷
开　　本 787mm×1092mm 1/16
印　　张 25.25
字　　数 599千字
定　　价 68.00元

前言

园林硬质景观工程施工技术是园林工程建设中施工员、质量员、资料员、监理员等岗位必备的职业技能，是园林工程技术人员的核心技能之一。

园林硬质景观工程是园林类专业的核心课程，其目标是培养学生在园林工程施工阶段对图纸的识读和绘制、各单项工程施工操作及工程施工质量检测等职业技能。本课程以园林测量、园林工程制图、园林植物栽培与养护、园林规划设计等课程为先导，学生应具备园林识图与制图、园林测量、园林设计等相关理论知识与操作技能。

本教材根据高职园林工程技术专业职业岗位能力培养需要，依据国家园林工程技术专业职业技能标准，以工程项目为载体，以培养园林工程施工员、监理员、资料员所需岗位技能为目标进行编写。

本教材内容主要包括园林工程施工图设计、工程材料应用、工程施工技术及施工标准规范等，内容繁多、涉及面广、实践性强。在编写结构与内容上具备以下特点：

1. 基于工作过程，以职业能力为导向，构建符合实际工程项目的课程内容体系。根据园林工程技术专业人才培养要求，对岗位工作任务进行调研分析，以园林工程项目建设工作内容为主线，将理论知识与实践技能操作相结合，使学生更易于理解掌握。

2. 以学生为主体，加强园林工程理论知识和实践能力拓展。教材的内容除园林工程各单项工程的施工工艺外，还增加了部分工程设计、工程材料及工程质量控制方面的内容，使学生在学习过程中能够进一步提升理论水平与实践技能，为将来的岗位工作奠定良好的基础。

3. 结构合理，整体性强。教材各单元围绕园林工程单项工程展开，各教学项目是独立的单项施工内容，各教学项目完成后即综合为一个园林工程整体项目。

本教材按照学生学习规律及园林工程项目建设的工作内容分为课程导入及

9个单元，由于园林工程技术专业存在较大的地域性，在内容上侧重北方地区园林建设内容。

本教材由王燚担任主编，具体分工如下：课程导入及单元2由王燚编写，单元1由山西林业职业技术学院王丽敏编写，单元3、单元4由丽水职业技术学院林丹编写，单元5由山西林业职业技术学院李文苑编写，单元6、单元8、单元9由扬州职业大学杨凯波编写，单元7由重庆三峡职业学院符志华编写。此外，本教材的相关部分施工图纸由山西太谷绿美园林绿化工程有限公司张法林提供，山西林业职业技术学院李心怡同学绘制了园林排水工程的部分插图，在此一并表示感谢。

由于时间仓促及编者水平所限，书中存在不足之处敬请广大同行批评指正并提出宝贵意见。

王　燚

2022年2月

目录

课程导入

(1) 了解园林工程的基本概念与特点；
(2) 了解园林工程建设内容及流程；
(3) 理解园林硬质景观工程建设内容。

技能目标

(1) 能对园林工程进行正确分类；
(2) 能进行园林工程施工准备工作。

素质目标

(1) 培养学生对于工程项目的整体认知；
(2) 培养学生正确认识园林工程，建立专业自信心。

0.1 园林工程概述

随着社会经济的日益发展，物质生活和文化水平的不断提高，人们对日常生活、生产等活动场所和室外环境的舒适度要求也越来越高。提倡人与自然和谐发展，建立人与自然相融合的社会主义和谐社会已成为人们的共识和发展趋势，这一趋势也促进了园林建设事业的蓬勃发展。园林建设属于基础建设的一个分支，现代园林以其丰富的园林植物和完备的设施对美化城镇、改善人们生活环境发挥着重要作用，为人们提供了健康的休息、娱乐场所，因此，园林建设越来越受到人们的重视，园林绿化事业的社会需求也在不断增加。

园林是指在一定的地域运用工程技术和艺术手段，通过改造地形或进一步筑山、叠山、理水、种植花草树木，营造建筑和布置园路等途径，创作而成的供人们欣赏的自然环境和游憩境域。

工：“执技艺以成器物”，指运用知识和经验对原材料、半成品进行加工处理，最后成为物品。

程："物之准"，即法式、规程、规范、标准，也含有进程、过程之意。

园林工程是以市政工程原理为基础，以园林艺术理论为指导，研究工程造景技艺的一门学科。也就是说，它是以工程原理、技术为基础，运用风景园林多项造景技术，并使两者融为一体创造园林风景的专业性建设工作。

园林硬质景观工程是包括除植物种植工程外的园林工程内容，其重点关注除植物之外的园林建设项目，主要体现园林地形、建筑小品、水体、铺装等元素的设计与施工，主要运用土建工程的方法与手段。

0.1.1 园林工程特点

0.1.1.1 技术与艺术的统一

园林中的工程构筑物，除满足一般工程构筑物的结构及功能要求外，其外在形式应同园林意境相统一，通过艺术的形式能给人以美感。

0.1.1.2 规范性

园林建设所涉及的各项工程，从设计到施工均应符合我国现行的工程设计、施工规范，只有按照国家标准、行业标准进行园林工程项目建设，才能有效地组织各工序、工种，完成人员、机械、材料的配合，如园林给排水工程应当符合给排水设计施工规范。

0.1.1.3 时代性

园林具有鲜明的时代特征，不同时期的园林，尤其是园林建筑与当时的工程技术水平及审美水平是相适应的。随着我国经济水平的发展，人民生活水平逐步提高，人们对生活环境、自然环境的质量要求也越来越高，对城市园林建设的水平也提出了更高的要求；同时由于城市发展、人口聚集，园林建设的规模与内容也更加丰富，随着科学技术的发展，新技术新材料也不断运用到园林工程建设的各个领域，如集声、光、电、机械、自动控制于一体的音乐喷泉、水幕电影等，传统的园林建筑结构也逐步被新的材料与施工工艺所取代。

0.1.1.4 地域性

在不同的地域环境下，园林具有不同的表现与特征，例如，我国古代园林即形成了北方与南方园林的不同格局，同为南方园林又可分为江南园林与岭南园林。不同地域的园林风貌体现了区域气候、地理环境的变化，同时也反映了当地文化、风俗习惯、居民的整体审美与生活需求，在施工技术手段、材料选择应用方面也有众多差异。

0.1.1.5 复杂性

现代园林工程建设集中了园林绿化、生态、环境、城市建设等多方面的建设要求，在建设中涉及众多的工程类别与工程技术，在同一工程项目施工过程中往往需要由不同的施工单位和不同工种的技术人员相互配合协作才能完成，而各施工单位、不同工种之间存在较大的差异，相互配合协作存在一定的难度，这就要求园林工程施工、管理人员不仅要掌握自己的专门施工技术，还必须具备相当程度的配合能力，同一项目内各工序施工人员高度统一协调、相互配合才能保证建设项目的顺利进行。

0.1.2 园林工程建设程序与内容

0.1.2.1 园林工程建设基本程序

园林建设工程作为建设项目中的一个类别，要遵循国家规定的建设程序，从建设项目的设想、选择、评估、决策、设计、施工和竣工验收到投入使用，发挥其社会效益的整个过程要遵循一定的顺序，这个程序即园林工程项目建设基本程序。

其一般程序如下：

①根据园林建设需要，提出项目建议，撰写项目建议书。

②对拟进行建设的项目进行勘察，在此基础上，提出可行性研究报告。

③根据可行性研究报告编制设计文件，进行初步设计。

④初步设计获得批准后，进行技术设计或扩初设计，然后进行施工图设计。

⑤进行施工招投标。

⑥施工准备，物资采购，组织施工。

⑦竣工验收并交付使用。

一个完整的园林工程项目其所涵盖的程序如图 0-1 所示。

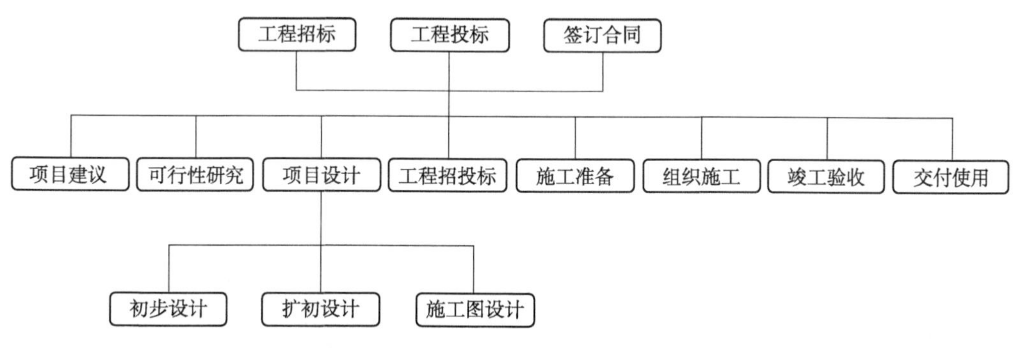

图 0-1 园林工程项目建设基本程序

0.1.2.2 园林工程建设内容

园林工程主要研究园林建设的工程技术，包括地形改造的土方工程，掇山、置石工程，园林理水工程和园林驳岸工程，喷泉工程，园林的给水排水工程，园路工程，种植工程等。园林工程的特点是以工程技术为手段，塑造园林艺术的形象。

园林工程建设的内容按照造园要素及工程属性，一般可分为园林硬质景观工程、园林建筑工程、园林绿化种植工程三大部分。园林硬质景观工程主要包括地形土方工程、园林给排水工程、园林水景工程、园林砌体工程、园林假山石景工程、园林道路与铺装工程、园林景观照明工程等。园林建筑特指在园林环境中有造景作用，同时可供人游览、观赏、休憩的建筑物，如楼、厅、馆、阁等；园林建筑工程主要包括地基与基础工程、墙柱工程、墙面与楼面工程、屋面工程、装饰装修工程等；园林绿化种植工程主要包括乔灌木种植、大树移植、草坪建植与植物养护管理等内容。园林建筑工程与园林绿化种植工程不在本教材讲述(图 0-2)。

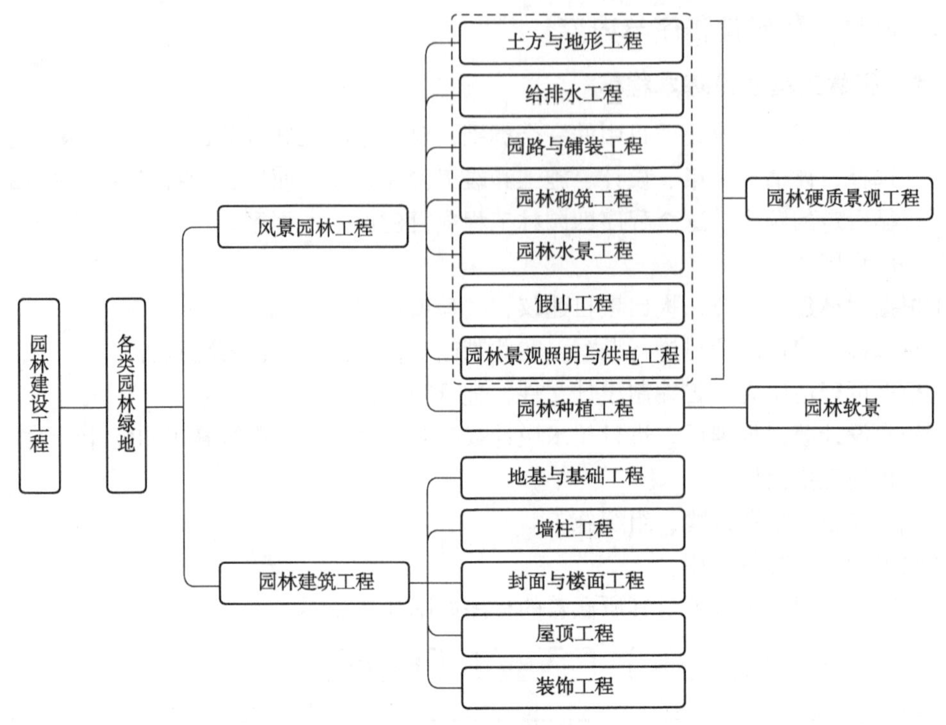

图 0-2　园林工程项目建设内容

0.2　园林工程项目划分

园林工程项目是由各个不同的单项工程组成的，根据工程项目的实际情况，熟悉园林工程项目的构成，细分施工项目是识读园林工程施工图的基础，也是进行园林工程项目施工的重要组成部分。

0.2.1　园林工程项目构成

园林工程项目根据实际情况，其构成内容并不完全相同，从建设项目分类角度看，一般情况下由以下内容构成。

0.2.1.1　园林土方工程

园林土方工程是园林工程施工的主要组成部分，主要依据竖向设计进行土方工程计算及土方施工，塑造、整理园林建设场地，以达到建设场地要求。土方工程按照施工方法又可分为人工土方工程施工和机械土方工程施工两大类。土方施工有挖、运、填、压等方法。

0.2.1.2　园林给水工程

大多通过城市给水管网供水，但在一些远郊或风景区，则需建立一套自己的给水系统。根据水源和用途不同，园林给水工程施工内容如下：

①地表水源给水工程施工　主要是江、河、湖、水库等，这类水源的水量充沛，是风景园林中的主要水源。给水系统一般由取水构筑物、泵站、净水构筑物、输水管道、水塔

及高位水池、配水管网等组成。

②地下水源给水工程施工　主要是泉水、承压水等。给水系统一般由井、泵房、净水构筑物、输水管道、水塔及高位水池、配水管网等组成。

③城市给水管网系统水源给水工程施工　主要是配水管网的安装施工。

④喷灌系统工程施工　主要是动力系统安装，主管、支管安装，立管、喷头安装。

0.2.1.3　园林排水工程

园林排水工程施工主要是污水和雨水排水系统的施工。污水排水系统由室内卫生设备和污水管道系统、室外污水管道系统、污水泵站及压力管道、污水处理、利用构筑物、排入水体的出水口等组成；雨水排水系统由雨水管渠系统、出水口、雨水口等组成。目前，常用的排水形式主要如下：

①地形排水　水通过竖向设计沿谷、涧、沟、缓坡、小路等自然地形，就近排入水体或附近的雨水干管。利用地形排水地表应种植草皮，最小坡度为5%。

②明沟排水　主要指土明沟，也可在一些地段根据需要砌砖、石、混凝土明沟，其坡度不小于40%。

③管道排水　将管道埋于地下，使其有一定的坡度，水通过排水构筑物排出。

在我国，园林绿地的排水主要以地形和明沟排水为主，局部地段采用管道排水。园林污水采用管道排水，污水必须要经过处理。

0.2.1.4　园林砌筑工程

园林砌筑工程是指在园林中使用砌筑材料(包括砖材、石材)、胶结材料(混凝土、各类砂浆等)通过砌筑的形式，完成园林相关构筑物的工程。一般包括园林建筑基础、墙体、挡土墙、砌筑景墙、砌筑种植池等。

0.2.1.5　园林水景工程

水景工程是园林工程中涉及面最广、项目组成最多的专项工程之一。狭义的水景包括湖泊、水池、水塘、溪流、水坡、水道、瀑布、水帘、跌水、水墙和喷泉等。实际上对水景的设计施工主要是对盛水容器及其相关附属设施的设计与施工。为了实现这些景观，需要修建诸如小型水闸、驳岸、护坡和水池等工程构筑物以及必要的给排水设施和电力设施等，因而涉及土木工程、防水工程、给排水工程、供电与照明工程、假山工程、种植工程、设备安装工程等一系列相关工程。

0.2.1.6　园路铺装工程

园林铺装是指在园林工程中采用天然或人工铺地材料，如砂石、混凝土、沥青、木材、瓦片、青砖等，按一定的形式或规律铺设于地面上，又称铺地。园林铺装不仅包括路面铺装，还包括广场、庭院、停车场等场地的铺装。园林铺装有别于道路铺装，虽然也要保证人流疏导，但并不以捷径为原则，并且其交通功能从属于游览需求，因此，园林铺装的色彩丰富、图案多样。大多数园林道路承载负荷较低，在材料的选择上也更多样化。

园林铺装工程施工主要由路基、垫层、基层、结合层、面层以及附属工程等施工项目组成。

0.2.1.7 山石景观工程

假山按材料可分为土山、石山和土石相间的山(土多称土山戴石，石多称石山戴山)；按施工方式可分为筑山(人工筑土山)、掇山(用山石掇合成山)、凿山(开凿自然岩石成山)和塑山(传统方法是用石灰浆塑成，现代的是用水泥、砖、钢丝网等塑成假山，如岭南庭园)；假山的组合形态分为山体和水体结合，假山与庭院、驳岸、护坡、挡土、自然式花台结合，还可以与园林建筑、园路、场地和园林植物组合。假山施工是设计的延续，施工过程是艺术的创造过程，因此假山施工是我国园林工程独特工种，非专业匠师不得为之。

土山施工主要是利用土方按地形设计施工。石山施工主要是立基、拉底、起脚、掇中层、收顶等过程。

0.2.1.8 园林景观照明供电工程

园林照明是室外照明的一种形式，设置时应注意与园林景观相结合，突出园林景观特色。园林供电照明工程施工主要有供电电缆敷设、配电箱安装、灯具安装等项目。

0.2.1.9 园林建筑小品工程

园林建筑、小品多种多样，但施工过程极其相似。园林建筑工程施工主要有地基与基础工程、主体、地面与楼面工程、门窗工程、装饰工程、屋面工程、水电工程等内容。园林仿古建筑应由古建筑专业施工人员施工。园林小品工程施工相对简单，一般是基础工程、主体、装饰工程等。

0.2.1.10 园林种植工程

园林种植工程包括乔灌木栽植、大树移植、草坪种植等。种植工程在很大程度上受当地的小气候、土壤、排水、光照、灌溉等生态因子影响。施工前，施工人员必须通过设计人员的设计交底充分了解设计意图，理解设计要求、熟悉设计图纸，向设计单位和工程甲方了解有关材料，如工程的项目内容及任务量、工程期限、工程投资及设计概(预)算、设计意图，了解施工地段的状况、定点放线的依据、工程材料来源及运输情况，必要时应进行调研。园林种植工程施工的主要施工项目及内容见表0-1所列。

表0-1 园林种植工程施工主要施工项目及内容

种植项目名称	主要施工内容	备 注
乔灌木栽植	施工现场的准备、定点放线、挖穴、挖苗、运苗、假植、施底肥、修剪、栽植、支撑、围堰、养护等	要求现场放线到位准确，散苗、定植、淋水等技术环节规范，避免乔灌木的栽植二次搬运，宜随到随种
大树移植	挖树穴、挖树、大树土球的包装、吊装、运输、栽植、回填土、养护等	大树是指胸径达15~20cm，甚至30cm，处于生长旺盛期的乔木或灌木，要带球根移植，球根具有一定的规格和重量，常需要专门的机具进行操作。通常最合适大树移植的时间是春季、雨季和秋季。在炎热的夏季，不宜大规模进行大树移植。若由于特殊工程需要少量移植大树时，要对树木采取适当疏枝和搭盖荫棚等办法以利于大树成活

（续）

种植项目名称	主要施工内容	备　注
草坪种植	选草种、准备场地（坪床）、除杂、喷灌及排水系统埋设、平整、翻耕、配土、施肥、灌水后再整平、铺种、养护等	不同地区、不同季节有不同的草坪管理措施、管理方法。常见的管理措施有刈剪、灌溉、病虫害防治、除杂草、施肥等，不同的季节，管理重点不同

0.2.2　园林工程项目划分

在园林工程项目施工过程中，工程量计算、施工预算、质量检验、工程资料管理等工作均需要对园林工程项目进行科学分解和合理划分。一般是将园林工程视为一个单位工程，一个园林单位工程划分为若干个分部工程，每个分部工程又划分为若干分项工程。

单项工程是项目的组成部分，具有独立的设计文件，可以独立施工，竣工建成后，能独立发挥生产能力或使用效益。一个项目一般应由几个单项工程组成。如城市市政建设项目中园林绿地工程、市政道路工程、给水工程、排水工程等都属于单项工程。

单位工程是单项工程的组成部分，是指具有独立的设计、可以独立组织施工，但竣工后不能独立发挥生产能力或使用效益的工程。一个单项工程由几个单位工程组成，如园林绿地建设单项工程中公园、居住小区绿地、古建工程等都属于单位工程。分部工程是单位工程的组成部分，是单位工程中分解出来的结构更小的工程，如公园建设中土方工程、种植工程、园林建筑小品、假山叠石及水景等都属于分部工程。一般的土建工程，按其工程结构可分为基础、墙体、梁柱、楼板、地面、门窗、屋面、装饰等几个部分。按照所用工种和材料结构的不同，土建工程分为基础、墙体、梁柱、楼板、地面、门窗、屋面、装饰等分部工程。

分项工程是指通过较为简单的施工就能完成，并且要以采用适当的计量单位进行计算的建设及设备安装工程，通常它是确定建设及设备安装工程造价的最基本的工程单位，如每立方米砖基础工程。

0.2.2.1　园林工程项目单项、单位工程划分细则

单项工程无论是新建，还是改、扩建的园林绿化工程，均是由一个或几个单位工程组成的。大型园林绿化工程常以一个施工标段划为一个单位工程，具体划分规定如下：

①新建公园视其规模，可视为一个单位工程，也可根据工种划分为几个单位工程。有些景观道路工程视距离、跨距划分为若干个标段，作为若干个单位工程。

②居住小区园林绿化工程或配套绿地一般都作为一个单位工程，也有在建设工期和施工范围上有明显界限的，可分为几个单位工程。

③古建筑和仿古建筑以殿、堂、楼、阁、榭、舫、台、廊、亭、幢、塔、牌坊等的建筑。

④砌筑工程和设备安装工程共同组成各自的单位工程。

⑤修缮工程根据内容可由单体建筑或由若干个有关联的单体建筑组成单位工程。

独立的园林绿化单位工程通常由4个分部工程组成，即土方造型、绿化种植、园林建筑及小品、假山叠石及水系。如果有古建筑修、建部分，则有5个分部工程。此外，还有园林排水、照明等分部工程。

0.2.2.2 园林工程项目各分部分项工程划分

园林工程项目各分部分项工程划分见表0-2所列。

表0-2 园林工程项目划分

序号	分部工程	分项工程	工程施工细项
1	土方地形	造地形工程	清除垃圾土、进种植土方、造地形
		堆山工程	堆山基础、进种植土方、造地形
		挖河工程	河道开挖、河底修整、驳岸、涵管
2	绿化种植	植物材料工程	乔木、灌木、地被
		材料运输工程	起挖、运输、过渡假植
		种植工程	大树移植、乔木种植、灌木种植、地被种植、花坛花卉、盆景、造型树栽植、水生植物、行道树、运动型草坪、竹类植物
		养护工程	日常养护、特殊养护
3	园林建筑小品	地基与基础工程	土方、砂、砂石和三合土地基、地下连续墙、防水混凝土结构、水泥砂浆防水层、模板、钢筋、混凝土、砌砖、砌石、钢结构焊接、制作、安装、油漆地基与基础工程
		主体	模板、钢筋、混凝土、构件安装、砌砖、砌石、钢结构焊接、制作、安装、油漆、竹木结构和园林特有的竹木结构
		地面与楼面工程	基层、整体楼地面、板块（楼）地面、园林路面、室内外木质板楼地面、扶梯栏杆
		门窗工程	木门窗制作，钢门窗、铝合金门窗、塑钢门窗安装
		装饰工程	抹灰、油漆、刷（喷）浆（塑）、玻璃、饰面铺贴、罩面板及钢木骨架、细木制品、花饰安装、竹木结构、各种花式隔断、屏风
		屋面工程	屋面找平层、保温（隔热）层、卷材防水、油膏嵌缝涂料屋面、细石混凝土屋面、平瓦屋面、中筒瓦屋面、波瓦屋面、水落管
		水电工程	给水管道安装、给水管道附件及卫生器具给水配件安装、排水管道安装、卫生器具安装、架空线路和杆上电气设备安装、电缆线路、配管及管内穿线、低压电器安装、电器照明器具及配电箱安装、避雷针及接地装置安装
4	假山叠石	石假山工程	石假山基础、石假山山体、石假山山洞、石假山山路
		叠石置石工程	叠石置石基础、瀑布、溪流、置石、汀步、石驳岸
5	水景工程		泵房、水泵安装、水管铺设、集水处理、溢水出水、喷泉、涌泉、喷灌、水下照明

（续）

序号	分部工程	分项工程	工程施工细项
6	古建筑修、建工程	地基与基础工程	挖土、填土，三合土地基、夯实地基，石桩、木桩，砖、石加工，砌砖、砌石，台基、驳岸，混凝土，水泥砂浆防水层，模板、钢筋、钢筋混凝土，构件安装，基础、台基、驳岸局部修缮
		主体工程	大木构架(柱、梁、川、枋、老戗、嫩戗、斗拱、桁条、格栅、椽子、板类等)制作、安装，大木构架修缮、牮直、发平、升高，砖石的加工、安装、砌砖、砌石，砖石墙体的修缮，漏窗制作、安装、修缮，模板、钢筋、钢筋混凝土、构件安装，木楼梯制作、安装修缮
		地面与楼面工程	楼面、地面、游廊、庭院、甬路的基层，砖加工、砖墁地，石料加工、石墁地，木楼地面、仿古地面，各种地面的修缮
		木装修工程	古式木门窗隔扇制作与安装，各种木雕件制作与安装，木隔断、天花、卷棚、藻井制作安装，博古架隔断、美人靠、坐槛、古式栏杆、挂落、地罩及其他木装饰件制作与安装，各种木装修件的修缮等
		装饰工程	砖细、砖雕、石作装饰、石雕、仿石、仿砖、人造石、琉璃贴件、拉灰条、彩色抹灰刷浆、裱糊、大漆、彩绘、花饰安装、贴金描金、各种装饰工程修缮
		屋面工程	砖料加工、屋面基层、小青瓦屋面、青筒瓦屋面、琉璃瓦屋面，各种屋脊、戗角及饰件，灰塑、陶塑屋面饰件，各种屋面、屋脊、蚀角饰件的修缮

0.3 园林工程施工概述

0.3.1 园林工程施工的概念、作用

0.3.1.1 园林工程施工的概念

园林工程建设与所有的建设工程一样，包括计划、设计和实施3个阶段。园林工程施工是对已经完成计划、设计两个阶段的工程项目的具体实施，是园林工程施工企业在获取建设工程项目以后，按照工程计划、设计和建设单位的要求，根据工程实施过程的要求，并结合施工企业自身条件和以往建设的经验，采取规范的实施程序、先进科学的工程实施技术和现代科学的管理手段，进行组织设计，做好准备工作，进行现场施工，竣工之后验收交付使用，并对园林植物进行修剪、造型及养护管理等一系列工作的总称。现阶段的园林工程施工已由过去的单一实施阶段的现场施工概念发展为综合意义上的实施阶段所有活动的概括与总结。

0.3.1.2 园林工程施工的作用

(1)使园林工程建设计划和设计得以实施

任何理想的园林工程建设项目计划，任何先进科学的园林工程建设设计，均需通过现代园林工程施工企业的科学实施，才能得以实现。

(2)使园林工程建设理论水平不断提高

一切理论都来自实践，来自最广泛的生产实践活动。园林工程建设的理论自然源于工程建设施工的实践过程。而园林工程施工的实践过程，就是发现施工中的问题并解决这些问题，从而总结和提高园林工程施工水平的过程。

0.3.2 施工准备工作

0.3.2.1 施工前准备工作

(1)技术准备

①熟悉与审查施工图纸；

②原始资料调查分析；

③编制施工预算；

④编制施工组织设计。

(2)物资准备

①建筑材料的准备；

②构(配)件和制品的加工准备；

③建筑安装机具的准备；

④生产工艺设备的准备。

(3)劳动组织准备

①建立施工项目领导机构；

②建立精干的施工队组；

③集结施工力量，组织劳动力进场；

④向施工队组、工人进行计划与技术交底；

⑤建立、健全各项管理制度。

(4)施工现场准备

①做好施工场地的控制网测量；

②搞好“三通一平”；

③做好施工现场的补充勘探；

④建造临时设施；

⑤组织施工机具进场；

⑥组织建筑材料进场；

⑦提出建筑材料的试验、试制申请计划；

⑧做好新技术项目的试制、试验和人员培训；

⑨做好季节性施工准备。

(5)施工场外准备

①材料设备的加工和订货；

②施工机具租赁或订购；

③做好分包工作；

④向主管部门提交开工申请报告。

0.3.2.2 施工阶段准备工作

①施工开始后，每周至少有三天的时间到施工现场就施工过程中出现的问题随时解决，质量问题要当时指出，并发整改通知单限期整改。

②材料控制，园建材料进场后，项目公司应及时通知主管工程师到现场检验，合格后才可用到工程中，不合格者限期清理出现场。

③施工过程中，广场道路铺装、水刷石、卵石施工、草坪铺装，均要求施工单位做出一块样板，经主管工程师验收合格以后方可进行后续施工。

④单位工程开工前，施工单位必须编制施工方案，经主管工程师审查后通过方可按其施工，单位工程施工完成后，由总包组织项目公司、总工办相关人员进行验收，不合格的地方发整改通知单限期整改，之后另行组织验收。

⑤有下列情况之一者，发停工指令：

- 擅自使用未经认可的原材料；
- 擅自变更设计图纸施工者；
- 上一道工序未经验收擅自进行下一道工序施工；
- 施工质量出现异常的，施工单位不整改或未采取有效措施整改；
- 出现质量安全事故。

⑥注意成品保护。

0.3.3 园林工程施工

园林工程施工即根据园林项目建设场地实际情况，将建设内容由图纸转化为场地实物的过程。园林工程施工过程是科学性、艺术性、经济性的全方位综合，根据不同建设项目，其施工的工艺、技术、材料均有不同的侧重。一般情况下，园林工程施工主要包括地形土方施工、给排水工程施工、园林水景工程施工、园路铺装工程施工、园林景观照明与供电工程、园林种植工程施工等内容，在施工流程上遵循“先地下后地上，先硬质后软质”的顺序。

园林工程施工需要多个专业、多个部门的通力合作，部分单项工程在施工流程中是顺序关系，而有一些则是并列关系，在条件允许的情况下尽可能做到工序紧密衔接，以节约建设时间，从而提高经济效益；在施工期间要充分考虑气候、地质等客观条件，尤其对于植物种植工程来说，为保证植物的生存与健康生长，更加需要进行合理周密的安排。

园林工程施工过程中需要有合理的施工方案与质量监控程序，以保证工程项目的顺利进行并达到相应的质量标准。

0.4 园林硬质景观工程学习要点

园林硬质景观工程是园林类专业的一门重要的核心专业课，尤其对于园林工程施工方向来说，园林硬质景观工程是其学习的重要领域。本课程是园林项目建设的理论基础和实践技能专业课，是实践性与综合性很强的课程。园林硬质景观工程在教学环节上包括课堂理论教学、硬质景观施工图设计、园林建筑材料与应用、园林模型制作、实践教学等内容。园林实践教学应当具备一定的实训场地与设备材料，在实践教学过程中注意与园林工程现场施工教学相结合，分析评价园林景观工程施工工艺与材料使用，便于学生进一步理解园林硬质景观施工的内容，掌握相关操作技能。在学习过程中要注意如下几个方面。

0.4.1 注重理论与实践相结合

园林硬质景观工程是技术性很强的课程，主要包括园林工程中的相关施工技术、园林工程量的计算、工程施工管理等内容。在学习过程中要结合实践加深对理论知识的理解与掌握，在学习过程中要有意识地对园林景观进行分析，同时运用园林美学和园林艺术的观点对其进行评价，包括某一园林景观与环境的协调性、景观的设计、制作手法、材料等是否恰当；通过参观实践学习优秀案例，同时评价其不足之处；提高自己的园林艺术修养，加深对施工工艺与材料的理解和掌握。

0.4.2 注重课程知识的综合运用

园林硬质景观工程涉及的知识面很广，不仅要求有工程相关的专业知识，还要具备植物学、气象学、美学、生态学等方面的知识。一个园林工程项目的实施需要对多种知识进行综合运用，同时还要了解国家的相关法律法规。

0.4.3 注重新知识、新材料、新技术的学习与运用

随着社会经济水平进步与科学技术的发展，新材料、新工艺、新技术层出不穷，园林工程要体现时代性，提高工程建设效率，降低工程成本，需要不断学习新知识，从而创建美好的园林环境。

园林硬质景观工程包括了多个单项工程，在施工中往往涉及各项园林工程项目的协调和配合，因此在施工过程中要做到统一领导，各部门、各项目要协调一致，使工程建设能够顺利进行。园林硬质景观工程是一门实践性很强的学科，在实际工作中既要掌握工程原理，又要具备现场施工等方面的技能，只有这样才能在保证工程质量的前提下，较好地把园林工程的科学性、技术性、艺术性等有机地结合起来，建造出经济、实用、美观的园林作品。

单元小结

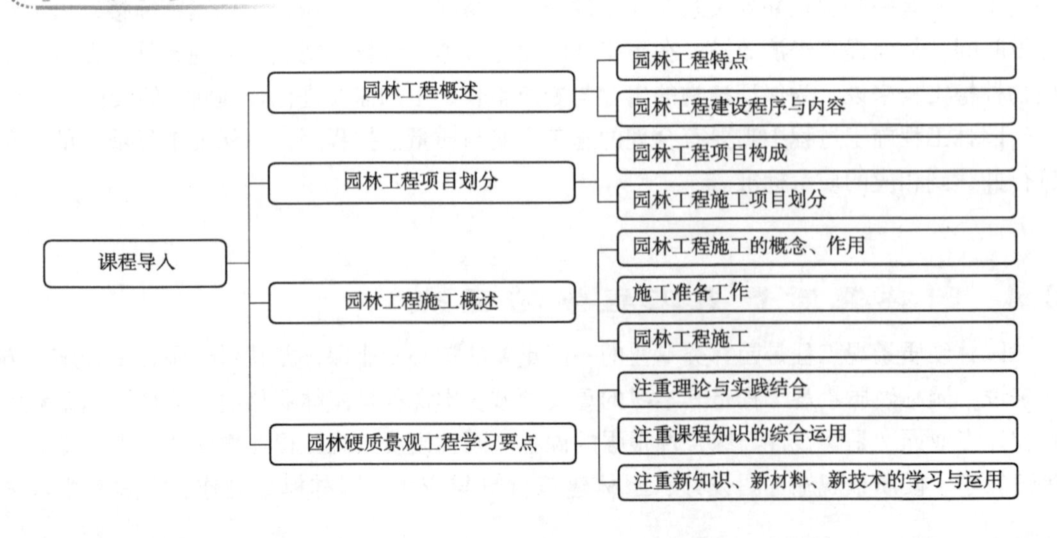

知识拓展

园林工程相关规范：

1.《园林工程技术规程》(DB33/T 1200—2020)；

2.《园林工程施工组织设计规范》(DB34/T 3824—2021)。

自主学习资源库

1. 园林工程建设概论. 陈祺. 化学工业出版社，2011.
2. 市政、园林工程技术交底范例1000篇. 筑龙网. 辽宁科学技术出版社，2010.
3. 园林工程材料与应用图例. 何礼华等. 浙江大学出版社，2013.

自测题

1. 园林工程有哪些特点？
2. 简述园林工程建设的基本程序。
3. 园林工程一般包括哪些建设内容？
4. 园林工程项目是如何划分的？
5. 园林工程施工前有哪些准备工作？

单元1 园林工程图纸识读

知识目标

(1)掌握园林工程施工图内容;

(2)掌握园林工程施工图识读的方法与步骤。

技能目标

(1)能够准确识读园林工程施工图;

(2)能够根据图纸内容监督和指导实际工程施工。

素质目标

(1)培养学生严谨、认真的工作态度;

(2)培养学生团队协作精神。

1.1 园林工程施工图纸构成

园林工程施工图一般由封面、目录、设计说明、总平面图、施工放线图、建筑构筑施工图、地形假山施工图、植物种植图、铺装施工图、小品雕塑施工详图、给排水施工图、照明电气图、材料表及材料附图等组成。当工程规模较大、较复杂时,可以把总平面图分成不同的分区,按分区绘制平面图、放线图、竖向设计施工图等。

1.1.1 图纸目录

图纸目录中应包含以下内容:项目名称、设计时间、图纸序号、图纸名称、图号、图幅及备注等(图1-1)。园林工程施工图一般是按图纸内容的主次关系排列,基本图在前,详图在后;总体图在前,局部图在后;主要部分在前,次要部分在后;布置图在前,构件图在后;先施工的图在前,后施工的图在后。同一类型图纸有相同的图别,按照顺序进行顺次编号。图纸编号时以专业为单位,各专业各自编排图号;对于大、中型项目,应以以下专业进行图纸编号:园林种植、建筑小品、园林结构、给排水、电气、植物表及材料附图等;对于小型项目,可采用以下专业进行图纸编号:园林、建筑小品及结构、给排水、电气等。为方便在施工过程中翻阅图纸，工程施工图分为两部分，即总图及分部施工图。各部分图纸分别编号，每一专业图纸应该对图号统一标示，以方便查找，不同地区或不同设计单位对图纸的编号各有不同。图纸图号标示方法示例如下：

总平面施工图：可缩写为“总施(ZS)”，图纸编号为ZS-××。

建筑结构施工图：可缩写为“建施(JS)”，图纸编号为JS-××。

地面铺装施工图：可缩写为“铺施(PZ)”，图纸编号为PZ-××。

土方地形假山施工图：可缩写为“土施(TS)”，图纸编号为TS-××。

绿化种植施工图：可缩写为“绿施(LS)”，图纸编号为LS-××。

给排水施工图：可缩写为“水施(SS)”，图纸编号为SS-××。

照明电气施工图：可缩写为“电施(DS)”，图纸编号为DS-××。

1.1.2 施工图设计说明

在施工图中，仅有施工图很难解释清楚一些特定的施工方式、类型或者要求；因此根据项目建设情况，需要增加一些特定的内容进行解释，这部分内容即为设计说明。在设计说明中需要将施工图中的重点内容及施工注意事项进行强调，以保证工程施工能够按照一定的规范顺利进行。施工图设计说明(图1-2)一般包括如下内容：

①设计依据及设计要求　应注明采用的标准图及其他设计依据。

②设计范围　即工程项目用地区域。

③标高及单位　应说明图纸文件中采用的标注单位，坐标为相对坐标还是绝对坐标。如为相对坐标，需说明采用的依据。

④材料选择及要求　对各部分材料的材质要求及建议，一般应说明的材料包括饰面材料、木材、钢材、防水疏水材料、种植土及铺装材料等。

⑤施工要求　具体单项工程的施工方法、施工要求，强调需注意工种配合及对气候有要求的施工部分。

⑥用地指标　应包含总占地面积、绿地面积、道路面积、铺地面积、水体面积、园林建筑面积、绿化率及工程的估算总造价等。

⑦安全事项　应说明工程施工中应注意的安全措施等。

⑧其他　说明在施工过程中出现问题的解决方法等。

1.1.3 园林工程施工图内容

由于园林工程项目种类繁多，各工程项目的侧重点不同，其图纸内容也有很大差别，一般来说一个综合性园林工程项目的图纸内容见表1-1所列。中小型项目可以根据实际情况进行调整。

图纸目录

序号	图号	图名	图幅
1	Z0-1	图纸目录	A2
2	Z0-2	景观设计施工总说明	A2
3	Z1	总平面图	A0
4	Z2	铺装索引平面图	A0
5	Z3	小品索引平面图	A0
6	Z4	竖向设计平面图	A0
7	Z5	尺寸、坐标定位平面图	A0
8	Z6	网格放线平面图	A0
9	Z7	户外设施布置平面图	A0
10	LS0-1	种植设计说明	A2
11	LS0-2	种植总平面图	A0
12	LS1	乔木种植平面图	A0
13	LS2	小乔木及灌木种植平面图	A0
14	LS3	地被种植平面图	A0
15	LS4	苗木表	A2
16	X1	西入口铺装详图	A2
17	X2	铺地一详图	A2
18	X3-1	青年活动场地铺装详图一	A2
19	X3-2	青年活动场地铺装详图二	A2
20	X3-3	青年活动场地铺装详图三	A2
21	X3-4	青年活动场地铺装详图四	A2
22	X3-5	青年活动场地铺装详图五	A2
23	X3-6	青年活动场地铺装详图六	A2+1/4
24	X4	铺地二~十详图	A2
25	X5	铺地十一~十五及木平台详图	A2
26	X6-1	运动场地详图一	A2
27	X6-2	运动场地详图二	A2
28	XA	铺装做法详图	A2
29	XB	跑道标识详图	A2
30	YS1-1	门楼详图一	A1

序号	图号	图名	图幅
31	YS1-2	门楼详图二	A1
32	YS1-3	门楼详图三	A1+1/8
33	YS1-4	门楼详图四	A1+1/2
34	YS1-5	门楼详图五	A1+1/2
35	YS1-6	门楼详图六	A2
36	YS2-1	入口水景详图一	A1
37	YS2-2	入口水景详图二	A2
38	YS3-1	中庭水景详图一	A2
39	YS3-2	中庭水景详图二	A2
40	YS3-3	中庭水景详图三	A2
41	YS3-4	中庭水景详图四	A2
42	YS3-5	中庭水景详图五	A2
43	YS4-1	景墙一详图	A2+1/4
44	YS4-2	景墙一详图	A2
45	YS5	景墙二详图	A2
46	YS6-1	围墙详图一	A2
47	YS6-2	围墙详图二	A2
48	YS6-3	围墙详图三	A2
49	YS7-1	车库详图一	A2
50	YS7-2	车库详图二	A2
51	YS7-3	车库详图三	A2
52	YS7-4	车库详图四	A2
53	YS7-5	车库详图五	A2
54	YS8	垃圾收集点详图	A2+1/4
55	YS9-1	中轴花池详图一	A2
56	YS9-2	中轴花池详图二	A2
57	YS10-1	坐凳详图	A2
58	YSA	井盖做法通用图	A2
59	YJ1-1	门楼结构详图一	A2
60	YJ1-2	门楼结构详图二	A2

序号	图号	图名	图幅
61	YJ1-3	门楼结构详图三	A2
62	YJ1-4	门楼结构详图四	A2
63	YJ1-5	门楼结构详图五	A2
64	DS0	景观电气设计施工说明及图例	A2
65	DS1	景观配电箱系统图	A2
66	DS2	景观电气平面图	A0
67	DS3	景观音箱布置平面图	A0
68	DS3	景观灯具示意图	A2
69	SS0	景观给排水设计施工说明	A2
70	SS1	景观给水总平面图	A0
71	SS2	景观排水总平面图	A0
72	SS3	水景一给排水详图	A2
73	SS4	水景二给排水详图	A2
74			
75			
76			
77			
78			
79			
80			
81			
82			
83			
84			
85			
86			
87			
88			
89			
90			

说明：Z-为总图部分;LS-为种植部分;X-为铺装部分;YS-为小品部分;YJ-为结构部分;DS-为电气部分;SS-为给排水部分。

设计单位

建设单位

项目名称
××××住宅小区项目

工程名称
××××住宅小区景观设计

图纸名称

工程编号	20××-03-06-00
设计阶段	扩初图
专业	园建
版本	第一版
图号	
审定	
审核	
校对	
设计	
日期	2020.04

本图需加盖本公司技术签章，否则一律无效

图1-1　园林工程图纸目录

硬质景观设计说明

一、设计依据及基础资料

1. 甲方提供资料：《c3展园场地周边条件图》（现状地形图）、《c3展园市政条件图》。
2. 甲方对乙方的设计委托书。
3. 甲方认可的景观规划设计方案。
4. 国家及地方颁发的有关工程建设的相关规范、规定与标准。

二、场地概述

1. 本项目位于北京市延庆区，总设计面积3050m^2。
2. 本项目为北京世界园艺博览会中华展园中的山西省展园。设计方案通过对"表里山河生态美、三晋大地日月新"的园艺表达，展现"三晋新景观、美丽新家园"的境界和寓意。

三、设计范围及图纸内容

1. 施工设计主要涉及用地红线内的竖向设计、绿化种植设计、铺装设计、构筑物小品设计、场地景观水电设计等。红线内的结构相关设计（景观墙、创意雕塑等），由专业结构设计出图。
2. 本项目中所布设的成品设施由专业厂家提供现货产品，并负责安装铺设，但所选样品应得到业主及设计方确认。图纸中小品、垃圾箱、灯具、指示牌、成品座椅等需要由专业公司二次深化设计的，或厂家提供样品，根据甲方及设计方要求待选。

四、图纸统一技术说明

1. 竖向技术说明：

（1）设计依据：以甲方所提现状地形图《c3展园场地周边条件图》中的高程点为设计依据。由于甲方所提现状地形图现状道路的高程点较少，所以道路标高均推算得出，若与现状不符，以现状为准进行调整。

（2）竖向设计原则：依据现状地形图结合方案设计要求推算标高。在保证景观效果的前提下尽量减少土方量。排水方式为地表径流加暗式排水，绿地以自然排水为主，园路及广场均坡向绿地排水。施工过程中，若出现场地低洼地易积水处，应适当回填土。

（3）本工程设计中所示标高均为相对标高，以中心广场铺装最低点处为±0.000点。该点绝对标高为481.70，施工时应核准场地现状高程，如发现现状高程与甲方所提供的现状地形图不符，以现状为准调整，修改方案经由设计单位确认后方可施工。单体及立、剖设计的标高详见图纸说明。

（4）本工程设计图纸中标高指完成面高度。

（5）基层土回填及场地平整标准：

回填质量标准为：①按照设计及规范要求控制标高，误差不能超过10cm，（松填土应考虑沉降高度），宜高不宜低；②回填完成面往1米以内不能有建渣、白色垃圾及直径超过30公分的石头；③高挡墙及深回填区域（大于60cm）需进行分层夯实，单层小于300mm，压实系数大于0.85；④超过1.5m的深回填区域需进行分层回填碾压夯实，达到压实系数0.85。

（6）若无特殊说明，休息广场坡度最小为0.3%，最大为2.0%；园路及人行道横坡坡度为1.0%；台阶及台阶休息平台向高程低的一侧找坡，坡度为0.5%。

（7）如无特殊标明，图中每两条等高线间等高距均为0.1m，标高标注单位为m。

（8）若总图竖向标高与详图不符以详图为准。若与场地现状不符，以现状为准进行调整，若出入较大，通知设计方，双方协商解决。

2. 放线技术说明：

（1）设计依据：甲方所提现状地形图《c3展园场地周边条件图》，坐标标注以m为单位。

（2）本工程放线坐标系统采用相对坐标系标注，及相对坐标网格，网格间距为2m×2m，B轴与北方向夹角为19.59度。网格放线原点为红线范围西北角点。

（3）本工程设计图纸中尺寸均以毫米（mm）为单位，若总图标注尺寸与详图不符，以详图尺寸为准。

3. 其他技术说明：

（1）本工程设计中所注材料配合比除注明重量比外，其余均为体积比。

（2）本工程设计中所有外装饰、铺装等材料、色彩需报小样，经甲方及设计单位认可后方可大面积施工。

（3）本工程地下管线应在绿化施工前铺设。

（4）相关设备的施工安装必须严格遵守国家颁布的相关标准及各项施工验收规范的规定，并与结构、水、电、绿化配置等专业施工图纸密切配合。

（5）本工程设计中选用新型材料产品时，其产品的质量和性能必须经过检测符合国家标准后才能采用，并由生产厂家负责指导施工，以保证施工质量。

四、工程做法 （除图纸中另有要求或做法的详细说明外，均按此做法说明内容的要求施工）。

1. 铺装

（1）本工程设计图纸中非承载路面（即人行路面），承载负荷标准按人群荷载规定计算。

（2）土基压实度不应小于93%（重击实标准），回弹模量不应小于20MPA。

（3）非承载道路混凝土标号不低于C15。路宽小于5m时，混凝土沿路纵向每隔4米分块做缩缝；广场按4米X4米分块做缝。混凝土纵向长约20m，或与不同构筑物衔接时须做沉降缝。

（4）碎石垫层采用级配碎石，配比为0.3–2连续级配；二灰碎石的基料为石灰、粉煤灰、碎石，一般配比为10:20:70或者8:12:80；冻土地带的潮湿路段以及其他地带的过分潮湿路段不宜使用灰土基层。

（5）铺装材料应选择符合产品标准要求的材料，美观不缺角。水泥砖标号不小于MU15，仿古砖标号不小于MU10。

（6）铺装面材标注处特殊注明外均含灰缝及切割缝。

2. 墙体

（1）各砖墙、砖柱均使用非粘土砖，砖砌体强度等级不小于MU10，水泥砂浆的强度等级不小于M5。

（2）现浇钢筋混凝土构件标号不低于C20，预制钢筋混凝土构件标号不低于C25，钢筋采用HPB235，金属制品用Q235钢。

（3）墙体防潮层均做在室外地坪以上60mm处，做法为20厚1:2水泥砂浆，掺5%防水粉。

（4）基础埋深，均由设计人员根据当地冻土层及持力层情况而定。

（5）砖砌墙体预埋铁件时，一般做法为将预埋铁件埋入混凝土预制块（300x300x300），再砌入砖砌体内，以保证预埋件牢固。

3. 水池

（1）水池单向长度大于30m，若结构无特别说明，需设变形缝。变形缝应从池底、池壁一直到池沿口整体断开，变形缝处混凝土厚度不可小于300mm且保证变形缝处不漏水。

（2）防水材料在池底与池壁转角处、施工缝处、变形缝处、管根与穿墙管保护处、柱头处等衔接部位常规做法详见图集15J012–1中相关做法说明。

五、材料构件：

1. 金属构件：

（1）各类钢材均采用Q235–B钢，并应符合国家标准《碳素结构钢》GB/T 700–2006的有关规定。不锈钢材应符合国家有关标准，钢和不锈钢之间的焊接采用不锈钢焊条。

（2）焊接及焊接材料应符合《建筑钢结构焊接规程》JGJ81–91的有关技术规定。焊缝应满焊并保持焊缝均匀，不得有裂缝、过烧现象，外露处应挫平磨光。

（3）各金属构件表面应光滑、平直、无毛刺。安装后不应有歪斜、扭曲、变型等缺陷。钢板制作的装饰件应保持边角整齐，切割部位须挫平磨光、不得留有切割痕迹和毛刺。

（4）所用铁构件应做防锈处理，除油锈后涂防锈漆三道，面层处理见设计。

2. 木材：

（1）所有露明木构件（包括室外木栏杆、木椅等木制品）均须经防腐处理或选用防腐木材，含水率<12%。

六、安全措施：

1. 本工程所有的设计均需满足国家及地方现行工程建设规范。
2. 超过700mm高临空要设栏杆，栏杆高度不应低于1.05m（栏杆高度应从楼面或屋面至栏杆扶手顶面垂直高度计算，如底部有宽度大于或等于0.22m，且高度低于或等于0.45m的可踏部位，应从可踏部位顶面起计算）。允许少年儿童进入活动的场所，当采用垂直杆件作栏杆时，其杆件净距也不应大于0.11m。

七、需特别说明的问题

1. 所有材料需施工方提供样本，甲方及设计方确认后方可实施。
2. 图中所有钢板及相关小品需专业厂家二次深化设计、施工。
3. 项目中栏杆需专业厂家二次深化设计安装，基础由厂家依实际确定。
4. 所有铺装上的井盖均为化妆井盖，需专业厂家二次深化设计安装，上层铺装为邻近铺装或绿植。
5. 项目中古建大门与晋中人家由古建专业进行二次深化设计出图。
6. 太行山及汾源水景的塑石景墙由厂家进行二次深化设计，经甲方及设计方确认方案后方可实施。

八、关于灯具安装需要特别说明的问题

1. 所有灯具安装前由施工方提供样品，设计方确认后方可实施。

林产工业规划设计院

PLANNING AND DESIGN INSTITUTE OF FOREST PRODUCTS INDUSTRY

工程设计资质：甲级 A111009381

签章处

工程名称：	2019年世园会"山西园"室外展园设计	
子项名称：		
所长	孙丽	（签名）
所主任工程师	傅光华	（签名）
项目负责人	李瑶	（签名）
专业主任工程师（专业负责人）	李瑶	
审定	张国军	（签名）
审核	许雅楠	（签名）
设计	刘慧玲	（签名）
图名：	硬质景观设计说明	
图号	YL2018-04-00/ZTS-01-00	
图纸比例		版本 A
计量单位		设计日期 2018.06

图1–2 园林工程图纸设计说明

表 1-1　园林工程施工图内容

施工图类型		编号	图纸内容	常用比例
设计说明及总图施工图	封面		工程名称、工程地点、工程编号、设计阶段、设计时间、设计公司名称	
	图纸目录		本套施工图的总图纸纲目	
	设计说明		工程概况、设计要求、设计构思、设计内容简介、设计特色、各类材料统计表、苗木统计表	
	总平面图	ZS-××	详细标注方案设计的道路、建筑、水体、花坛、小品、雕塑、设备、植物等在平面中的位置，以及与其他部分的关系。标注主要经济技术指标，地区风玫瑰图	1∶2000，1∶1000，1∶500
	种植总平面图	ZS-××	在总平面中详细标注各类植物的种植点、品种名、规格、数量，植物配植的简要说明，苗木统计表，指北针	1∶2000，1∶1000，1∶500
	小品雕塑总平面布置图	ZS-××	在总平面中(隐藏种植设计)详细标出涉及的雕塑、景观小品的平面位置及其中心点与总平面控制轴线的位置关系，小品雕塑分类统计表，指北针	1∶2000，1∶1000，1∶500
	铺装总平面图	ZS-××	在总平面中(隐藏种植设计)用图例详细标注各区域内硬质铺装材料材质及其规格，材料设计选用说明，铺装材料图例，铺装材料用量统计表(按面积计)，指北针	1∶2000，1∶1000，1∶500
	总平面放线图	ZS-××	详细标注总平面中(隐藏种植设计)各类建筑、构筑物、广场、道路、平台、水体、主题雕塑等的主要定位控制点及相应尺寸标注	1∶2000，1∶1000，1∶500
	总平面分区图	ZS-××	在总平面中(隐藏种植设计)根据图纸内容的需要用特粗虚线将平面分成相对独立的若干区域，并对各区域进行编号，指北针	1∶2000，1∶1000，1∶500
	分区平面图	ZS-××	按总平面分区图将各区域平面放大表示，并补充平面细部；指北针；分区平面图仅当总平面图不能详细表达图纸细部内容时才设置	1∶1000，1∶500，1∶300，1∶200，1∶100
	分区平面放线图	ZS-××	详细标注各分区平面的控制线及建筑、构筑物、道路、广场、平台、台阶、斜坡、雕塑小品基座、水体的控制尺寸	1∶1000，1∶500，1∶300，1∶200，1∶100
	竖向设计总平面图	ZS-××	在总平面图中(隐藏种植设计)详细标注各主要高程控制点的标高，各区域内的排水坡向及坡度大小、区域内高程控制点的标高及雨水收集口位置，建筑-构筑物的散水标高、室内地坪标高或顶标高，绘制微地形等高线、等高线及最高点标高、台阶各坡道的方向。标高用绝对坐标系统标注或相对坐标系统标注，在相对坐标系统中标出标高的绝对坐标值，指北针	1∶2000，1∶1000，1∶500

（续）

施工图类型			编号	图纸内容	常用比例
分部施工图	封面			工程名称、工程地点、工程编号、设计阶段、设计时间、设计公司名称	
	图纸目录			扩初图的总图纸纲目	
	设计说明			工程概况、设计要求、设计构思、设计内容简介、设计特色、主要材料表、主要植物品种目录	
	建筑-构筑物施工图	建筑（构筑物）平面图	JS-××	详细绘制建筑（构筑物）的底层平面图（含指北针）及各楼层平面图；详细标出墙体、柱子、门窗、楼梯、栏杆、装饰物等的平面位置及详细尺寸	1∶200，1∶100，1∶300，1∶150，1∶50
		建筑（构筑物）立面图	JS-××	详细绘制建筑（构筑物）的主要立面图或立面展开图。详细绘制门窗、栏杆、装饰物的立面形式、位置，标注洞口、地面标高及相应尺寸标注	1∶200，1∶100，1∶300，1∶150，1∶50
		建筑（构筑物）剖面图	JS-××	详细绘制建筑（构筑物）的重要剖面图，详细表达其内部构造、工程做法等内容，标注洞口、地面标高及相应尺寸标注	1∶200，1∶100，1∶300，1∶150，1∶50
		建筑（构筑物）施工详图	JS-××	详尽表达平、立、剖面图中索引到的各部分详图的内容，建筑物的楼梯详图，室内铺装做法详图等	1∶25，1∶20，1∶10，1∶5，1∶30，1∶15，1∶3
		建筑（构筑物）基础平面图	JS-××	建筑（构筑物）的基础形式和平面布置	1∶200，1∶100，1∶300，1∶150，1∶50
		建筑（构筑物）基础详图	JS-××	建筑（构筑物）基础的平、立、剖面，配筋、钢筋表	1∶25，1∶20，1∶10，1∶5，或1∶30，1∶15，1∶3
		建筑（构筑物）结构平面图	JS-××	建筑（构筑物）的各层平面墙、梁、柱、板位置，尺寸，楼板、梯板配筋，板、梯钢筋表	1∶200，1∶100，1∶300，1∶150，1∶50
		建筑（构筑物）结构详图	JS-××	梁、柱剖面，配筋、钢筋表	1∶25，1∶20，1∶10，1∶5，1∶30，1∶15，1∶3

（续）

施工图类型			编号	图纸内容	常用比例
分部施工图	建筑-构筑物施工图	建筑给排水图	JS-××	标明室内的给水管接入位置、给水管线布置、洁具位置、地漏位置、排水管线布置、排水管与外网的连接	1∶200，1∶100，1∶300，1∶150，1∶50
		建筑照明电路图	JS-××	标明室内电路布线、控制柜、开关、插座、电阻的位置及材料型号等，材料用量统计表	1∶200，1∶100，1∶300，1∶150，1∶50
	铺装施工图	铺装分区平面图	PS-××	详细绘制各分区平面内的硬质铺装花纹，详细标注各铺装花纹的材料材质及规格，重点位置平面索引，指北针	1∶500，1∶250，1∶200，1∶100，1∶300，1∶150
		铺装分区平面放线图	PS-××	在铺装分区平面图的基础上（隐藏材料材质及材料规格的标注）标注铺装花纹的控制尺寸	1∶1000，1∶500，1∶250，1∶200，1∶100，1∶800，1∶600，1∶300
		局部铺装平面图	PS-××	铺装分区平面图中索引到的重点平面铺装图，详细标注铺装放样尺寸、材料材质规格等	1∶250，1∶200，1∶100，1∶300，1∶150
		铺装大样图	PS-××	详细绘制铺装花纹的大样图，标注详细尺寸及所用材料的材质、规格	1∶50，1∶25，1∶20，1∶10，1∶30，1∶15
		铺装详图	PS-××	室外各类铺装材料的详细剖面工程做法图、台阶做法详图、坡道做法详图等	1∶25，1∶20，1∶10，1∶5，1∶30，1∶15，1∶3
	小品雕塑施工图	雕塑详图	XS-××	雕塑主要立面表现图、雕塑局部大样图、雕塑放样图、雕塑设计说明及材料说明	1∶50，1∶25，1∶20，1∶10，1∶30，1∶15，1∶5
		雕塑基座施工图	XS-××	雕塑基座平面图（基座平面形式、详细尺寸），雕塑基座立面图（基座立面形式、装饰花纹、材料标注、详细尺寸），雕塑基座剖面图（基座剖面详细做法、详细尺寸），基座设计说明	1∶50，1∶25，1∶20，1∶10，1∶30，1∶15，1∶5
		小品平面图	XS-××	景观小品的平面形式、详细尺寸、材料标注	1∶50，1∶25，1∶20，1∶10，1∶30，1∶15，1∶5

（续）

施工图类型			编号	图纸内容	常用比例
分部施工图	小品雕塑施工图	小品立面图	XS-××	景观小品的主要立面、立面材料、详细尺寸	1：50，1：25，1：20，1：10，1：30，1：15，1：5
		小品剖面图	XS-××	景观小品的剖面详细做法图	1：50，1：25，1：20，1：10，1：30，1：15，1：5
		景观小品做法详图	XS-××	局部索引详图、基座做法详图	1：25，1：20，1：10，1：30，1：15，1：5
	地形假山施工图	地形假山施工图	TS-××	在各分区平面图中用网格法给地形放线	1：250，1：200，1：100，1：300，1：150
		假山平面放线图	TS-××	在各分区平面图中用网格法给假山放线	1：250，1：200，1：100，1：300，1：150
		假山立面放样图	TS-××	用网格法为假山立面放样	1：25，1：20，1：10，1：30，1：15，1：5
		假山做法详图	TS-××	假山基座平、立、剖面图，山石堆砌做法详图，塑石做法详图	1：25，1：20，1：10，1：30，1：15，1：5
	种植施工图	分区种植平面图	LS-××	按区域详细标注各类植物的种植点、品种名、规格、数量，植物配置的简要说明，区域苗木统计表，指北针	1：500，1：250，1：200，1：100，1：300，1：150
		种植放线图	LS-××	用网格法对各分区内植物的种植点进行定位，形态复杂区域可放大后再用网格法做详细定位	1：500，1：250，1：200，1：100，1：300，1：150
	给排水施工图	给排水设计总平面图	SS-××	在总平面图中（隐藏种植设计）详细标出给水系统与外网给水系统的接入位置、水表位置、检查井位置、闸门井位置，标出排水系统的雨水口位置、水体溢排水口位置、排水管网及管径，给排水图例，给水系统材料表、排水系统材料表，指北针	1：2000，1：1000，1：500

（续）

施工图类型			编号	图纸内容	常用比例
分部施工图	给排水施工图	灌溉系统平面图	SS-××	分区域绘制灌溉系统平面图，详细标明管道走向、管径、喷头位置及型号、快速取水器位置、逆止阀位置、泄水阀位置、检查井位置等，材料图例，材料用量统计表，指北针	1∶500，1∶300，1∶200，1∶100
		灌溉系统放线图	SS-××	用网格法对各分区内的灌溉设备进行定位	1∶500，1∶300，1∶200，1∶100
		水体平面图	SS-××	按比例绘制水体的平面形态、标注详细尺寸，旱地喷泉要绘出地面铺装图案及水箅子的位置、形状，标注材料材质及材料规格，指北针	1∶500，1∶300，1∶200，1∶100，1∶50
		水体剖面图	SS-××	详细表达剖面上的工程构造、做法及高程变化，标注尺寸、常水位、池底标高、池顶标高	1∶100，1∶50，1∶25，1∶20
		喷泉设备平面图	SS-××	在水体平面图中详细绘出喷泉设备位置、标注设备型号、详细标注设备布置尺寸，设备图例、材料用量统计表，指北针	1∶500，1∶300，1∶200，1∶100，1∶50
		喷泉给排水平面图	SS-××	在喷泉设备平面中布置喷泉给排水管网，标注管线走向、管径、材料用量统计表，指北针	1∶500，1∶300，1∶200，1∶100，1∶50
		水型详图	SS-××	绘制主要水景水型的平、立面图，标注水型类型，水型的宽度、长度、高度及颜色，用文字说明水型设计的意境及水型的变化特征	
	照明电气施工图	电气设计说明及设备表	DS-××	详细的电气设计说明；详细的设备表，标明设备型号、数量、用途	
		电气系统图	DS-××	详细的配电柜电路系统图（室外照明系统、水下照明系统、水景动力系统、室内照明系统、室内动力系统、其他用电系统、备用电路系统），电路系统设计说明，标明各条回路所使用的电缆型号、所使用的控制器型号、安装方法、配电柜尺寸	
		电气平面图	DS-××	在总平面图基础上标明各种照明用、景观用灯具的平面位置及型号、数量，线路布置，线路编号、配电柜位置，图例符号，指北针	1∶2000，1∶1000，1∶500

（续）

施工图类型			编号	图纸内容	常用比例
分部施工图	照明电气施工图	动力系统平面图	DS-××	在总平面图基础上标明各种动力系统中的泵、大功率用电设备的名称、型号、数量、平面位置线路布置，线路编号、配电柜位置，图例符号，指北针	1∶2000，1∶1000，1∶500
		水景电力系统平面图	DS-××	在水体平面中标明水下灯、水泵等的位置及型号，标明电路管线的走向及套管、电缆的型号，材料用量统计表，指北针	1∶500，1∶300，1∶200，1∶100，1∶50

1.2 园林工程施工图识读

1.2.1 施工图识读方法步骤

一般情况下，一套图纸少则几十张，多则上百张，如果不掌握看图方法，东看一下，西看一下，抓不住要点，分不清主次，似是而非，不能达到工作实践的要求。不同的工作内容对看图的侧重要求会有些差异，但基本方法是相同的。

同时需要注意的是，由于图面上各种线条纵横交错，尺寸数字符号纷杂，对初学者不仅是知识的检验，也是心理的考验。要求既要有耐心，不厌其烦，又要仔细、认真，求甚解。开始时需要花费较长的时间看懂图是正常的，要达到会看图、看懂图还需经过不断的积累、实践、总结，循序渐进。为方便大家识图，我们将识图方法步骤具体总结如下：

1.2.1.1 总体了解施工图

一般是先看目录、总平面图和施工总说明，以大致了解工程的概况，如工程设计单位、建设单位、园林工程的位置、周围环境、施工技术要求等。对照目录检查图纸是否齐全，采用了哪些标准图。然后看园林工程平、立、剖面图，大体上想象一下其立体形象及布局情况。

1.2.1.2 顺序识读

在总体了解园林工程布局情况后，根据施工的先后顺序，按照园林建筑小品、园林铺装、植物配置等顺序，仔细阅读有关图纸。

1.2.1.3 前后对照读图

注意平面图、立面图、剖面图要对照着读，做到对整个工程施工情况及技术要求心中有数。

1.2.1.4 重点细读

根据工种的不同，将有关专业施工图再有重点地仔细读一遍，并将遇到的问题记录下来，及时向设计部门反映。

识读图纸时，应按由外向里看、由大到小看、由粗至细看、图样与说明交替看、有关图纸对照看的方法，重点看轴线及各种尺寸关系。除了会看图外，还要综合考虑图纸的技术要求、构造做法、施工方案，保证各工序的衔接及工程质量和安全作业等。有时根据需要，要边看图边做笔记，以备忘记时可查，如场地的坡度、园林建筑的竖向主要尺寸等。

1.2.2 施工图识读要求与内容

1.2.2.1 识读要求

(1)理解设计意图

理解设计意图非常重要，施工员对设计意图的把握程度直接影响景观效果。阅读施工图要仔细认真，遇到不明确的问题要列出清单，然后和设计师沟通，不可胡乱猜测。

(2)读懂施工图设计说明

施工图设计说明主要内容是工程概况、设计标准、构造做法、种植布局、材料选择及要求、施工要求、用地指标等项目。通过阅读说明对整个工程有一个整体性的了解。

较复杂的园林工程，设计时是分专业工种设计总平面，如总平面放线图、总平面分区图、分区平面图、分区平面放线图、园路铺装总平面图、种植总平面图、园林建筑及小品雕塑总平面布置图、竖向设计总平面图等。分专业工种设计总平面图，图面更简单清楚。对于简单的园林工程，一般是绘制一份总平面图，所有专业工种都表现在上面，工程简单，图面也不会很乱。

1.2.2.2 识读内容

(1)总平面施工图(ZS)

总平面施工图是表示园林工程及其周围总体情况的平面图，包括原有建筑物、新建的建筑物、园林附属小品、道路、绿化布局等。识读总平面施工图的目的如下：

①熟悉总平面施工图的比例、图例及文字说明。

②了解工程性质、用地范围、地形地物以及周围环境。

③了解各工程之间的位置关系及周围尺寸。

④了解道路、绿化与各园林工程结构的关系以及室内外高差、道路标高、坡度、地面排水情况，注意古树名木的保护。

⑤通过图中的指北针了解建筑物的朝向。

⑥了解树木、花卉栽植的总体布局。

识图实例

识读“山西园”施工总平面图(图 1-3)。具体步骤如下：

(1)从标题栏中的内容可知工程名称为 2019 年世界园艺博览会“山西园”室外展园设计，从图名可知该图为山西园总平面图，比例为 1∶100。通过指北针的方向可知，全园的布局朝向为北偏西，未标出风向玫瑰图。

(2)根据设计说明了解该工程是北京世界园艺博览会中华展园中的山西省展园、在图中标示出用地范围，其面积为 3050m^2，图左上角点为放线原点。

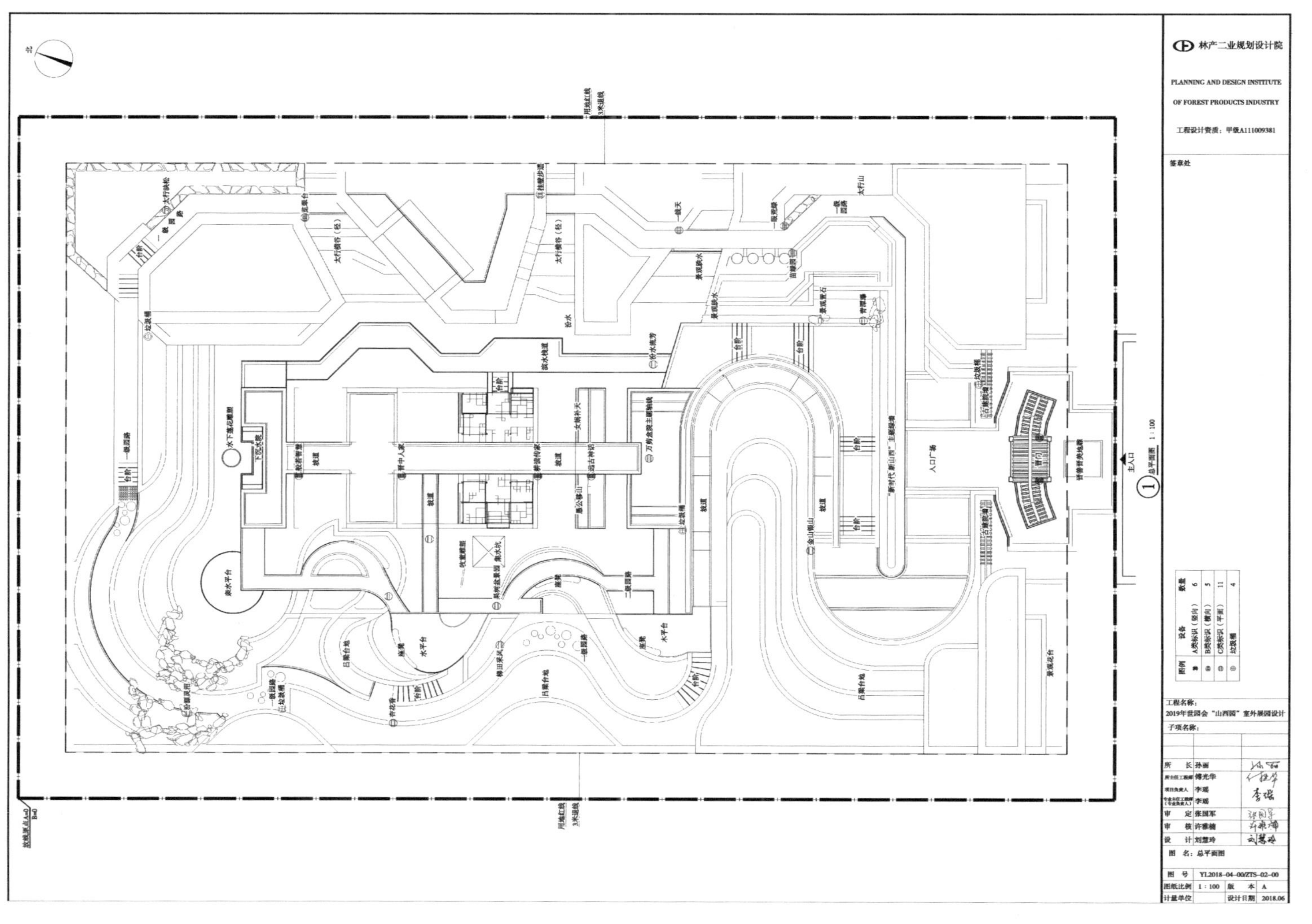

图1-3 “山西园”施工总平面图

(3)图中用文字说明的方式标出园区内的总体布局，包括：出入口1个，主体园林建筑1座(位于主轴线位置)，水体围绕建筑边缘展开形成水系，环形园路1条，铺装与绿化相结合塑造出“吕梁台地”等山西特色景观。

(4)图中道路、绿化与各园林工程结构的关系以及室内外高差、道路标高、坡度、地面排水情况未进行标示。

(5)通过图中的指北针了解到园内主体建筑物的朝向与布局朝向一致，为北偏西。

---

(2)土方地形假山施工图(TS)

土方地形假山施工图包括竖向设计图、地形放线平面图、土方调配图，主要看地形竖向设计图地形的标高变化、坡度变化、地形与园林建筑的关系、地形与排水的关系，土方工程量及土方调配图。假山施工图主要看假山的平面位置和轮廓、立面标高、剖面构造以及材料和做法。

(3)地面铺装施工图(PS)

地面铺装施工图包括园路、广场平面图，铺装大样图、剖面构造图详图。主要看铺装的平面范围、布局、园路坡度变化、转弯半径、台阶级数、铺装大样和构造详图以及铺装材料。

(4)建筑结构施工图(JS)

建筑结构施工图包括园林建筑、小品的平、立、剖面图和详图，建筑结构施工图包括结构平面图、构件详图。由于园林小品体量小、构造简单，也可单独分为一类，简称小施，代号“XS”，识读内容与园林建筑相同。

①园林建筑、小品平面图是施工的基本图样，它反映出园林建筑、小品的平面形状、大小和布置。通过识读掌握以下内容：园林建筑、小品的形状、组成、名称、尺寸、定位轴线和墙厚；楼梯、门窗、台阶、阳台、雨篷、散水的位置及细部尺寸；室内地面的标高。

②园林建筑、小品立面图主要反映园林建筑、小品外貌特征和外形轮廓，还表示门窗的形式，室外台阶、雨篷、水落管的形状和位置等。立面图上一般不标注尺寸，只标注主要部位的标高。为加强图面效果，立面图常采用不同的线型来画，以达到外形清晰、重点突出和层次分明的效果。通过识读完成以下工作：根据平面图上的指北针和定位轴线编号，查看立面图的朝向；与平面图、剖面图对照，核对各部分的标高；查看门窗位置与数量，与平面图及门窗表进行核对；注意立面图所注明的选用材料、颜色和施工要求，与工程做法表进行核对。

③园林建筑、小品剖面图表示建筑内部结构形式、分层情况和各部位的联系，以及材料做法、高度尺寸等。通过识读完成以下工作：了解高度尺寸、标高、构造关系及做法；依据平面图上剖切位置线核对剖面图的内容。

④园林建筑、小品详图是工程细部的施工图，因为平、立、剖面图的比例较小，而许多细部构造无法在上述图纸中表示清楚，根据施工需要，必须另外绘制比例较大的图样才能表达清楚，所以说园林建筑、小品详图是平、立、剖面图的补充和说明。园林建筑、小品详图包括表示局部构造、建筑设备和建筑特殊装修部位的详图。

⑤园林建筑、小品结构施工图是园林建筑、小品工程图纸中的重要组成部分，是表示建筑物各承重构件的布置、构造、连接的图样，是工程施工的依据。一般包括以下内容：结构设计说明、结构平面图(包括基础平面图、基础详图、楼层结构布置平面图、屋面结构布置平面图)、构件详图(包括梁、板、柱结构详图，楼梯结构详图，屋架结构详图以及其他详图)。

⑥基础平面图主要内容包括：图名、比例，纵横定位轴线及其编号、尺寸，基础的平面布置，基础剖切线的位置及编号，施工说明等。通过阅读基础平面图掌握有关材料做法、墙厚、基础宽、基础深、预留洞的位置及尺寸等。

⑦基础详图主要内容包括：图名或基础代号、比例，基础断面图轴线及其编号，基础断面形状、大小、材料以及配筋，基础断面的详细尺寸和室外地面、基础底面的标高，防潮层的位置及做法，施工说明。阅读基础详图时要注意防潮层位置，大放脚的做法，垫层厚度，基础圈梁的位置、尺寸以及基础埋深和标高等。

⑧楼层结构布置平面图用来表示每层楼的梁、板、柱、墙的平面布置和现浇楼板的构造及配筋以及它们之间的结构关系。楼层上各种梁、板构件，在图上都用规定的代号和编号标记，查看代号、编号和定位轴线就可以了解各种构件的位置和数量。

⑨了解预制板的铺设方向、数量和代号以及楼梯间结构布置，要看详图。

⑩现浇楼层或装配式楼盖中的现浇部分，要看结构布置平面图上板的钢筋详图，详图上表示出受力钢筋、分布钢筋和其他钢筋的配置和弯曲情况，应查看编号、规格、直径、间距等。

(5)绿化种植施工图(LS)

绿化种植施工图主要了解植物的平面布局、植物种类、数量和种植要求。

(6)给排水施工图(SS)

给排水施工图包括给排水施工平面布局图和灌溉系统平面布局图。主要了解给排水平面布置形式、管线种类、管径大小、附属构筑物位置、施工要求等以及灌溉系统平面布局、管线种类、管径大小、喷头布置形式、喷头类型、动力设备型号等。

(7)照明电气施工图(DS)

照明电气施工图包括供电照明的平面图和供电系统设计图，主要了解供电照明的平面布局、供电系统设计、灯具型号和规格要求、线缆规格要求等。

实训1-1　园林工程施工图识读

一、实训目的

1. 了解园林工程施工图纸内容，掌握常见的图例符号。

2. 能够完整识读园林工程施工图。

3. 熟悉园林工程施工图常用材料。

4. 掌握园林工程的施工顺序、方法，质量管理要点。

5. 培养学生的读图能力，并结合所学专业基础理论知识，通过实践，培养他们应用知识的能力、空间想象能力和空间思维能力。

二、实训材料及用具

园林工程施工图、图纸判读记录表、绘图铅笔、直尺、比例尺、三角板、弧线板等。

三、实训方法及步骤

1. 识图准备

园林工程施工图中常见的图例符号。

2. 识图

(1)看标题栏及图纸目录

了解工程名称、项目内容、设计日期等。

(2)看图纸设计说明

了解建设规模、经济技术指标，重点关注说明中有关材料的选用、技术指标；有关重点部位的关键技术要求。

(3)看总平面图

通过阅读总平面图，了解该园林工程中的建筑、园林小品、道路、绿化布局等内容。

(4)看立面图

了解园林工程的各个方向整体立面形象、园林结构规模等。

(5)看各园林结构平面图

本阶段是对园林建筑小品的了解阶段，需要了解各园林建筑小品的平面布局、基本结构和竖向尺寸数据等。

(6)看各园林结构立面图

了解园林建筑小品的立面布局、结构和竖向尺寸数据。

四、实训要求

1. 在规定时间内完成识读任务。
2. 注意多联系实际，耐心细致识读施工图。
3. 每组必须自己独立完成，如果出现雷同太多的实训资料，都必须重做。
4. 完成图纸判读记录表(表1-2)。

表1-2 图纸判读记录表

项目名称			
建设单位		施工单位	
设计单位		监理单位	
图纸名称及图号	主要内容		备注

五、实训考核评价

本次实训任务按照以下标准进行考核(表1-3)。

表1-3 考核评价表

序号	考核项目	评价标准				等级分值			
		A	B	C	D	A	B	C	D
1	项目划分准确	优秀	良好	一般	较差	5	4	3	2
2	能够充分理解设计意图	优秀	良好	一般	较差	5	4	3	2
3	能够读懂施工图设计说明	优秀	良好	一般	较差	20	18	15	10
4	能读懂园林铺装、地面施工图	优秀	良好	一般	较差	20	18	15	10
5	能读懂园林建筑小品平面、立面、剖面图	优秀	良好	一般	较差	20	18	15	10
6	能读懂、理解各施工内容(尺寸、标高、构造关系及做法)	优秀	良好	一般	较差	20	16	14	10
7	读图顺序合理、无遗漏项	优秀	良好	一般	较差	10	8	6	5
考核成绩(总分)									

六、实训作业

由教师提供一套园林工程项目施工图，学生完成图纸判读记录表。

单元小结

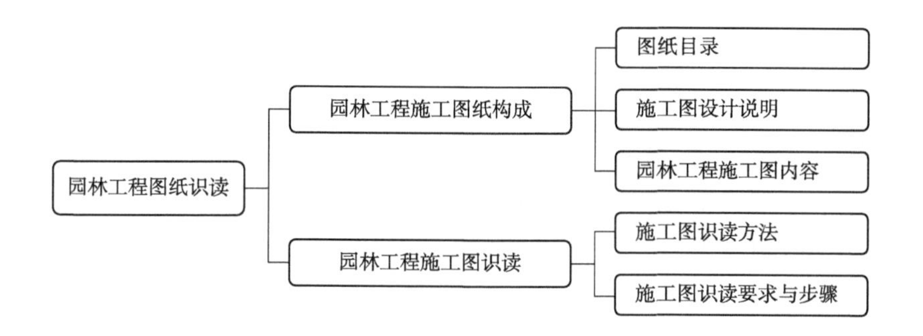

知识拓展

园林工程相关规范：

1.《建筑工程施工质量验收统一标准》(GB 50300—2013)；

2.《建筑地基基础工程施工质量验收规范》(GB 50202—2018)；

3.《建筑地面工程施工及验收规范》(GB 50209—2010)；

4.《砌体工程施工及验收规范》(GB 50203—2012)；

5.《给水排水管道工程施工及验收规范》(GB 50268—2008)；

6.《给水排水构筑物工程施工及验收规范》(GB 50141—2008);
7.《地下防水工程质量及验收规范》(GB 50208—2011);
8.《混凝土结构工程施工质量验收规范》(GB 50204—2019);
9.《木结构工程质量验收规范》(GB 50206—2012);
10.《园林工程质量检验评定标准》(DG/TJ 08-701—2008);
11.《城市绿化工程施工及验收规范》(CJJ/T 82—1999);
12.《假山叠石工程施工规程》(DG/TJ 08-211—2014);
13.《园林绿化养护技术等级标准》(DG/TJ 08-702—2011);
14.《城市道路照明施工及验收规程》(CJJ 89—2012);
15.《屋面工程质量验收规范》(GB 50207—2019);
16.《电气装置安装工程电缆线路施工及验收标准》(GB 50168—2018);
17.《外墙饰面砖工程施工及验收规程》(JGJ 126—2015);
18.《喷灌工程技术规范》(GB/T 50085—2007);
19.《节水灌溉工程施工质量验收规范》(DB11/T 558—2008)。

自主学习资源库

1. 园林工程设计．徐辉，潘福荣．机械工业出版社，2008.
2. 景观工程施工详图绘制与实例精选．周代红．中国建筑工业出版社，2009.
3. 环境景观与水土保持工程手册．甘立成．中国建筑工业出版社，2001.
4. 山水景观工程图解与施工．陈祺．化学工业出版社，2008.
5. 园林制图．段大娟．化学工业出版社，2012.
6. 现代工程制图(第二版)．山颖．中国农业出版社，2010.
7. 园林制图与识图．林洋．天津科学技术出版社，2013.
8. 园林工程制图．穆亚平．中国林业出版社，2009.
9. 工程制图习题集．龙玉杰．重庆大学出版社，2016.
10. 园林制图．黄晖．重庆大学出版社，2016.
11. 工程制图．庄文玮．人民邮电出版社，2012.
12. 园林工程．赵兵．东南大学出版社，2011.

自测题

1. 简述园林工程施工图。
2. 简述园林工程施工图目录的作用。
3. 简述园林工程设计总说明的内容。
4. 简述园林总平面图包括的内容。
5. 简述园林工程图纸识读的方法和步骤。

单元2　园林土方工程

知识目标

(1)理解园林地形的功能与作用；
(2)理解影响园林地形设计的因素；
(3)了解土方工程施工流程；
(4)掌握一般园林土方工程土方量的计算方法；
(5)掌握土方工程施工的流程与方法。

技能目标

(1)能制定土方工程施工流程；
(2)能够根据施工内容完成土方工程施工准备；
(3)能进行园林土方施工操作；
(4)能够完成园林微地形塑造；
(5)能进行土方工程施工质量检验与验收。

素质目标

(1)通过竖向设计教学，培养学生的辩证思维；
(2)培养学生严谨细致的工作态度；
(3)培养学生精益求精的工匠精神。

2.1　园林地形

园林地形指一定范围内承载树木、花草、水体和园林建筑等物体的地面。地形是造园的基础，是园林的骨架。它是在一定范围内由岩石、地貌、气候、水文、动植物等各要素相互作用的自然综合体。园林中的地形是一种对自然的模仿，因此，园林中的地形也必须遵循自然规律，注重自然的力量、形态和特点。园林微地形是专指一定园林绿地范围内植物种植地的起伏状况。在造园工程中，适宜的微地形处理有利于丰富造园要素、形成景观层次、达到加强园林艺术性和改善生态环境的目的(图 2-1)。

园林地形是园林空间的构成基础，与园林性质、形式、功能与景观效果有直接关系，也涉及园林的道路系统、建筑与构筑物、植物等要素的布局。园林地形处理是园林建设的关键。

图 2-1 园林地形

2.1.1 地形的作用

地形是风景组成的依托与基础，也是整个园林景观的骨架，通过高低错落、远近开合的变化赋予园林不同的审美意趣并起到关键的工程作用。

2.1.1.1 骨架作用

地形是构成园林景观的骨架，是园林中所有景观元素与设施的载体。在园林设计中，对地形的处理和设计主要是根据项目的主题内容进行确定。同时，也要考虑旅游者的活动习惯。要根据地形合理布置建筑、配置树木等，平坦开阔的地形有利于建筑及各类游园设施的布局，变化的地形有利于创造丰富的景观空间。地形平坦的园林用地，有条件开辟最大面积的水体，因此其基本景观往往就是以水面形象为主的景观。地形起伏大的山地，由于地形所限，其基本景观就不会是广阔的水景景观，而是奇突的峰石和莽莽的山林。

由于园林景观的形成在不同程度上都与地面相接触，因而地形便成了环境景观不可缺少的基础成分和依赖成分。

2.1.1.2 空间作用

地形的起伏围合构成了不同形状、不同视线条件、不同性格的空间。无论场地的平面形态还是竖向变化都会影响视线的组织与园林空间状况。平坦地形仅是一种缺乏垂直限制的平面因素，视觉上缺乏空间限制。而斜坡的地面较高点则占据了垂直面的一部分，并且能够限制和封闭空间。斜坡越陡越高，户外空间感就越强烈。地形除能限制空间外，还能影响一个空间的气氛。平坦、起伏平缓的地形能给人美的享受和轻松感，而陡峭、崎岖的地形极易在一个空间中造成兴奋的感受。

2.1.1.3 景观作用

山地、坡地、平原与水面等地形类别，都有着自身独特的易于识别的特征。

在地形处理中，如能尽情地利用具有不同美学表现的地形地貌，可形成有分有合，有起有伏、千姿百态的峰、峦、岭、谷、崖、壁、洞、窟、湖、池、溪、涧、堤、岛、草原、田野等不同格调的地形景观。峰峦具有浑厚雄伟的壮丽景象，沟谷的景色则古奥幽深，湖池表现出淡泊清远的平和景观，而溪涧则显得生动活泼、灵巧多趣。

地形改造在很大程度上决定园林景观面貌。园林地形还为人们提供观景的位置和条件。坡地上、山顶上能让人登高望远，极目远望，观赏辽阔无边的原野景致；草地、广场、湖池等平坦地形，可以使园林内部的立面景观集中地显露出来，让人们直接观赏到园林整体的艺术形象。在湖边的凸形岸段，能够观赏到湖周的大部分景观，观景条件良好。而狭长的谷地地形，则能够引导视线集中投向谷地的端头，使端头处的景物显得突出、醒目。

2.1.1.4 工程作用

地形因素在园林的给排水工程、绿化工程、环境生态工程和建筑工程中都起着重要的作用。由于地表的径流量、径流方向和径流速度都与地形有关，因而地形过于平坦时就不利于排水，容易积涝。而当地形坡度太陡时，径流量就比较大，径流速度也太快，从而引起地面冲刷和水土流失。因此，创造一定的地形起伏，合理安排地形的分水和汇水线，使地形具有较好的自然排水条件，是充分发挥地形排水工程作用的有效措施。

地形条件对园林绿化工程的影响作用，在山地造林、湿地植树、坡面种草和一般植物的生长等方面，有明显的表现。同时，地形因素对园林管线工程的布置、施工和对建筑、道路的基础施工都存在着有利和不利的影响。

地形还能影响光照、风向以及降水量等，也就是说，地形能改善局部地区的小气候条件。如某区域要受到冬季阳光的直接照射，就要使用朝南的坡向；而要阻挡冬季寒风，则可利用凸面地形、脊地或土丘等。反过来说，在夏季炎热地方也可以利用地形来汇集和引导夏季风，改善通风条件，降低炎热程度(图 2-2)。

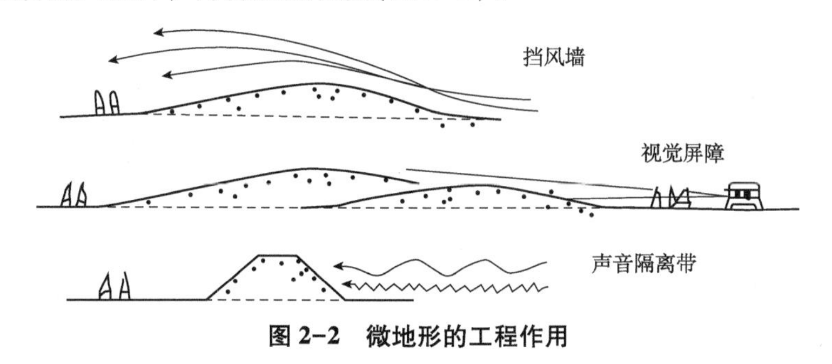

图 2-2 微地形的工程作用

2.1.2 园林地形的类型

地形可以通过各种途径加以分类和评价。对于园林造景来说，坡度是影响地形的视觉和功能特征最重要的因素之一，从这个角度可以把地形分为平地、坡地、山地 3 类。

2.1.2.1 平地

确切的描述是指园林地形中坡度小于 4%的较平坦用地。平地对于任何种类的密集活动都是适用的。园林中，平地适于建造建筑，开辟大面积水体，铺设广场、停车场、道路，建设游乐场，铺设草坪草地，建设苗圃等。因此，现代公共园林中必须设有一定比例的平地形以供人流集散以及交通、游览需要。

平坦的地形还可以作为统一协调园景的要素。它从视觉和功能方面将景观中多种成分相互交织在一起，统一成整体。一览无余的平地，本身只有一个平地空间，就不存在地形的统一问题。而在一般的平地中，景物比较多，容易产生前景遮掩后景的现象，再加上经过空间分隔的处理，一块平地被分隔为几块小平地。这样，在一块小平地上看不到另一块平地，即使有不统一的地方，也不能相互见到。因此，平地地形具有统一空间景观或解决统一景观问题的作用，平地景观看起来容易显得协调和统一。

平地有利于营造植物景观。园林树木与草本地被植物在平地上可获得最佳的生态环境，能创造出四季不同的季相景观。而如何形成合理的植物群落结构，也与地形有着不可分割的关系。一般的平地植物空间可分为林下空间、草坪空间、灌草丛空间以及疏林草地空间等，这些空间形态都能够在平地条件下获得最好的景观表现。对地面的形状、起伏、变化等进行一系列的处理，都能获得变化多样的植物景观效应。从地表径流的情况来看，平地的径流速度最慢，有利于保护地形环境，减少水土流失，维持地表的生态平衡。

在平地上要特别强调排水通畅，地面要避免积水。为了排除地面水，要求平地也具有一定坡度，坡度大小可根据地被植物覆盖和排水坡度而定。

2.1.2.2　坡地

坡地指倾斜的地面，园林中可以结合坡地形进行改造，使地面产生明显的起伏变化，增加园林艺术空间的生动性。

坡地地表径流速度快，不会产生积水，但是若地形起伏过大或坡度不大但同一坡度的坡面延伸过长，则容易产生滑坡现象，因此，地形起伏要适度，坡长应适中。坡地按照其倾斜度的大小可以分为缓坡、中坡、陡坡 3 种。

(1) 缓坡

缓坡坡度在 4%～10%。适合于运动和非正规的活动，一般布置道路和建筑基本不受地形限制。缓坡地可以修建为活动场地、草坪、疏林草地等。缓坡地不宜开辟面积较大的水体。

(2) 中坡

中坡坡度在 10%～25%。在这种地形中，建筑和道路的布置会受到限制。垂直于等高线的道路要做成梯道，建筑一般要顺着等高线布置并结合现状进行地形改造，且占地不宜过大。除溪流外不宜开辟较大面积的水体。植物种植不受限制。

(3) 陡坡

陡坡坡度在 25%～50%。陡坡的稳定性较差，易滑坡甚至塌方，因此，在陡坡地段的地形改造一般要考虑加固措施，如建造护坡、挡土墙等。

陡坡上布置较大规模建筑会受到很大限制，并且土方工程量很大。如布置道路，一般要做成较陡的梯道；如要通车，则要顺应地形起伏做成盘山道。陡坡地形更难设计较大面积水体，只能布置小型水池。陡坡地上土层较薄，水土流失严重，植物生根困难，因此陡坡地种植树木较困难，如要对陡坡进行绿化可以先对地形进行改造，改造成小块平整土地，或在岩石缝隙中种植树木，必要时可以对岩石打眼处理，留出种植穴并覆土种植。

2.1.2.3 山地

同坡地相比，山地的坡度在50%以上。山地根据坡度大小又可分为急坡地和悬坡地两种。急坡地地面坡度为50%~100%；悬坡地是地面坡度在100%以上的坡地。

由于山地尤其是石山地的坡度较大，因此在园林地形中往往能表现出奇、险、雄等造景效果。

- 山地上不宜布置较大建筑，只能通过地形改造点缀亭、廊等小建筑。
- 山地上道路布置也较困难，在急坡地上，车道只能曲折盘旋而上，游览道需做成高而陡的爬山磴道；而在悬坡地上，布置车道则极为困难，爬山磴道边必须设置攀登用扶手栏杆或扶手铁链。
- 山地上一般不能布置较大水体，但可结合地形设置瀑布、跌水等小型水体。
- 山地与石山地的植物生存条件比较差，适宜抗性好、生性强健的植物生长。但是，利用悬崖边、石壁上、石峰顶等险峻地点的石缝石穴，配置形态优美的青松、红枫等风景树，可以得到犹如盆景树石般的艺术景致。地面分级与使用可参见表2-1所列。

表2-1 地面坡度分级及使用

分级	坡度(%)	使用场合
平坡	0~2	建筑、道路布置不受地形坡度限制，可随意安排。坡度小于3%时应注意组织排水
缓坡	2~5	建筑宜平行等高线或与之斜交布置，若垂直等高线，其长度不宜超过30~50m，否则需结合地形做错层、跃落等处理；非机动车道尽可能不垂直等高线布置，机动车道则可随意选线。地形起伏可使建筑及环境景观丰富多彩
	5~10	建筑、道路最好平行等高线布置或与之斜交。如与等高线垂直或大角度斜交，建筑需结合地形设计，做跃落、错层处理。机动车道需限制其坡长
中坡	10~25	建筑应结合地形设计，道路要平行或与等高线斜交迂回上坡。布置较大面积的平坦地，填、挖土方量甚大。人行道如与等高线做较大角度斜交布置，也需做台阶
陡坡	25~50	用作城市居住区建设用地，施工不便、费用大。建筑必须结合地形个别设计，不宜大规模建设。在山地城市用地紧张时仍可使用
急坡	>50	通常不宜用于居住建设

2.2 园林用地竖向设计

园林用地的原有地形，往往不能满足园林总体设计的地形、建筑物、园林小品、植物造景的标高要求，需要将原有地形加以改造，进行垂直方向的竖向布置，使改造后的设计地形能满足园林建设项目的需要，即竖向设计。

竖向设计是指在一块场地上进行垂直于水平方向的布置和处理。园林用地的竖向设计就是园林中各个景点、各种设施及地貌等在高程上如何创造高低变化和协调统一的设计。

园林竖向设计是园林总体设计阶段至关重要的内容，它是在拟定界限的原地形的基础上，从园林的使用功能出发，确定园林的地形地貌、建筑、道路、广场、绿地之间的用地坡度、控制点高程、规划地面形式及场地高程，使园林用地与四周环境之间，园林内部各组成要素之间，在高程上有一个合理关系，增强园林景观效果。使园林在景观上美妙生动，使用上美观舒适，工程上经济合理。

竖向设计的任务就是从最大限度地发挥园林的综合功能出发，统筹安排园内各种景点、设施和地貌景观之间的关系；使地上地下设施之间、山水之间、园内与园外之间在高程上有合理的关系。图 2-3 为一个游园的竖向设计平面图。

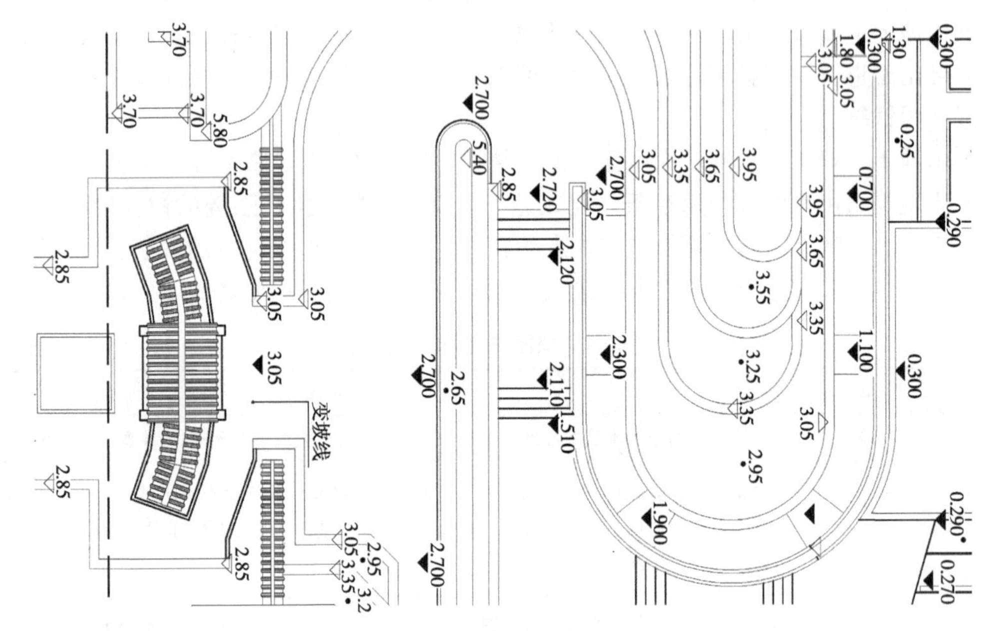

图 2-3　竖向设计平面图示例

2.2.1　竖向设计的原则

2.2.1.1　功能优先，造景并重

满足园林建设项目的使用要求，根据公园的类型和公园的使用功能出发，安全、适用、舒适、美观。按照建、构筑物使用功能要求，合理安排其位置，使建、构筑物间交通联系方便、简捷、通畅，并满足消防要求，符合景观环境及生态环境要求。

2.2.1.2　因地制宜，适度改造

充分利用自然地形，对地形的改造要因地制宜，因势利导，减少不必要的土方施工。设计上应采取措施，避免造成水土流失，尽可能保护场地原有的生态条件和风貌，体现不同场地的个性与特色。根据场地特征，适度进行地形改造，改善环境中不利的地形条件，使园林地形富于变化，利用地形组织空间和控制视线。

2.2.1.3　填挖结合，土方平衡

改造地形时，应考虑建筑物的布置及空间效果，减少土石方工程量和各种工程构筑物的工程量，并力求填、挖方就近平衡，运距最短，从而降低工程造价。当挖方大于填方量

时，应尽可能就地堆填处理，土方尽量不外运；挖方量小于应有填方量时，应尽可能就近取土。

2.2.2 竖向设计的内容

2.2.2.1 地形设计

地形是园林构成的要素之一，是组景及构景的主要因素，园林中的其他要素（道路、建筑、植物）都与地形相联系。地形是风景建设组成的依托基础和底界面，也是整个园林景观的骨架，地形基本上决定了环境总的顺序与形态，决定了园林的风格和形式。

地形设计是竖向设计的主要内容。以总体设计为依据，合理确定地表起伏变化形态，如峰、峦、坡、谷等地貌的设置以及它们的相对位置、形状、大小、高程比例关系等都要通过地形设计来解决。

2.2.2.2 水体设计

主要是确定水际的轮廓线，创造良好的景观效果，确定岸顶、湖底的高程及水位线，解决水的来源与排放问题。应考虑为水生、湿生、沼生植物等不同的生物学特性创造地形。为保证游人安全，水体深度，一般控制在1.5~1.8m。硬底人工水体的近岸2m范围内的水深不得大于0.7m，超过者应设护栏。无护栏的园桥、汀步附近2m范围以内，水深不得大于0.5m。

2.2.2.3 园路广场设计

主要确定道路（包括广场、台阶、坡道）的纵横向坡度及转折点、交叉点、变坡点高程。人行道纵坡坡度以5%为宜，>8%时行走费力，宜采用台阶，台阶宜集中设置。在寒冷地区，冬季冰冻、多积雪。为安全起见，广场的纵坡应小于7%，横坡不大于2%；停车场的最大坡度不大于2.5%；一般园路的坡度不宜超过8%。园路坡度过大时应设台阶，且台阶应集中设置。为了游人行走安全，避免设置单级台阶。另外，为方便伤残人员使用轮椅和游人推童车游园，在设置台阶处应附设坡道。交叉口纵坡坡度≤2%，并保证主要交通平顺。

2.2.2.4 建筑设计

竖向设计中，对于建筑及其小品应标明地坪与周围环境的高程关系，并保证排水通畅。大比例图纸建筑应标注各角点标高。例如，在坡地上的建筑，是随形就势还是设台筑屋。在水边上的建筑物或小品，则要标明其与水体的关系。建筑室内地坪应高于室外地坪，其高度差为：住宅30~60cm，学校、医院45~90cm。

2.2.2.5 植物种植在高程上的要求

在规划过程中，公园基地上可能会有些有保留价值的老树，其周围的地面依设计增高或降低，应在图纸上标注出保护老树的范围、地面标高和适当的工程措施。

植物对地下水很敏感，有的耐水，有的不耐水，如雪松、马尾松、栾树等，当地下水浸渍其部分根系时，即会枯萎。水生植物种植，不同的水生植物对水深有不同要求，有湿生、沼生、水生等多种。例如，荷花适宜生活于水深0.6~1.0m的水中，过深过浅均会影响其正常生长。草坪的坡度最小为0.3%，最大为10%。因此，地形设计时应为不同植物创造出不同的环境条件。

2.2.2.6 排水设计

在地形设计的同时，要充分考虑地面水的排除问题。合理划分汇水区域，确定径流走向，通常不准出现积留雨水的洼地。一般规定，无铺装地面的最小排水坡度为0.5%，铺装地面为0.3%。具体排水坡度要根据土壤性质、汇水区大小、植被情况等因素而定。

根据排水和护坡的实际需要，合理配置必要的排水构筑物如雨水口、检查井、出水口、截水沟、排洪沟、排水渠以及工程构筑物如挡土墙、护坡等，建立完整的排水管渠系统和土地保护系统。

2.2.2.7 管道综合

园内各种管道(如供水、排水、供暖及煤气管道等)，难免有些地方会出现交叉，在规划上就需按一定原则，统筹安排各种管道，合理处理交叉时的高程关系以及它们和地面上的建筑物、构筑物、园内乔灌木的关系。

2.2.3 竖向设计的方法

园林竖向设计采用的方法主要有3种：等高线法、高程箭头法、断面法。等高线法是园林地形设计的主要方法，一般用于整个园林地形的竖向设计；高程箭头法又称流水分析法，主要在表示坡面方向和地面排水方向时使用；断面法常用在地形比较复杂的地方，表示地形的复杂变化。

2.2.3.1 等高线法

在地形变化不很复杂的丘陵、低山区进行园林竖向设计，大多采用等高线法(图2-4)。这种方法能够比较完整地将任何一个设计用地或一条道路与原来的自然地貌做比较，随时一目了然地判别出设计的地面或路面的挖填方情况，是园林设计中使用最多的方法。一般地形测绘图都是用等高线或点标高表示的。在绘有原地形等高线的地图上用设计等高线进行地形改造，便可表达原有地形、设计地形状况及公园的平面布置、各部分高程关系，非常方便设计过程中方案的比较和修改，最适宜自然山水园的土方计算。

用设计等高线和原有地形的自然等高线，可以在图上表示地形被改动的情况。绘图时，设计等高线用细实线绘制，自然等高线则用细虚线绘制。在竖向设计图上，设计等高线低于自然等高线之处为挖方，高于自然等高线处则为填方。

(1)等高线的概念

等高线是一组垂直间距相等、平行于水平面的假想面与自然地貌相交，所得到的交线在平面上的投影。给这组投影线标注上数值，便可用它在图纸上表示地形的高低陡缓、峰峦位置、坡谷走向及溪池的深度等内容(图2-5)。

(2)等高线的性质

①在同一条等高线上的所有的点，其高程都相等。

②每一条等高线都是闭合的。由于图界或图框的限制，在图纸上不一定每根等高线都能闭合，但实际上它们还是闭合的。

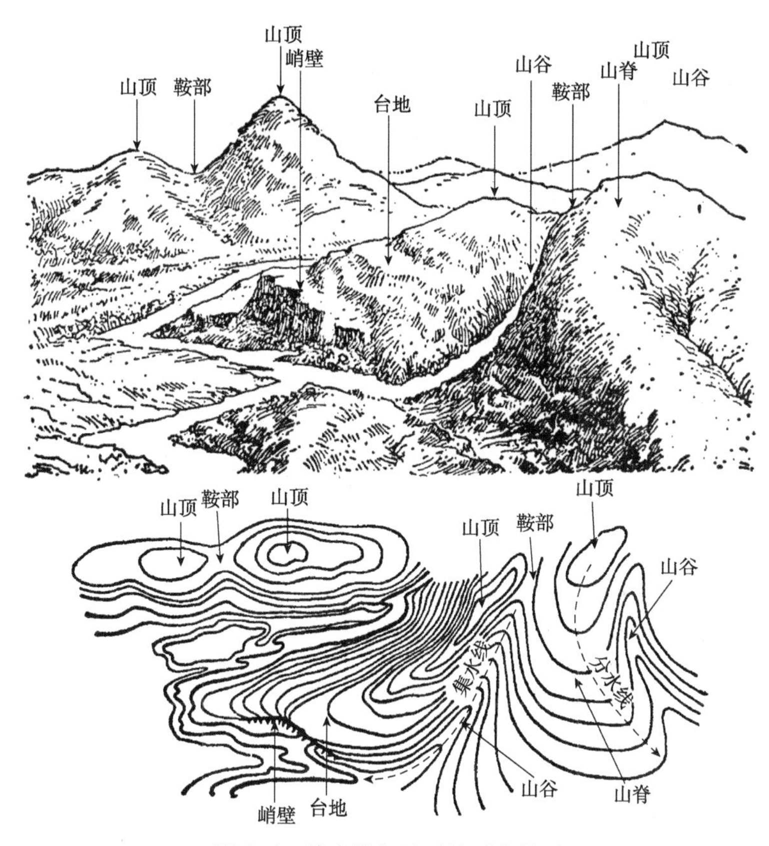

图 2-4 等高线与地形的对应关系

③等高线水平间距的大小表示地形的缓或陡，如疏则缓，密则陡(图 2-6)。等高线的间距相等，表示该坡面的角度相同，如果该组等高线平直，则表示该地形是一处平整过的同一坡度的斜坡。

④等高线一般不相交或重叠，只有在悬崖处等高线才可能出现相交情况。在某些垂直于地平面的峭壁、地坎或挡土墙驳岸处等高线才会重合在一起。

⑤等高线在图纸上不能直接穿过河谷、堤岸和道路等。由于以上地形单元或构筑物在高程上高出或低于周围地面，所以等高线在接近低于地面的河谷时转向上游延伸，而后穿越河床，再向下游走出河谷；如遇高于地面的堤岸或路堤，等高线则转向下方，横过堤顶再转向上方而后走向另一侧。

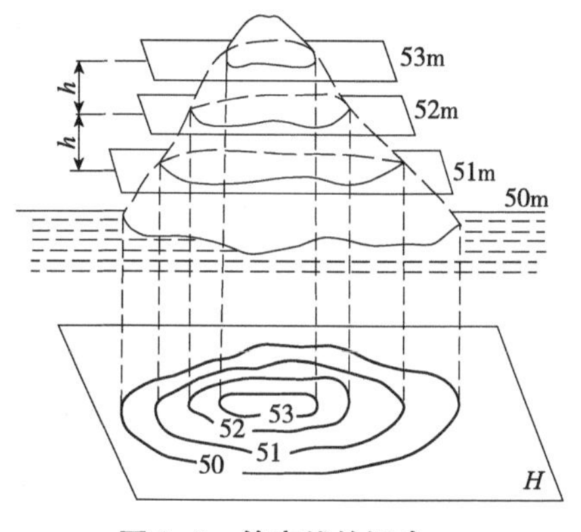

图 2-5 等高线的概念

(3) 用设计等高线进行竖向设计

用设计等高线进行设计时，经常要用到两个公式，一是用插入法求两相邻等高线之间任意点高程的公式；二是坡度公式。

①用插入法求两相邻等高线之间任意点高程的公式

$$H_x = H_a \pm xh/L \tag{2-1}$$

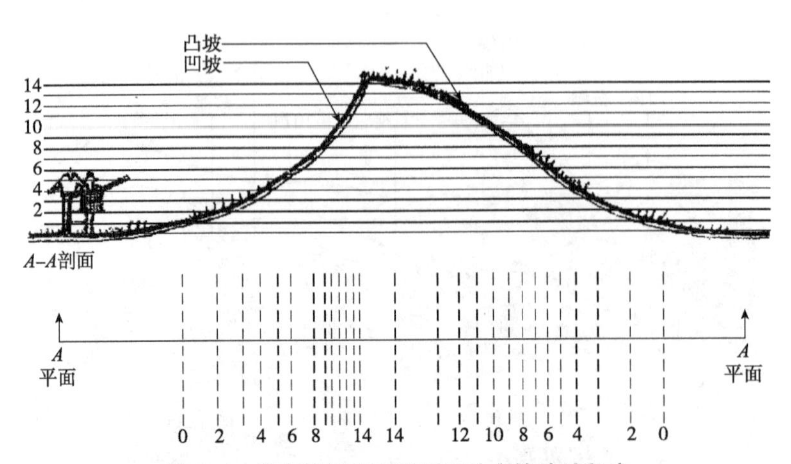

图 2–6 等高线的疏密说明了坡度的陡峭程度

式中 H_x——任意点的高程，m；

H_a——低边等高线的高程，m；

x——该点距低边等高线的水平距离，m；

h——等高距，m；

L——过该点的相邻等高线间的最小距离，m。

用插入法求某点地面高程时，常有下面 3 种情况，如图 3–7 所示。

a. 欲求点高程 H_x 在两等高线之间时：

$$H_x=H_a+xh/L \quad (2\text{–}2)$$

b. 欲求点高程 H_x 在低边等高线的下方时：

$$H_x=H_a-xh/L \quad (2\text{–}3)$$

c. 欲求点高程 H_x 在高边等高线的上方时：

$$H_x=H_a+xh/L \quad (2\text{–}4)$$

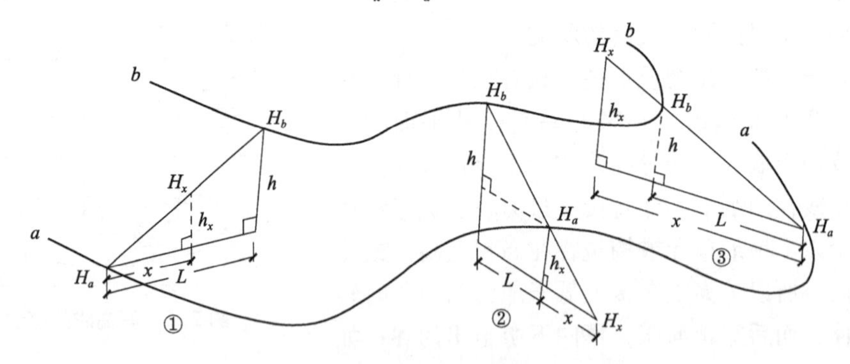

图 2–7 用插入法求高程

①H_x 在两等高线之间 ②H_x 在低边等高线的下方 ③H_x 在高边等高线的上方

②坡度公式 其中，坡度公式为：

$$i=h/L \quad (2\text{–}5)$$

式中 i——坡度，%；

h——高差，m；

L——水平间距，m。

(4)设计等高线在设计中的具体应用

①陡坡变缓坡(图 2-8)或缓坡改陡坡(图 2-9)　等高线间距的疏密表示着地形的陡缓。再设计时，如果高差 h 不变，可用改变等高线间距 L 来减缓或增加地形的坡度。

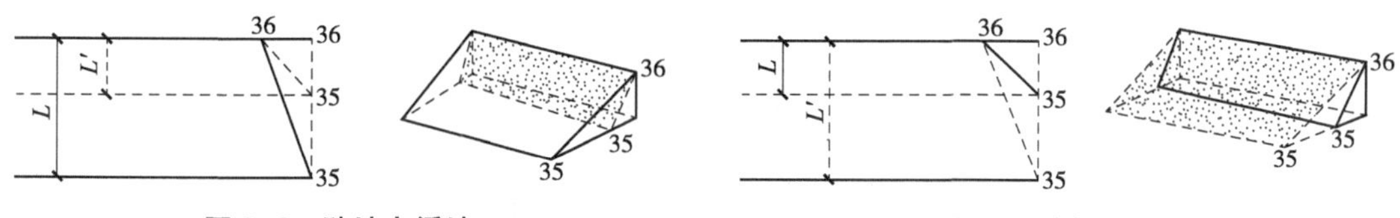

图 2-8　陡坡变缓坡　　图 2-9　缓坡改陡坡

②平垫沟谷　在园林建设过程中，有些沟谷地段需垫平。平垫这类场地的设计，可以用平直的设计等高线和拟平垫部分的同值等高线连接。其连接点就是不挖不填的点，也叫“零点”，这些相邻零点的连线，叫作“零点线”，也就是垫土的范围。如果平垫工程不需按某一指定坡度进行，则设计时只需将拟平垫的范围在图上大致框出，再以平直的同值等高线连接原地形等高线即可。如果将沟谷部分依指定的坡度平整成场地，则设计等高线应相互平行，间距相等(图 2-10)。

③削平山脊　将山脊铲平的设计方法和平垫沟谷的方法相同，只是设计等高线所切割的原地形等高线方向正好相反(图 2-11)。

④平整场地　园林中的场地包括铺装广场、建筑地坪、各种文体活动场地和较平缓的种植地段，如草坪、较宽的种植带等。非铺装场地对坡度要求不那么严格，目的是垫洼平凹，将坡度理顺，而地表坡度则任其自然起伏，排水通畅即可。铺装地面的坡度则要求严格，各种场地因其使用功能不同对坡度的要求也各异。通常为了排水，最小坡度大于 5%，一般集散广场坡度在 1%～7%，足球场 3%～4%，篮球场 2%～5%，排球场 2%～5%，这类场地的排水坡度可以是沿长轴的两面坡或沿横轴的两面坡，也可以设计成四面坡，这取决于周围环境条件。一般铺装场地都采取规则的坡面(图 2-12)。

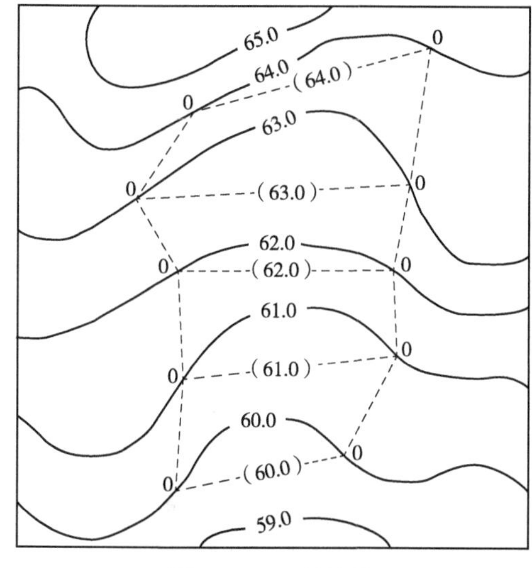

图 2-10　平垫沟谷

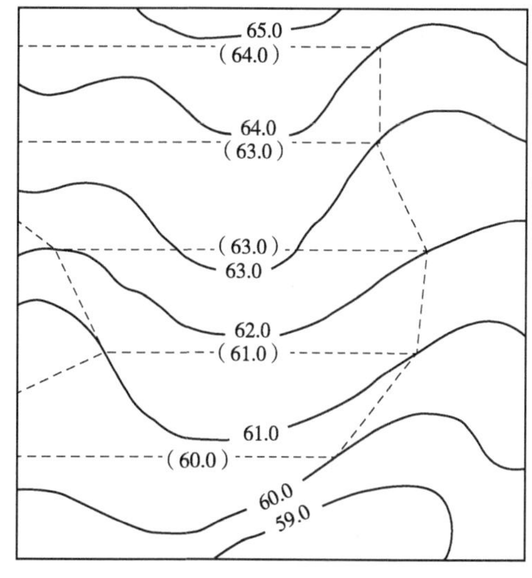

图 2-11　削平山脊

⑤园路设计等高线的计算和绘制　园路的平面位置，纵横坡度，转折点的位置及标高经设计确定后，便可按坡度公式确定设计等高线在图面上的位置、间距等，并处理好它与周围地形的竖向关系。

2.2.3.2　高程箭头法

高程箭头法能够快速判断设计地段的自然地貌与规划总平面地形的关系。它借助于水从高处流向低处的自然特性，在地图上用细线小箭头表示人工改变地貌时大致的地形变化情况，表示对地面坡向的具体处理情况，并且比较直观地表明了不同地段、不同坡面地表水的排除方向，反映出对地面排水的组织情况。它还根据等高线所指示的地面高程，大致判断和确定园路路口中心点的设计标高和园林建筑室内地坪的设计标高，如图 2-13 所示。

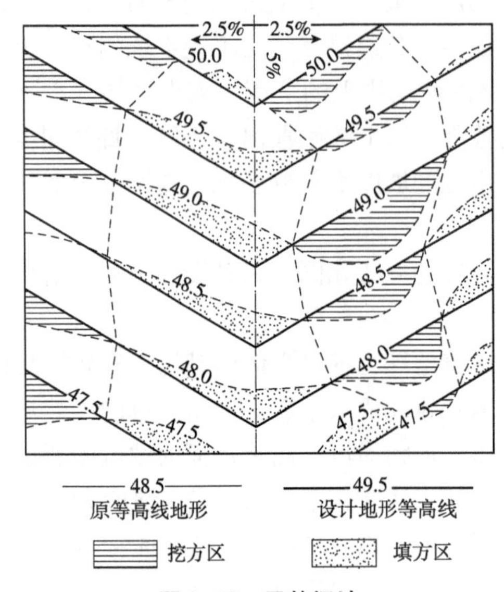

图 2-12　平整场地

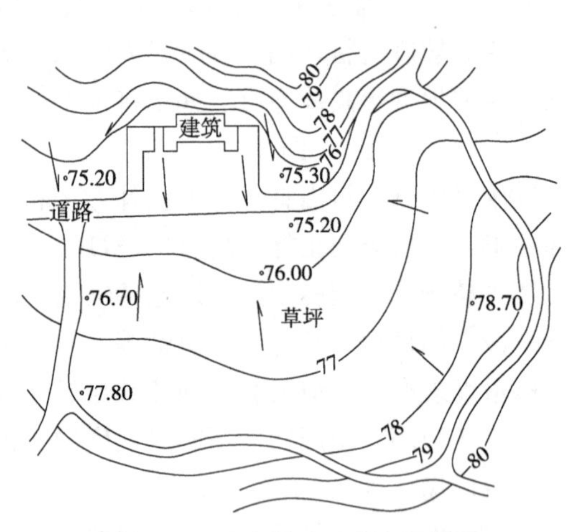

图 2-13　高程箭头法竖向设计图

这种竖向设计方法的特点是：对地面坡向变化情况比较直观，容易理解；设计工作量小，图纸易于修改和变动，绘制图纸的过程比较快。其缺点是：对地形竖向变化的表达比较粗略，在确定标高的时候要有综合处理竖向关系的工作经验。因此，高程箭头法比较适于在园林竖向设计的初步阶段使用，也可在地貌变化复杂时，作为一种指导性的竖向设计方法。

2.2.3.3　断面法

断面法是用许多断面表示原有地形和设计地形状况的方法，此法便于计算土方量。应用断面法设计园林用地，首先要有较精确的地形图。

断面的取法可以沿所选定的轴线取设计地段的横断面，断面间距视所要求精度而定，也可以在地形图上绘制方格网，方格边长可依设计精度确定。各角点的原地形标高和设计标高进行比较，求得各点的施工标高，依据施工标高沿方格网的边线绘制出断面图，沿方格网长轴方向绘制的断面图叫纵断面图；沿其短轴方向绘制的断面图叫横断面图。

从断面图上可以了解各方格点上的原地形标高和设计地形标高，这种图纸便于土方量计算，也方便施工。

2.2.4 竖向设计的步骤

竖向设计是一项细致而烦琐的工作，设计和调整、修改的工作量都很大。但不管是用设计等高线法还是用纵横断面设计法等进行设计，一般都要经过以下设计步骤。

2.2.4.1 资料的收集

设计进行之前，要详细地收集各种设计技术资料，并且要进行分析、比较和研究，对全园地形现状及环境条件的特点要做到心中有数，需要收集的主要资料如下：

①园林用地及附近地区的地形图，比例1∶500或1∶1000，这是竖向设计最基本的设计资料，必须收集到，不能缺少。

②当地水文地质、气象、土壤、植物等的现状和历史资料。

③城市规划对园林用地及附近地区的规划资料，市政建设及地下管线资料。

④园林总体规划初步方案及规划所依据的基础资料。

⑤所在地区的园林施工队伍状况和施工技术水平、劳动力素质与施工机械化程度等方面的参考材料。

资料的收集原则是：关键资料必须齐备，技术支持资料要尽量齐备，相关的参考资料越多越好。

2.2.4.2 现场踏勘与调研

在掌握上述资料的基础上，应亲临园林建设现场，进行认真的踏勘、调查，并对地形图等关键资料进行核实。如发现地形、地物现状与地形图上有不吻合处或有变动处，要搞清变动原因，进行补测或现场记录，以修正和补充地形图的不足之处。对保留利用的地形、水体、建筑、文物古迹等要加以特别注意，记载下来。对现有的大树或古树名木的具体位置，必须重点标明。还要查明地形现状中地面水的汇集规律和集中排放方向及位置，城市给水干管接入园林的接口位置等情况。

2.2.4.3 设计图纸的表达

竖向设计应是总体规划的组成部分，需要与总体规划同时进行。在中小型园林工程中，竖向设计一般可以结合在总平面图中表达。但是，如果园林地形比较复杂，或者园林工程规模比较大，在总平面图上就不易清楚地把总体规划内容和竖向设计内容同时表达得很清楚。因此，就要单独绘制园林竖向设计图。

根据竖向设计方法的不同，竖向设计图的表达也有高程箭头法、纵横断面法和设计等高线法3种方法。由于在前面已经讲过纵横断面设计法的图纸表达方法，就按高程箭头法和设计等高线法相结合进行竖向设计的情况来介绍图纸的表达方法和步骤。

①在设计总平面底图上，用红线绘出自然地形。

②在进行地形改造的地方，用设计等高线对地形作重新设计，设计等高线可暂以绿色线条绘出。

③标注园林内各处场地的控制性标高和主要园林建筑的坐标、室内地坪标高以及室外平整标高。

④注明园路的纵坡度、变坡点距离和园路交叉口中心的坐标及标高。

⑤注明排水明渠的沟底面起点和转折点的标高、坡度和明渠的高宽比。

⑥进行土方工程量计算，根据算出的挖方量和填方量进行平衡；如不能平衡，则调整部分地方的标高，使土方量基本达到平衡。

⑦用排水箭头，标出地面排水方向。

⑧将以上设计结果汇总，绘出竖向设计图。绘制竖向设计图的要求如下：

图纸平面比例：采用1：200~1：1000，常用1：500。

等高距：设计等高线的等高距应与地形图相同。如果图纸经过放大，则应按放大后的图纸比例，选用合适的等高距。一般可用的等高距在0.25~1.0m。

图纸内容：用国家颁发的《总图制图标准》(GB/T 50103—2010)所规定的图例，表明园林各项工程平面位置的详细标高，如建筑物、绿化、园路、广场、沟渠的控制标高等；并要表示坡面排水走向。作土方施工用的图纸，则要注明进行土方施工各点的原地形标高与设计标高，表明填方区和挖方区，编制出土方调配表。

⑨在有明显特征的地方，如园路、广场、堆山、挖湖等土方施工项目所在地，绘出设计剖面图或施工断面图，直接反映标高变化和设计意图，以方便施工。

⑩编制出正式的土方量估算表和土方工程预算表。

⑪将图、表不能表达出的设计要求、设计目的及施工注意事项等需要说明的内容，编写成竖向设计说明书，以供施工参考。

在园林地形的竖向设计中，如何减少土方的工程量，节约投资和缩短工期，对整个园林工程具有很重要的意义。因此，对土方施工工程量应该进行必要的计算，同时还须提高工作效率，保证工程质量。

2.3 园林土方工程基础知识

2.3.1 园林土方工程内容、种类和过程

园林中常见的土方工程包括如下内容：场地平整、挖湖堆山、微地形塑造、基坑(槽)开挖、管沟开挖、路基开挖、地坪填筑、路基填筑及基坑回填。土方工程施工要合理安排施工计划，尽可能避免在雨季施工，同时为了降低工程费用，要根据场地设计内容合理安排土方平衡与调配，保证工程建设顺利完成。

园林土方工程根据其使用期限与施工要求，可分为永久性土方工程和临时性土方工程。在施工时都要求按照质量标准达到足够的稳定性和密实度，使工程质量的艺术造型符合原设计的要求，同时在施工时遵守相关技术规范与原设计的各项要求，从而保证工程的稳定与长久。

土方工程施工包括施工准备、土方开挖、运输、填筑、压(夯)实、修整、检验等施工过程，如有必要还需进行排水、降水和支护等工作。

2.3.2 土的工程性质

土的工程性质对土方工程的稳定性、施工方法、工程量及工程投资有很大关系，同时涉及工程设计、施工技术和施工组织安排。对土方施工影响较大的土的性质包括土壤容重、自然倾斜角(安息角)、含水量、相对密实度与可松性等。

2.3.2.1 土壤的容重

土壤容重指单位体积内天然状况下的土壤重量，单位为 kg/m^3。土壤容重的大小直接影响着施工的难易程度，容重越大挖掘越难。在土方施工中把土壤分为松土、半坚土、坚土等类，所以施工中施工技术和定额应根据具体的土壤类别来制定。

2.3.2.2 土壤的自然倾斜角(安息角)

土壤自然堆积，沉落稳定后的表面与地平面所形成的夹角(图 2-14)，就是土壤的自然倾斜角，以 α 表示。在工程设计时，为了使工程稳定，其边坡坡度数值应参考相应土壤的自然倾斜角的数值，土壤自然倾斜角还受到其含水量的影响。

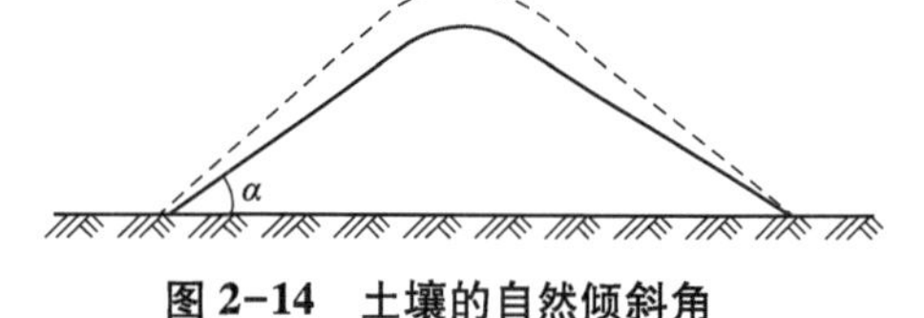

图 2-14 土壤的自然倾斜角

土壤自然倾斜角可以参见表 2-2 所列。

表 2-2 土壤的自然倾斜角

土壤名称	土壤类型			土壤颗粒尺寸(mm)
	干土	潮土	湿土	
砾石	40°	40°	35°	2~20
卵石	35°	45°	25°	20~200
粗砂	30°	32°	27°	1~2
中砂	28°	35°	25°	0.5~1
细砂	25°	30°	20°	0.05~0.5
黏土	45°	35°	15°	0.001~0.005
壤土	50°	40°	30°	
腐殖土	40°	35°	25°	

土方工程不论是挖方还是填方都要求有稳定的边坡。进行土方工程的设计或施工时，应该结合工程本身的要求(如填方或挖方，永久性或临时性)以及当地的具体条件(如土壤的种类及分层情况/压力情况)使挖方或填方的坡度合乎技术规范的要求，如情况在规范之外，必须进行实地测试来决定。

土方工程的边坡坡度(i)以其高(h)和水平距(L)之比表示，如图 2-15 所示。

$$i=h/L=\tan\alpha \tag{2-6}$$

工程上习惯以 1∶m 表示，m 是坡度系数。

1∶m=1∶L/h，所以，坡度系数是边坡坡度的倒数，如边坡坡度为 1∶3 的边坡，也可叫作坡度系数 m=3 的边坡。

土壤的自然倾斜角在高填或深挖时，应考虑土壤各层分布的土壤性质以及同一土层中土壤所受压力的变化，根据其压力变化采取相应的边坡坡度。例如，填筑座高 12m 的山(土壤质地相同)，因考虑到各层土壤所承受的压力不同，可按其高度分层确定边坡坡度，如图 2-16 所示。由此可见挖方或填方的坡度是否合理，直接影响着土方工程的质量与数量，从而也影响到工程投资。关于边坡坡度的规定见表 2-3 至表 2-6。

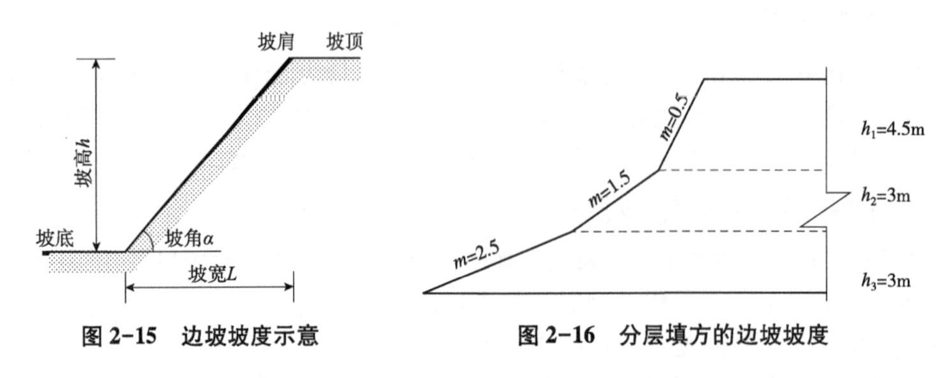

图 2-15　边坡坡度示意　　**图 2-16　分层填方的边坡坡度**

表 2-3　永久性土工结构物挖方的边坡坡度

项次	挖方性质	边坡坡度
1	天然湿度，层理均匀、不易膨胀的黏土、砂质黏土、黏质砂土和砂类土内挖方深度≤3m	1∶1.25
2	土质同上，挖深 3~12m	1∶1.5
3	在碎石土和泥炭土内挖方，深度为 12m 及 12m 以下，根据土的性质，层理特性和边坡高度确定	1∶0.5~1∶1.5
4	在风化岩石内挖方，根据岩石性质、风化程度、层理特性和挖方深度确定	1∶0.2~1∶1.5
5	在轻微风化岩石内挖方，岩石无裂缝且无倾向挖方坡角的岩层	1∶0.1
6	在未风化的完整岩石内挖方	直立

表 2-4　深度在 5m 内的基坑、基槽和管沟边坡的最大坡度(不加支撑)

项次	土类名称	边坡坡度		
		人工挖土并将土于坑、槽或沟的上边	机械施工	
			在坑、槽或沟底挖土	在坑、槽或沟的上边挖土
1	砂土	1∶0.75	1∶0.67	1∶1
2	黏质砂土	1∶0.67	1∶0.5	1∶0.75
3	砂质黏土	1∶0.5	1∶0.33	1∶0.75
4	黏土	1∶0.33	1∶0.25	1∶0.67
5	含砾石卵石土	1∶0.67	1∶0.5	1∶0.75
6	泥灰岩白垩土	1∶0.33	1∶0.25	1∶0.67
7	干黄土	1∶0.25	1∶0.1	1∶0.33

表 2-5　永久性填方的边坡坡度

项次	土的种类	填方高度(m)	边坡坡度
1	黏土、粉土	6	1∶1.5
2	砂质黏土、泥灰岩土	6~7	1∶1.5

（续）

项次	土的种类	填方高度(m)	边坡坡度
3	黏质砂土、细砂	6~8	1：1.5
4	中砂和粗砂	10	1：1.5
5	砾石和碎石块	10~12	1：1.5
6	易风化的岩石	12	1：1.5

表 2-6 临时性填方的边坡坡度

项次	土的种类	填方高度(m)	边坡坡度
1	砂石土和粗砂土	12	1：1.25
2	天然湿度的黏土、砂质黏土和砂土	8	1：1.25
3	大石块	6	1：0.75
4	大石块(平整的)	5	1：0.5
5	黄土	3	1：1.5

2.3.2.3 土壤含水量

土壤的含水量是土壤孔隙中的水重和土壤颗粒重的比值。

土壤含水量在5%内称干土，在30%以内称潮土，大于30%称湿土。土壤含水量的多少，对土方施工的难易也有直接的影响，土壤含水量过小，土质过于坚实，不易挖掘。含水量过大，土壤易泥泞，也不利施工，要用抽水泵将水抽走，人力或机械施工，工效均降低。以黏土为例含水量在30%以内最易挖掘，若含水量过大时，则其本身性质发生很大变化，并丧失其稳定性，此时无论是填方或挖方其坡度都显著下降，因此含水量过大的土壤不宜作回填之用。

2.3.2.4 土壤的相对密实度

土壤的相对密实度表示土壤在压实后的密实程度，可用下列公式表达：

$$D=(\varepsilon_1-\varepsilon_2)/(\varepsilon_1-\varepsilon_3) \tag{2-7}$$

式中 D——土壤相对密实度；

ε_1——填土在最松散状况下的孔隙比*；

ε_2——经碾压或夯实后的土壤孔隙比；

ε_3——最密实情况下土壤孔隙比。

在填方工程中土壤的相对密实度是检查土壤施工中密实程度的标准，为了使土壤达到设计要求的密实度，可以采用人力夯实或机械夯实。一般采用机械夯实，其密实度可达95%，人力夯实在87%。大面积填方如堆山等，通常不加夯压，而是借土壤的自重慢慢沉落，久而久之也可达到一定的密实度。

---

* 孔隙比指土壤空隙的体积与固体颗粒体积的比值。

2.3.2.5 土壤的可松性

土壤的可松性指土壤经挖掘后，其原有紧密结构遭到破坏，土体松散而使体积增加的性质。这一性质与土方工程的挖土和填土量的计算以及运输等都有很大关系。

土壤可松性可用下式表示：

最初可松性系数 $$K_P=\frac{\text{开挖后土壤的松散体积}V_2}{\text{开挖前土壤的体积}V_1}$$

最后可松性系数 $$K'_P=\frac{\text{运至填方区夯实后的松散体积}V_3}{\text{开挖前土壤的体积}V_1}$$

体积增加的百分比可用下式表示：

$$\text{最初体积增加百分比}=(V_2-V_1)/V_1\times100\%=(K_P-1)\times100\% \tag{2-8}$$

$$\text{最后体积增加百分比}=(V_3-V_1)/V_1\times100\% \tag{2-9}$$

各种土壤体积增加的百分比及其可松性系数见表 2-7 所列。

表 2-7 各级土壤的可松性

土壤的级别	体积增加百分比(%)		可松性系数	
	最初	最后	K_P	K'_P
Ⅰ(植物性土壤除外)	8~17	1~2.5	1.08~1.17	1.01~1.025
Ⅰ(植物性土壤、泥炭、黑土)	20~30	3~4	1.20~1.30	1.03~1.04
Ⅱ	14~28	1.5~5	1.14~1.30	1.015~1.05
Ⅲ	24~30	4~7	1.24~1.30	1.04~1.07
Ⅳ(泥灰岩蛋白石除外)	26~32	6~9	1.26~1.32	1.06~1.09
Ⅳ(泥灰岩蛋白石)	33~37	11~15	1.33~1.37	1.11~1.15
Ⅴ~Ⅶ	30~45	10~20	1.30~1.45	1.10~1.20
Ⅷ~ⅩⅥ	45~50	20~30	1.45~1.50	1.20~1.30

2.3.3 园林工程土方量计算

土方工程量分为两类，一类是建筑场地平整土方工程量，或称为一次土方工程量；另一类是建筑、构筑物基础、道路、管线工程余方工程量，也称为二次土方工程量。土方量的计算是园林用地竖向设计工作的继续和延伸，一般是根据附有原地形等高线的设计地形图来进行的，但通过计算，反过来又可以修订设计图中不合理之处，使设计更完善。此外，土方量计算还是投资预算和施工组织设计等项目的重要依据，因此土方量的计算在园林工程施工中具有重要作用。

土方量的计算工作根据其要求的精确度不同，可分为估算和计算。在总体规划阶段，土方计算不需要特别精确，采用估算的方法即可；在详细规划阶段土方量的计算精度要求较高，需要通过计算确定较为精确的结果。计算土方量的方法很多，常用方法有体积公式估算法、断面法、等高面法和方格网法。

随着技术发展，计算机的应用越来越广泛，在实际工作中除简单的园林工程建设项目外，较复杂的土方量计算已经全部采用软件进行。利用计算机进行土方量计算具有操作简便、易于修改、计算速度快、结果准确等优点，并能够根据场地进行不同方式的计算，汇总挖方填方量等工作，极大地节约了人力与时间。本文所列举的计算方法目的在于让学习者掌握土方量计算的原理，在实际工作中能够明确具体的工作流程。

2.3.3.1 体积公式估算法

体积公式估算法就是利用求体积的公式计算土方量。在造园过程中，把所设计的地形近似地假定为锥体、棱台等几何形体，然后用相应的公式进行体积计算。这种方法简易便捷，但精度不够，一般多用于估算(图 2-17)。

各种近似于几何形状的土方计算公式见表 2-8 所列。

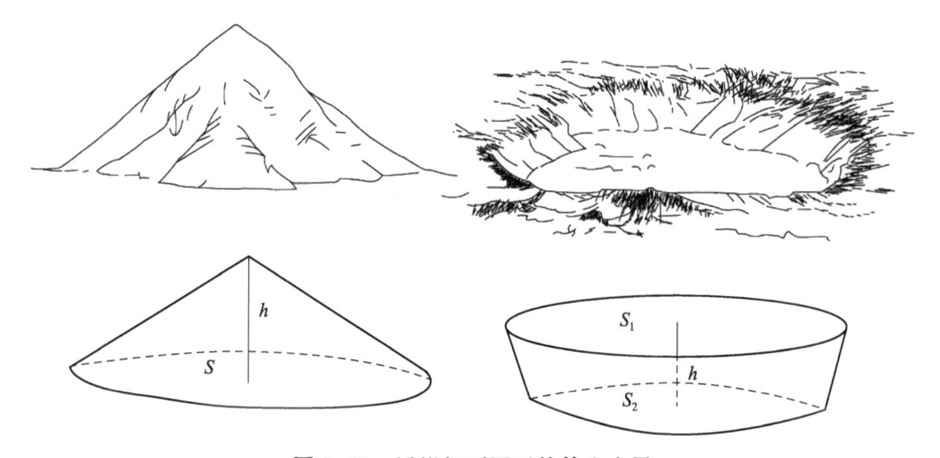

图 2-17 近似规则图形估算土方量

表 2-8 几何体体积计算公式

序号	几何体名称	几何体形状	体积
1	圆锥	h, S, r	$V=\frac{1}{3}\pi r^2 h$
2	圆台	S_1, r_1, h, r_2, S_2	$V=\frac{1}{3}\pi h(r_1^2+r_1 r_2+r_2^2)$
3	棱锥	h, S	$V=\frac{1}{3}Sh$

（续）

序号	几何体名称	几何体形状	体积
4	棱台	S_1 h S_2	$V=\frac{1}{3}h(S_1+S_2+\sqrt{S_1S_2})$
5	球缺	h r	$V=\frac{\pi h}{6}(h^2+3r^2)$
V——体积；r——半径；S——底面积；h——高；S_1、S_2——分别为上下底面积；r_1、r_2——分别为上下底半径			

2.3.3.2 断面法

断面法是一种常用的土方量计算方法，多用于园林地形横纵坡度有规律变化的地段，如图 2-18、图 2-19 所示。当采用高程流水箭头法进行竖向设计时，用断面法计算土方量比较方便。但是这种方法的计算精度也不太高。采用断面法计算土石方工程量的方法和步骤如下：

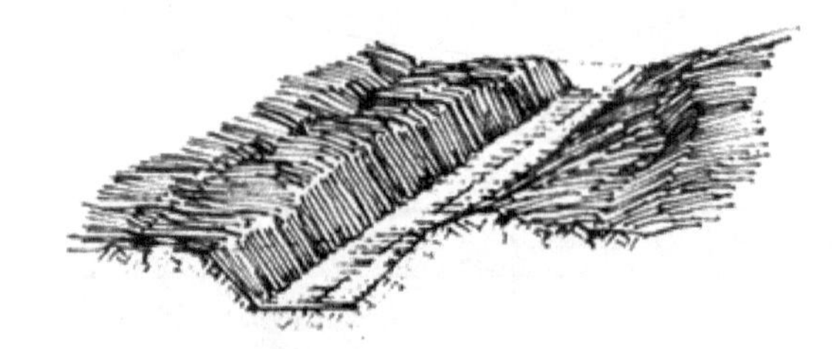

图 2-18 沟渠、路堑

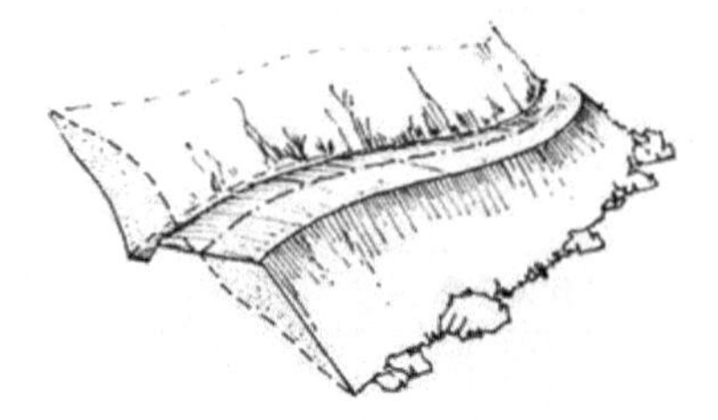

图 2-19 半挖半填路基

(1) 绘制断面图

根据地形变化和竖向规划的情况，在向布置图上先绘出横断面线，绘制方式如图 2-20 所示。断面的位置应设在自然地形变化较大的部位；而断面图的走向，则以垂直于地形等高线为宜。所取断面的数量取决于地形变化情况和对计算结果准确程度的要求。地形复杂，要求计算精度较高时，应多设断面，断面的间距可为 10~30m；地形变化小且变化均匀，要求做初步估算时，断面可以小些，取断面的间距可为 40~100m。断面间距可以是均匀相等的，也可在有特征的地段增加或减少一些断面。

(2) 作断面图

依据各断面的自然标高和设计标高，在纸上按一定比例作出如图 2-20 所示的 S_1、S_2、S_3 等各处的断面形式。作图所用的比例根据计算精度要求而异。一般在水平方向采用 1∶500~1∶2000；垂直方向采用 1∶100~1∶200；最常采用的比例是水平方向 1∶500，

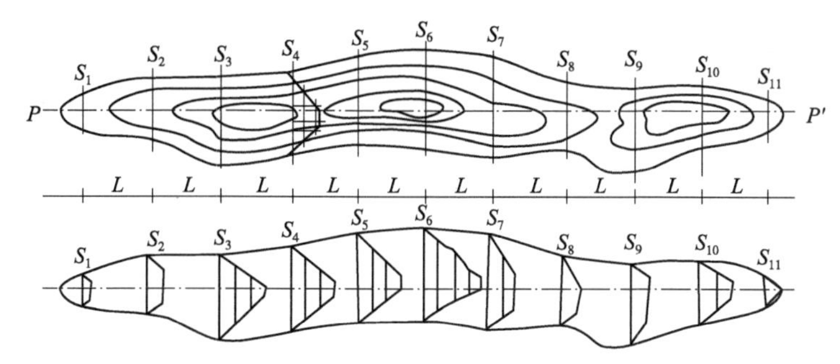

图 2-20 带状土山垂直断面取法

垂直方向 1∶200。

(3)计算各断面挖填面积

每一平面的挖、填面积，都可从坐标纸上直接求得。也可以根据断面上的几何图形，按一般常用的面积计算公式计算得出。

(4)断面法土方量计算

相邻两断面之间的填方量和挖方量，等于两断面的填方面积或挖方面积的平均值乘以两者之间的距离，计算公式如下：

$$V=1/2(S_1+S_2)L \tag{2-10}$$

式中 V——相邻两断面间的挖、填方量，m^3；

S_1——断面 1 的挖、填方面积，m^2；

S_2——断面 2 的挖、填方面积，m^2；

L——相邻两断面间的距离，m。

用断面法计算土方量时，其精度取决于截取断面的数量，多则精，少则粗。当 S_1 与 S_2 面积相差较大，或 L 大于 50m 时，计算结果误差较大。这种情况下，可用下式运算：

$$V=\frac{S_1+S_2+4S_0}{6}\times L \tag{2-11}$$

其中，S_0 表示中截面积，它有以下两种求法：

①用棱台中截面面积公式计算，即：

$$S_0=\frac{S_1+S_2+2\sqrt{S_1S_2}}{4} \tag{2-12}$$

②用 S_1 与 S_2 各相应边的平均值求 S_0 的面积。

常用的断面积计算公式见表 2-9 所列。

表 2-9 常用断面积计算公式

断面形状图示	计算公式
h　1∶n　b	$S=h(b+nh)$

（续）

断面形状图示	计算公式
	$S=h\left[b+\frac{h(m+n)}{2}\right]$
	$S=b\frac{h_1+h_2}{2}+\frac{(m+n)h_1h_2}{2}$
	$S=h_1\frac{a_1+a_2}{2}+h_2\frac{a_2+a_3}{2}+h_3\frac{a_3+a_4}{2}+\cdots+h_5\frac{a_5+a_6}{2}$
	$S=\frac{a}{2}(h_0+2h+h_6)$ $h=h_1+h_2+h_3+h_4+h_5$

计算过程中，最好采用列表汇总的方法把计算结果随时记载下来，以免遗漏和重复，也便于检查、校核和汇总。计算汇总表的格式见表 2–10 所列。

表 2–10　断面法土方计算表

断面编号	填方面积（m^2）	挖方面积（m^2）	断面间距	平均面积（m^2）		土方体积（m^3）	
				填方	挖方	填方	挖方
合计							

2.3.3.3　等高面法

在等高线处取断面土方量的计算方法，就是等高面法。园林中多有自然山水式地形，地面变化情况较为复杂，采用等高面法来计算土方量方便一些。

等高线是将地面上标高相同的点相连接而成的直线和曲线，它是假想的线，实际上是不存在的。它是天然地形与一组有高程的水平面相交后，投影在平面图上绘出的迹线，是地形轮廓的反映。等高线具有线上各点标高相同，线不相交，总是闭合等特点。因此，利用等高线闭合形式的等高面作为土方计算断面，比较方便也有一定精度。

在等高线处沿水平方向取断面(图 2-21)，上下两层水平断面之间的高度差即为等高距值。等高面法与断面法基本相似，是由上底断面面积与下底断面面积的平均值乘以等高距，求得两层断面之间的土方量。这种方法的计算公式如下：

$$V=\left(\frac{S_1+S_n}{2}+S_2+S_3+S_4+\cdots+S_{n-1}\right)\times h+\frac{S_0 h}{3} \tag{2-13}$$

式中 V——土方体积，m^3；

S——各层断面面积，m^2；

h——等高距，m。

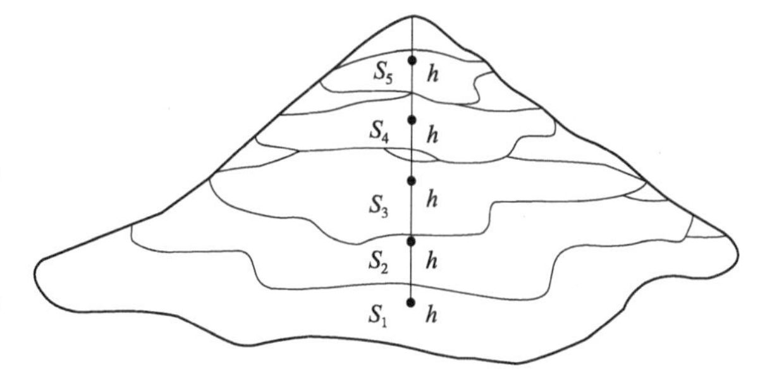

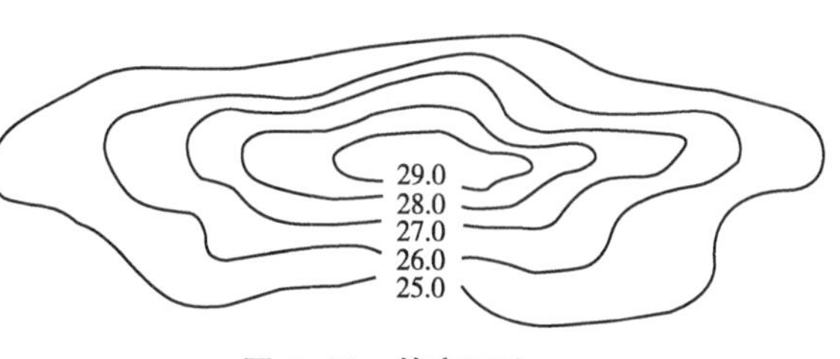

图 2-21 等高面法

采用等高面法进行计算时，一般的步骤如下：

(1) 确定一个计算填方和挖方的交界面——基准面

基准面标高是取设计地面挖掘线范围内的原地形标高的平均值。

(2) 求设计地面原地形高于基准面的土方量

先逐一求出原地形基准面以上各等高线所包围的面积。因在自然地形上各等高面的形状是不规则的，所以其面积就可用方格计算纸或求积仪求取。将计算得出的各等高面面积代入公式，就可分别得出基准面以上各层等高面之间的土方量，再将各层土方量累计，即可得出准基面以上的合计土方量。

(3) 计算挖掘范围内低于地形基准面的土方量

按照上述方式，分层计算基准面以下各等高面面积。并仍用公式分别计算各层的土方量，得出的结果再累计为挖掘范围内基准面以下的合计土方量。

(4) 求挖方总量

以上两步所得出的挖掘线范围内基准面以上土方量与基准面以下土方量之和，即挖方工程的总土方量。

(5) 计算填方量

如果是以规则形状的土坑作填方区，则可按相应的体积计算公式算出填方的容积，此容积的数值即是填方量。如果是以不规则的自然土坑作填方区，或是推土成山，或是将自然形的平地平均填高，则仍以公式(2-13)分层计算土方量后，再累计为填方工程的总土方量。

2.3.3.4 方格网法

园林工程项目建设中地形改造除挖湖堆山外，还有许多不同类型的场地、缓坡地需要进行平整。平整场地的工作是将原有高低不平或者比较破碎的地形按设计要求整理成平坦、具有一定坡度的场地，如停车场、集散广场、体育活动场地等。整理这类地形的土方计算适宜采用方格网法。

方格网法是把平整场地的设计工作和土方量计算工作结合在一起进行的。其工作程序如下：

①将竖向设计图分成 20m×20m 或 40m×40m 的方格网(局部地形复杂多变时，可以加密到 10m×10m)。方格网最好与测量坐标网或施工坐标网重合设置。

②求角点原地形高程。在地形图上，采用插入法求出各角点的原地形高程，或将方格网各角点测设到地面上，再测出各角点的高程，并标注在图上。

③确定角点设计高程。在每个方格网交点的右下角标出该点的自然地面标高，右上角标示该点的设计标高，左上角标示施工标高(设计标高与自然地面标高的差值)，填方为“+”号，挖方为“-”号。

④求平整标高。平整高程又称计划高程，设计中通常以原地形高程的平均值(算术平均值或加权平均值)作为平整高程。

设平整高程为 H_0，则：

$$H_0 = \frac{\sum H_1 + 2\sum H_2 + 3\sum H_3 + 4\sum H_4}{4N} \tag{2-14}$$

式中 H_1——计算时使用一次的角点高程，m；

H_2——计算时使用二次的角点高程，m；

H_3——计算时使用三次的角点高程，m；

H_4——计算时使用四次的角点高程，m；

N——方格数。

⑤确定在方格网计算图上计算出并绘制零界点、零界线(不填不挖的点和界线)。零界点的计算可用公式(图 2-22)或查图表(表 2-11)。求零界点 x 的公式如下：

$$x = ah_1/(h_1+h_2) \tag{2-15}$$

式中 a——方格网边长，m；

h_1，h_2——方格相邻两角点的施工标高用绝对值，m。

⑥用公式或查计算图表计算土方工程量。

⑦由土方计算所得之填、挖方量，均须乘以土的可松系数，才得到实际的填、挖方工程量。这是因为土经过挖掘，孔隙增大，体积增加，即使挖方用作回填土，夯实后仍不能回复到原来体积。此时其体积与原土体积之比称为土的可松性系数。

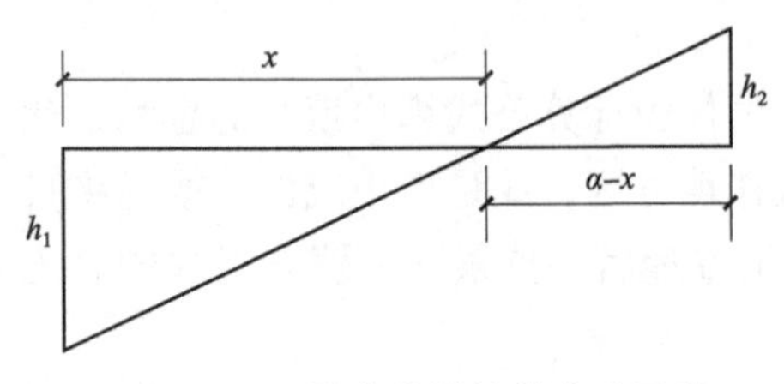

图 2-22 零点位置计算公式示意

土方量的计算是一项非常烦琐单调的工作，尤其对于大面积场地的场地平整，其计算量很大，费时费力，并且易出错。土方量的计算可以通过查土方量工程计算表或者土方量计算图表的方式降低工作强度并提高准确性。

表 2-11 图解法求简单规则场地的 H_0 位置(引自《园林工程》，孟兆祯等)

坡地类型	平面图式	立体图式	H_0 点(线)位置	备注
1	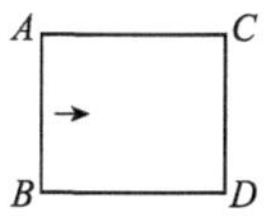 A C B D	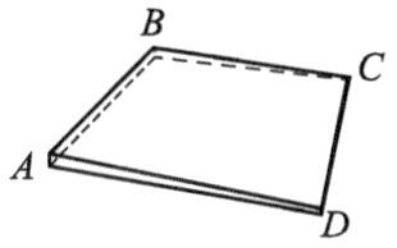 B C A D	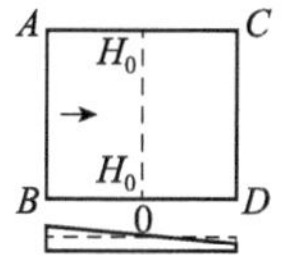 A C H_0 H_0 B 0 D	场地形状为正方形或矩形 $H_A=H_B$，$H_C=H_D$ $H_A>H_C$，$H_B>H_D$
2	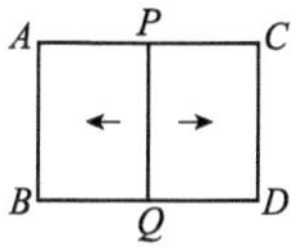 A P C B Q D	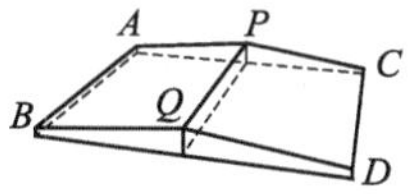 A P C B Q D	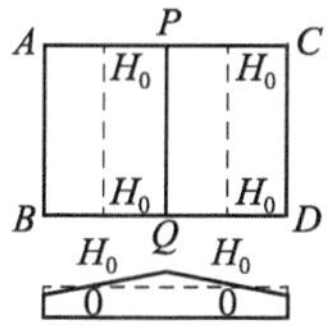 A P C H_0 H_0 H_0 H_0 B D H_0 Q H_0 0 0	场地形状同上 $H_P=H_Q$， $H_A=H_B=H_C=H_D$ $H_P(H_Q)>H_A$
3	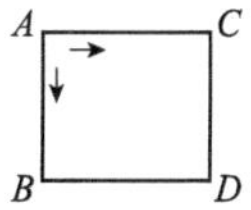 A C B D	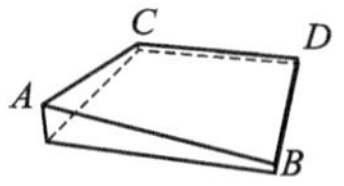 C D A B	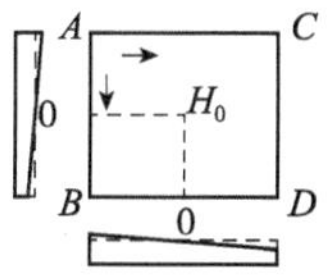 A C 0 H_0 B D 0	场地形状同上 $H_A>H_B$，$H_A>H_C$， $H_B \gtrless H_C$，$H_B>H_D$， $H_C>H_D$
4	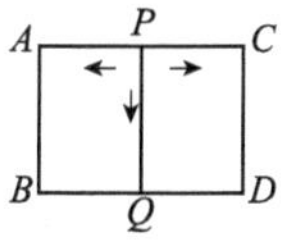 A P C B Q D	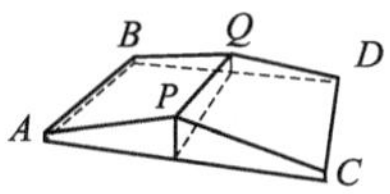 B Q D A P C	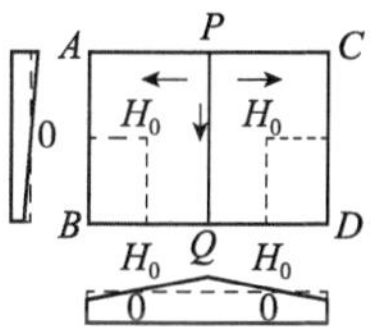 A P C 0 H_0 H_0 B D H_0 Q H_0 0 0	场地形状同上 $H_P>H_Q$，$H_P>H_A$， $H_P>H_C$，$H_A \gtrless H_C \gtrless H_Q$， $H_C>H_D$，$H_A>H_B$
5	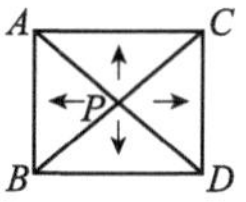 A C P B D	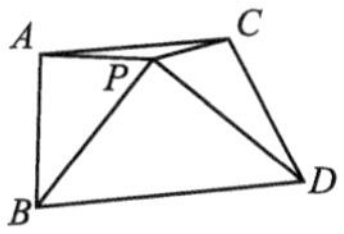 A C P B D	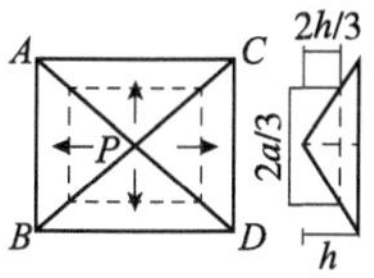 A C P B D 2h/3 2a/3 h	场地形状同上 $H_A=H_B=H_C=H_D$
6	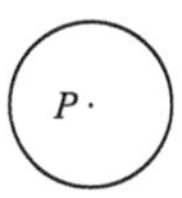 P·	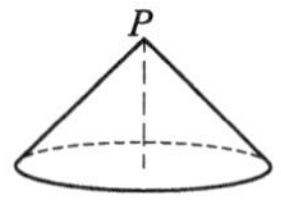 P	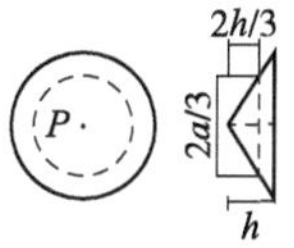 P· 2h/3 2a/3 h	场地形状为圆形， 直径为 a， 高度为 h

工程案例

某公园拟将一块地面平整为单面坡的“T”形广场，该广场纵向坡度为1%，土方就地平衡。求其设计标高并计算土方量(图 2-23)。

1. 作方格控制网

在附有等高线的施工现场地形图上划分方格网，用以控制施工场地。方格网边长的大小取决于计算精度要求和地形复杂程度，一般选用 20~40m。本案例作 20m 间距的方格网。按正南、正北方向划分边长为 20m 的方格，作方格控制网，编号分别为 1-1、1-2、1-3、1-4、1-5、…、4-4，如图 2-23 所示。

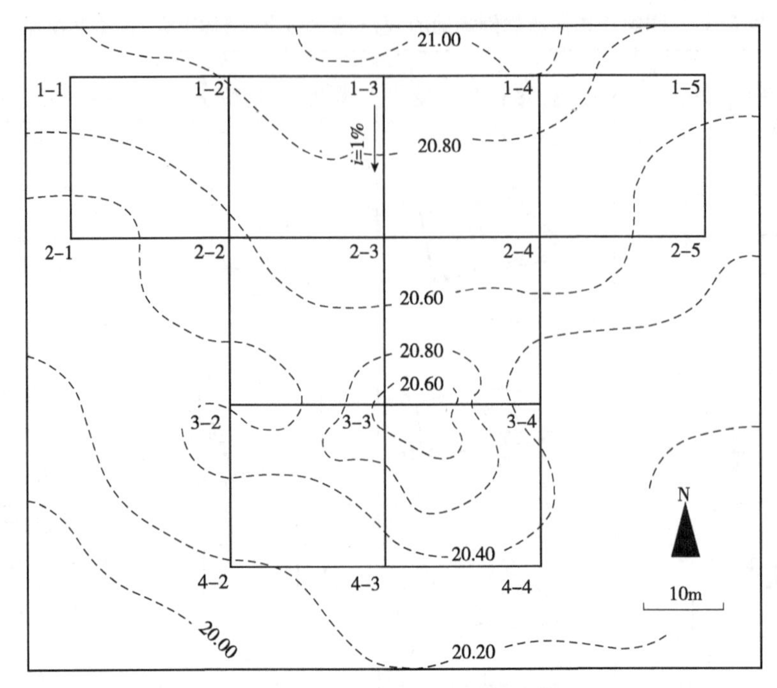

图 2-23 "T"形广场土方量计算

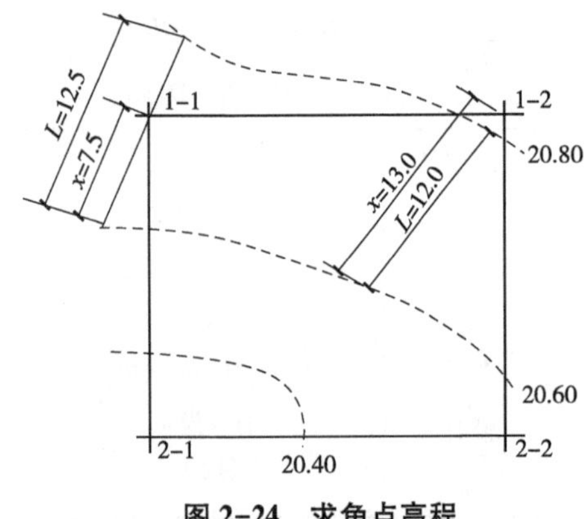

图 2-24 求角点高程

2. 求角点原地形高程

用插入法求各角点的原地形高程。

如图 2-24 所示，过角点 1-1 作相邻两等高线间的最短线段。用比例尺量得 $L=12.5\text{m}$，$x=7.5\text{m}$，等高距 $h=0.2\text{m}$，代入式(2-2)得：

$$H_x=20.6+7.5\times0.2/12.5=20.72(\text{m})$$

求角点 1-2 的高程，由图可知 $L=12.0\text{m}$，$x=13.0\text{m}$，代入式(2-2)得：

$$H_x=20.6+13.0\times0.2/12.0=20.82(\text{m})$$

同理，可求出其余各角点高程，并依次标在图上，如图 2-25 所示。

3. 求平整高程

平整高程又称为计划高程，设计中通常以原地形高程的平均值(算术平均值或加权平均值)作为平整高程。

由图 2-25 中的各角点原地形高程利用式(2-14)可求出平整高程，计算如下：

$$\begin{aligned}\sum H_1 &= H_{1-1}+H_{1-5}+H_{2-1}+H_{2-5}+H_{4-2}+H_{4-4}\\ &=20.72+20.70+20.35+20.45+20.11+20.33=122.66(\text{m})\end{aligned}$$

$$\begin{aligned}2\sum H_2 &= (H_{1-2}+H_{1-3}+H_{1-4}+H_{3-2}+H_{3-4}+H_{4-3})\times 2\\ &=(20.82+20.96+21.00+20.40+20.35+20.34)\times 2\\ &=247.74\ (\text{m})\end{aligned}$$

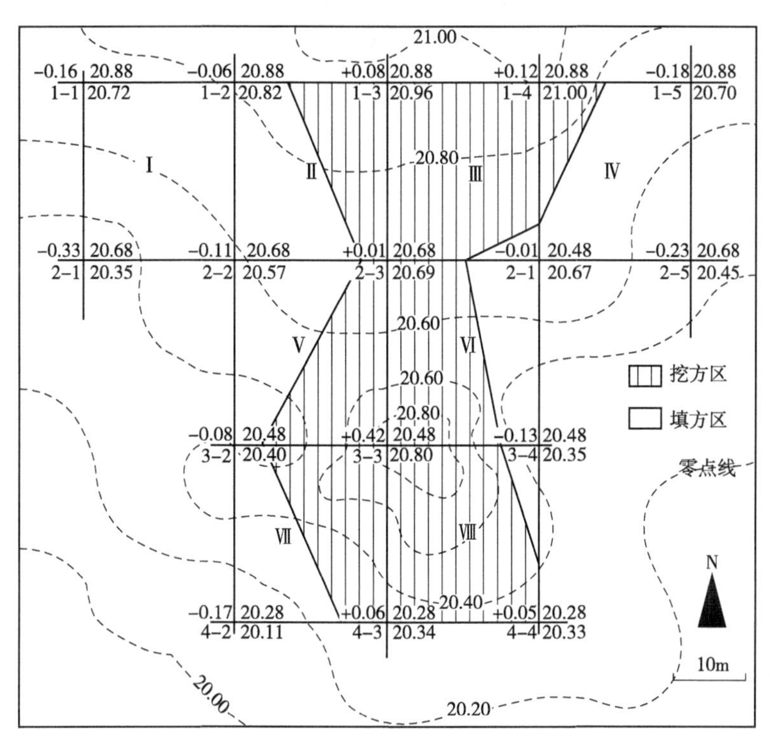

图 2-25　方格网角点原地形高程

$$3\sum H_3 = (H_{2-2} + H_{2-4}) \times 3 = (20.57 + 20.67) \times 3 = 123.72(\text{m})$$

$$4\sum H_4 = (H_{2-3} + H_{3-3}) \times 4 = (20.69 + 20.80) \times 4 = 165.96(\text{m})$$

$$H_0 = \frac{122.66 + 247.74 + 123.72 + 165.96}{4 \times 8} \approx 20.63(\text{m})$$

4. 确定角点设计高程

将图 2-23 按所给已知条件画成立体图，如图 2-26 所示。设角点 1-1 的设计高程为 x，则依给定的坡度、坡向和方格边长，可算出其他各角点的假定设计高程。

例如，角点 2-1 在角点 1-1 的下坡，水平距离 L 为 20m，设计坡度 i 为 1%，则角点 2-1 与角点 1-1 的高差可由式(2-6)求得，$h=0.2$m。所以，角点 2-1 的设计高程为$(x-0.2)$m。据此，可以推出纵向角点 3-2 的设计高程为$(x-0.4)$m。依此类推，可以确定各角点的假定设计高程。

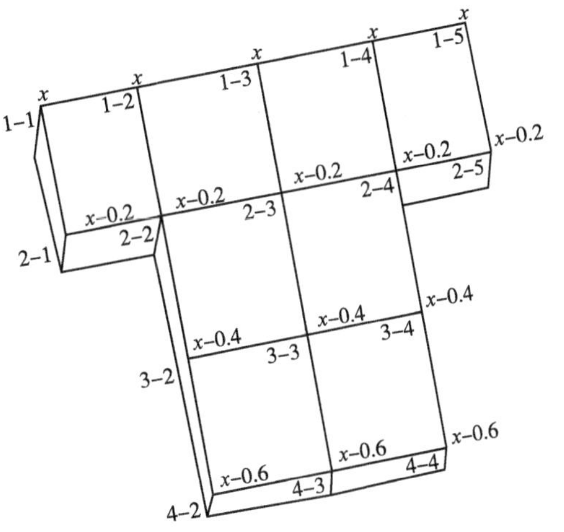

图 2-26　某景区广场的立体图

将图中各角点的假定设计高程代入式(2-14)。计算如下：

$$\sum H_1 = x + x + x - 0.2 + x - 0.2 + x - 0.6 + x - 0.6 = 6x - 1.6$$

$$2\sum H_2 = (x + x + x + x - 0.4 + x - 0.4 + x - 0.6) \times 2 = 12x - 2.8$$

$$3\sum H_3=(x-0.2+x-0.2)\times 3=6x-1.2$$

$$4\sum H_4=(x-0.2+x-0.4)\times 4=8x-2.4$$

$$H_0=\frac{6x-1.6+12x-2.8+6x-1.2+8x-2.4}{4\times 8}=x-0.25$$

将 $H_0=20.63$m（上面已求得）代入上式，得：

$$20.63=x-0.25$$

$$x=20.88(\text{m})$$

根据角点1-1的设计高程可以依次求出其他角点的设计高程，如图2-25所示。

5. 求施工高程

根据各角点的设计高程，可求出施工高程，从而确定挖方区与填方区。

$$\text{施工高程}=\text{原地形高程}-\text{设计高程} \tag{2-16}$$

得数为“+”号的，为挖方；得数为“-”号的，为填方。由式(2-16)可以求得各角点的施工高程，并标注在图上，如图2-25所示。

6. 确定零点线

相邻两角点，如施工高程一个为正数，一个为负数，则它们之间一定有零点存在。零点可由式(2-17)求得。

$$x=h_1a/(h_1+h_2) \tag{2-17}$$

式中 x——零点距 h_1 一端角点的水平距离，m；

h_1，h_2——方格相邻两角点的施工高程绝对值，m；

a——方格边长，m。

以方格Ⅳ的点1-4和点1-5为例，求其零点。

$x_{(1-4,1-5)}=0.12\times20/(0.12+0.18)=8.0(\text{m})$　　$x_{(1-5,1-4)}=20-8.0=12.0(\text{m})$

所以，零点位置在距1-4点8.0m处（或距1-5点12.0m处）。

同理将其余各零点的位置求出。

$x_{(1-3,1-2)}=0.08\times20/(0.08+0.06)=11.4(\text{m})$；$x_{(1-2,1-3)}=20-11.4=8.6(\text{m})$

$x_{(2-3,2-2)}=0.01\times20/(0.01+0.11)=1.7(\text{m})$；$x_{(2-2,2-3)}=20-1.7=18.3(\text{m})$

$x_{(2-3,2-4)}=0.01\times20/(0.01+0.01)=10(\text{m})$；$x_{(2-4,2-3)}=20-10=10(\text{m})$

$x_{(1-4,2-4)}=0.12\times20/(0.12+0.01)=18.5(\text{m})$；$x_{(2-4,1-4)}=20-18.5=1.5(\text{m})$

$x_{(3-3,3-2)}=0.42\times20/(0.42+0.08)=16.8(\text{m})$；$x_{(3-2,3-3)}=20-16.8=3.2(\text{m})$

$x_{(3-3,3-4)}=0.42\times20/(0.42+0.13)=15.3(\text{m})$；$x_{(3-4,3-3)}=20-15.3=4.7(\text{m})$

$x_{(4-3,4-2)}=0.06\times20/(0.06+0.17)=5.2(\text{m})$；$x_{(4-2,4-3)}=20-5.2=14.8(\text{m})$

$x_{(4-4,3-4)}=0.05\times20/(0.05+0.13)=5.6(\text{m})$；$x_{(3-4,4-4)}=20-5.6=14.4(\text{m})$

依地形的特点，将各点连接成零点线，把挖方区和填方区分开，以便于计算，如图2-25所示。

7. 计算土方量

零点线为计算提供了填方、挖方的面积，而施工高程又为计算提供了填方和挖方的高度。根据这些条件，便可选择表2-12中的适当公式求出各方格的土方量。

表 2-12 方格网计算土方量公式

序号	挖填情况	平面图式	立体图式	计算公式
1	四点全为填方（或挖方）时	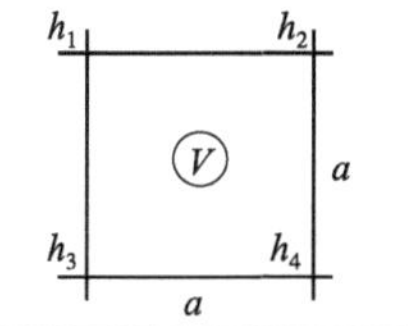	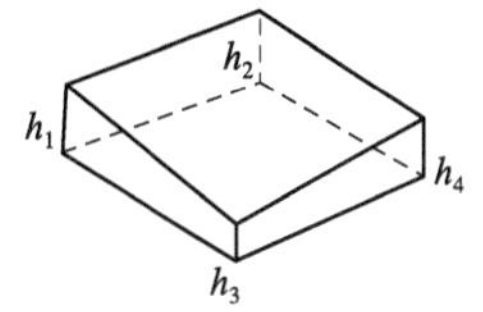	$\pm V=\frac{a^2}{4}\sum h=\frac{a^2}{4}(h_1+h_2+h_3+h_4)$
2	两点填方、两点挖方时	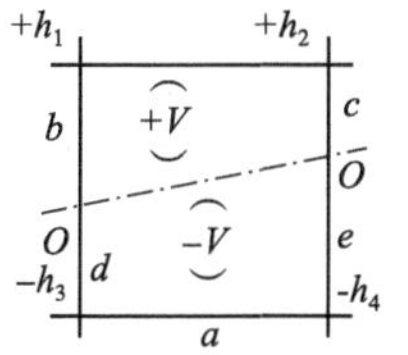	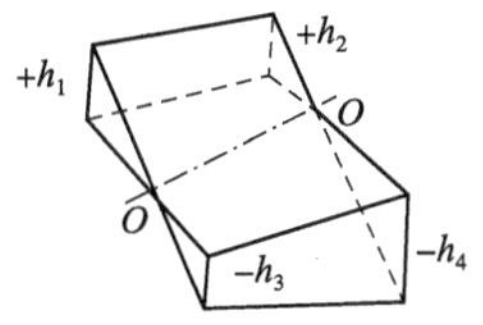	$\pm V=\frac{b+c}{2}\cdot a\frac{\sum h}{4}=\frac{a}{8}(b+c)(h_1+h_2)$ $\pm V=\frac{d+e}{2}\cdot a\frac{\sum h}{4}=\frac{a}{8}(d+e)(h_3+h_4)$
3	三点填方（或挖方）、一点挖方（或填方）时	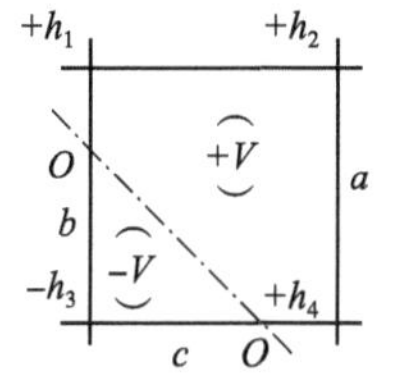	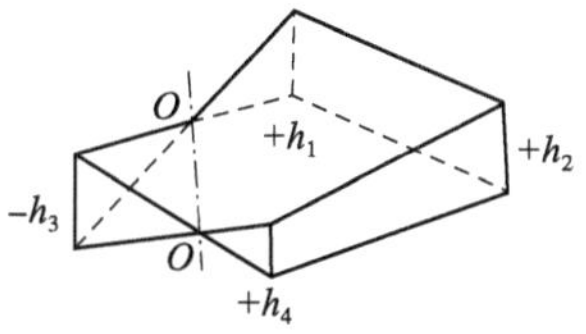	$\pm V=\left(a^2-\frac{bc}{2}\right)\cdot\frac{\sum h}{5}$ $=\left(a^2-\frac{bc}{2}\right)\cdot\frac{h_1+h_2+h_4}{5}$ $\pm V=\frac{bc}{2}\cdot\frac{\sum h}{3}=\frac{bch_3}{6}$

方格Ⅰ为四点全是填方，其土方量为：

$$-V=400\times(0.16+0.06+0.33+0.11)/4=66.0(m^3)$$

方格Ⅱ为两点填方、两点挖方，其土方量为：

$$-V=20\times(8.6+18.3)\times(0.06+0.11)/8=11.4(m^3)$$

$$+V=20\times(11.4+1.7)\times(0.08+0.01)/8=2.9(m^3)$$

方格Ⅲ为一点填方，三点挖方，其土方量为：

$$-V=1.5\times10\times0.01/6=0.025(m^3)$$

$$+V=(2\times400-1.5\times10)\times(0.08+0.12+0.01)/10=16.5(m^3)$$

方格Ⅳ为一点挖方，三点填方，其土方量为：

$$+V=8.0\times18.5\times0.12/6=3.0(m^3)$$

$$-V=(2\times400-8.0\times18.5)\times(0.18+0.01+0.23)/10=27.4(m^3)$$

方格Ⅴ同方格Ⅱ计算，则：

$$-V=20\times(18.3+3.2)\times(0.11+0.08)/8=10.2(m^3)$$

$$+V=20\times(1.7+16.8)\times(0.01+0.42)/8=19.9(m^3)$$

方格Ⅵ同上式计算，则：

$$-V=20\times(10+4.7)\times(0.01+0.13)/8=5.1(m^3)$$

$$+V=20\times(10+15.3)\times(0.01+0.42)/8=27.2(m^3)$$

方格Ⅶ同上式计算，则：

$$-V=20\times(3.2+14.8)\times(0.08+0.17)/8=11.3(m^3)$$

$$+V=20\times(16.8+5.2)\times(0.42+0.06)/8=26.4(m^3)$$

方格Ⅷ同方格Ⅲ计算，则：

$-V=14.4\times4.7\times0.13/6=1.5(m^3)$

$+V=(2\times400-14.4\times4.7)\times(0.42+0.06+0.05)/10=38.8(m^3)$

将上述计算结果填入土方量计算表，见表 2-13 所列。

表 2-13 土方量计算表

方格代号	挖方(m^3)	填方(m^3)	备注
Ⅰ		66.0	
Ⅱ	2.9	11.4	
Ⅲ	16.5	0.025	
Ⅳ	3.0	27.4	
Ⅴ	19.9	10.2	
Ⅵ	27.2	5.1	
Ⅶ	26.4	11.3	
Ⅷ	38.8	1.5	
总计	134.7	132.9	多土 1.8m^3

8. 绘制土方平衡调配图

划分调配区，如图 2-27 所示。A_1 代表第一挖方区，由Ⅱ、Ⅲ、Ⅳ挖方组成；A_2 代表第二挖方区，由Ⅴ、Ⅵ挖方组成；A_3 代表第三挖方区，由Ⅶ、Ⅷ挖方组成。B_1 代表第一填方区，由Ⅰ、Ⅱ、Ⅴ填方组成；B_2 代表第二填方区，由Ⅲ、Ⅳ、Ⅵ、Ⅷ填方组成；B_3 代表第三填方区，由Ⅶ填方组成。

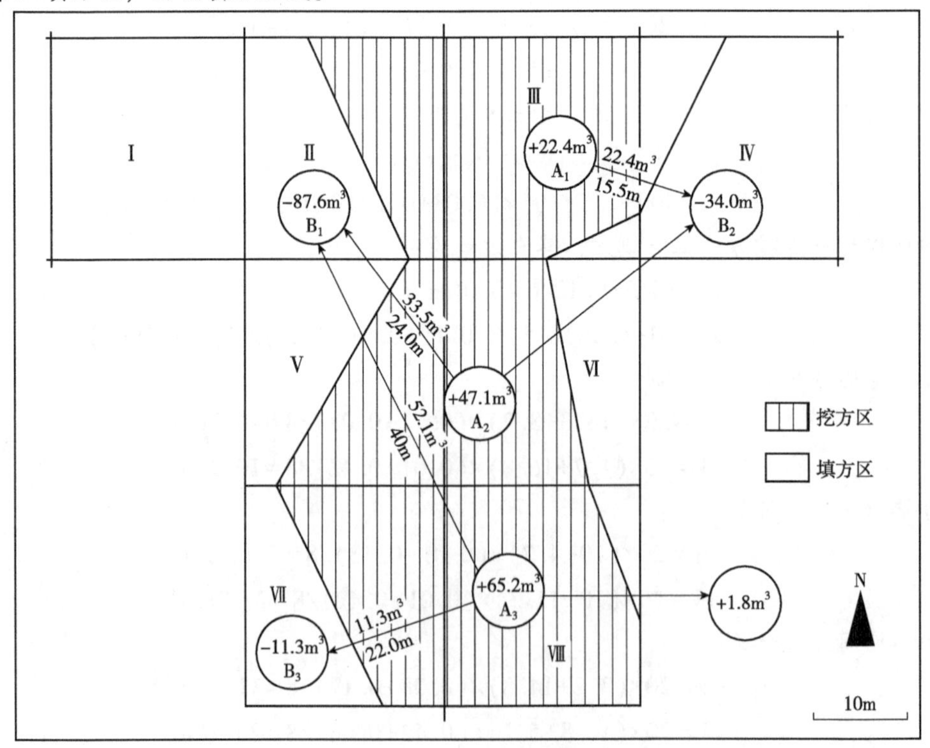

图 2-27 土方平衡调配图

用作图法近似标出调配区的重心位置，再用比例尺量出调配区之间的平均距离。从图中可清楚地看到各区的土方盈缺情况，土方调拨数量、方向及距离。

以上为手工土方量计算，在实际土方设计和施工中，一般使用土方量计算软件进行操作，不仅节省人力和物力，而且工作效率高。同时，需要强调的是，不能只考虑挖方与填方数字的绝对平衡，在保证设计意图的前提下，施工时应尽可能减少动土量和不必要的搬运。

2.3.4 土方平衡与调配

在园林工程的施工中，土方工程中的工程量应当尽量做到精确，并充分考虑自然土、挖掘土、填筑土的3种状态性能。

土方量计算一般是根据附有等高线的地形图进行的，通过计算，反过来又可修改设计图，使图纸更加完善。另外，土方量计算资料也是工程预算和施工组织设计等工作的重要依据，所以土方量计算在地形设计工作中是必不可少的。

土方的平衡与调配施工流程为：在计算出土方的施工标高、填方区和挖方区的面积、土方量的基础上，划分出土方调配区→计算各调配区土方的土方量、土方的平均运距→确定土方的最优调配方案→绘制土方调配图。

2.3.4.1 土方平衡与调配的原则

①挖填方基本平衡，减少重复倒运；

②挖填方量与运距的乘积之和尽可能最小，即总土方运输量或运输费用最少；

③分区调配与全场调配相协调，避免只顾局部平衡而任意挖填，破坏全局平衡；

④好土用在回填质量要求较高的地区，避免出现质量问题；

⑤调配应与地下构筑物的施工结合；

⑥选择适当的调配方向、运输路线、施工顺序，避免土方运输出现对流和乱流现象，便于机具搭配和机械化施工；

⑦取土或去土应尽量不占用园林绿地。

2.3.4.2 土方平衡与调配的步骤与方法

(1)划分调配区

划出填挖方区的分界线，区内划分出若干调配区，确定调配区的大小和位置。

土方调配的目的是：合理确定调配方向和数量，使总运输量最小(成本最低)，缩短工期和降低成本。

划分调配区的注意事项：

①应考虑开工及分期施工顺序；

②调配区大小应满足土方施工使用的主导机械的技术要求；

③调配区范围应和土方工程量计算用的方格网相协调，一般可由若干个方格组成一个调配区；

④当运距较大或场地范围内土方调配不能平衡时，可就近借土或弃土。一个借土区或一个弃土区可作为一个独立的调配区。

(2)计算各调配区土方量

计算各调配区的土方量，并标注在调配图上。

(3)计算各调配区间的平均运距

即填挖方区土方重心的距离。取场地或方格网中的纵横两边为坐标轴，以一个角为坐标原点，按下面的公式求出各挖方或填方调配区土方重心的坐标(X_0，Y_0)以及填方区和挖方区之间的平均运距L_0：

$$X_0 = \sum (X_i, V_i) / \sum V_i \quad (2-18)$$

$$Y_0 = \sum (Y_i, V_i) / \sum V_i \quad (2-19)$$

式中 X_i，Y_i——第i块方格的重心坐标；

V_i——第i块方格的土方量。

$$L_O = [(X_{OT}-X_{OW})^2+(Y_{OT}-Y_{OW})^2]^{1/2} \quad (2-20)$$

式中 X_{OT}，Y_{OT}——填方区的重心坐标；

X_{OW}，Y_{OW}——挖方区的重心坐标。

一般情况下，也可以用作图法近似地求出调配区的重心位置O，以代替重心坐标。重心求出后，标注在图上，用比例尺量出每对调配区的平均运输距离(L_{11}、L_{12}、$L_{13}\cdots$)。所有填挖方调配区之间的平均运距均需一一计算，并将计算结果列于填方平衡运距表内(表2-14)。

表2-14 土方平衡与运距表

挖方区＼填方区	T_1	T_2	T_3	T_j	T_n	挖方量(m³)
W_1	L_{11} X_{11}	L_{12} X_{12}	L_{13} X_{13}	L_{1j} X_{1j}	L_{1n} X_{1n}	W_1
W_2	L_{21} X_{21}	L_{22} X_{22}	L_{23} X_{23}	L_{2j} X_{2j}	L_{2n} X_{2n}	W_2
W_3	L_{31} X_{31}	L_{32} X_{32}	L_{33} X_{33}	L_{3j} X_{3j}	L_{3n} X_{3n}	W_3
W_i	L_{i1} X_{i1}	L_{i2} X_{i2}	L_{i3} X_{i3}	L_{ij} X_{ij}	L_{in} X_{in}	W_i
W_m	L_{m1} X_{m1}	L_{m2} X_{m2}	L_{m3} X_{m3}	L_{mj} X_{mj}	L_{mn} X_{mn}	W_m
填方量(m³)	t_1	t_2	t_3	t_j	t_n	$\sum a_i = \sum B_j$

注：L_{11}，L_{12}，L_{13}，$\cdots L_{mn}$挖填方之间的平均运距；

X_{11}，X_{12}，X_{13}，$\cdots X_{mn}$调配土方量。

(4) 确定土方最优调配方案

用“表上作业法”求解，使总土方运输量为最小值即为最优调配方案。

(5) 绘出土方调配图

根据上述计算标出调配方向、填方数量及运距(平均运距再加上施工机械前进、后退和转弯必需的最短长度)。

土方调配图是施工组织设计不可缺少的依据，从土方调配图上可以看出土方调配的情况：如土方调配的方向、运距和调配的数量。

案 例

有一矩形广场，各调配区的土方量和相互之间的平均运距如图 2-28 所示，求最优土方调配方案和土方总运输量及平均运距。

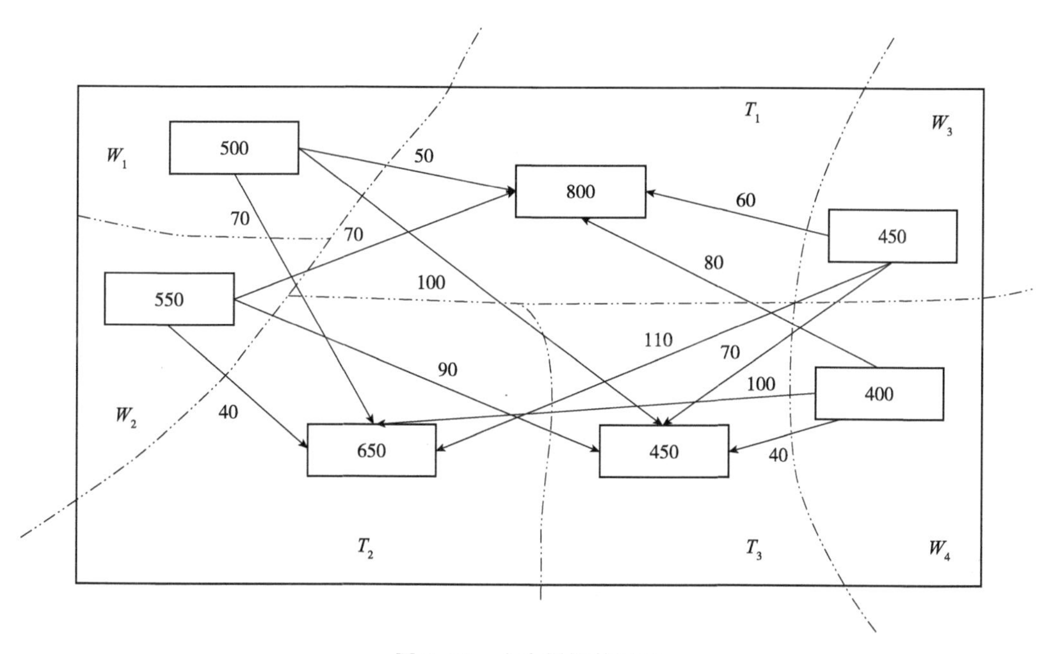

图 2-28　土方量调整运距

1. 将图 2-28 中的数值填入表 2-15。

2. 采用“最小元素法”编制初始调配方案，即对运距(或单价)最小的一对挖填分区，优先地最大限度地供应土方量，满足该分区后，以此类推，直至所有的挖方分区土方量全部分完。

根据对应于最小的 L(平均运距)取尽可能大的 X_{ij} 值的原则进行调配。首先在运距表内的小方格中找一个 L 最小数值，如表 2-15 的 $L_{22}=L_{43}=40$。任取其中一个，如 L_{22}，先确定 X_{22} 的值，使其尽可能大，即 X_{22} 取挖方量的最大值(550)，由于 W_2 挖方区的土方全部调到 T_2 填方区，所以 $X_{21}=X_{23}=0$。将 550 填入 X_{22} 方格内，同时在 X_{21}、X_{23} 方格内打“×”号，然后在没有“( )”和“×”的方格内重复上面的步骤，依次确定其余的 X_{ij} 数值，最后得出初始调配方案，见表 2-16 所列。

表 2-15 调配区土方量及运距表

挖方区 \ 填方区	T_1	T_2	T_3	挖方量(m^3)
W_1	50	70	100	500
W_2	70	40	90	550
W_3	60	110	70	450
W_i	80	100	40	400
填方量(m^3)	800	650	450	1900 / 1900

表 2-16 土方调配初始方案

挖方区 \ 填方区	T_1	T_2	T_3	挖方量(m^3)
W_1	50 500	70 ×	100 ×	500
W_2	70 ×	40 550	90 ×	550
W_3	60 300	110 100	70 50	450
W_i	80 ×	100 ×	40 400	400
填方量(m^3)	800	650	450	1900 / 1900

3. 用最优方案判别方案是否需要调整

在“表上作业法”中，判别是否是最优方案有许多方法，采用“假想运距法”求检验数较清晰直观。该判别方法的原理是设法求得无调配土方的方格的检验数 λ_{ij}，判别 λ_{ij}是否非负，如所有 $\lambda_{ij}\geq 0$，则方案为最优方案，否则该方案不是最优方案，需要进行方案调整。

要计算 λ_{ij}，首先求出表中各个方格的假想运距 C'_{ij}。其中有调配土方方格的假想运距为：

$$C'_{ij}=C_{ij} \tag{2-21}$$

无调配土方方格的假想运距为：

$$C'_{ef}+C'_{pq}=C'_{eq}+C'_{pf} \tag{2-22}$$

即构成任一矩形的相邻 4 个方格内对角线上的假想运距之和相等。

利用已知的假想运距 $C'_{ij}=C_{ij}$，寻找适当的方格构成一个矩形，利用对角线上的假想运距之和相等逐个求解未知的 C'_{ij}，最终求得所有的 C'_{ij}。表 2-17 上的作业，其中未知的 C'_{ij}为通过表 2-17 中的对角线图的对角线和相等得到。

假想运距求出后，按下式求出表中无调配土方方格的检验数，即：

$$\lambda_{ij}=C_{ij}-C'_{ij} \tag{2-23}$$

在表 2-17 中只要把无调配土方的方格右边两小格的数字上下相减即可。如 $\lambda_{21}=70-(-10)=80$，将计算结果填入表中无调配土方“×”的方格，但只写出各检验数的正负号，因为根据前述判别法则，只有检验数的正负号才能判别是否是最优方案。表 2-18 中出现了负检验数，说明初始方案不是最优方案，需要进一步调整。

表 2-17　假想运距调配方案

<table>
<tr><th>填方区
挖方区</th><th colspan="2">T_1</th><th colspan="2">T_2</th><th colspan="2">T_3</th><th>挖方量（m^3）</th></tr>
<tr><td rowspan="2">W_1</td><td rowspan="2">500</td><td>50</td><td rowspan="2">×</td><td>70</td><td rowspan="2">×</td><td>100</td><td rowspan="2">500</td></tr>
<tr><td>50</td><td>100</td><td>60</td></tr>
<tr><td rowspan="2">W_2</td><td rowspan="2">×</td><td>70</td><td rowspan="2">550</td><td>40</td><td rowspan="2">×</td><td>90</td><td rowspan="2">550</td></tr>
<tr><td>-10</td><td>40</td><td>0</td></tr>
<tr><td rowspan="2">W_3</td><td rowspan="2">300</td><td>60</td><td rowspan="2">100</td><td>110</td><td rowspan="2">50</td><td>70</td><td rowspan="2">450</td></tr>
<tr><td>60</td><td>110</td><td>70</td></tr>
<tr><td rowspan="2">W_i</td><td rowspan="2">×</td><td>80</td><td rowspan="2">×</td><td>100</td><td rowspan="2">400</td><td>40</td><td rowspan="2">400</td></tr>
<tr><td>30</td><td>80</td><td>40</td></tr>
<tr><td>填方量（m^3）</td><td colspan="2">800</td><td colspan="2">650</td><td colspan="2">450</td><td>1900
1900</td></tr>
</table>

表 2-18　假想运距调配方案检验

<table>
<tr><th>填方区
挖方区</th><th colspan="2">T_1</th><th colspan="2">T_2</th><th colspan="2">T_3</th><th>挖方量（m^3）</th></tr>
<tr><td rowspan="2">W_1</td><td rowspan="2">500</td><td>50</td><td rowspan="2">-</td><td>70</td><td rowspan="2">+</td><td>100</td><td rowspan="2">500</td></tr>
<tr><td>50</td><td>100</td><td>60</td></tr>
<tr><td rowspan="2">W_2</td><td rowspan="2">+</td><td>70</td><td rowspan="2">550</td><td>40</td><td rowspan="2">+</td><td>90</td><td rowspan="2">550</td></tr>
<tr><td>-10</td><td>40</td><td>0</td></tr>
<tr><td rowspan="2">W_3</td><td rowspan="2">300</td><td>60</td><td rowspan="2">100</td><td>110</td><td rowspan="2">50</td><td>70</td><td rowspan="2">450</td></tr>
<tr><td>60</td><td>110</td><td>70</td></tr>
<tr><td rowspan="2">W_i</td><td rowspan="2">+</td><td>80</td><td rowspan="2">+</td><td>100</td><td rowspan="2">400</td><td>40</td><td rowspan="2">400</td></tr>
<tr><td>30</td><td>80</td><td>40</td></tr>
<tr><td>填方量（m^3）</td><td colspan="2">800</td><td colspan="2">650</td><td colspan="2">450</td><td>1900
1900</td></tr>
</table>

4. 调整方案，找出最优方案

闭回路法

第一步：在所有负检验数中选一个(一般选择最小的一个)，本例中唯一的负值是 C_{12}，把它所对应原变量 X_{12} 作为调整对象。

第二步：找出 X_{12} 的闭回路。从 X_{12} 格出发，沿水平与垂直方向前进，遇到适当的有数字的方格作90°转弯(也可不转弯)，然后继续前进，如果路线恰当，有限步数后便能回到出发点，形成一条以有数字方格为转角点的、用水平和竖直线连起来的闭合回路，见表2-19所列。

表2-19　闭回路调整最优方案

挖方区 \ 填方区	T_1		T_2		T_3		挖方量(m^3)
W_1	500 (400)	50 50	(100)	70 100		100 60	500
W_2		70 −10	550	40 40		90 0	550
W_3	300 (400)	60 60	100 (0)	110 110	50	70 70	450
W_i		80 30		100 80	400	40 40	400
填方量(m^3)	800		650		450		1900 1900

第三步：从空格(其转角次数为零)出发，沿着闭合回路(方向任意，转角次数逐次累加)一直前进，在各奇数次转角点的数字中，挑出一个最小的(表2-19即为500、100中选100)，将它由 X_{32} 调到 X_{12} 方格中(即空格中)。

第四步：将100填入 X_{12} 方格中，被挑出的 X_{32} 为0(该方格变为空格)；同时闭合回路上其他奇数次转角上的数字都减去100，偶数转角上数字都增加100，使得填挖方区的土方量仍然保持平衡，这样调整后，便可得到表2-20的新调配方案。对新调配方案再进行检验，看其是否为最优方案。如果检验数中仍有负数出现，那就按上述步骤继续调整，直到找出最优方案为止。表2-19中所有检验数均为正，故该方案为最优。

将表2-20中的土方调配数值绘成土方调配图(图2-29)，图中箭杆上的数字为调配区之间的运距，箭杆下方的数字为最终土方调配量。

最后比较最佳方案与最初方案的运输量。

初始方案运输总量：

$Z_1=500\times50+550\times40+300\times60+100\times110+50\times70+400\times40=95\ 500(m^3\cdot m)$

最优方案运输总量：

$Z_2=400\times50+100\times70+500\times40+400\times60+50\times70+400\times40=92\ 500(m^3\cdot m)$

$Z_2-Z_1=92\ 500-95\ 500=-3000(m^3\cdot m)$

即总运输量减少了 3000($m^3 \cdot m$)

总平均运距为

$L_0 = W/V = 92\ 500/1900 = 48.68(m)$

表 2-20　最优运距调配方案

<table>
<tr><td>填方区
挖方区</td><td colspan="2">T_1</td><td colspan="2">T_2</td><td colspan="2">T_3</td><td>挖方量(m^3)</td></tr>
<tr><td rowspan="2">W_1</td><td rowspan="2">400</td><td>50</td><td rowspan="2">100</td><td>70</td><td rowspan="2"></td><td>100</td><td rowspan="2">500</td></tr>
<tr><td>50</td><td>70</td><td>60</td></tr>
<tr><td rowspan="2">W_2</td><td rowspan="2"></td><td>70</td><td rowspan="2">550</td><td>40</td><td rowspan="2"></td><td>90</td><td rowspan="2">550</td></tr>
<tr><td>20</td><td>40</td><td>30</td></tr>
<tr><td rowspan="2">W_3</td><td rowspan="2">400</td><td>60</td><td rowspan="2">0</td><td>110</td><td rowspan="2">50</td><td>70</td><td rowspan="2">450</td></tr>
<tr><td>60</td><td>80</td><td>70</td></tr>
<tr><td rowspan="2">W_i</td><td rowspan="2"></td><td>80</td><td rowspan="2"></td><td>100</td><td rowspan="2">400</td><td>40</td><td rowspan="2">400</td></tr>
<tr><td>30</td><td>50</td><td>40</td></tr>
<tr><td>填方量(m^3)</td><td colspan="2">800</td><td colspan="2">650</td><td colspan="2">450</td><td>1900
1900</td></tr>
</table>

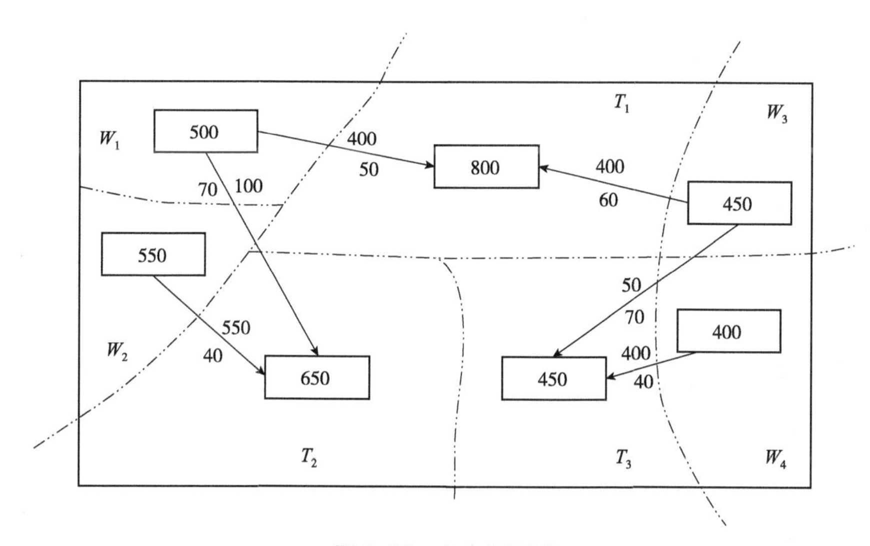

图 2-29　土方调配图

园林用地土方量定额指标由于地区不同、地形坡度不同、规划地面形式不同，土方量估算结果有较大差异，很难从中找出明显规律性或合理的定额指标。虽然如此，土方平衡还是应遵循“就近合理平衡”的原则，根据规划建设时序，分工程或地段充分利用周围有利的取土和弃土条件进行平衡。

城市用地土方平衡和调运，关键在于经济运距，这与运输方式有密切关系。资料表明人工运输 100m 以内，机动工具 1000m 以内较适宜；园林用地的土方调运的运距以 250~400m 为宜。

2.4 园林工程土方施工准备

土石方工程施工包括挖、运、填、压四方面内容。其施工方法可有人力施工、机械化和半机械化施工等。施工方式需要根据施工现场的现状、工程量和当地的施工条件决定。在规模大、土方较集中的工程中，应采用机械化施工；但对工程量小、施工点分散的工程，或因受场地限制等不便用机械化施工的地段，采用人工施工或半机械化施工。

2.4.1 施工计划与安排

在土方工程施工开始前，首先要对照园林总平面图、竖向设计图和地形图，在施工现场一面踏勘，一面核实自然地形现状，了解具体的土石方工程量、施工中可能遇到的困难和障碍、施工的有利因素和现状地形能够继续利用等多方面的情况，尽可能掌握全面的现状资料，以便为施工计划或施工组织设计奠定基础。

掌握了详实的现状情况以后，可按照园林总平面工程的施工组织设计，做好土石方工程的施工计划。要根据甲方要求的施工进度及施工质量进行可行性分析和研究，制订出符合本工程要求及特点的各项施工方案和措施。对土方施工的分期工程量、施工条件、施工人员、施工机具、施工时间安排、施工进度、施工总平面布置、临时施工设施搭建等，都要进行周密的安排，力求使开工后施工工作能够有条不紊地进行。

由于土石方工程在园林工程中一般是影响全局的最重要的基础工程，因此它的施工计划或施工组织可以直接按照园林的总平面施工进行组织和实施。

2.4.2 土石方调配

在做土石方施工组织设计或施工计划安排时，还要确定土石方量的相互调配关系。竖向设计所定的填方区，其需要填入的土方从什么地点取土？取多少土？挖湖挖出的土方，运到哪些地点堆填？运多少到各个填方点？这些问题都要在施工开始前切实解决，也就是说，在施工前必须做好土石方调配计划。

土石方调配的原则是：就近挖方，就近填方，使土石方的转运距离最短。因此，在实际进行土石方调配时，一个地点挖起的土，优先调动到与其距离最近的填方区；近处填满后，余下的土方才向稍远的填方区转运。

为了清楚地表示土石方调配情况，可以根据竖向设计图绘制一张土石方调配图，在施工中指导土石方的堆填工作。图 2-29 就是这种土石方调配图。从图中可以看出在挖、填方区之间，土石方调配方向、调配数量和转运距离。

2.4.3 施工现场准备

园林土方工程施工现场准备包括场地清理、排水、定点放线，通过以上工作为后续土方工程施工提供必要的场地条件和施工依据。准备工作的好坏直接影响整个工程的效率与工程质量。

2.4.3.1 场地清理

在施工地范围内，凡有碍工程的开展或影响工程稳定的地面物或地下物都应该清理，如不需要保留的树木、废旧建筑物或地下构筑物等。

(1)伐除树木

凡土方开挖深度不大于50cm，或填方高度较小的土方施工，现场及排水沟中的树木，必须连根拔除，清理树墩除用人工挖掘外，直径在50cm以上的大树墩可用土机铲除或用爆破法清除。对于有价值的大树要根据设计要求进行全面考虑，尽量保留。

(2)建筑物和地下构筑物的拆除

应根据其结构特点进行工作，并遵照《建筑工程安全技术规范》的规定进行操作。

(3)地下情况调查

如果施工现场内的地面、地下或水下发现有管线通过，或有其他异常物体如地下文物、地下矿物或地下不明物，应事先请有关部门协同查清。未查清前，不可动工，以免发生危险或造成严重损失。

2.4.3.2 排水

场地积水不仅不便于施工，而且也影响工程质量，在施工之前，应该设法将施工场地范围内的积水或过高的地下水排走。

(1)排除地面积水

在施工前，根据施工区地形特点在场地周围挖好排水沟(在山地施工为防山洪，在山坡上方应做截洪沟)。使场地内排水通畅，而且场外的水也不致流入。在低洼处或挖湖施工时，除挖好排水沟外，必要时还应加筑围堰或设防水堤，为了排水通畅，排水沟的纵坡不应小于2%，沟的边坡值1∶1.5，沟底宽及深不小于50cm。

(2)地下水的排除

排除地下水方法很多，但一般采用明沟，引至集水井，并用水泵排出；因为明沟较简单经济。一般按照排水面积和地下水位的高低来安排排水系统，先定出主干渠和集水井的位置，再定支渠的位置和数目，土壤含水量大、要求排水迅速的，支渠分布应密些，其间距1.5m左右，反之可疏。

在挖湖施工中应先挖排水沟，排水沟的深度，应深于水体挖深。沟可一次挖掘到底，也可以依施工情况分层下挖，采用哪种方式可根据出土方向决定，图2-30是双向出土，图2-31是单向出土，水体开挖顺序可依图上A、B、C、D依次进行。

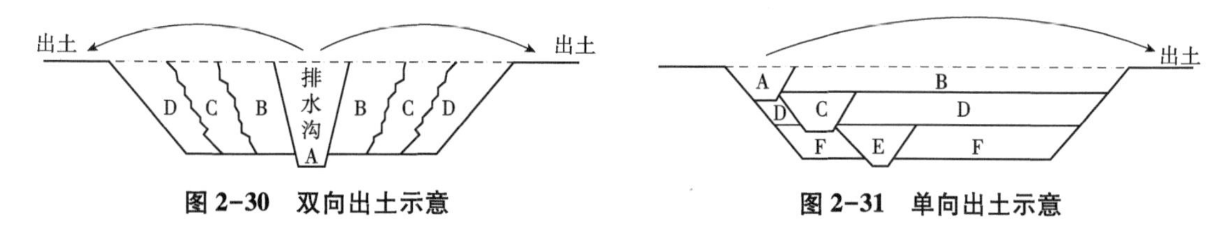

图2-30 双向出土示意　　图2-31 单向出土示意

2.4.3.3 定点放线

在清场之后，为了确定施工范围及挖土或填土的标高，应按设计图纸的要求，用测量仪器在施工现场进行定点放线工作。这一步工作很重要，为使施工充分表达设计意图，测设时应尽量精确。

(1)平整场地的放线

用经纬仪或全站仪(图2-32)等测绘仪器将图纸上的方格测设到地面上，并在每个交点处立桩木，边界上的桩木依图纸要求设置。

桩木的规格及标记方法如图 2-33 所示。侧面须平滑，下端削尖，以便打入土中，桩上应表示出桩号（施工图上方格网的编号）和施工标高（挖土用“+”号，填土用“-”号）。

图 2-32 全站仪

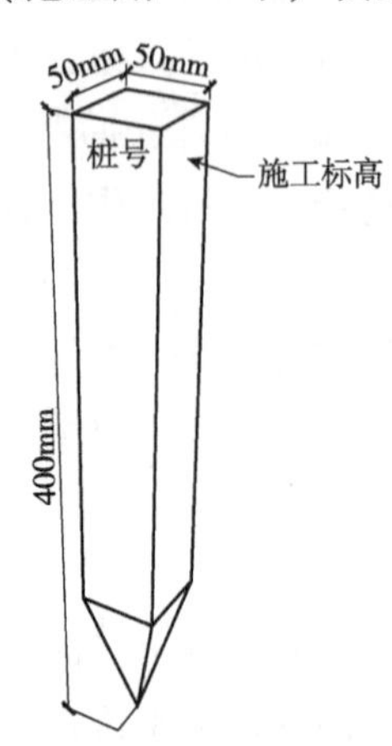

图 2-33 标高桩示意

(2) 自然地形的放线

挖湖堆山，首先确定堆山或挖湖的边界线，但这样的自然地形放到地面上去是较难的；特别是在缺乏永久性地面物的空旷地上，在这种情况下应先在施工图上画方格，再把方格网放到地面上，（撒白灰）而后把设计地形等高线和方格网的交点，一一标到地面上并打桩，桩木上也要标明桩号及施工标高（图 2-34）。堆山时由于土层不断升高，桩木可能被土埋没，所以桩的长度应大于每层填土的高度，土山不高于 5m 的，可用长竹竿做标高桩，在桩上把每层的标高一一定好（图 2-35A）不同层可用不同颜色标志，以便识别，这样可省点。放线工作的另一种方法是分层放线设置标高桩（图 2-35B），这种方法适用于较高的山体。

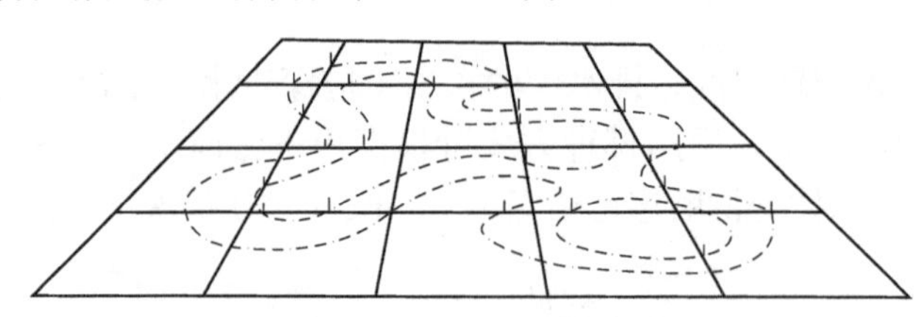

图 2-34 自然地形放线示意

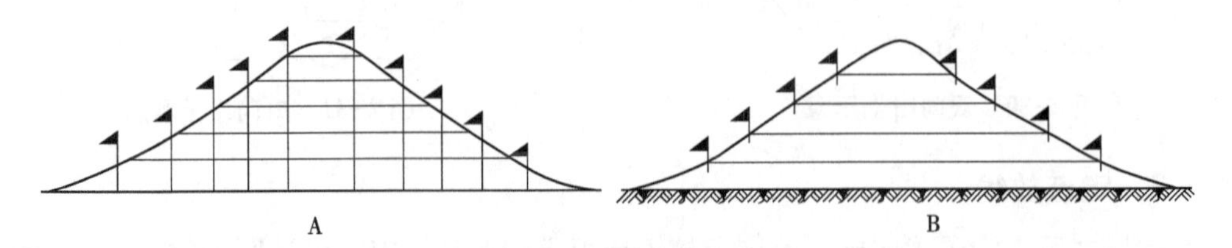

图 2-35 山体立桩示意

(3) 沟槽开挖放线

开挖沟槽时，用打桩放线的方法，在施工中桩木容易被移动甚至被破坏，从而影响了校核工作，所以应使用龙门板（图 2-36）。龙门板构造简单，使用也方便。每隔 30~100m

设龙门板一块，其间距视沟渠纵坡的变化情况而定。板上应标明沟渠中心线位置、沟上口、沟底的宽度等。板上还要设坡度板(图2-37)，用坡度板来控制沟渠纵坡，控制水渠的上下口的关系。

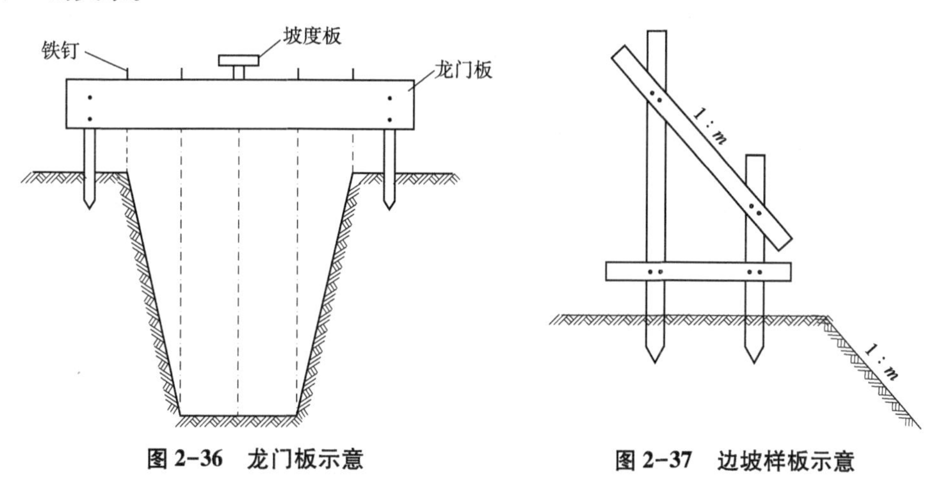

图2-36　龙门板示意　　图2-37　边坡样板示意

2.4.3.4　准备施工机具及必要的施工消耗材料

做好调用工程机械、运土车辆的台班计划，落实机械设备的进场时间。按照施工计划，组织好足够的劳动力和施工技术人员，落实施工管理责任。做好一切进场施工的准备。

2.5　园林土方工程施工与组织

园林土方工程施工与组织根据不同的园林建设项目各有其侧重点，在进行施工时应注意科学合理安排施工顺序，力求最大化地满足设计意图及园林建设需求。

2.5.1　土方工程施工工作流程

土方工程施工需要根据施工图识读结果，按照土方工程施工内容、施工要求和现场条件制定具体的工作流程。不同的地质条件与施工图设计，施工流程有较大区别，在施工时应根据具体情况进行分析，安排施工流程并画出施工流程图。

2.5.1.1　场地平整施工流程

场地平整施工流程详见图2-38。

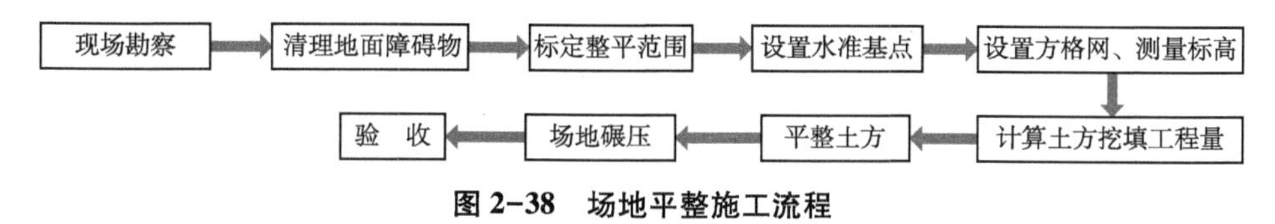

图2-38　场地平整施工流程

2.5.1.2　地形建造施工流程

园林地形建造通常包括挖湖堆山和微地形塑造，挖湖堆山主要用于规模较大的公园和绿地，挖湖的土可以直接用来堆山和地形塑造，图2-39为施工流程。

微地形塑造是在规模较小的场地中，为改变排水条件、为植物生长提供必要的土层厚

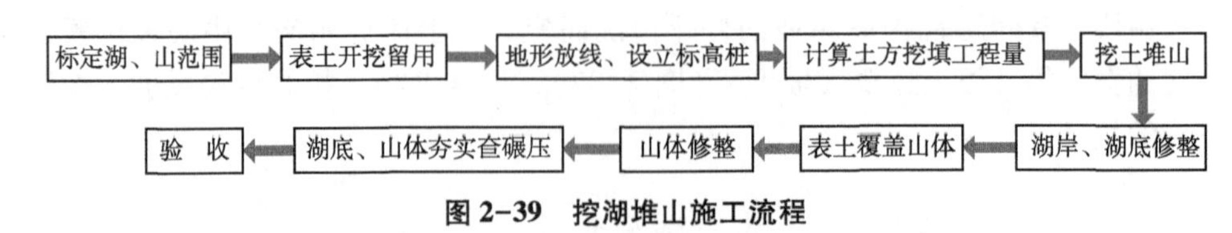

图 2-39　挖湖堆山施工流程

度以及创造良好的空间视觉效果而采取的一种地形塑造方式，一般利用场地内的土方进行平衡，图 2-40 为施工流程。

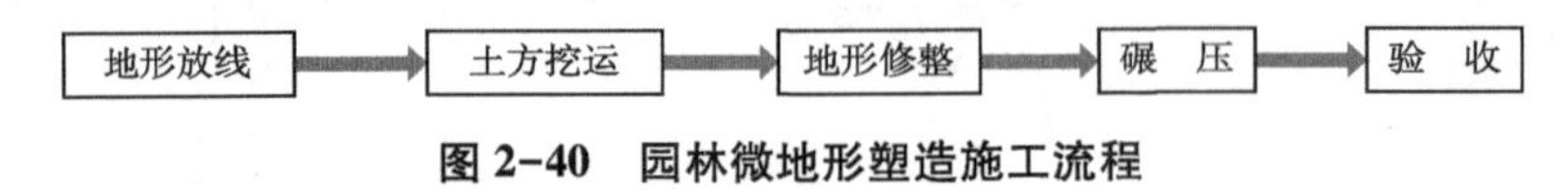

图 2-40　园林微地形塑造施工流程

2.5.1.3　基坑(槽)、管沟开挖施工流程

园林工程中建筑物、构筑物、给排水管道、排水明沟、暗沟、供电电线的埋设等施工均涉及基坑(槽)的开挖，是园林工程中常见的挖土施工，施工流程如图 2-41 所示。

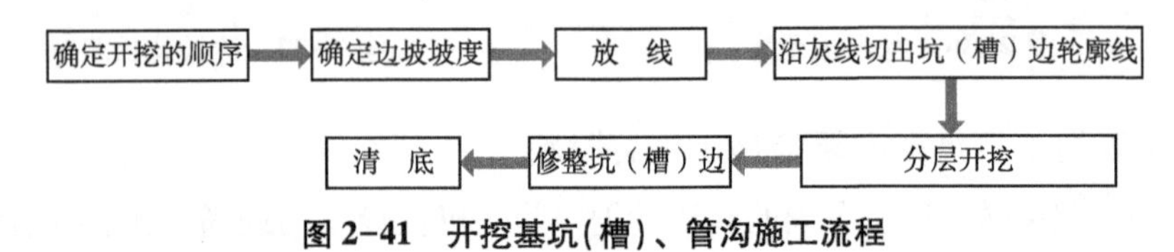

图 2-41　开挖基坑(槽)、管沟施工流程

2.5.1.4　路槽开挖施工流程

路槽开挖施工流程详见图 2-42。

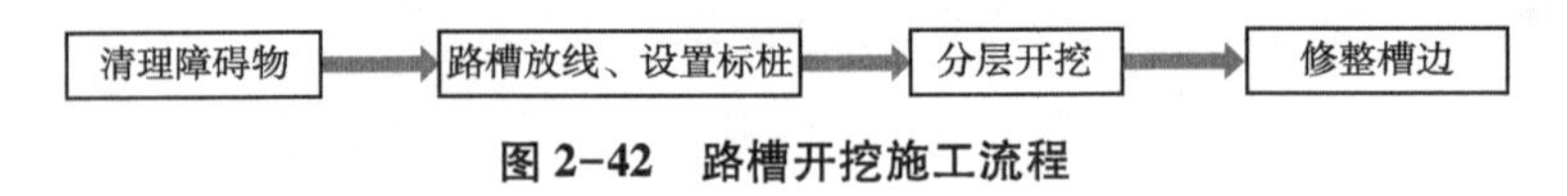

图 2-42　路槽开挖施工流程

2.5.1.5　路基填筑施工流程

园路施工遇到低洼地段时要抬高路基，避免受到水的浸泡侵蚀，降低使用寿命。由于抬高路基会影响排水，在填筑路基时要考虑修桥或设置涵洞的施工要求，施工流程如图 2-43 所示。

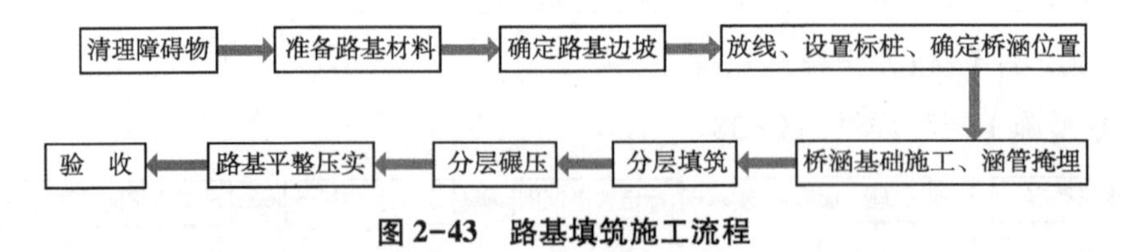

图 2-43　路基填筑施工流程

2.5.1.6　园林土方回填施工流程

园林土方回填主要涉及园林建筑基坑(槽)或管沟回填、室内地坪回填等。对地下设施工程(如地下构筑物、沟渠、管线沟等)的两侧或四周及上部的回填土，应对地下工程进行各项检查，办理验收手续后方可施工，施工流程如图 2-44 所示。

上一工序验收 → 分层填土 → 分层压实 → 平　整 → 验　收

图 2-44　土方回填施工流程

2.5.2 土方施工工艺

2.5.2.1 场地平整

施工的关键是测量，随干随测，最终测量成果应做好书面记录，并在实地测点上标识，作为检查、交验的依据。在填方时应选用符合要求的土料，边坡施工应按填土压实标准进行水平分层回填压实。平整场地后，表面应逐点检查，检查点的间距不宜大于20cm。平整区域的坡度与设计相差不应超过0.1%，排水沟坡度与设计要求相差不超过0.05%，设计无要求时，向排水沟方向做不小于2%的坡度。

场地平整中常会发生一些质量问题，对于这些施工质量问题应该采取相应的措施进行预防：

(1)场地积水

①平整前，对整个场地进行系统设计，本着先地下后地上的原则，做排水设施，使整个场地水流畅通。

②填土应认真分层回填碾压，相对密实度不低于85%，以防积水渗透。

(2)填方边坡塌方

①根据填方高度、土的种类和工程重要性按设计规定放坡。当填方高度在10m内时，宜采用1∶1.5的坡度；高度超过10m，可做成折线行，上部坡度为1∶1.5，下部坡度为1∶1.75。

②土料应符合要求。对于不良土质可随即进行坡面防护，保证边缘部位的压实质量；对要求边坡整平拍实的，可以宽填0.2m。

③在边坡上下部做好排水沟，避免在影响边坡稳定的范围内积水。

(3)填方出现橡皮土

橡皮土是填土受夯打(碾压)后，基土发生颤动，受夯打(碾压)处下陷，四周鼓起。这种土使地基承载力降低，变形加大，长时间不能稳定。主要预防措施有：

①避免在含水率过大的腐殖土、泥炭土、黏土、亚黏土等厚状土上进行回填。

②控制含水率，尽量使其在最优含水率范围内，手握成团，落地即散。

③填土区设置排水沟，已排除地表水。

(4)回填土密实度达不到要求

①土料不符合要求时，应挖出换土回填或掺入石灰、碎石等压(夯)实回填材料。

②对于含水率过大的土层，可采取翻松、晾晒、风干或均匀掺入干土。

③使用大功率压实机碾压。

2.5.2.2 基坑开挖

开挖基坑关键在于保护边坡，并控制坑底标高和宽度，防止坑内积水。实际施工中，具体应注意以下几方面：

(1)保护边坡

①土质均匀，且地下水位低于基坑底面标高，挖方深度超过下列规定时，可不放坡、不加支撑：对于密实、中等密实的砂土和碎石类土方深度为1m；硬塑、可塑的轻亚黏土及亚

黏土挖方深度为1.25m；硬塑、可塑的黏土挖方深度为1.5m；坚硬的黏土挖方深度为2m。

②土质均匀，且地下水位低于基坑底面标高，挖土深度在5m以内，不加支撑。定额规定高：宽为1∶0.33，放坡起点1.5m，实际施工时间可参照表2-21。

表2-21 基坑土类与坡度的关系

土的类别	中密度砂土	中密碎石类土	黏土	老黄土
坡度(高∶宽)	1∶1	1∶(0.5~0.75)	1∶(0.33~0.67)	1∶0.10

(2)基坑底部开挖宽度

基坑底部开挖宽度除基础的宽度外，还必须加上工作面的宽度，不同基础的工作面宽度见表2-22所列。

表2-22 不同基础的工作面宽度

基础材料	砖基础	毛石、条石基础	混凝土基础支模	基础垂直，面做防水
工作面宽度(mm)	200	150	300	800

在原有建筑物附近挖土，如深度超过原建筑物基础底标高，其挖土坑边与原基础边缘的距离必须大于两坑底高差的1~2倍，并对边坡采取保护措施。机械挖土时应在基底标高以上保留10cm左右用人工挖平清底。在挖至基坑时，应会同建设、监理、质安、设计、勘察单位验槽。

(3)基坑排水、降水

①浅基础或地下水量不大的基坑底做成一定的排水坡度，在基坑边一侧、两侧或四周设排水沟，在四角或每30~40m设一个长70~80cm的集水井。排水沟和集水井应在基础轮廓线以外，排水沟底宽不小于0.3m，坡度为0.1%~0.5%，排水沟底应比挖土面低30~50cm，集水井底比排水沟底低0.5~1.0m，渗入基坑内的地下水经排水沟汇集于集水井内，用水泵排除坑外。

②较大的地下构筑物或新基础，在地下水位以下的含水层施工时，采用一般大开口挖土，明沟排水方法，常会遇到大量地下水涌水或较严重的流沙现象，不但无法控制和保护基坑，还会造成大量的水土流失，影响邻近建筑物的安全，遇此情况一般需用人工降低地下水位。人工降低地下水位，常用井点排水方法。它是沿基坑的四周或一侧埋入深入坑底的井点滤水管或管井，以总管连接抽水，而且便于施工。

(4)质量通病的预防与消除

①基坑超挖的防治　基坑开挖因严格控制基地的标高，标桩间的距离宜≤3m，如超挖，用碎石或低标号混凝土填补。

②基坑泡水的预防　基坑周围应设排水沟，采用合理的降水方案，如建设单位同意，尽可能采用保守方案，但必须得到签字认可；通过排水，晾晒后夯实尽可消除。

③滑坡的预防　保持边坡有足够的坡度；尽可能避免在坡顶有过多的静、动载。

2.5.2.3 填土

填土施工首先是清理场地，应将基地表面上的树根、垃圾等杂物都清除干净。然后进行土质的检验，检验回填土的质量是符合规定，以及回填土的含水率是否在控制的范围内。如含水率偏高，可采用翻松、晾晒或均匀掺入干土等措施；如含水率偏低，可采用预先洒水，润湿等措施。如果土料符合要求，即可进行分层铺土且分层夯打，每层铺土的厚度应根据土质、密实度要求和机具性能确定。碾压时轨迹应相互搭接，防止漏压或漏夯。最后检验密实度和修整找平。

填土施工应注意以下问题：

①严格控制回填土选用的土料质量和土的含水率。

②填方必须分层铺土压实。

③不许在含水率过大的腐殖土、亚黏土、泥炭土、淤泥等原状土上填方。

④填方前应对基地的橡皮土进行处理，处理方法：a. 翻晒，晾干后进行夯实；b. 将橡皮土挖除，换上干性土或回填级配砂石；c. 用干土、生石灰粉、碎石等吸水性强的材料掺入橡皮土中吸收土中的水分，减少土的含水率。

2.5.2.4 安全施工

施工过程中，施工安全是工程管理的一个重要内容，是施工人员正常进行施工、工程质量和过程进度的保证。在施工中要注意以下几点：

①挖土方应由上而下分层进行，禁止采用挖空底脚的方法。人工挖基坑基槽时，应根据土壤性质湿度及挖掘深度等因素，设置安全边线或土壁支撑。在沟、坑侧边堆积泥土、材料时，距离坑边至少 1m，高度不超过 1.5m，对边坡和支撑应随时检查。

②土壁支撑宜选用松木和杉木，不宜采用质脆的杂木。

③发现支撑变形应及时加固，加固办法是打紧受力较小部分的木楔或增加立木及横撑木等。换支撑时应先加新撑，后拆旧撑。拆除垂直支撑时应按立木或直衬板分段逐步进行。拆除下一段并经回填夯实后再拆上一段。拆除支撑时应由工程技术人员在场指导。

④开挖基础、基坑，深度超过 1.5m，不加支撑时，应按照土质和深度放坡，放坡时应采取支撑措施。

⑤基坑开挖时，两个操作间距应大于 2.5m，挖土方不得在巨石的边坡下或贴近未加固的危楼基脚下进行。

⑥重物距坑槽边的安全距离参照表 2-23 执行。工期较长的工程，可用装土草袋或钉铁丝网抹水泥砂浆保护。

表 2-23 重物距坑槽边的安全距离

重物名称	与槽边的距离(m)	备注
载重汽车	≥3	
塔式起重及振动大机械	≥4	
土方存放	≥1	堆土高度≤1.5m

⑦上下坑沟应先挖好阶梯，铺设防滑物或支撑靠梯。禁止踩踏支撑上下。

⑧机械吊运泥土时应检查工具，吊绳是否牢靠，吊钩下不得有人。卸土堆应尽量离开坑边，以免造成塌方。

⑨大量土方回填，必须根据砖墙等结构坚固程度，确定回填时间、数量。

⑩当采用自卸车运土方时，其道路宽度应符合下列规定：

- 单车道和循环车道宽度不小于3.5m；
- 双车道宽度不小于7m；
- 单车道会车处宽度不小于7m，长度不小于10m。

⑪工地上的沟坑应设有防护，跨过沟槽的道路应有渡桥，渡桥应有牢固的桥板和扶手拉杆，夜间有灯火照明。

⑫在使用机械挖土前，应先发出信号，在挖土机推杆旋转范围内，不许进行其他工作。装载机装土时，汽车驾驶员必须离开驾驶室，车上不得有人装土。

⑬推土机推土时，禁止驶至边坡和山坡边缘，以防下滑翻车。推土机上坡推土的最大坡度不得大于25°，下坡时不能超过35°。

2.5.3 园林土方工程施工技术要点

土方工程施工包括挖、运、填、压4个内容。其施工方法可采用人力施工也可用机械化或半机械化施工。这要根据场地条件、工程量和当地施工条件决定。在规模较大、土方较集中的工程中，采用机械化施工较经济；但对工程量不大、施工点较分散的工程或因受场地限制，不便采用机械施工的地段，应该用人力施工或半机械化施工，以下按上述4个内容简单介绍。

2.5.3.1 土方挖掘

(1)人力施工

施工工具主要是锹、镐、钢钎等，人力施工不但要组织好劳动力而且要注意安全和保证工程质量。

①施工者要有足够的工作面，一般平均每人应有4~6m^2。

②开挖土方附近不得有重物及易塌落物。

③在挖土过程中，随时注意观察土质情况，要有合理的边坡，垂直下挖者，松软土不得超过0.7m，中等密度者不超过1.25m，坚硬土不超过2m，超过以上数值的须设支撑板或保留符合规定的边坡。

④挖方工人不得在土壁下向里挖土，以防拥塌。

⑤在坡上或坡顶施工者，要注意坡下情况，不得向坡下滚落重物。

⑥施工过程中注意保护基桩、龙门板或标高桩。

(2)机械施工

主要施工机械有推土机、挖土机等。在园林施工中推土机应用较广泛，例如，在挖掘水体时，以推土机推挖，将土推至水体四周，再运走或堆置地形，最后岸坡人工修整。

用推土机挖湖挖山，效率较高，但应注意以下几个方面：

①推土前应识图或了解施工对象的情况　在动工之前应向推土机驾驶员介绍拟施工地段的地形情况及设计地形的特点，最好结合模型，使之一目了然。另外施工前还要了解实地定点放线情况，如桩位、施工标高等。这样施工起来驾驶员心中有数，能得心应手按照设计意图去塑造地形。这一点对提高施工效率有很大关系，这一步工作做得好，在修饰山

体(或水体)时便可以节省许多人力物力。

②注意保护表土　在挖湖堆山时，先用推土机将施工地段的表层熟土(耕作层)推到施工场地外围，待地形整理停当，再把表土铺回来，这样做较麻烦费工，但对公园的植物生长却有很大好处。有条件之处应采取这样的施工方法。

③桩点和施工放线要明显　推土机施工来回操作，其活动范围较大，施工地面高低不平，加上进车或倒车时司机视线存在某些死角，所以桩木和施工放线很容易受破坏。为防止这个问题，应当：

- 加高桩木的高度，桩木上可做醒目标志(如挂小彩旗或桩木上涂明亮的颜色)，以引起施工人员的注意。
- 施工期间，施工人员经常到现场，随时随地用测量仪器检查桩点和放线情况，掌握全局，以免挖错(或堆错)位置。

2.5.3.2　土方的运输

一般竖向设计都力求土方就地平衡，以减少土方的搬运量，土方运输是较艰巨的劳动，人工运土一般都是短途的小搬运。车运人挑，这在有些局部或小型施工中还经常采用。

运输距离较长的，最好使用机械化或半机械化运输。不论是车运还是人挑，运输路线的组织都很重要，卸土地点要明确，施工人员随时指点，避免混乱和窝工。如果使用外来土垫地堆山，运土车辆应设专人指挥，卸土的位置要准确，否则乱堆乱卸，必然会给下一步施工增加许多不必要的小搬运，从而浪费了人力物力。

2.5.3.3　土方的填筑

填土应该满足工程的质量要求，土壤的质量要根据填方的用途和要求加以选择，在绿化地段土壤应满足种植植物的要求，而作为建筑用地则以将来地基的稳定为原则。利用外来土垫地堆山，对土质应该检定放行，劣土及受污染的土壤，不应放入园内以免将来影响植物的生长和妨害游人健康。

①大面积填方应该分层填筑，一般每层20~50cm，有条件的应层层压实。

②在斜坡上填土，为防止新填土方滑落，应先把土坡挖成台阶状，然后填方。这样可保证新填土方的稳定。

③辇土或挑土堆山，土方的运输路线和下卸，应以设计的山头为中心结合来土方向进行安排。一般以环形线为宜，车辆或人挑满载上山，土卸在路两侧，空载的车(人)沿路线继续前行下山，车(人)不走回头路，不交叉穿行，所以不会顶流拥挤。随着卸土，山势逐渐升高，运土路线也随之升高，这样既组织了人流，又使土山分层上升，部分土方边卸边压实，不仅有利于山体的稳定，山体表面也较自然。如果土源有几个来向，运土路线可根据设计地形特点安排几个小环路，小环路以人流车辆不相互干扰为原则。

2.5.3.4　土方的压实

人力夯压可用夯、破、碾等工具；机械碾压可用碾压机或用拖拉机带动的铁碾。小型的夯压机械有内燃夯、蛙式夯等。

为保证土壤的压实质量，土壤应该具有最佳含水率(表2-24)。

表 2-24　各种土壤最佳含水率

土壤名称	最佳含水率(%)
粗砂	8~10
细砂和黏质砂土	10~15
砂质黏土	6~22
黏土质砂质黏土和黏土	20~30
重黏土	30~35

如土壤过分干燥，需先洒水湿润再行压实。在压实过程中应注意以下几点：

①压实工作必须分层进行。

②压实工作要注意均匀。

③压实松土时夯压工具应先轻后重。

④压实工作应自边缘开始逐渐向中间收拢。否则边缘土方向外挤压易引起坍落。

土方工程施工面较宽，工程量大，施工组织工作很重要，大规模的工程应根据施工力量和条件决定，工程可全面铺开，也可以分区分期进行。

施工现场要有人指挥调度，各项工作要有专人负责，以确保工程按期按计划高质量地完成。

2.6　土方工程施工质量检测

2.6.1　土方工程施工质量检测的主要方式与方法

2.6.1.1　检测方式

①自我检测　简称“自检”，即作业组织和作业人员的自我质量检验，包括随做随检和一批作业任务完成后提交验收前的全面自检。随做随检可以使质量偏差得到及时修正，通过持续改进和调整作业方法，保证工序质量始终处于受控状态。全面自检可以保证验收施工质量的一次交验合格。

②相互检测　简称“互检”，即同工种、同施工条件的作业组织和作业人员，在实施同一施工任务时相互间的质量检验，对于促进质量水平的提高有积极作用。

③专业检测　简称“专检”，即专职质量管理人员的全靠专业检验，也是一种施工企业质量管理部门对现场施工质量的监督检查方式。

④交接检测　即前后工序或施工过程进行施工交接时的质量检查，如桩基工程完工后，地下和结构施工前必须进行桩基施工质量交接检验，可以控制上道工序的质量隐患，也有利于树立“后道工序是顾客”的质量管理思想，形成层层设防的质量保证链。

2.6.1.2　检测方法

①目测法　即用观察、触摸等感观方式所进行的检查，实践中人们把它归纳为“看、摸、敲、照”。

②量测法　即使用测量器具进行具体的量测，获得质量特性数据，分析判断质量状况及其偏差情况的检查方式，实践中人们将其归纳为“量、靠、吊、套”。

2.6.2　土方工程施工质量检查的种类和内容

2.6.2.1　检查种类

①日常检查　指施工管理人员所进行的施工质量经常性检查。

②跟踪检查　指设置施工质量控制点，指定专人所进行的相关施工质量跟踪检查。

③专项检查　指对某种特定施工方法、特定材料、特定环境等的施工质量，或对某类质量通病所进行的专项质量检查。

④综合检查　指根据施工质量管理的需要或企业职能部门所进行的不定期的或阶段性全面质量检查。

⑤监督检查　指来自业主、监理机构、政府质量监督部门的各类例行检查。

2.6.2.2　检查的一般内容

①检查施工依据　即检查施工是否严格按质量计划的要求和相关的技术标准进行，有无擅自改变施工方法、粗制滥造降低质量标准的情况。

②检查施工结果　即检查已完成的施工成果是否符合规定的质量标准。

③检查整改落实　即检查生产组织和人员对质量检查中已被指出的质量问题或需要改进的事项，是否认真执行整改。

2.6.3　土方开挖施工质量检测

2.6.3.1　土方开挖施工应注意的质量问题

(1)基底超挖

开挖基坑(槽)、管沟不得超过基底标高，如个别地方超挖，其处理方法应取得设计单位的同意。

(2)基底未保护

基坑(槽)开挖后应尽量减少对基土的扰动。如果基底不能及时施工，可在基底标高以上预留 30cm 土层不挖，待做基础时再挖。

(3)施工顺序不合理

应严格按施工方案规定的施工顺序进行开挖土方，应注意宜先从低处开挖，分层、分段依次进行，形成一定坡度，以利排水。

(4)施工机械下沉

施工时必须了解土质和地下水位情况。推土机、铲土机一般需要在地下水位 0.5m 以上推铲土；挖土机一般需在地下水位 0.8m 以上挖土，以防机械自身下沉。正铲挖土机挖方的台阶高度，不得超过最大挖掘高度的 1.2 倍。

(5)开挖尺寸不足，边坡过陡

基坑(槽)或管沟底部的开挖宽度和坡度，除应考虑结构尺寸要求外，还应根据施工需要增加工作面宽度，如排水设施、支撑结构等所需宽度。

(6)软土地区桩基挖土

在密集群桩上开挖基坑时，应在打桩完成后间隔一段时间，再对称挖土。在密集桩附近开挖基坑(槽)时，应采取措施防止桩基位移。

(7)施工顺序不合理

土方开挖宜先从低处开挖，分层分段依次进行，形成一定坡度，以利排水。

(8)基坑(槽)或管沟边坡不直不平、基底不平

应加强检查，随挖随修，并要认真验收。

2.6.3.2 土方开挖质量检测方法

①按检测要求开展检测，保证项目如桩基、基坑、基槽和管沟基底的土质必须符合设计要求，并严禁扰动。

②将检测数据比照表2-25，看允许偏差项目情况，做好观测记录。

③填写土方开挖工程检测质量验收记录表。

表2-25 土方开挖施工质量检测标准

项目	序号	检查项目	允许偏差或允许值(mm)					检查方法
			桩基、基坑、基槽	人工	场地平整机械	管沟	地(路)面基础层	
主控项目	1	标高	-50	±30	±50	-50	-50	水准仪
	2	长度宽度由设计中心线向两边量	+200 -50	+300 -100	+500 -150	+10		经纬仪、钢尺检查
	3	边坡	设计要求					观察或用坡度尺检查
一般项目	1	表面平整度	20	20	30	20	20	用2m靠尺或楔形塞尺检查
	2	基底土性	设计要求					观察或土样分析

2.6.4 回填压实施工质量检测

2.6.4.1 回填土施工应注意的质量问题

①未按要求测定土的干土质量密度　回填土每层都应测定夯实后的干土质量密度，符合设计要求后才能铺摊上层土，试验报告要注明土料各类、试验日期、试验结论，并要求试验人员签字。未达到设计要求部位，应有处理方法和复验结果。

②回填土下沉　因虚铺土超过规定厚度或冬季施工时有较大的冻土块，或夯实次数不够，甚至漏夯，坑(槽)底的有机杂物或落土清理不干净，以及冬季做散水，施工用水渗入垫层中，受冻膨胀等原因造成。上述问题均应在施工中认真执行各项施工操作规范，并要严格检查，发现问题及时纠正。

③管道下部夯填不实　管道下部应按标准要求填夯回填土，如果漏夯不实会造成管道下方空虚，造成管道操作或折断而发生渗漏。

④回填土夯压不密　应在夯实时对干土洒水加以润湿；如回填土太湿同样夯实不密实，出现“橡皮土”现象，应将“橡皮土”挖出，重新换好土再行压实。

⑤在地形、工程地质复杂地区内的填方，且对填方密实度要求较高时，应采取措施，(如排水暗沟、护坡桩等)，以防填方土壤流失，造成不均匀下沉和坍塌等事故。

⑥填方基土为杂填土时，应按设计要求加固地基，并要妥善处理基底下的软硬点、空洞、旧基以及暗塘等。

⑦机械回填管沟时，为防止管道中心线位移或损坏管道，应用人工先在管道周围填土

夯实，并应从管道两边同时进行，直至管顶0.5m以上，在不损坏管道的情况下，方可采用机械回填和压实，在抹带接口处，防腐绝缘层或电缆周围，应使用细粒土回填。

⑧填方应按设计要求预留沉降量，如设计无要求，可根据工程性质、填方高度、填料种类、密实要求和地基情况等，与建设单位共同确定(沉降量一般不超过填方高度的3%)。

2.6.4.2 回填压实施工质量检验方法

采用环刀法取样测定土的实际干密度。取样的方法及数量应符合规定：基坑回填每20~50m^3取1组；场地平整填土每层按400~900m^2取1组。取样部位应在每层压实后的后半部。

填土密实度以设计规定的控制干密度$\rho=\lambda_c \cdot \rho_{dmax}$

式中 λ_c——填土的压实系数，一般场地平整为0.9左右，地基填土为0.91~0.97；

ρ_{dmax}——填土的最大干密度，可由实验室实测或计算求得。

(1)允许偏差项目及检查方法见表2-26所列。

表2-26 回填土工程施工质量检测标准

项目	序号	检查项目	允许偏差或允许值(mm)					检查方法
			桩基、基坑、基槽	人工	场地平整机械	管沟	地(路)面基础层	
主控项目	1	标高	-50	±30	±50	-50	-50	水准仪
	2	分层压实系数	设计要求					按规定方法
一般项目	1	回填土料	设计要求					取样检查或直接鉴别
	2	分层厚度及含水量	设计要求					水准仪及抽样检查
	3	表面平整度	20	20	30	20	20	用靠尺或水准仪

(2)填写土方回填工程检验批质量验收记录表。

知识链接

1. 环刀法需要配备仪器设备

环刀(内径6~8cm，高23cm，壁厚1.52cm)；天平(称量500g，精确至0.01g；其他(切土刀、钢丝锯、凡士林等)。

2. 检测步骤

按工程需要取原状土或制备所需状态的扰动土样，整平其两端，将环刀内壁涂一薄层凡士林，刃口向下放在土样上。用切土刀(或钢丝锯)将土样削成略大于环刀直径的土柱，然后将环刀垂直下压，边压边削，至土样伸出环刀为止。将两端余土削去修平，取剩余的代表性土样测定含水量。然后擦干净环刀外壁称质量，若在天平放砝码一端放一等质量环刀可直接称出湿土质量，测量精确至0.1g。

按下式计算湿密度及干密度：

$$\rho_0=\frac{m}{V}$$

式中 ρ_0——湿密度，g/cm^3；

m——湿土的质量，g；

V——环刀容积，g/cm^3。

$$\rho_d=\frac{\rho_0}{1+\omega_1}$$

式中 ρ_d——湿密度，g/cm^3；

ρ_0——湿密度，g/cm^3；

ω_1——含水率，%，精确至0.01g/cm^3。

注：本试验需进行二次平等测定，其平行差值不得大于0.03g/cm^3。取其算术平均值，将检测值记录于表2-27中。

表2-27 密度试验(环刀法)表

工程名称： 编号 试验日期：

土样说明： 试验员： 校对员：

试样编号	土样类别	环刀号	湿土质量(g)	体积(cm^3)	湿密度(g/cm^3)	干土质量(g)	干密度(g/cm^3)	平均干密度(g/cm^3)
1	粉质土	112	92.7	64.34	1.44	81.7	1.27	1.275
		53	93.2	64.34	1.49	82.2	1.28	
2	钙质土	11	126.8	64.34		98.9	1.54	1.535
		87	126.2	64.34		98.5	1.53	

实训2-1 庭园竖向设计

一、实训目的

理解园林竖向设计的概念及设计原则，掌握园林地形等高线竖向设计的方法，能够根据场地特征进行中小型绿地竖向设计。

二、材料及用具

计算机、AutoCAD软件、画板、A3绘图纸、绘图铅笔、墨线笔、直尺、比例尺、三角板、弧线板等，小庭园设计总平面图。

三、方法及步骤

1. 认真读图，理解园林设计意图，掌握周边环境情况；

2. 纠正总平面设计图中的错误，讨论并确定总平面图设计方案，绘制竖向设计草图；

3. 分小组在计算机上完成小庭园竖向设计平面图、场地断面图，合理安排各园林要素高程变化，考虑场地排水等要求。

四、考核评价

序号	考核项目	评价标准				等级分值			
		A	B	C	D	A	B	C	D
1	地形设计合理	优秀	良好	一般	较差	10	8	6	4
2	等高线绘制规范	优秀	良好	一般	较差	60	55	50	40
3	标注文字完整、准确	优秀	良好	一般	较差	20	18	16	14
4	断面图绘制合理	优秀	良好	一般	较差	10	8	6	4
考核成绩(总分)									

五、作业

根据给定的庭园平面图绘制竖向设计图(包括平面图与断面图)。

实训2-2　平整场地土方工程量计算(方格网法)

一、实训目的

掌握网格法计算土方量的方法，能够正确计算一般中小型绿地场地平整的土方工程量。

二、材料及用具

带等高线的地形竖向设计图纸、画板、A3绘图纸、绘图铅笔、墨线笔、直尺、比例尺、三角板、弧线板等。

三、方法及步骤

1. 将设计图描绘到硫酸纸上。
2. 根据土方计算范围及要求，绘制方格网。
3. 按步骤进行计算。包括每一角点的原地形标高、设计标高、施工标高及土方量，并将土方量计算结果逐项填入土方量表。
4. 绘制土方平衡表及土方调配图(比例1∶500，描图纸，墨线图)。
5. 检查计算步骤、方法及计算结果。

四、考核评价

序号	考核项目	评价标准				等级分值			
		A	B	C	D	A	B	C	D
1	图纸描绘规范、清晰	优秀	良好	一般	较差	10	8	6	4
2	土方量计算准确、无误	优秀	良好	一般	较差	60	55	50	40
3	土方平衡准确度	优秀	良好	一般	较差	20	18	16	14
4	任务分工明确、组织有序	优秀	良好	一般	较差	10	8	6	4
考核成绩(总分)									

五、作业

根据给定的竖向设计图计算平整场地土方工程量，填写表2-28、表2-29。

表 2-28　土方量计算表

方格代号	挖方(m^3)	填方(m^3)	备注
总计			

表 2-29　土方平衡表

区　号	Ⅰ	Ⅱ	Ⅲ	Ⅳ	Ⅴ	外运	合计
挖(填)方量(m^3)							0

单元小结

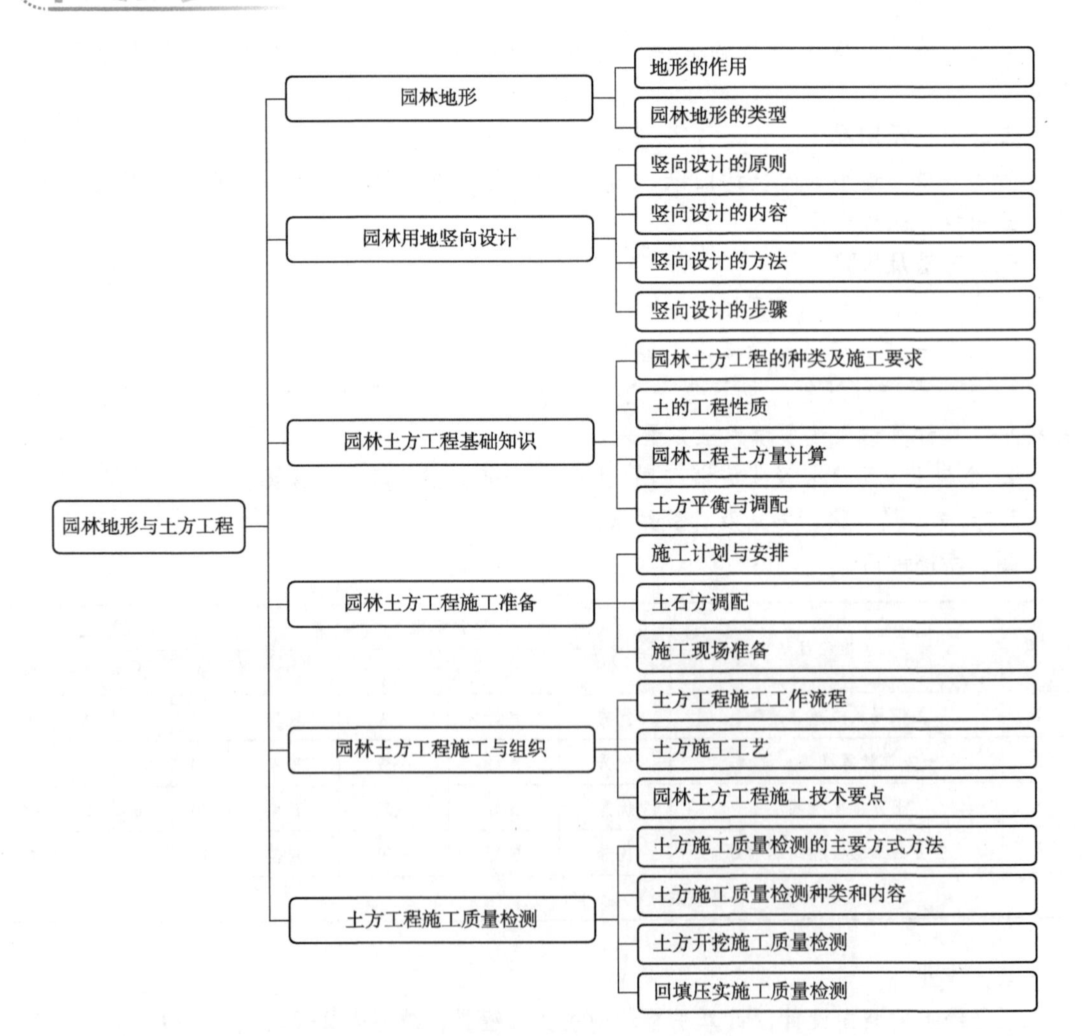

知识拓展

土方开挖作业注意事项

1. 人工挖土

本工艺标准内容适用于一般工业及民用建筑物、构筑物的基坑(槽)和管沟等人工挖土工程。

(1)主要机具

测量设备及工具、平头、圆头铁锹、手锤、手推车、梯子、铁镐、撬棍、钢尺、坡度尺、放线桩、工程线或20#铅丝等。

(2)作业条件

①土方开挖前，应根据施工方案的要求，将施工区域内的地上、地下障碍物清除和处理完毕。

②建筑物或构筑物的位置或场地的定位控制线(桩)、标准水平桩及基槽的灰线尺寸，必须经过检验合格，并办完预检手续。

③场地要清理平整，做好排水坡度，在施工区域内，要挖临时性的排水沟。

④夜间施工时，应合理安排工序，防止错挖或超挖。施工场地应根据需要安装照明设施，在危险地段应设置明显标志。

⑤开挖低于地下水位的基坑(槽)、管沟时，应根据当地工程地质资料，采取措施降低地下水位，一般要降至低于开挖底面的0.5m，然后开挖。

(3)操作工艺

工艺流程：确定开挖顺序和坡度→沿灰线切出槽边轮廓线→分层开挖→修整槽边→清底。

①坡度的确定

a. 在天然湿度的土中，开挖基坑(槽)和管沟时，当挖土深度不超过下列数值规定时可不放坡，不加支撑：

- 密实、中密的砂土和碎石类土(充填物为砂土)-1.0m；
- 硬塑、可塑的轻亚黏土及亚黏土-1.25m；
- 硬塑、可塑的黏土和碎石类土(充填物为黏性土)-1.5m；
- 坚硬的黏土-2.0m。

b. 超过上述规定深度，在5m以内时，当土具有天然温度，构造均匀，水文地质条件好，且无地下水，不加支撑的基坑(槽)和管沟，必须放坡。

②根据基础和土质、现场出土等条件要合理确定开挖顺序，然后分段分层平均下挖。

③开挖各种浅基础时，如不放坡，应先沿灰线直边切出槽边的轮廓线。

④开挖各种槽坑。

- 浅条形基础：一般黏性土可自上而下分层开挖，每层深度以60cm为宜，从开挖端部逆向倒退按踏步形挖掘。碎石类土先用镐翻松，正向挖掘，每层深度视翻土厚度而定，每层应清底和出土，然后逐步挖掘。

• 浅管沟：与浅条形基础开挖基本相同，仅沟帮不切直修平。标高按龙门板上平往下返出沟底尺寸，接近设计标高后，再从两端龙门板下面的沟底标高上返 50cm 为基准点，拉小线用尺检查沟底标高，最后修整沟底。

• 开挖放坡的坑(槽)和管沟时，应先按施工方案规定的坡度粗略开挖，再分层按坡度要求做出坡度线，每隔 3m 左右做出一条，以此为准进行铲坡。深管沟挖土时，应在沟帮中间留出宽 80cm 左右的倒土台。

• 开挖大面积浅基坑时，沿坑三面开挖，挖出的土方装入手推车或翻斗车，由未开挖的一面运至弃土地点。

• 开挖基坑(槽)或管沟，当接近地下水位时，应先完成标高最低处的挖方，以便在该处集中排水，开挖后，在挖到距槽底 50cm 以内时，测量放线人员应配合抄出距槽 50cm 平线；自每条槽端部 20cm 处每隔 2~3m，在槽帮上钉水平标高小木橛。在挖至接近槽底标高时，用尺或事先量好的 50cm 标准尺杆，随时以小木橛上平校核槽底标高。最后由两端轴线(中心线)引桩拉通线、检查距槽边尺寸，确定槽宽标准，据此修整槽帮，最后清除槽底土方，修底铲平。

• 基坑(槽)、管沟的直立帮和坡度，在开挖过程和敞露期间应防止塌方，必要时应加以保护。

• 在开挖槽边弃土时，应保证边坡和直立帮的稳定。当土质良好时，抛于槽边的土方(或材料)，应距槽(沟)边缘 0.8m 以外，高度不宜超过 1.5m。在柱基周围、墙基或围墙一侧，不得堆土过高。

• 开挖基坑(槽)的土方，在场地有条件堆放时，留足回填需用的好土，多余的土方运出，避免二次搬运。

• 土方开挖一般不宜在雨季进行，并且工作面不宜过大，应分段逐片分期完成。

• 土方开挖不宜在冬期施工。如必须在冬期施工，其施工方法应按冬期施工方案进行。

• 采用防止冻结法开挖土方时，可在冻结前用保温材料覆盖或将表层土翻耕耙松，其翻耕深度应根据当地气候条件确定，一般不小于 0.3m。

(4) 成品保护

①对定位标准、轴线引桩、标准水准点、龙门板等，挖运时不得碰撞，也不得坐在龙门板上休息。并应经常测量和校核其平面位置、水平标高和边坡坡度是否符合设计要求。定位标准和标准水准点，也应定期复测，检查是否正确。

②土方开挖时，应防止邻近已有建筑物或构筑物、道路、管线等发生下沉或变形。必要时与设计单位或建设单位协商采取防护措施，并在施工中进行沉降和位移观测。

③施工中如发现有文物或古墓等，应妥善保护，并应立即报请当地有关部门处理后，方可继续施工。如发现有测量用的永久性标桩或地质、地震部门设置的长期观测点等，应加以保护。在敷设地上或地下管道、电缆的地段进行土方施工时，应事先取得有关管理部门的书面同意，施工中应采取措施，以防止损坏管线。

2. 机械挖土

本工艺标准内容适用于工业和民用建筑物、构筑物的大型基坑(槽)、管沟以及大面积平整场地等土方工程。

(1)主要机具

①挖土机械　挖土机、推土机、铲运机、自卸汽车等。

②一般机具　铁锹(尖头与平头两种)、手推车、小白线或20#铅丝和2m钢卷尺、坡度尺等。

(2)作业条件

①土方开挖前，应根据施工方案的要求，将施工区域内的地下、地上障碍物清除和处理完毕。

②建筑物或构筑物的位置或场地的定位控制线(桩)标准水平桩及开槽的灰线尺寸，必须经过检验合格，并办完预检手续。

③夜间施工时，应有足够的照明设施。在危险地段应设置明显标志，并要合理安排开挖顺序，防止错挖或超挖。

④开挖有地下水位的基坑(槽)、管沟时，应根据当地工程地质资料，采取措施降低地下水位。一般要降至低于开挖面0.5m，然后才能开挖。

⑤施工机械进入现场所经过的道路、桥梁和卸车设施等，应事先经过检查，必要时要进行加固或加宽等准备工作。

⑥选择土方机械，应根据施工区域的地形与作业条件，土壤类别与厚度、总工程量和工期综合考虑，以能发挥施工机械效率来确定，编好施工方案。

⑦施工区域运行路线的布置，应根据作业区域工作的大小、机械性能、运距和地形起伏等情况加以确定。

⑧机械施工无法作业的部位以及修理工作均应配备人工。

(3)操作工艺

工艺流程：确定开挖顺序和坡度→分段分层平均下挖→修边和清底。

①坡度的确定

a. 在天然湿度的土壤中，开挖基础坑(槽)和管沟，当挖土深度不超过下列数值时，可不放坡、不加支撑。

- 密实、中密的砂土或碎石类土(充填物为砂土)：1.0m；
- 硬塑、可塑的轻亚黏土及亚黏土：1.25m；
- 硬塑、可塑的黏土和碎石类土(充填物为黏性土)：1.5m；
- 坚硬性黏土：2.0m。

b. 超过上述规定深度，在5m以内时，当土具有天然湿度，构造均匀，水文地质条件好，且无地下水，不加支撑的基坑(槽)和管沟，必须放坡。边坡最陡坡度应符合表2-21的规定。

使用时间较长的临时性挖土方边坡坡度，应根据工程地质和边坡高度，结合当地同类土体的稳定坡度值确定。如地质条件好、土(岩)质较均匀、高度在10m以内的临时性挖方边坡。

②开挖各种槽坑　开挖基坑(槽)或管沟时，应合理确定开挖顺序、路线及开挖深度，然后分段分层平均下挖。

• 采用推土机开挖大型基坑(槽)时，一般应从两端或顶端开始(纵向)推土，把土推向中部或顶端；暂时堆积，然后再横向将土推离坑(槽)的两侧。

• 采用铲运机开挖大型基坑(槽)时，应纵向分行分层按照坡度线向下铲挖，但每层的中心地段应比两边稍高一些，以防积水。

• 采用反铲、拉铲挖土机开挖基坑(槽)或管沟时，其施工方法有两种：一是端头挖土法。挖土机从坑(槽)或管沟的端头，以倒退行驶的方法进行开挖。自卸汽车配置在挖土机的两侧装运土。二是侧向挖土法。挖土机一面沿着坑(槽)边或管沟的一侧移动，自卸汽车在另一侧装运土。

• 挖土机沿挖方边缘移动时，机械距离边坡上缘的宽度不得小于基坑(槽)和管沟深度的1/2。如挖土深度超过5m，应按专业性施工方案来确定。

• 在开挖过程中，应随时检查槽壁和边坡的状态。深度大于1.5m时的基坑(槽)或管沟，根据土质情况，应做好支撑的准备，以防坍塌。

• 开挖基坑(槽)和管沟，不得挖至设计标高以下，如不能准确地挖至设计地基标高，可在设计标高以上暂留一层土不挖，以便在找平后，由人工挖出。

• 暂留土层：一般铲运机、挖土机挖土时，为20cm左右；挖土机用反铲、正铲和拉铲挖土时以30cm左右为宜。

• 在机械施工挖不到的土方，应配合人工随时进行挖掘，并用手推车把土方运到机械能挖到的地方，以便及时挖走。

• 修帮和清底。在距槽底设计标高50cm槽帮处，找出水平线，钉上小木橛，然后用人工将暂留土层挖走。同时由两端轴线(中心线)引桩拉通线(用小线或铅丝)，检查距槽边尺寸，确定槽宽标准。以此修整槽边，最后清除槽底土方。槽底修理铲平后进行质量检查验收。

• 开挖基坑(槽)的土方，在场地有条件堆放时，一定留足回填需用的好土；多余的土方，应一次运走，避免二次搬运。

③雨、冬期施工　土方开挖一般不宜在雨季进行，否则工作面不宜过大，应逐段逐片分期完成。

• 雨期施工在开挖的基坑(槽)或管沟时，应注意边坡稳定。必要时可适当放缓边坡坡度或设置支撑。同时应在坑(槽)外侧围以土堤或开挖水沟，防止地面水流入。经常对边坡、支撑、土堤进行检查，发现问题及时处理。

• 土方开挖不宜在冬期施工。如必须在冬期施工，其施工方法应按冬施方案进行。

• 采用防止冻结法开挖土方时，可在冻结以前，用保温材料覆盖或将表层土翻耕耙松，其翻耕深度应根据当地气候条件确定，一般不小于30cm。

• 开挖基坑(槽)或管沟时，必须防止基础下的基土遭受冻结。应在基底标高以上预留适当厚度的松土，或用其他保温材料覆盖，如遇开挖土方引起邻近建筑物或构筑物的地基和基础暴露，应采取防冻措施，以防产生冻结。

土方施工中特殊问题的处理

1. 滑坡与塌方的处理

发生滑坡和塌方的因素十分复杂，分为内部因素和外部因素。不良的地质条件是产生滑坡的内容，而人类的工程活动和水的作用是触发并产生滑坡的主要外因。滑坡和塌方的处理措施有：

(1)加强工程地质勘察，对拟建场地(包括边坡)的稳定性进行认真分析和评价。

(2)在滑坡范围外设置多道环形截水沟，以拦截附近的地表水，在滑坡区内修设或疏通原排水系统，疏导地表、地下水，防止渗入滑坡处。

(3)处理好滑坡区域附近的生活及生产用水的关系，防止渗入滑坡地段。

(4)如地下水活动有可能形成山坡浅层滑坡，可设置支撑盲沟和渗水沟，排除地下水。盲沟应布置在平行于滑坡方向有地下水露头处，做好植被工程。

(5)保持边坡坡度，避免随意切割坡脚。

(6)尽量避免在坡脚外取土，在坡肩上设置弃土或建筑物。

(7)对可能出现的浅层滑坡，如滑坡土方量不大，最好将滑坡体全部挖除；如土方量较大，不能全部挖除，且表面破碎含有滑坡夹层，可对滑坡体采取深翻、推压、打乱滑坡夹层、表面压实等措施，减少滑坡因素。

(8)对于滑坡体的主滑地段可采取挖方卸荷、拆除已有建筑物等减重辅助措施，对抗滑地段可采取堆方加重等辅助措施。

(9)滑坡面土质松散或具有大量裂缝时，应进行填平、夯填，防止地表水下渗，在滑坡面植树、种草皮、浆砌片石等保护坡面。

(10)倾斜表层下有裂隙滑动面的，可在基础下设置混凝土锚桩(墩)。土层下有倾斜岩层的，可将基础设置在基岩上用锚栓锚固，或做成阶梯形，或灌注桩基减轻土体负担。

(11)对已滑坡的工程，稳定后采取设置混凝土锚固排桩、挡土墙、抗滑明洞、抗滑锚杆或混凝土墩与挡土墙相结合的方法加固坡脚，并在下段做截水沟、排水沟、陡坝，采取去土减重措施，保持适当坡度。

2. 冲沟、土洞(落水洞)、古河道及古湖泊处理

(1)冲沟的处理

冲沟多由于暴雨冲刷剥蚀坡面形成，先是在低凹处蚀成小穴，此后逐渐扩大成浅沟，再进一步冲刷为冲沟。对边坡上不深的冲沟可用好土或3∶7灰土逐层回填夯实，或用浆砌块石填至与坡面相平，并在坡顶设排水沟及反水坡，用以阻截地表雨水冲刷坡面。对地面冲沟用土层夯填，因其土质结构松散、承载力低，可采取加宽基础的处理方法。

(2)土洞(落水洞)的处理

在黄土层或岩溶地层由于地表水的冲蚀或地下水的潜蚀作用形成的土洞(落水洞)往往十分发育，常成为排泄地表径流的暗道，影响边坡或场地的稳定，必须进行处理，以免继续扩大，造成边坡坍塌或地基塌陷。具体处理方法是将土洞(落水洞)上部挖开，清除软土，分层回填好土(灰土或砂卵石)夯实，面层用黏土夯填并高于周围地表，同时做好地表水的截流，将地表径流引到附近排水沟中，不使下渗。对地下水可采用截流改道的办法。如用作地基的深埋土洞，宜用砂、砾石、片石或混凝土填灌密实，或用灌浆挤压法加固。

(3)古河道与古湖泊的处理

古河道和古湖泊根据其成因分为两种：一种形成年代久远；另一种形成年代较近。两者都是在天然地貌的低洼处，由于长期积水及泥沙沉积而成，其土层由黏性土、细砂、卵石和角砾构成。年代久远的古河道、古湖泊已被密实的沉积物填满，底部尚有砂卵石层，一般土的含水量小于20%，且无被水冲蚀的可能性，土的承载力不低于相接天然土，可不处理。年代近的古河道、古湖泊，土质较均匀，含有少量杂质，含水量大于20%，如沉积物填充密实，承载力不低于同一地区的天然土，亦可不做处理；如为松软、含水量大的土，应挖除后用好土分层夯实，或采用地基加固措施：用作地基的部位用灰土分层夯实，与河、湖边坡接触的部位做成阶梯形接搓，阶宽不小于1m，接搓处应夯实，回填应按先深后浅的顺序进行。

3. 橡皮土处理

橡皮土是填土受夯打(碾压)后，基土发生颤动，受夯打(碾压)处下陷，四周鼓起。这种土使地基承载力降低，变形加大，长时间不能稳定。主要预防措施有：

①避免在含水率过大的腐殖土、泥炭土、黏土、亚黏土等厚状土上进行回填。

②控制含水率，尽量使其在最优含水率范围内，手握成团，落地即散。

③填土区设置排水沟，已排除地表水。

处理措施为：先暂停施工，并避免直接拍打，使橡皮土含水量逐渐降低，或将土层翻起晾晒；如地基已成橡皮土，可在上面铺一层碎石或碎砖后夯击，将表土层挤紧；橡皮土较严重的，可将土层翻起并拌均匀，掺加石灰，使其吸收水分，同时改变原土结构为灰土，使之有一定强度和水稳性；如用作荷载大的房屋地基，可打石桩或垂直打入M10机砖，最后在上面满铺50mm厚的碎石再夯实；另外也可采取换土措施，即挖去橡皮土，重新填好土或级配砂石夯实。

4. 表土处理

表土即表层土壤，它对于保护并维护生态环境起着十分重要的作用，在工程改造地形时往往剥去表土，破坏了良好的植物生长条件。因此在土方施工时应尽量保存表土，并在栽植时有效利用。

(1)表土的开挖与复原

在工程规划设计阶段，就应顺应原有地形地貌，避免过量开挖整地，使表土不致遭到破坏；施工前要做好表土的保存计划，拟定施工范围、表土堆置区、表土回填区等事项，并在工程施工前将所有表土移至堆置区。为防止重型机械进入现场压实土壤，破坏其团粒结构，最好使用倒退铲车，按照同一方向掘取表土，现场无法使用倒退铲车时可以利用压强小的适合沼泽地作业的推土机。表土最好直接平铺在预定栽植的场地，不要临时堆放，防地表固结。

(2)表土的临时堆放

应选择排水性能良好的地面临时堆放表土，堆放时间超过6个月时，应在临时堆放表土的地面上铺设碎石暗渠用以排水。堆放高度最好控制在1.5m以下，不要用重型机械压实。堆积的最高高度应控制在2.5m以下，防止过分挤压破坏下部土壤的团粒结构。为防止表土干燥风化危及土壤中微生物的生存，须置于有淋水养护的阴凉处，表土上面也可覆盖落叶和草皮。

自主学习资源库

1. 园林工程设计．徐辉，潘福荣．机械工业出版社，2008.
2. 园林工程施工一本通．《园林工程施工一本通》编委会．地震出版社，2007.
3. 景观工程施工详图绘制与实例精选．周代红．中国建筑工业出版社，2009.
4. 环境景观与水土保持工程手册．甘立成．中国建筑工业出版社，2001.
5. 山水景观工程图解与施工．陈祺．化学工业出版社，2008.

自测题

1. 园林地形的定义与作用是什么？
2. 影响园林地形设计的因素有哪些？
3. 园林地形处理的原则有哪些？
4. 竖向设计包括哪些内容？各类设计方法适用何种情况？
5. 简述采用等高线法进行竖向设计。
6. 土方工程量的计算方法有哪些？各适用于何种情况？
7. 方格网法计算土方量时，各角点的标高是如何标注的？画出示意图。
8. 土方平衡与调配的原则有哪些？
9. 土壤的主要工程性质有哪些？
10. 什么是边坡坡度？其与土壤自然倾斜角有什么关系？
11. 简述土方施工的程序。
12. 园林地形施工准备工作有哪些？
13. 土方施工定点放线的施工内容有哪些？
14. 简述山体放线的两种方法。
15. 土方填筑应当注意什么问题？
16. 如何处理施工中出现的橡皮土？

单元3　园林给水工程

知识目标

(1)熟悉常见园林给水管材;
(2)熟悉园林给水中常用阀门、喷头等管件;
(3)掌握给水管网布置基本形式及布线要点;
(4)熟悉给水管网水力计算的步骤及方法;
(5)掌握园林给水管网工程的施工流程和工艺要求;
(6)熟悉园林给水工程常见构筑物。

技能目标

(1)能进行简单的管网布置和水力计算;
(2)能完成园林给水管网工程的施工准备;
(3)能进行常见管材及管件的施工操作;
(4)能进行园林给水工程的质量检验。

素质目标

(1)培养学生经济节约的绿色生态理念;
(2)培养学生耐心细致的工作态度;
(3)培养学生精益求精的工匠精神。

3.1　园林给水工程基础知识

3.1.1　园林给水系统

3.1.1.1　园林给水系统的分类

(1)生活给水系统

生活给水系统是满足办公、餐饮服务(如餐厅、茶社、商业网点等)、日常生活(如饮水、洗浴、卫生及清洁设施)等用水的供水系统。

(2)生产给水系统

生产给水系统是指满足园林生产活动(包括植物灌溉及养护、动物笼舍冲洗、动物饮水、喷洒)用水的供水系统。

(3)景观供水系统

景观供水系统是指满足园林造景需要，包括园林造景中各种水体(如溪涧、湖泊、池沼、瀑布、跌水、喷泉等)用水的供水系统。

(4)消防给水系统

消防给水系统是供以水灭火的各类消防设备用水的供水系统。

(5)游乐用水系统

为一些亲水的休闲、娱乐设施供水的系统。

3.1.1.2 园林给水工程的组成

园林给水工程一般包括取水工程和输配水工程，有些情况下，根据需要也会涉及净水工程。

(1)取水工程

①水源及水质　根据园林项目的位置和水资源条件的不同，园林的取水方式也有差异。一般来说，园林多利用城市供水系统作为水源，也可采用江河湖泊或地下水作为水源。除此之外，利用再生水作为养护、水景和消防用水的水源，正变得越来越常见。

园林用水的水质要求，根据其用途的不同差异很大。一般来说，生产用水只要无害于动植物、不污染环境即可。但生活用水，特别是饮用水，则必须经过严格的净化和消毒处理，使水质符合相关的卫生标准。

②取水设施设备　以城市供水系统作为水源的，主要包括引入管、各类阀门、水表以及水表井、阀门井等设施。以自然水为水源，取水工程主要包括水泵及泵房等配套设施。

(2)输配水工程

园林输配水工程主要包括输配水管网及渠道设施，管网上的各类管件、阀门及附属构筑物，管道末端的取水器、消火栓、水龙头、用水设备等。

(3)净水工程

园林净水工程主要用于对水质有要求的各类用水系统，特别是利用自然水作为水源的供水系统。净水工程一般包括过滤、沉淀、消毒等设备及附属设施，如喷灌系统中的过滤设备和饮水系统中的净化设备。

3.1.2 园林给水工程材料

3.1.2.1 园林给水管材

给水管材的材质性能是否稳定对水质有影响，给水管网属于地下隐蔽工程设施，要求具有很高的安全可靠性。此外，给水管道通常会承受一定的压力，因此对管材的性能有较高的要求。

园林中常用的给水管道管材主要有铸铁管、钢管、钢筋混凝土管、塑料管等。

(1)铸铁管

铸铁管分为灰口铸铁管和球墨铸铁管。灰口铸铁管具有经久耐用、耐腐蚀性强、使用寿命长的优点。但质地较脆，不耐振动和弯折，重量大。球墨铸铁管在抗压、抗震上有很大提高。在中低压管网中，球墨铸铁管有运行安全、可靠，破损率低，施工维修便捷，防腐性能优异等优点，但一般不用于高压管网。

灰口铸铁管是以往使用最广的管材，目前正逐步被球墨铸铁管替代。

(2)钢管

钢管有焊接钢管和无缝钢管两种。焊接钢管又分为镀锌钢管(白铁管)和非镀锌钢管(黑铁管)。钢管有较好的机械强度，耐高压、震动，重量较轻，单管长度长，接口方便，适应性强，但耐腐蚀性差，防腐造价高。

镀锌钢管是在普通钢管表面进行镀锌防腐处理后的钢管，具有防腐、防锈、使用寿命长等特性。但镀锌钢管长时间使用后，会产生较多的锈垢，造成水中重金属含量过高，严重危害人体的健康，已被禁止用于饮用水的给水管，目前在园林上主要用于喷灌系统的给水。

(3)钢筋混凝土管

钢筋混凝土管防腐能力强，不需任何防腐处理，有较好的抗渗性和耐久性，但水管重量大，质地脆，装卸和搬运不便。其中自应力钢筋混凝土管会后期膨胀，可使管疏松，不用于主要管道；预应力钢筋混凝土管能承受一定压力，在国内大口径输水管中应用较广，但由于接口问题，易爆管、漏水。为克服这个缺陷，现采用预应力钢筒混凝土管(PCCP管)，其是利用钢筒和预应力钢筋混凝土管复合而成，具有抗震性好、使用寿命长、耐腐蚀、抗渗漏的特点，是较理想的大水量输水管材。

(4)塑料管

在塑料给水管材中，PP-R 管、HDPE 给水管是常用的管材。

PP-R 管是一种新型的塑料给水管材，在建筑给水工程中使用比较普遍，一般管径范围为 *DN*15~*DN*150，采用的连接方式为热熔承插连接，连接需要专用管道配件，管道配件价格较高，热熔承接连接时容易在连接处形成熔瘤，减小水流断面，增大局部水头损失。管长受材质的限制，不宜弯曲。管道接头较多，管材较脆，柔韧性较差，适合短距离的输水，如建筑物卫生间给水。在安装质量可以较好控制的情况下，较小规模的园林给水工程中可以使用 PP-R 管，比较适应园林给水的特点。

HDPE 给水管是采用先进的生产工艺和技术，通过热挤塑而成型，具有耐腐蚀、内壁光滑、流动阻力小、强度高、韧性好、重量轻等特点。HDPE 给水管的管径从 *DN*15~*DN*150 均有生产，压力等级 0.25~1.0MPa，共 4 个等级。HDPE 管在温度 190~240℃将被熔化，利用这一特性，将管材(或管件)熔化的部分充分接触，并保持适当压力，冷却后两者便牢固地融为一体。因此，HDPE 管的连接方式与 PP-R 管有所不同，HDPE 管通常采用电热熔连接及热熔对接两种方式，而 PP-R 管是不能热熔对接连接的。按照管径大小，*DN*≤63 时，采用注塑热容承插连接；*DN*≥75 时，采用热熔对接连接或电熔承插连接；与不同材质连接时采用法兰或丝扣连接。

3.1.2.2 园林给水管件及阀门

(1)管件

给水管的管件种类很多，不同的管材有些差异，但分类差不多，有接头、弯头、三通、四通、管堵以及活性接头等，每类又有很多种，如接头分内接头、外接头、内外接头、同径或异径接头。图3-1为钢管部分管件。

图3-1 钢管管件

(2)阀门

阀门的种类很多，园林给水工程中常用的阀门按阀体结构形式和功能可分为截止阀、闸阀、蝶阀、球阀、电磁阀等；按照驱动动力分为手动、电动、液动和气动4种方式；按照承受压力分为高压、中压、低压3类。园林中大多数阀门为中低压阀门，以手动为主。

3.1.2.3 园林给水管材选择与配置

常用管材选择取决于承受的水压、价格、输送的水量、外部荷载、埋管条件、供应情况等，其特性可参照表3-1。

塑料给水管，特别是HDPE给水管和PP-R管在管材的性能和使用上都比铸铁管、镀锌钢管、UPVC给水管更适应园林给水的特点，而HDPE给水管又比PP-R管更适应园林给水工程，不仅解决了园林给水中接头数量多、渗漏严重的弊端，而且管道耐腐蚀、耐破

表 3-1　管材特性与选用对照

管径(mm)	主要管材
≤50	镀锌钢管；硬聚氯乙烯等塑料管
≤200	连续浇铸铸铁管，采用柔性接口；塑料管价低，耐腐蚀，使用可靠，但抗压较差
300~1200	球墨铸铁管较为理想，但目前产量少，规格不多，价格高；铸态球墨铸铁管价格较便宜，不易爆炸，是当前可选用的管材；质量可靠的预应力和自应力钢筋混凝土管，价格便宜可以选用
>1200	薄型钢筒预应力混凝土管，性能好，价格适中，但目前产量较低；钢管性能可靠，价格高，在必要时使用，但要注意内外防腐；质量可靠的预应力钢筋混凝土管是较经济的管材

损性能大大加强，管道安装简便，材料费和工程的安装费得到了降低。当园林给水工程规模不大时，可以使用 PP-R 管。

HDPE 给水管和 PP-R 管均为塑料管材，不耐长期阳光照射，不宜长期露天敷设。

埋地 HDPE 给水管道，*DN*110 的管路，夏天安装可稍微蛇形铺设，*DN*≥110 的管路因有足够的土壤阻力，可抵抗热应力，无须预留管长；冬天均无须预留管长。HDPE 给水管安装时，如果操作空间太小，应采用电熔式连接方式。热熔承插连接时，加热温度不能过高、过长，温度最好控制在 210℃±10℃，否则会造成配件内挤出的熔浆过多，减小通水内径；承插时管件和管材接口处应清洁干净，否则会造成承插口脱开漏水；同时，要注意控制好管件的角度和方向，避免造成返工。电熔对接连接时，要求电压在 200~220V，如果电压过高，会造成加热板温度过高，电压过低，使得对接机不能正常工作；对接时应保持对接口对齐，否则会造成对接面积达不到要求、焊口强度不够及卷边不对称；加热板加热时管材接口处未处理干净，或加热板有油污、泥沙等杂质，会造成对接口脱开漏水；加热时间要控制好，加热时间短、管材吸热时间不够会造成焊口卷边过小，加热时间过长会造成焊口卷边过大，有可能形成虚焊。

3.1.3　园林给水管网附属设施设备

3.1.3.1　快速取水器

快速取水器一般用于绿地浇灌，它由阀门、弯头及直管组成，通常用 *DN*20 或 *DN*25。一般把部件放在井中，埋深 300~500mm，周边用砖砌成井，大小根据管件多少而定，以能人为操作为宜，一般内径(或边长)300mm 左右。地下龙头的服务半径 50cm 左右，在井旁应设出水口，以免附近积水。

3.1.3.2　阀门井

阀门是用来调节管线中的流量和水压的，主管和支管交接处的阀门常设在支管上。一般把阀门放在阀门井内，其平面尺寸由水管直径及附件种类和数量而定，一般阀门内径 1000~2800mm(管径 *DN*75~1000 时)，井口一般为 *DN*600、*DN*800，井深由水管埋深决定。

3.1.3.3　排气阀井和排水阀井

排气阀装在管线的高起部位，用以排出管内空气。排水阀设在管线最低处，用以排除管道中沉淀物和检修时放空存水，两种阀门都放在阀门井内，井的内径为1200~2400mm不等，井深由管道埋深确定。

3.1.3.4 消火栓

消火栓分地上式和地下式，地上式易于寻找，使用方便，但易碰坏。地下式适于气温较低地区，一般安装在阀门井内。在城市，室外消火栓间距在120m以内，公园或风景区根据建筑情况而定。消火栓距建筑物在5m以上，距离车行道不大于2m，便于消防车的连接。

3.1.3.5 其他设备、设施

给水管网附属设施较多，还有水泵站、泵房、水塔、水池等，由于在园林中很少应用，在这里不详细说明。

3.1.3.6 提水设备选择

提水设备最为常用的是水泵，因此必须重视水泵选择，需要考虑的因素有：

(1)水泵参数与型号

园林工程常用的水泵有：IS型单级单吸清水离心泵；BA型单级单吸离心泵；SH型单级双吸水平中开式离心泵；SA型单级双吸水平中开式离心泵；ISG型管道式离心泵；潜水泵等。

特别提示

水泵选择要识读其铭牌意义：

如果水泵型号为200QJ20-108/8，则：

200——机座型号200；

QJ——潜水电泵；

20——流量20m^3/h；

108——扬程108m；

8——级数8级。

选择何种水泵主要是根据喷灌设计及现场的需要。选泵时要考虑水泵参数，水泵的主要工作参数包括：流量Q(m^3/h)、扬程H(m)、转速(r/min)、功率(kW)、效率、吸上真空高度等。购买水泵时常用参数是流量、扬程和功率。其中扬程和流量是选择水泵的两个重要指标。

对于园林中常用的潜水泵来说，额定电流参数(A)非常重要，特别是采用恒压变频水泵时，必须满足要求。

电机的主要参数是电机功率(kW)、转速(r/min)、额定电压(V)、额定电流(A)。

(2)水泵、电机、变频器匹配

水泵应根据设计与现场情况而定，功率不一定越大越好。功率太大，耗电量越大。因此，水泵应与动力机相匹配。

电压匹配：普通的离心泵，变频器的额定电流与电机的额定电压相符。

电流匹配：普通的离心泵，变频器的额定电流与电机的额定电流相符。对于特殊的负载如深水泵等则需要参考电机性能参数，以最大电流确定变频器电流和过载能力。

转矩匹配：这种情况在恒转矩负载或有减速装置时有可能发生。

在使用变频器驱动高速电机时，由于高速电机的电抗小，高次谐波增加导致输出电流值增大。因此用于高速电机的变频器的选型，其容量要稍大于普通电机的选型。

变频器如果需要长电缆运行，要采取措施抑制长电缆对地耦合电容的影响，避免变频器出力不足，所以在这种情况下，变频器容量要放大一档或者在变频器的输出端安装输出

电抗器。

对于一些特殊的应用场合，如高温、高海拔，会引起变频器的降容，变频器容量要放大一档。

3.2 园林给水工程设计

3.2.1 给水管网布置

3.2.1.1 给水管网基本布置形式

(1)树枝形管网

树枝形管网的布线形式就像树干分枝，它适合于用水点较分散的情况，对分期发展的公园有利。这种布置方式较简单，省管材。但树枝式管网供水的保证率较差，一旦管网出现问题或需维修，影响用水面较大。如图 3-2A 所示。

(2)环形管网

环形管网是把供水管网闭合成环，使管网供水能互相调剂，即使管网中的某一管段出现故障，也不致影响供水，从而提高了供水的可靠性。但这种布置形式较费管材，投资较大。如图 3-2B 所示。

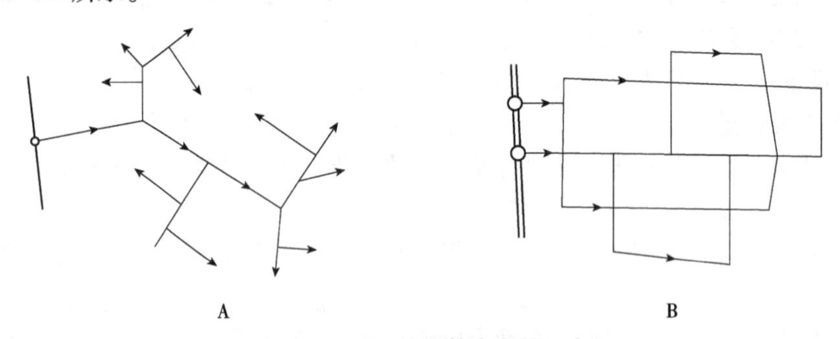

图 3-2 给水管网基本布置形式

A. 树枝形管网 B. 环形管网

3.2.1.2 给水管网布置的一般规定

(1)管道埋深

冰冻地区，应埋设于冰冻线以下 40cm 处。不冻或轻冻地区，覆土深度也应不小于 70cm。当然管道也不宜埋得过深，埋得过深工程造价高；但也不宜过浅，否则管道易遭破坏。

(2)阀门及消防栓

给水管网的交点叫作节点，在节点上设有阀门等附件，为了检修管理方便，节点处应设阀门井。

阀门除安装在支管和干管的连接处外，为便于检修养护，要求每 500m 直线距离设一个阀门井。

配水管上安装着消防栓，按规定其间距通常为 120m，且其位置距建筑不得少于 5m，为了便于消防车补给水，离车行道不大于 2m。

(3) 管道材料的选择(包含排水管道)

耐酸陶瓷管、混凝土管、钢筋混凝土管、陶土管(缸瓦管)等管类的管径以内径 d 表示。大型排水渠道有砖砌、石砌及预制混凝土装配式等。

3.2.1.3 给水管网的布置要点

①干管应靠近主要供水点;

②干管应靠近调节设施(如高位水池或水塔);

③在保证不受冻的情况下，干管宜随地形起伏敷设，避开复杂地形和难于施工的地段，以减少土石方工程量;

④干管应尽量埋设于绿地下，避免穿越或设于园路下;

⑤和其他管道按规定保持一定距离。

3.2.1.4 与给水管网布置计算有关的名词及水力学概念

(1) 用水量标准

进行管网布置时，首先应求出各点的用水量。管网根据各个用水点的需要量供水。前面已述及公园中用水大致分生活、生产、造景和养护几方面。不同的点，水的用途也不同，其用水量标准也各异。公园中各用水点的用水量就是根据或参照这些用水量标准计算出来的。所以用水量标准是给水工程设计时的一项基本数据。用水量标准是国家根据各地区城镇的性质、生活水平和习惯、气候、房屋设备及生产性质等不同情况而制定的。我国地域辽阔，因此各地的用水量标准也不尽相同。

(2) 日变化系数和时变化系数

公园中的用水量，在任何时间里都不是固定不变的。在一天中游人数量随着公园的开放和关闭在变化着；在一年中又随季节的冷暖而变化。另外不同的生活方式对用水量也有影响。我们把一年中用水最多的一天的用水量称为最高日用水量。最高日用水量对平均日用水量的比值，叫日变化系数。

$$日变化系数\ K_d=\frac{最高日用水量}{平均日用水量} \tag{3-1}$$

日变化系数 K_d 的值，在城镇一般取 1.2~2.0；在农村由于用水时间很集中，数值偏高，一般取 1.5~3.0。

同样，把最高日那天中用水最多的 1h 的用水量，叫作最高时用水量，最高时用水量对平均时用水量的比值，称为时变化系数。

$$时变化系数\ K_h=\frac{最高时用水量}{平均时用水量} \tag{3-2}$$

时变化系数 K_h 的值，在城镇通常取 1.3~2.5，在农村则取 5~6。

公园中的各种活动、饮食、服务设施及各种养护工作、造景设施的运转基本上都集中在白天。以餐厅为例，其服务时间很集中，通常只供应一段时间，如 10：00 至 14：00，而且以假日游人最多。所以用水的日变化系数和时变化系数的数值也应该比城镇的 K_d、K_h 值大。在没有统一规定之前，建议 K_d 取 2~3、K_h 取 4~6。当然 K_d、K_h 值的大小和公园的位置、大小、使用性质均有关系。

将平均时用水量乘以日变化系数 K_d 和时变化系数 K_h 即可求得最高日和最高时用水量。设计管道时必须保证这两个最高用水量符合要求。这样在用水高峰时，才可保证水的正常供应。

(3)沿线流量、节点流量和管段计算流量

进行给水管网的水力计算，须先求得各管段的沿线流量和节点流量，并以此进一步求得各管段的计算流量，根据计算流量确定相应的管径。

①沿线流量　在城市给水管网中，干管沿线接出支管(配水管)，而支管的沿线又接出许多接户管将水送到各用户去。由于各接户管之间的间距、用水量都不相同，所以配水的实际情况是很复杂的。沿程既有像工厂、学校等大用水户，也有数量很多、用水量小的零散居民户。对干管来说，大用水户是集中泄流，称为集中流量 Q_n；而零散居民户的用水则称为沿程流量 q_n，为了便于计算，可以将繁杂的沿程流量简化为均匀的途泄流，从而计算每米长管线长度所承担的配水流量，称为长度比流量 q_s。

$$q_s = \frac{Q - \sum Q_n}{\sum L} \tag{3-3}$$

式中　q_s——长度比流量，L/(s·m)；

Q——管网供水总流量，L/s；

$\sum Q_n$——大用水户集中流量总和，L/s；

$\sum L$——配水管网干管总长度，m。

②节点流量和管段计算流量　流量的计算方法是把不均匀的配水情况简化为便于计算的均匀配水流量。但由于管段流量沿程变化是朝水流方向逐渐减少的，所以不便于确定管段的管径和进行水头损失计算，因此还须进一步简化，即将管段的均匀沿线流量简化成两个相等的集中流量，这种集中流量集中在计算管段的始、末端输出，称为节点流量。管段总流量包含两部分：一是经简化的节点流量；二是经该管段转输给下一管段的流量，即转输流量。管段计算流量(设计流量)示意如图3-3、图3-4所示，管段的计算流量 Q 可用下式表达：

$$Q = Q_t + \frac{1}{2} Q_L \tag{3-4}$$

式中　Q——管段计算流量，L/s；

Q_t——管段转输流量，L/s；

Q_L——Q 管段沿线流量，L/s。

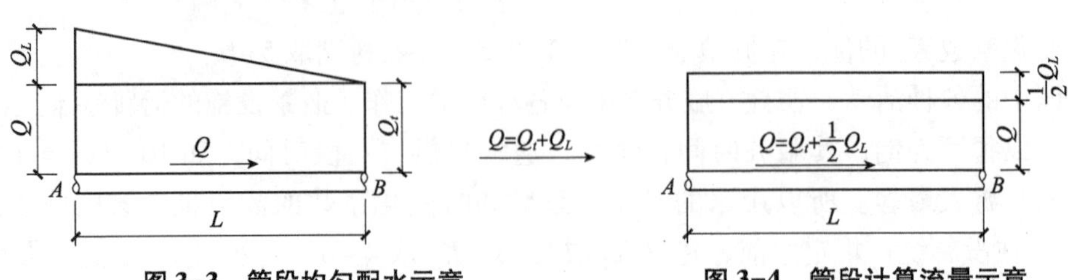

图 3-3　管段均匀配水示意　　图 3-4　管段计算流量示意

园林绿地的给水管网比城市给水管网要简单得多，园林中用水如取自城市给水管网，则园中给水干管将是城市给水管网中的一根支管，在这根“干管”上只有为数不多的一些用水量相对较多的用水点，沿线不像城镇给水管网那样有许多居民用水点。所以在进行管段流量的计算时，园中各用水点的接水管的流量可视为集中流量，而不须计算干管的比流量。

上式中 Q_L 的计算公式如下：

$$Q_L = q_s \times L \tag{3-5}$$

将沿线流量折半作为管段两端的节点流量，因此任一节点的流量等于与该节点相连各管段的沿线流量总和的一半。节点流量的计算公式如下：

$$Q_j = Q_t + \frac{1}{2}\sum Q_L \tag{3-6}$$

(4)经济流速

单位时间内水流流过某管道的量称为管道流量。其单位一般用 L/s 或 m^3/h 表示。其计算公式如下：

$$Q = \omega \times v \tag{3-7}$$

式中 Q——流量，L/s 或 m^3/h；

ω——管道断面积，cm^2 或 m^2；

v——流速，m/s。

给水管网中连接各用水点的管段的管径是根据流量和流速决定的，由下列公式可以看出三者之间的关系：

$$\omega = \frac{\pi}{4}D \tag{3-8}$$

式中 D——管径，m。

$$D = \sqrt{\frac{4Q}{\pi v}} = 1.13\sqrt{\frac{Q}{v}} \tag{3-9}$$

公式中，若 Q 不变，ω 和 v 互相制约，管径 D 增大，管道断面积也增大，流速 v 减小；反之 v 增大，D 可减小。以同一流量 Q，查水力计算表，可以查出两个，甚至4~5个管径来。究竟哪一个管径最适宜，这里就存在一个经济问题，管径大，流速小，水头损失小，但管径大投资也大；而管径小，管材投资节省了，但流速加大，水头损失也随之增加。有时甚至造成管道远端水压不足。所以选择管段管径时，这二者要进行权衡，以确定一个较适宜的流速。此外，这一流速还受当地敷管单价和动力价格总费用的制约，这个流速既不浪费管材、增大投资，又不致使水头损失过大，这流速就称为经济流速。经济流速可按下列经验数值采用：小管径 D_g100~400mm，v 取0.6~1.0m/s；大管径 D_g>400mm，v 取1.0~1.4m/s。

(5)压力和水头损失

在给水管上任意点接上压力表，都可测得一个读数，这数字便是该点的水压力值。管道内的水压力通常以 kgf/cm^2 表示，有时为便于计算管道阻力，并对压力有一个较形象的概念，又常以“水柱高度”表示。kgf/cm^2 与“水柱高度”的单位换算关系是：1kgf/cm^2 水压力等于10mH_2O，水力学上又将水柱高度称为“水头”。

水在管中流动，水和管壁发生摩擦，克服这些摩擦力而消耗的势能就叫水头损失。水头损失可用水压表测出，假设在给水管的 A 点用水压表测得该点水压力为 $5kgf/cm^2$，又在沿水流方向距 A 点 200m 的 B 点测得水压力为 $4kgf/cm^2$，可知在管道中水流经过 200m 后，损失了 $1kgf/cm^2$ 压力，这 $1kgf/cm^2$ 压力就是水流为克服管道阻力而被消耗掉的，即水头损失。

水头损失包含沿程水头损失和局部水头损失。

$$h_y = alQ^2 (mH_2O) \tag{3-10}$$

式中 h_y——沿程水头损失，mH_2O；

a——阻力系数，s^2/m^6；

l——管段长度，m；

Q——流量，m^3/s。

阻力系数由试验求得，它与管道材料、管壁粗糙程度、管径、管内流动物质以及温度等因素有关。由于计算公式复杂，在设计计算时，每一米或每千米管道的阻力，可由铸铁(或其他材料)管水力计算表查到。在求得某点计算流量后，便可据此查表以确定该管道的管径。在确定管径时，还可查到与该管径和流量相对应的流速和每单位长度的管道阻力值。

3.2.1.5 树枝形管网的水力计算

管网水力计算的目的是根据最高时作为设计用水量求出各段管线的直径和水头损失，然后确定城市给水管网的水压和用水量是否能满足公园用水的要求；如公园给水管网自设水源供水，则须确定水泵所需扬程及水塔(或高位水池)所需高度，以保证各用水点有足够的水量和水压。

管网的设计与计算步骤如下。

(1)有关图纸、资料的搜集与研讨

首先，根据公园设计图纸、说明书等，了解原有的或拟建的建筑物、设施等的用途及用水要求、各用水点的高程等。

然后，根据公园所在地附近城市给水管网布置情况，掌握其位置、管径、水压及引用的可能性。如公园(特别是地处郊区的公园)自设设施取水，则须了解水源(如泉等)常年的流量变化、水质优劣等。

(2)布置管网

在公园设计平面图上，定出给水干管的位置、走向，并对节点进行编号，量出节点间的长度。

(3)求公园中各用水点的用水量及水压要求

①求某一用水点的最高日用水量 Q_d。

$$Q_d = q \times N \tag{3-11}$$

式中 Q_d——最高日用水量，d；

q——用水量标准，最大日；

N——游人数(服务对象数目)或用水设施的数目。

②求该用水点的最高时用水量 Q_h。

$$Q_h = \frac{Q_d}{T} \times K_h \tag{3-12}$$

式中 T——建筑物或其他用水点的用水时间；

K_h——时变化系数，一般1.2~1.6；

③未预见用水量

这类用水包括未预见的突击用水、管道漏水等，根据《室外给水设计规范》(GB 50013—2019)规定，未预见用水量按最高日用水量的15%~25%计算。

④计算用水量

计算用水量=(1.15~1.25) $\sum Q_h$ 换算成管道设计所需的秒流量 Q_0。

$$Q_0 = (1.15 \sim 1.25)\frac{\sum Q_h}{3600}\ (\text{L/s}) \tag{3-13}$$

(4)各管段管径的确定

根据各用水点所求得的设计秒流量 q_0 及要求的水压，查水力计算表可以确定连接园内给水干管和用水点之间的管段的管径。查表时还可查得与该管径相应的流速和单位长度的水头损失值。

(5)水头计算

公园中所设的给水管网无论是采用城市自来水还是自设水泵取水，水头计算都必须考虑以下几个方面：水在管道中流动，克服管道阻力产生的水头损失；用水点和引水点的高程差；用水点建筑的层数(高低)及用水点的水压要求等。水头计算的目的，一是使管中的水流在经上述消耗到达用水点仍有足够的自由水头以保证用水点(包括园中林木利用)有足够的水量和水压；二是校核城市自来水配水管的水压(或水泵扬程)是否能满足公园内最不利点配水水压要求。

公园给水管段所需水压可按下式计算：

$$H=H_1+H_2+H_3+H_4 \tag{3-14}$$

式中 H——引水管处所需的总压力，mH_2O；

H_1——引水点和用水点之间的地面高程差，m；

H_2——用水点与建筑进水管的高差，m；

H_3——用水点所需的工作水头，mH_2O；

H_4——沿程水头损失和局部水头损失之和，mH_2O。

H_2+H_3 的值，在估算总水头时，可依建筑层数不同按下列规定采用：

平房：　　10mH_2O

二层楼房：　　12mH_2O

三层楼房：　　16mH_2O

三层以上楼房：　　每增一层，增加4mH_2O。

$$H_4=H_y+H_j \tag{3-15}$$

$$H_y=iL \tag{3-16}$$

式中 H_y——沿程水头损失，mH_2O；

i——单位长度的水头损失值，铸铁管的 i 值可查表；

L——管段长度(m)；

H_j——局部水头损失。

计算公式较复杂，一般情况下不需计算，而是按不同用途管道的沿程水头损失值的百分比采用：生活用水管网为25%~30%，生产用水管网为20%，消防用水管网为10%。

通过上述水头计算，如果引水点的自由水头高于用水点的总水压要求，说明该管段的设计是合理的。

公园中给水系统设计还要注意消防用水。对园中的大型建筑物，如文艺演出场地、展览场所等，特别是有价值的古建筑应有专门的防火设计。一般来说，要消灭二、三层建筑的火灾，消防管网的水压应不少于25mH_2O。

(6)干管的水力计算

在完成各用水点用水量计算和确定各点引水管的管径之后，便应进一步计算干管各节点的总流量，据此确定干管各管段的管径，并对整个管网的总水头要求进行复核。

复核一个给水管网各点所需水压能否得到满足的方法是：找出管网中的最不利点，所谓最不利点是指处在地势高、距离引水点远、用水量大或要求工作水头特别高的用水点，因为最不利点的水压可以满足，则同一管网的其他用水点的水压也能满足。

园林给水管网的布置和水力计算，是以各用水点用水时间相同为前提的，即所设计的供水系统在用水高峰时仍可安全地供水。但实际上公园中各用水点的用水时间并不同步，例如，餐厅营业时间主要集中在中午前后；植物的浇灌则宜在清晨或傍晚。由于用水时间不尽相同，可以通过合理安排用水时间，即把几项用水量较大项目的用水时间错开，另外像餐厅、花圃等用水量较大的用水点可设水池等容水设备，错过用水高峰时间在平时储水；像喷泉、瀑布之类的水景，其用水可考虑自设水泵循环使用。这样就可以降低用水高峰时的用水量，对节约管材和投资是有很大意义的。

3.2.2 喷灌系统的设计

园林中的灌溉方式长期以来一直处在拉胶皮管的状况，这不仅耗费劳力、容易损坏花木，而且用水也不经济。近年来，随着我国城镇建设的迅速发展，绿地面积不断扩展，绿地质量要求越来越高。例如，各城市草坪面积增加很快。所以绿地灌溉量增加许多，原有的灌溉方式已不能适应。实现灌溉的管道化、自动化已提到日程上来。在有条件的地方应该逐步推广。

喷灌和其他灌溉方式相比，无疑是一种较好的灌溉方式，它近似于天然降水，对植物全株进行灌溉，可以洗去树叶上的尘土，增加空气中的湿度，而且节约用水。这对缺水的地区，尤为重要。

喷灌系统的布置近似于上述给水系统，其水源可取自城市的给水系统，也可取自江河、湖泊和泉源等水体。喷灌系统的设计就是要求得一个完善的供水管网，通过这一管网为喷头提供足够的水量和必要的工作压力，供所有喷头能正常工作。必要时，管网还可以分区控制。以下简要介绍有关喷灌技术的基本知识。

3.2.2.1 喷灌的形式

依喷灌方式，喷灌系统可分为移动式、固定式和半固定式3类。

(1)移动式喷灌系统

要求灌溉区有天然水源(池塘、河流等)，其动力(电动机或汽油发动机)、水泵、管道和喷头等是可以移动的，由于管道等设备不必埋入地下，所以投资较省，机动性强，但管理劳动强度大。适用于水网地区的园林绿地、苗圃和花圃的灌溉。

(2)固定式喷灌系统

这种系统有固定的泵站，供水的干管、支管均埋于地下，喷头固定于竖管上，也可临时安装。还有一种较先进的固定喷头，喷头不工作时，缩入套管中或检查井中，使用时打开阀门，水压力把喷头顶升到一定高度进行喷洒。喷灌完毕，关上阀门，喷头便自动缩入管中或检查井中。这种喷头便于管理，不妨碍地面活动，不影响景观，高尔夫球场多用，园林中有条件的地方也可使用。

固定式喷灌系统的设备费用较高，但操作方便，节约劳力，便于实现自动化和遥控操作。适用于需要经常灌溉和灌溉期较长的草坪、大型花坛、花圃、庭院绿地等。

(3)半固定式喷灌系统

半固定式喷灌系统的泵站和干管固定，支管及喷头可移动，优缺点介于上述两者之间。适用于大型花圃或苗圃。

以上 3 种系统可根据灌溉地的情况酌情采用。以下着重介绍固定式喷灌系统。

3.2.2.2 固定式喷灌系统设计

(1)设计所依据的基本资料

①地形图　比例尺为 1：500~1：1000，注明灌溉区面积、位置、地势。

②气象资料　包括气温、雨量、湿度、风向风速等，其中尤以风对喷灌影响最大。

③土壤资料　包括土壤的质地、持水能力、吸水能力和土层厚度等，主要用以确定灌溉制度和允许喷灌强度。

④植被情况　植被(或作物)的种类、种植面积、耗水量情况、根系深度等。

⑤水源条件　自来水或天然水源。

⑥动力。

(2)灌溉系统设计

①设计灌水定额　灌水定额是指一次灌水的水层深度(单位为 mm)或一次灌水单位面积的用水量(单位为 m^3/hm^2)。而设计灌水定额则是指作为设计依据的最大灌水定额。确定这一定额旨在使灌溉区获得合理的灌水量。即使被灌溉的植被既能得到足够的水分，又不造成水的浪费。设计灌水定额可用以下两种方法求取：

• 利用土壤田间持水量资料计算

土壤田间持水量是指在排水良好的土壤中，排水后不受重力影响而保持在土壤中的水分含量，通常以占干土重量的百分比表示。植物主要根系活动层土壤的田间持水量，对于确定灌水时间和灌水水量是一个重要指标。

由于重力作用，土壤含水量如超过田间持水量，多余的水形成重力水下渗，不能为植物所利用，土壤湿度占田间持水量的 80%~100%，一般认为是最适宜的湿度，所以被认定为灌水的上限：若土壤含水量低于田间持水量的 60%~70%，植物吸水困难，为了避免植物萎蔫枯死，需要对土壤补水，以此作为灌水的下限。据此可以应用土壤的田间持水量容重和植物根系活动深度等因素确定设计灌水定额。

$$m=0.1\gamma h(P_1-P_2)\frac{1}{\eta} \tag{3-17}$$

式中 m——设计灌水定额，mm；

γ——土壤质地，g/cm^3；

h——计算土层深度，即植物主要根系活动层深度，cm，草坪、花卉可取 $h=20\sim30$cm；

P_1——适宜的土壤含水率上限，重量%，可取田间持水量的 80%~100%；

P_2——适宜的土壤含水率下限，重量%，可取田间持水量的 60%~70%；

η——喷灌水的利用系数，一般取 $\eta=0.7\sim0.9$。

• 利用土壤有效持水量资料计算

设计灌水定额有效持水量是指可以被植物吸收的土壤水分，考虑到灌溉应当是补充土壤中的有效水分，因此，可根据土壤有效持水量来计算灌水定额。在计算时还要考虑到土壤有效持水量是一边被植物消耗一边进行补充的。不同的土壤，其水分允许消耗占有效持水量的百分比也不同。通常土壤有效持水量被耗去 1/3~2/3，便需灌水补充。灌水定额可用下式计算：

$$m=\frac{ahP}{1000\eta} \tag{3-18}$$

式中 a——允许消耗的水分占土壤有效持水量的，%；

P——土壤有效持水量，体积%；

h——计算土层深度，cm，同式(3-17)；

η——喷灌水的利用系数，考虑喷洒不均匀，水滴被风吹走和蒸发的损失，一般取 $\eta=0.7\sim0.9$。

以上两种计算的结果是作为设计依据的最大灌水定额，实际上植物在不同的生长发育阶段，一年中不同生长季节对水的需求量是不同的，但为了计算方便，均按最大灌水定额计算。以下是国内喷灌生产实践中灌水定额的参考数值：小麦、玉米等大田作物一般为 225~375m^3/hm^2，蔬菜为 75~150m^3/hm^2。美国庭园绿地灌溉用水量，在气候温暖地带，大多数草坪和灌木林为每周 25mm，在气候炎热地带为每周 44mm。

②设计灌溉周期 灌水周期也叫轮灌期，在喷灌系统设计中，需确定植物耗水最旺时期的允许最大灌水间隔时间。灌水周期可用下式估算：

$$T=\frac{m}{W}\eta \tag{3-19}$$

式中 T——灌水周期，d；

m——灌水定额，mm；

W——作物日平均耗水量或土壤水分消耗速率，mm/d；

η——喷灌水利用系数取 $\eta=0.7\sim0.9$。

以上公式计算的数值，只是为提供设计依据的粗略估算。因为作物耗水量资料本身就是很粗略的，并不能完全反映某个具体灌溉地块的情况。所以最好辅以对土壤水分的经常性的测定工作，以掌握适宜的灌水时间。

目前我国农业灌溉，大田作物设计喷灌周期常用 5~10d，蔬菜 1~3d。绿地的灌溉周期可参考以上数据。

(3)喷洒方式和喷头组合形式

喷头的喷洒方式有圆形喷洒和扇形喷洒两种。一般在管道式喷灌系统中，除了位于地块边缘的喷头扇形喷洒，其余均采用圆形喷洒。

喷头的组合形式(也叫布置形式)是指各喷头相对位置的安排。在喷头射程相同的情况下，不同的布置形式，其支管和喷头的间距也不同。

风对喷灌有很大影响，在不同风速条件下，喷头组合间距如何选择最合理，是喷灌系统设计中一个尚待研究的课题。

(4)喷灌强度与喷灌时间

①喷灌强度　单位时间喷洒于田间的水层深度就叫喷灌强度，一般用 mm/h 表示。喷灌强度的选择很重要，强度过小，喷灌时间延长，水量蒸发损失大。反之，强度过大，水来不及被土壤吸收便形成径流或积水，容易造成水土流失，破坏土壤结构，而且在同样的喷水量下，强度过大，土壤湿润深度反而减少，灌溉效果不好。喷灌系统工作时的组合喷灌强度，取决于喷头的水力性能、喷洒方式和布置间距等。因此当喷头型号、布置间距和工作制度确定后，应检验其组合的喷灌强度。喷灌强度可依下式计算：

$$p=\frac{1000Q_p}{S} \tag{3-20}$$

式中　p——喷灌强度，mm/h；

Q_p——喷头喷水量，m^3/h；

S——喷头控制面积，m^2。

喷头的喷灌强度 P_n 通常可由产品技术说明书获得，这一强度是指单喷头作全圆形喷洒时的计算喷灌强度。其控制面积 $S=\pi R^2$(R 为喷头射程)，以此代入公式(3-20)，则：

$$p_n=\frac{1000Q_p}{\pi R^2} \tag{3-21}$$

在特定的喷灌系统中，由于采用的喷灌方式和喷头组合形式不同，单个喷头实际控制面积并不是以射程为半径的圆面积，所以组合后的喷灌强度应另行计算。为了简化计算，这里引入一个叫布置系数(C_p)的换算系数，即：

$$p=C_p\cdot p_S \tag{3-22}$$

式中　p——喷灌系统中的组合喷灌强度；

p_S——喷头性能规格中给出的喷灌强度；

C_p——换算系数。

换算系数 C_p 是以射程为半径的全圆面积与实际喷头控制面积的比值。它和喷洒方式、同时工作的喷头的布置形式等因素有关。由式(3-22)可知，只要知道某种喷洒方式的换算系数及喷头性能表给定的喷灌强度，便可求得以该种喷洒方式运作的喷头的组合喷灌强度。喷洒方式和喷头组合形式大致可分为：单喷头喷洒、单行多喷头喷洒和多行多喷头喷洒 3 种。

a. 单喷头喷洒：在定喷机组式喷灌系统中，大都用单喷头喷洒，对全圆运作的喷头来说，其喷灌强度 p 就是 p_S，而对作扇形喷洒的喷头，其换算系数随扇形中心角 a 的变化而变化。

b. 单行多喷头喷洒：这种喷洒方式出现在单支管的移动管道式系统和支管逐条轮灌

或间支轮灌的固定式管道中，其组合喷灌取决于喷头布置的间距 a，则：

$$a=KR \tag{3-23}$$

式中 a——喷头间距，m；

K——喷头间距与喷头射程的比值；

R——喷头射程，m。

c. 多行多喷头喷洒：相邻多行支管上的多个喷头使用时做全圆形喷洒。其单喷头实际控制面积为 $S=ab$。a 是喷头布置间距（单位为 m），b 是相邻支管的间距。其组合喷灌强度可直接按式（3-20）计算而不必采用换算系数，即：

$$p=\frac{1000Q_p}{ab} \tag{3-24}$$

②喷灌时间　喷灌时间是指为了达到既定的灌水定额，喷头在每个位置上所需的喷洒时间，可用下式计算：

$$t=\frac{mS}{1000Q_p} \tag{3-25}$$

式中 t——喷灌时间，h；

m——设计灌水定额，mm；

S——喷头有效控制面积，m^2；

Q_p——喷头喷水量，m^2/h。

(5)喷灌系统管道的水力计算

喷灌系统管道的水力计算和一般的给水管道的水力计算相仿，也是在保证用水量的前提下，通过计算水头损失来正确地选定管径及选配水泵与动力。

水头损失包括沿程水头损失和局部水头损失。沿程水头损失可用公式计算，也可以查管道水力计算表，以下介绍一个经验公式，即谢才公式：

$$h_i=\frac{L}{C^2R}V^2 \tag{3-26}$$

式中 h_i——沿程水头损失，m；

L——管道长度，m；

V——管中水流平均流速，m/s；

R——水力半径，m，对于圆管 $R=\frac{d}{4}$，d 为管内径，m；

C——谢才系数（$m^{\frac{1}{2}}/s$），常用满宁公式计算 $C=\frac{1}{n}R^{\frac{1}{6}}$（$n$ 为粗糙系数）。

将上述有关数值代入公式并简化，则：

$$h_f=10.28^2\ \frac{L}{d^{5.33}}Q^2 \tag{3-27}$$

若令 $\frac{10.28n^2}{d^{5.33}}=S_{of}$，$S_{of}$ 称为单位（或每米）管长沿程阻力参数，则：

$$h_f=S_{of}LQ^2 \tag{3-28}$$

式中 Q——管中流量，m^3/s。

局部水头损失，在计算精度要求不太高时，为了避免烦琐计算，可按沿程水头损失值的10%计算。

前面提及喷灌系统管道的水力计算类似一般给水管道，但也有其本身的特点。喷灌系统的支管上，一般都要安装若干个竖管和喷头，在喷头同时工作时，支管上每隔一定距离(喷头在支管上的间距)都有部分水量流出，所以支管流量是向管末端逐段减少的，在求取这种多孔口管道的水头损失时，应逐段分别计算，但这种计算很烦琐，为了便于计算，这里采用一个叫“多口系数”的概念。“多口系数”是假定支管各孔口流量相同，依孔口数目求得一个折算系数。

以上是固定式喷灌系统设计的基本知识，喷灌系统的设计较复杂，设计中要考虑的问题很多。例如，灌溉地块的形状、地形条件、常年的主要风向风速、水源位置等对喷灌系统的布置都会产生影响。在坡地上，干管应尽量沿主坡向布置，使支管沿平行于等高线方向伸展。这样，干管两侧的水头损失较均匀。支管适当向干管倾斜，在干管的低端应设泄水阀，以便于检修或冬季排空管内存水。管道埋深应距地面80cm以下，以防破坏。地面高度，对于草坪、花卉和灌木一般取1.5~2.0m。喷灌系统的布置和风向关系密切，水喷洒应该顺主风向。对不同的植被或作物，喷灌时雾化程度的要求也不同。所谓雾化度是用喷头工作水头与喷嘴直径的比值来表示$\left(\frac{H}{d}\right)$。

在小规模的喷灌工作中，如宅旁植被喷灌、花圃、花带或花坛等有自来水管处，可以临时接管并在管上安装各种喷头、喷水器进行灌溉。

3.3 园林给水工程施工

3.3.1 给水管网施工

3.3.1.1 一般给水管网施工流程

给水管网施工流程如图3-5所示。

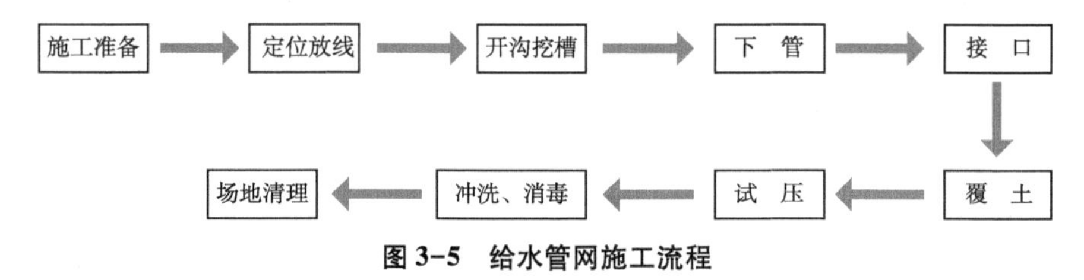

图3-5 给水管网施工流程

3.3.1.2 园林给水管网施工方法

(1)定位放线

按照设计图纸，首先在施工现场定出埋管沟槽位置。同时设置高程参考桩。桩位应选择适当，施工过程中高程桩不致被挖去或被泥土、器材等掩盖。

(2)开挖沟槽

按定线用机械或人工破除路面。路面材料可以重复使用的应妥善堆放。沟槽用机械挖掘，要防止损坏地下已有的设施(如各种管线)。给水管埋深一般较浅，埋管沟槽通常无需支撑和排水。当埋深较深或土质较差时，需要支撑。在接口处，槽宽和槽深按接口操作的需要而加大。给水管道一般不设基础，槽底高程即为设计的管底高程。槽底挖土要求不动原土，否则应用砂填铺。

(3)下管

首先将管材沿沟槽排好，管材下槽做最后检查，有破损或裂纹的剔除。直径在 200mm 以下管材的移动和下槽，通常不用机械。大直径管道或三脚架和铁葫芦吊放。排管常从闸阀或配件处开始。管子逐根下槽，顺序做好接口。

(4)接口

接口的做法随管材而异。给水管道管材有铸铁管、球墨铸铁管、钢筋混凝土管或钢管。目前，多用 HDPE、PPR、UPVC 等塑料管。铸铁管、球墨铸铁管和钢筋混凝土管大多采用承接插口，少数和闸阀连接的铸铁管用法兰接口。钢管一般焊接，少数用套管接口。

(5)覆土和试压

接口做好之后应立即覆土。覆土时留出接口部分，待试压后再填土。覆土要分层夯实，以免施工后地面沉陷。管道敷设 1km 左右时，即应试压。试压前应先检查管线中弯头和三通处的支墩筑造情况，须合格后才能试压，否则弯头和三通处因受力不平衡，可能引起接口松脱。试压时将水缓缓灌入管道，排出管内空气。空气排空后将管内的水加压至规定值，如能维持数分钟即为试压成功。试压结束，完成覆土，打扫工地。

(6)冲洗和消毒

放水冲洗管道至出水浊度符合饮用水标准为止。用液氮或次氯酸盐消毒，管道内含氯水停留一昼夜后，余氯应在 20mg/L 以上，然后再次放水冲洗，对出水做常规细菌检验，至合格为止。

3.3.1.3 给水管线施工技术要点

(1)基础工作

①熟悉设计图纸　熟悉管线的平面布局、管段的节点位置、不同管段的管径、管底标高、阀门井以及其他设施的位置等。

②清理施工场地　清除场地内有碍管线施工的设施和建筑垃圾等。

(2)现场施工

①施工定点放线　根据管线的平面布局，利用相对坐标和参照物，把管段的节点放在场地上，连接邻近的节点即可。如是曲线可按曲线相关参数或方格网放线。

②开沟挖槽　根据给水管的管径确定挖沟的宽度：

$$D=d+2L \tag{3-28}$$

式中 D——沟底宽度，cm；

d——水管设计管径，cm；

L——水管安装工作面，cm，一般为 30~40cm。

沟槽一般为梯形，其深度为管道埋深，如遇岩基和承载力达不到要求的地基土层，应挖得更深一些，以便进行基础处理；沟顶宽度根据沟槽深度和不同土的放坡系数(参考土方工程的有关内容)决定。

③基础处理　水管一般可直接埋在天然地基上，不需要做基础处理：遇岩基或承载力达不到要求的地基土层，应做垫砂或基础加固等处理。处理后需要检查基础标高与设计的管底标高是否一致，有差异需要做调整。

④管道安装　在管道安装之前，要准备管材、安装工具、管件和附件等，管材和管件根据设计要求，工具主要有管丝针、扳手、钳子、车丝钳和车床等，附件有浸油麻丝和生料带等；如果其接口不是螺纹接口，而是承插口(如铸铁管、UPVC 管等)和平接口(钢筋混凝土管)，则须准备密封圈、密封条和黏结剂等。

材料准备后，计算相邻节点之间需要管材和各种管件的数量，如果是用镀锌钢管则要进行螺纹丝口的加工，再进行管道安装。安装顺序一般是先干管后支管再立管，在工程量大和工程复杂地域可以分段和分片施工，利用管道井、阀门井和活接头连接。施工中注意接口要密封稳固，防止水管漏水。

⑤覆土填埋　管道安装完毕，通水检验管道渗漏情况再填土，填土前用砂土填实管底和固定管道，不使水管悬空和移动，防止在填埋过程中压坏管道。

⑥修筑管网附属设施　在日常施工中遇到最多的是阀门井和消火栓，要按照设计图纸进行施工。地上消火栓主要是管件的连接，注意管件连接件的密封和稳定，特别是消火栓的稳固更重要，一般在消火栓底部用 C30 混凝土作支墩与钢架一起固定消火栓。地下消火栓和阀门一样都设在阀门井内，阀门井由井底、井壁、井盖和井内的阀门、管件等组成；阀门、管件等的安装与给水管网的水管一样，主要是连接的密封和稳定；阀门井的井底在有地下水的地方用 C15~C20 厚 60~80mm 素混凝土，在没有地下水的地方可用碎石或卵石垫实；井壁用 MU5 的黏土砖砌筑，表面用 1∶3 的水泥砂浆饰面；井盖用预制钢筋混凝土或金属井盖。

(3)试水使用

上述施工程序施工结束后，要对所有施工要素进行预检，在此基础上进行试水工作，符合设计要求后才能正式运行。

3.3.2　喷灌系统施工

3.3.2.1　喷灌系统施工基本流程

喷灌系统施工流程如图 3-6 所示。

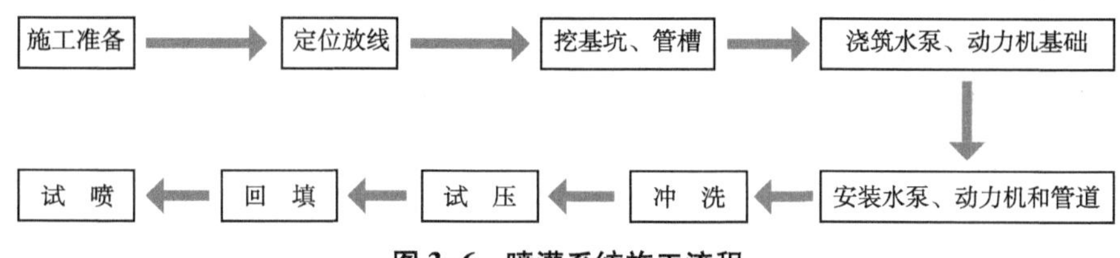

图 3-6　喷灌系统施工流程

3.3.2.2　喷灌系统施工方法

(1)定位放线

采用经纬仪和水准仪放线，在图上量出各段管线的方位角和距离，确定管线各转折点的标高，然后在现场用经纬仪和水准仪把管线放在地面上，钉立标桩并撒上白灰线。管道系统放线主要是确定管道的轴线位置，弯头、三通、四通及喷点(即竖管)的位置和管槽的深度。

(2)挖基坑和管槽

在便于施工的前提下管槽尽量挖得窄些，只是在接头处挖一较大的坑，这样管子承受的压力较小，土方量也小。管槽的底面就是管子的铺设平面，所以要挖平以减少不均匀沉陷。基坑管槽开挖后最好立即浇筑基础铺设管道，以免长期敞开造成塌方和风化底土，影响施工质量及增加土方工作量。

(3)浇筑水泵、动力机底座

关键在于严格控制基脚螺钉的位置和深度，用一个木框架，按水泵、动力机基脚尺寸打孔，按水泵、动力机的安装条件把基脚螺钉穿在孔内进行浇筑。

(4)管道安装

给水管安装按所用管材的安装工艺标准操作，按图纸预留给水管网的预留、预埋孔洞。

(5)冲洗

管子装好后先不装喷头，开泵冲洗管道，把竖管敞开任其自由溢流，把管中砂石都冲出来，以免以后堵塞喷头。

(6)试压

将开口部分全部封闭，竖管用堵头封闭，逐段进行试压。试压的压力应比工作压力大一倍，保持这种压力 10~20min，各接头不应当有漏水，如发现漏水应及时修补，直至不漏。

(7)回填

经试压证明整个系统施工质量合乎要求，进行回填。如管子埋深较大应分层轻轻夯实。采用塑料管应掌握回填时间，最好在气温等于土壤平均温度时回填，以减少温度变形。

(8)试喷

装上喷头进行试喷，必要时检查正常工作条件下各喷点处是否达到喷头的工作压力，用量雨筒测量系统均匀度，看是否达到设计要求，检查水泵和喷头运转是否正常。

3.3.3 给水工程施工要求

①水管管顶以上的覆土深度，在不冰冻地区由外部荷载、水管强度、土壤地基与其他管线交叉等情况决定。金属管道一般不小于 0.7m，非金属管道不小于 1.0~1.2m。

②冰冻地区除考虑以上条件外，还须考虑土壤冰冻深度，一般水管的埋深在冰冻线以下的深度：管径 d=300~600mm 时为 0.75d，d>600mm 时为 0.5d。

③在土壤耐压力较高和地下水位较低时，水管可直接埋在天然地基上。在岩基上应加垫砂层。对承载力达不到要求的地基土层，应进行基础处理。

④给水管道相互交叉时，其净距不小于 0.15m，与污水管平行时，间距取 1.5m，与污水管或输送有毒液体管道交叉时，给水管道应敷设在上面，且不应有接口重叠，当给水管敷设在下面时，应采用钢管成钢套管。给水管与城市其他构筑物的关系见表 3-2 所列。

表3-2　给水管与城市其他构筑物的关系

构筑物名称	与给水管道的水平净距L(m)	构筑物名称	与给水管道的水平净距L(m)
铁路钢轨(或坡脚)	5.0	高压煤气管	1.5
道路侧石边缘	1.5	热力管	1.5
建筑物(DN≤200mm)	1.0	乔木(中心)、灌木	1.5
建筑物(DN>200mm)	3.0	通信及照明杆	0.5
污水雨水排水管(DN≤200mm)	1.0	高压铁塔基础边	3.0
污水雨水排水管(DN≤200mm)	1.5	电力电缆	0.5
低、中压煤气管	0.5	电信电缆	1.0
次高压煤气管	1.0		

3.4　园林给水工程质量检测

3.4.1　检测说明

园林给水工程主要涉及园林建筑供水和园林水景供水、园林喷灌供水3项主要供水工程，本节主要说明园林建筑供水和园林喷灌供水的质量检测标准和方法，以塑料管材施工检测为主，这主要是由于园林供水多由城市供水系统接入或利用园内水体作为水源，所用管材多为塑料管材，如施工中遇有其他管材，请按相应的标准完成检测工作。

3.4.1.1　材料、设备质量要求

给水工程所涉及的原材料、成品、半成品、配件、设备等必须满足设计、使用要求。材料、成品、半成品、配件、设备等进入施工现场，相关责任各方面要进行检查验收，并按现行有关标准规定，进行进场复验，必须符合设计要求和规范要求。

3.4.1.2　园林给水工程分部分项划分

园林给水工程验收时的分部分项划分按表3-3执行。

表3-3　园林给水喷灌工程验收分部分项划分

分部	分项
土方工程	沟槽开挖，砂垫层和土方回填、井室砌筑
管道安装	管道及配件安装，管道防腐，水压试验，调试试验
设备安装	喷头安装及调试，消防栓安装及调试、水泵安装及调试、喷泉安装及调试

3.4.2　检测标准与方法

3.4.2.1　沟槽开挖验收

(1)主控项目

必须严格按照规范规定的沟槽底宽和边坡进行开挖；严禁扰动天然地基，地基处理必须符合设计要求。

(2)一般项目

槽底应平整、直顺，无杂物、浮土等现象；边坡坡度符合施工、设计的规定；允许偏差项目见表3-4所列。

表3-4 给水工程沟槽开挖质量检测允许偏差

序号	项目	允许偏差(mm)	检测频率		检验方法
			范围(m)	点数	
1	槽底高程	±20	50	3	用水准仪测量
2	槽底中心线及每测宽度	±20	50	3	用钢尺量
3	坡度	不小于设计坡度	50	3	用坡度尺检验

3.4.2.2 砂垫层和土方回填验收

(1)砂垫层的质量验收标准和方法

①主控项目　砂的类型必须符合设计要求。

②一般项目　砂垫层回填后，根据不同管材进行水压或振实。

③允许偏差项目　砂垫层的厚度偏差为±10cm。

④检测方法　用量尺。

⑤检查数量　每30m取2点，不少于2点。

(2)土方回填的质量验收标准和方法

①一般规定　槽底至管顶以上50cm范围内，不允许含有有机物、冻土以及大于50mm的砖石等硬块；管沟位于绿地范围内时，回填土质量还应满足有关绿化要求；管沟位于道路、广场范围内时，回填土质量还应满足道路、广场有关规定的要求。

②检测方法　观察，环刀法。

③检查数量　每层每30m做一组，不少于3组。

3.4.2.3 井室砌筑验收

(1)主控项目

必须按照设计要求的标准图进行施工；砌砖前必须浇水湿润；基础强度必须满足设计要求。

(2)一般项目

井室砌筑砂浆应饱满；抹面应平整、光滑；井圈安装牢固，井盖安放平稳，无翘曲、变形。

(3)允许偏差项目

井室尺寸允许偏差为±20mm。

(4)检测方法

尺量。

(5)检查数量

每座井2点。

3.4.2.4 管道安装验收

(1)主控项目

给水管配件必须与主管材相一致；管道转角必须符合规范要求；给水喷灌不得直接穿越污水井、化粪池、公共厕所等污染源；在管道安装过程中，严禁砂、石、土等杂物进入管道。管道穿园内主要道路基础时必须加套管或设备沟；水表安装前必须先清除管道内杂物，以免堵塞水表；水表必须水平安装，严禁反装；阀门安装前，必须做强度和严密性试验；给水喷灌在埋地敷时，必须在冰冻线以下，如必须在冰冻线以上铺设，应做可靠的保温防潮措施；喷灌必须装有排空阀；若管材在施工中被切断，必须在插口端进行倒角。

①阀门强度和严密性试验检测频率　应在每批(同牌号、同型号、同规格)数量中抽查10%，且不少于1个，对于安装在主干管上起切断作用的阀门，应逐个做强度和严密性试验。

②阀门强度和严密性试验有关规定　阀门的强度试验压力为公称压力的1.5倍，严密性试验压力为公称压力的1.1倍，试验压力在试验持续时间内应保持不变，且壳体填料及阀瓣密封面无渗漏，阀门试压持续时间不小于表3-5的规定。

表3-5　阀门强度试验与试压持续时间

公称直径 *DN*(mm)	持续时间(s)		强度试验
	金属密封	非金属密封	
≤50	15	15	15
60~200	30	15	60

(2)一般项目

管材外观不应破损、裂纹，应满足使用要求；水表应安装在查看方便，不受暴晒、污染和不易损坏的地方；水表前后应安装阀门；管道接口法兰、卡扣、卡箍等应安装在检查井内、不应埋在土壤中；给水系统各井室内的管道安装，如设计无要求，管径小于等于450mm时，井壁距法兰或承接口的距离不得小于350mm；给水喷灌与污水管道在不同标高平行敷设，其垂直间距在500mm以内时，给水管管径小于或等于200mm的，管壁水平间距不得小于1.5m；管径大于200mm的，不得小于3m。检验方法：观察和尺量检查；管道连接应符合工艺要求，阀门、水表等安装位置应正确。塑料给水喷灌上的水表，阀门等设施其重量或启闭装置的扭矩不得作用于管道上，当管径大于50mm时必须设独立的支承装置。给水管道安装质量允许偏差见表3-6所列。

表3-6　给水管道安装质量允许偏差

序号	项　目			允许偏差(mm)	检验方法
1	坐标	塑料管复合管	埋地	100	拉线或尺量检查
			敷设在地沟内或架空	40	
2	标高	塑料管复合管	埋地	±20	拉线或尺量检查
			敷设在地沟内或架空	±20	
3	水平管纵横向弯曲	塑料管复合管	直段(25m以上)起点——终点	±30	拉线或尺量检查

3.4.2.5 水压试验

(1) 主控项目

给水喷灌安装必须进行水压功能试验。水压试验检测方法如下：试验压力为工作压力的1.5倍，但不得小于0.6MPa；管材为钢管时，试验压力下10min内压力降不应大于0.05MPa，然后降至工作压力进行检查，压力应保持不变，不渗不漏；管材为塑料管时，试验压力下稳压1h压力不大于0.05MPa，然后降至工作压力进行检查，压力应保持不变，不渗不漏。

(2) 一般项目

水压试验前，除接口外，管道两侧及管项以上回填高度不应小于0.5m；水压试验时间内，管道不渗不漏。

3.4.2.6 调试试验

出水正常，满足设计、使用要求。

(1) 检测方法

观察。

(2) 检查数量

全数检查。

3.4.2.7 设备安装验收

(1) 主控项目

喷头类型、质量必须符合设计要求；与支管连接必须牢固、紧密。

(2) 一般项目

喷头不得有裂缝、局部损坏；喷洒范围合理，出水畅通，满足设计使用要求。

实践教学

实训3-1 给水管道施工

一、实训目的

掌握给水管网的施工方法。

二、材料及用具

1. 材料：给水管网施工图、HDPE给水管材，管件、润滑剂、封口材料等。
2. 用具：切割机、投线仪、水平尺、卷尺、锹、橡皮锤等。

三、方法及步骤

1. 熟悉施工图纸

识读给水管网布置平面图，了解管材类型、规格大小及数量，熟悉相关材料特征。

2. 定点放线

清除场地内有碍管线施工的设施及建筑垃圾等。根据管线平面布置图，利用相对坐标，按图示方向打桩放线，先确定用水点的位置，再确定管道位置。放线时，先定出管线走向中心线，后定出待开挖的沟槽边线。如管线为曲线，可按方格网法放线。

3. 管沟开挖

确定沟槽的位置、宽度和深度以后，进行沟槽开挖。沟槽断面可选梯形或矩形，宽度一般可按管道外径加上0.4m确定，深度应满足管网泄水要求，并在最大冻土层深度以下，以免将来产生冻裂隐患。沟槽开挖时必须按设计要求保证沟底至少有0.2%的坡度，坡向指向泄水点。开挖的沟槽底面应平整、紧实，具有均匀的密实度。

4. 管道安装

将检查并疏通好的管道散开摆好，其承口迎着水流方向，插口顺着水流方向。将管材放入沟槽，将插口对准承口，保证插入管段平直后连接管道。

5. 管沟回填

管道以上约100mm范围内用砂土或筛过的原土回填，管底有效支撑角范围用粗中砂回填密实，管道两侧分层夯实。再用符合要求的原土分层轻夯，每次填土高度为100~150mm。

四、考核评价

序号	考核项目	考核要点	分值	评价等级				得分
				A	B	C	D	
1	施工准备	施工准备工作有序	10	优秀	良好	一般	较差	
2	定点放线	定点放线正确，管道位置符合要求	10	优秀	良好	一般	较差	
3	管沟开挖	沟槽宽度、深度、坡度符合要求，沟槽底面平整、密实度符合要求	20	优秀	良好	一般	较差	
4	管材安装	下管方法步骤正确，管道接口连接紧密	30	优秀	良好	一般	较差	
5	管沟回填	管沟回填方法正确，回填土符合施工规范要求	10	优秀	良好	一般	较差	
6	供水效果	管网符合设计要求，管网供水正常	20	优秀	良好	一般	较差	
考核成绩（总分）								

五、作业

根据施工图完成给水管网的施工。

实训3-2　喷灌管道施工

一、实训目的

掌握喷灌工程的施工方法。

二、材料及用具

1. 材料：喷灌系统施工图、水泵、PP-R管材、管件、喷头等。

2. 用具：切割机、投线仪、水平尺、卷尺、热熔器、橡皮锤等。

三、方法及步骤

1. 熟悉施工图纸

识读喷灌系统施工图，了解喷灌管网的布置要求。

2. 定点放线

根据管线平面布置图，确定泵房的位置、管道的轴线、弯头、三通、四通、竖管的位置和管槽的深度。用白灰在地面上将管道中心线亟待开挖的沟槽边线划标出来。

3. 管沟开挖

沟槽断面可选梯形或矩形，宽度一般可按管道外径加上0.4m确定，深度应满足管网泄水要求，并在最大冻土层深度以下，以免将来产生冻裂隐患。沟开挖的沟槽底面应平整、紧实，具有均匀的密实度。

4. 浇筑基座

按水泵基脚尺寸打孔，按水泵的安装条件把基脚螺钉穿在孔内进行浇筑基座。

5. 安装水泵

用螺丝将水泵平稳紧固于混凝土基座上，要求水泵轴线与动力轴线相一致，吸水管要尽量短而直，接头严格密封不能漏气。

6. 管材安装

将检查并疏通好的管道散开摆好，其承口迎着水流方向，插口顺着水流方向。将管材放入沟槽，将插口对准承口，保证插入管段的平直。

7. 管道冲洗

开泵冲洗管道，将竖管敞开任其自由溢流，把管道中的泥沙等全部冲出来，防止堵塞喷头。

8. 沟槽回填

管道埋深较大应分层回填沟槽并夯实。回填前沟槽内砖、石、木块等杂物要清除干净；沟槽内不得有积水。

9. 安装喷头

根据喷头的布置形式，在竖管上端安装喷头。

四、考核评价

序号	考核项目	考核要点	分值	评价等级				得分
				A	B	C	D	
1	施工准备	施工准备工作有序	5	优秀	良好	一般	较差	
2	定点放线	定点放线正确，管道位置符合要求	5	优秀	良好	一般	较差	
3	管沟开挖	沟槽宽度、深度、坡度、密实度符合要求	10	优秀	良好	一般	较差	

（续）

序号	考核项目	考核要点	分值	评价等级				得分
				A	B	C	D	
4	浇筑基座	基座浇筑方法正确，基脚螺钉位置正确	10	优秀	良好	一般	较差	
5	安装水泵、管材	水泵安装正确，接口不漏气；管道接口连接紧密	20	优秀	良好	一般	较差	
6	管道冲洗	管道冲洗符合要求	10	优秀	良好	一般	较差	
7	管沟回填	管沟回填方法正确，回填土符合施工规范要求	10	优秀	良好	一般	较差	
8	安装喷头	喷头安装方法正确	10	优秀	良好	一般	较差	
9	喷灌效果	喷灌系统符合设计要求，水泵与喷头运转正常	20	优秀	良好	一般	较差	
考核成绩（总分）								

五、作业

根据施工图完成喷灌系统的施工。

单元小结

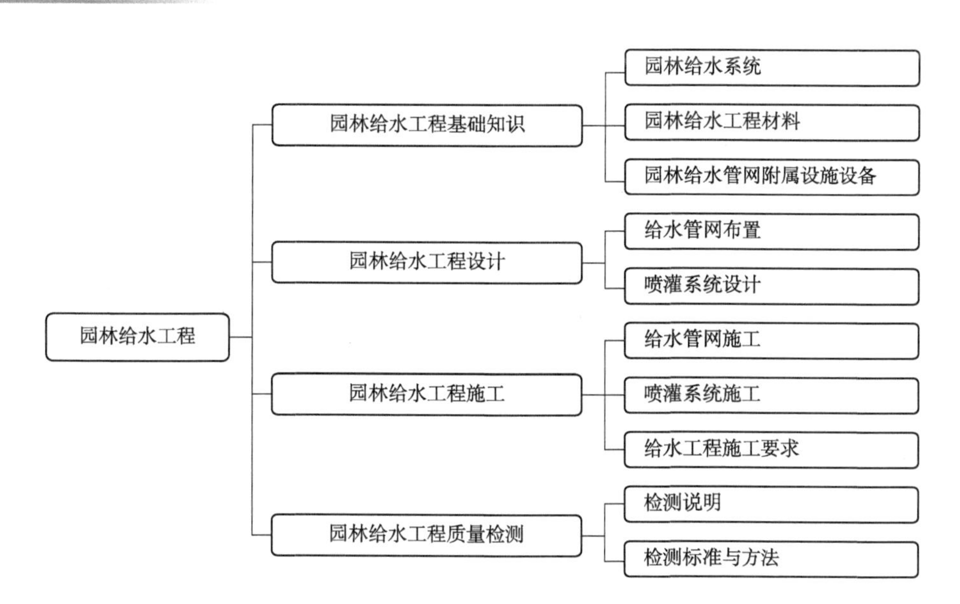

知识拓展

1. 给水管道系统常用阀门

给水管道系统常用阀门有闸阀（丝扣、法兰）、截止阀（丝扣、法兰）、止回阀（丝扣、法兰）、蝶阀等类型。

(1) 闸阀

可分明杆、暗杆、手动、电动、电机驱动等多种形式。闸阀具有流体阻力小、开启关闭力小及介质可从任一方向流动等优点。但结构较为复杂，闸板密封面易被水中杂质或颗粒状物擦蚀或沉积阀体底部，造成关闭不严密的缺陷。经常开启的闸阀有时会出现阀板脱落现象，使系统失去控制能力。

(2) 截止阀

与闸阀相比具有结构简单、密封性能好、维修方便等优点，但开启关闭力量稍大于闸阀，安装应注意阀体上标有箭头(水流)方向，不得装反。

(3) 止回阀

止回阀又称逆止阀，是一种只允许介质向一个方向流动的阀门，因此它具有严格的方向性。主要用于防止水倒流的管路上。

常用的止回阀有升降式及旋启式。升降式垂直瓣止回阀应安装在垂直管道上；升降式水平瓣止回阀和旋启式止回阀安装在水平管道上。安装时注意阀体箭头标注的方向，不得装反。

(4) 蝶阀

在给水管道上起着全开全闭作用的一种阀门。其开启关闭力量较大，但阀体较小、较轻。

蝶阀种类很多，根据驱动方式分为手柄式、蜗轮蜗杆传动式、电动式、气动式等多种类型。

2. 常见喷头的组合形式(表 3-7)

表 3-7 常见喷头组合形式

喷洒方式		示意图	性能参数
圆形喷洒	正方形组合	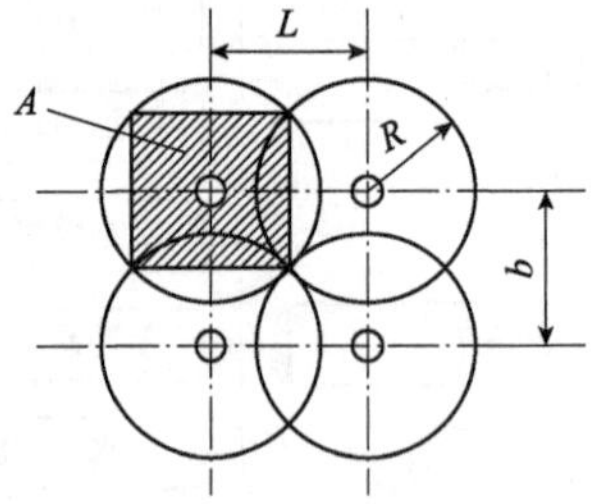 L, A, R, b	支管间距：$b=1.42R$ 喷头间距：$L=1.42R$ 有效控制面积：$A=2R^2$
	矩形组合	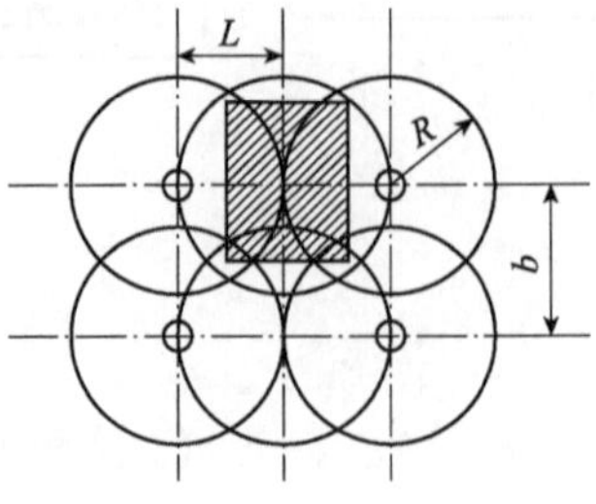 L, R, b	支管间距：$b=(1.0\sim1.5)R$ 喷头间距：$L=(0.6\sim1.3)R$ 有效控制面积：$A=(0.6\sim1.3)R^2$

（续）

喷洒方式		示意图	性能参数
圆形喷洒	正三角形组合	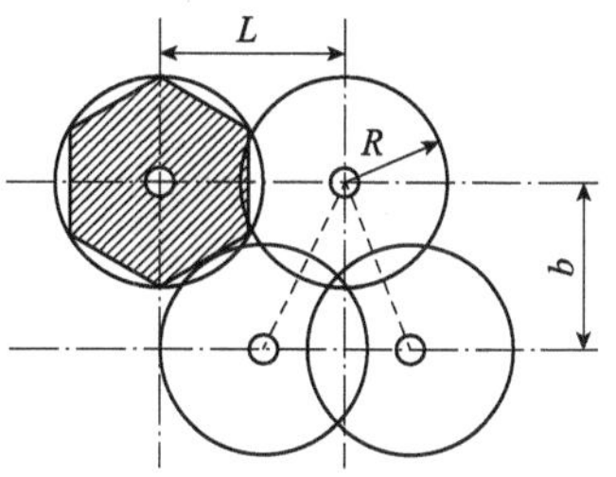	支管间距：$b=1.5R$ 喷头间距：$L=1.73R$ 有效控制面积：$A=2.6R^2$
	等腰三角形组合	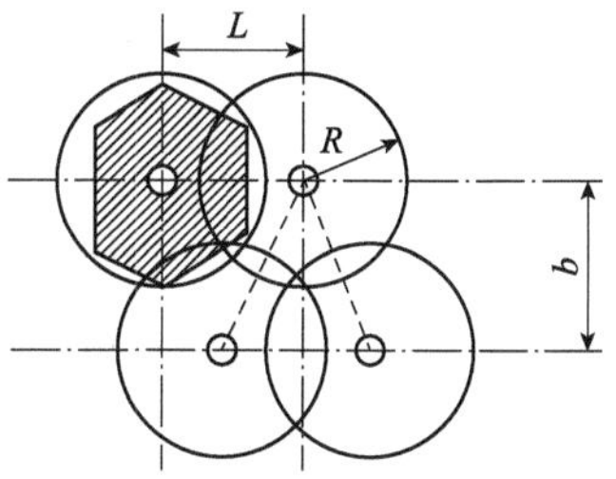	支管间距：$b=(1.2\sim1.5)R$ 喷头间距：$L=(1.0\sim1.2)R$ 有效控制面积：$A=(1.2\sim1.8)R^2$
扁形喷洒	矩形组合	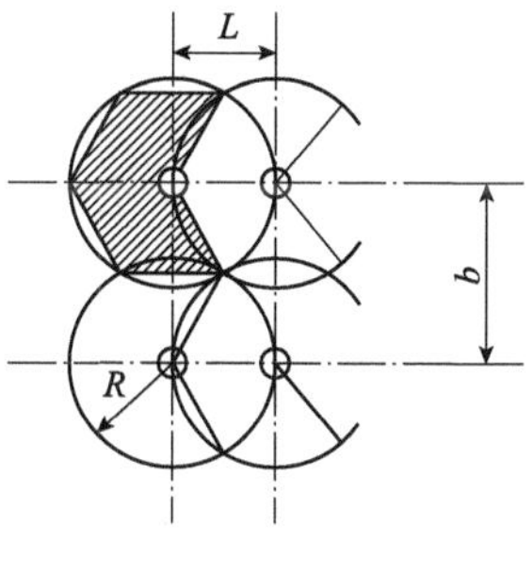	支管间距：$b=1.73R$ 喷头间距：$L=R$ 有效控制面积：$A=1.73R^2$
	等腰三角形组合	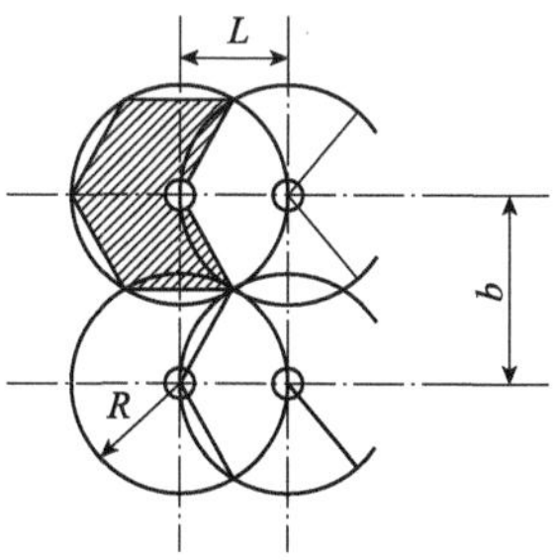	支管间距：$b=1.865R$ 喷头间距：$L=R$ 有效控制面积：$A=1.865R^2$

知识链接

识读某别墅庭院给水总平面图(图3-7)，了解场地给水总平面图的内容要点。

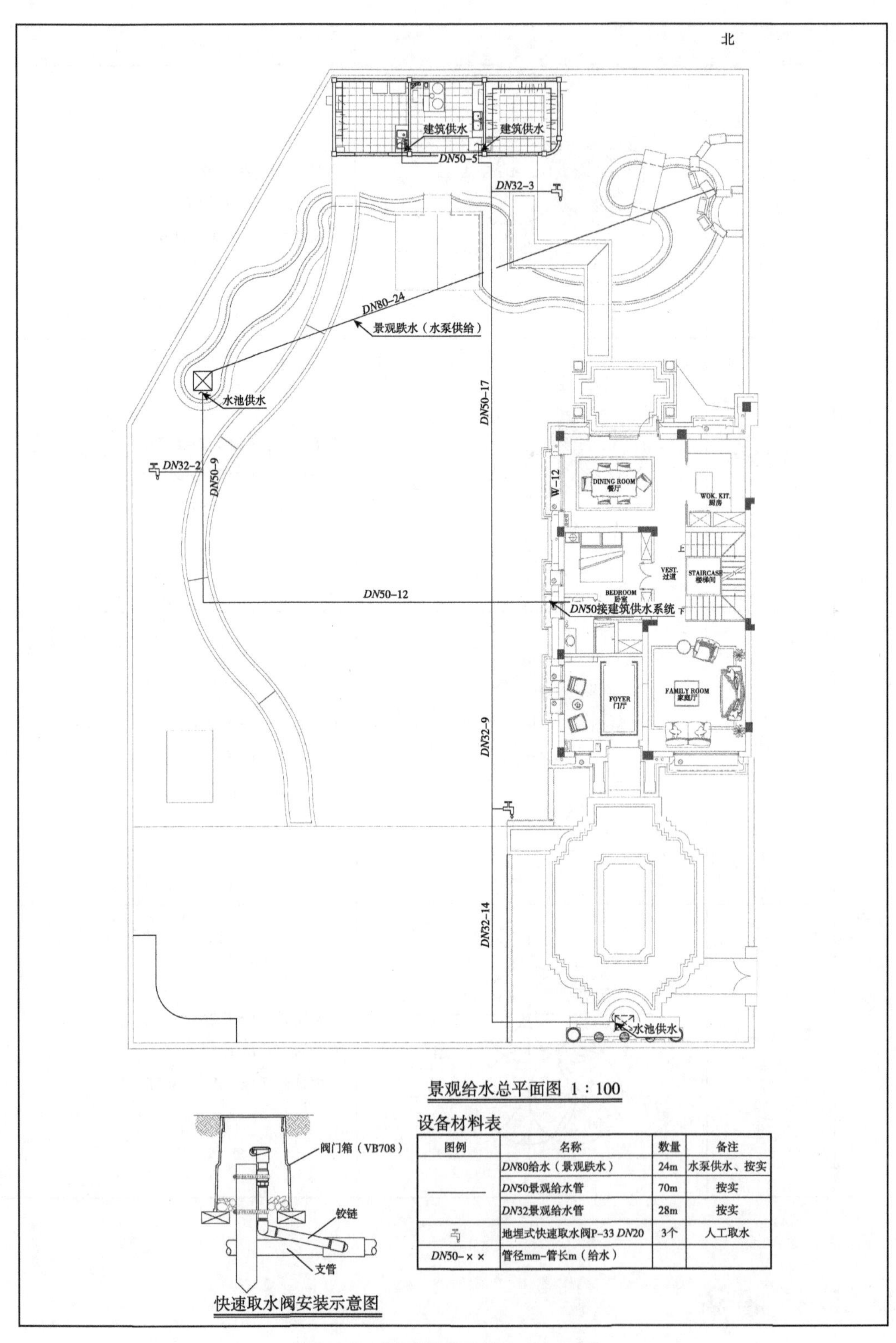

设备材料表

图例	名称	数量	备注
——	DN80给水（景观跌水）	24m	水泵供水、按实
	DN50景观给水管	70m	按实
	DN32景观给水管	28m	按实
（取水阀符号）	地埋式快速取水阀P-33 DN20	3个	人工取水
DN50-××	管径mm-管长m（给水）		

图 3-7 某别墅庭院给水总平面图

自主学习资源库

1. 园林工程设计．徐辉，潘福荣．机械工业出版社，2008.
2. 园林工程施工一本通.《园林工程施工一本通》编委会．地震出版社，2007.
3. 景观工程施工详图绘制与实例精选．周代红．中国建筑工业出版社，2009.
4. 环境景观与水土保持工程手册．甘立成．中国建筑工业出版社，2001.
5. 山水景观工程图解与施工．陈祺．化学工业出版社，2008.

自测题

1. 园林给水系统如何分类？
2. 园林给水系统的组成有哪些？
3. 园林中常用给水管道适用的管材主要有哪些？举例说明。
4. 如何选择园林给水管材？举例说明。
5. 园林给水管网基本布置形式有哪些？请简要说明布置要点。
6. 园林给水工程施工流程有哪些？
7. 园林给水管网施工重点内容有哪些？请简要说明。
8. 园林给水管线施工技术要点有哪些？
9. 园林给水工程检测标准与方法有哪些？请简要说明。

单元4 园林排水工程

知识目标

(1)熟悉园林排水种类及排水体制；
(2)熟悉园林排水的特点；
(3)掌握园林排水的形式；
(4)熟悉园林排水工程常见构筑物；
(5)掌握园林排水工程施工操作技术。

技能目标

(1)能完成常见园林排水构筑物的工程设计；
(2)会进行园林排水管渠的布置；
(3)会进行园林排水工程的质量检验。

素质目标

(1)培养学生环境保护意识；
(2)培养学生严谨细致的工作态度；
(3)培养学生精益求精的工匠精神。

4.1 园林排水工程基础知识

4.1.1 园林排水的种类及排水体制

4.1.1.1 园林排水的种类

从需要排除的水的种类来说，园林绿地所排放的主要是天然降水、生产废水、游乐废水和一些生活污水。这些废、污水所含有害污染物质很少，主要含有一些泥沙和有机物，净化处理也比较容易。

(1)天然降水

园林排水管网要收集、运输和排除雨水及融化的冰、雪水。这些天然的降水在落到地面前后，要受到空气污染物和地面泥沙等的一定污染。但污染程度不高，一般可以直接向园林水体如湖、池、河流中排放。

(2) 生产废水

盆栽植物浇水时多浇的水，鱼池、喷泉池、睡莲池等较小的水景池排放的废水，都属于园林的生产废水。这类废水也一般可直接向河流等流动水体排放。面积较大的水景池，其水体已具有一定的自净能力，多数时间需要进行补水，也不会排出废水。

(3) 游乐废水

游乐设施中的水体一般面积不大，积水太久会使水质变坏，所以每隔一定时间就要换水。如游乐池、戏水池、碰碰船池、冲浪池、航模池等，就常在换水时有废水排出。游乐废水中所含污染物不多，可以酌情排放于园林湖池中。

(4) 生活污水

园林中的生活污水主要来自餐厅、茶室、小卖店、厕所、宿舍等处。这些污水中所含有机污染物较多，一般不能直接向园林水体中排放，而要经过除油池、沉淀池、化粪池等进行处理才能排放。另外，做清洁卫生时产生的废水也可划入这一类。

园林排水主要排除的是雨水和少量生活污水；因园林中地形起伏多变，很利于采用地面排水；园林中大多有水体，雨水可以就近排入水体，同时不同地段可根据其具体情况采用适当的排水方式。

4.1.1.2 排水体制

园林中生活污水、生产废水、游乐废水和天然降水从产生地点收集、输送和排放的基本方式，称为排水系统的体制。排水设计中所采用的排水体制不同，其排水工程设施的组成情况也会不同，明确排水体制的选用和排水工程的基本构成情况，对进行园林排水设计有直接帮助。排水体制主要有分流制与合流制两类。

(1) 分流制排水

分流制排水特点是雨、污分流。雨雪水、园林生产废水、游乐废水等污染程度低，不需净化处理而可直接排放，为此而建立的排水系统，称雨水排水系统，如图4-1所示。

为生活污水和其他需要除污净化后才能排放的污水另外建立的一套独立的排水系统，称污水排水系统。两套排水管网系统虽然是一同布置，但互不相连，雨水和污水在不同的管网中流动和排除。

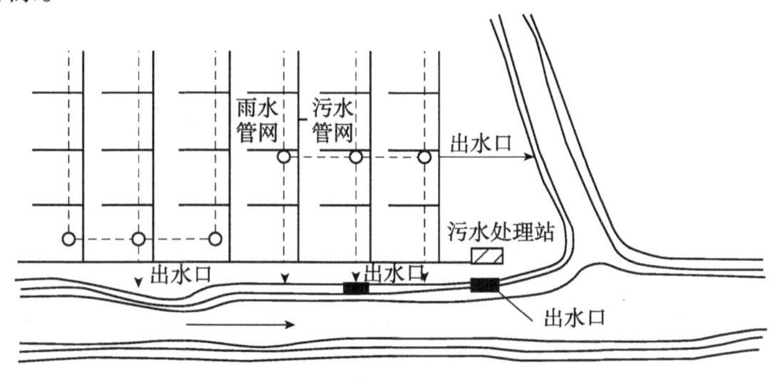

图4-1 分流制排水系统

(2)合流制排水

合流制排水特点是“雨、污合流”。排水系统只有一套管网，既排雨水又排污水。这种排水体制适于在污染负荷较轻，没有超过自然水体环境的自净能力时采用。一些公园、风景区的水体面积很大，水体的自净能力完全能够消化园内有限的生活污水。为了节约排水管网建设的投资，可以在近期考虑采用合流制排水系统，待以后污染加重了，再改造成分流制系统，如图 4-2 所示。

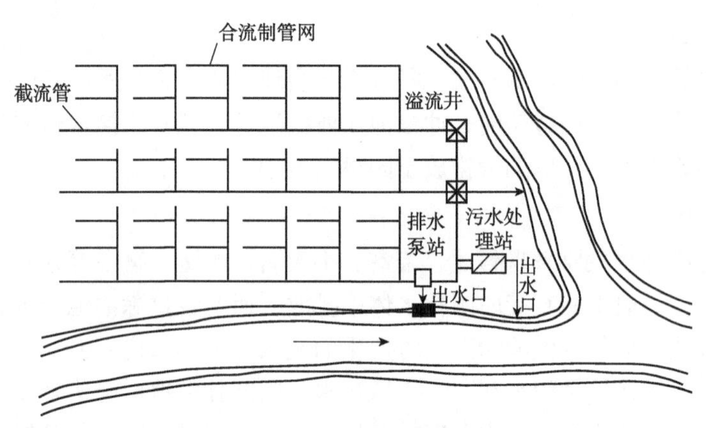

图 4-2　合流制排水系统

为了解决合流制排水系统对园林水体的污染，可以将系统设计为截流式合流制排水系统。截流式合流制排水系统，是在原来普通的直泄式合流制系统的基础上，增建一条或多条截流干管，将原有的各个生活污水出水口串联起来，把污水拦截到截流干管中。经干管输送到污水处理站进行简单处理，再引入排水管网中排除。在生活污水出水管与截流干管的连接处，还要设置溢流井。通过溢流井的分流作用，把污水引到通往污水处理站的管道中。

4.1.2　园林排水工程系统组成及园林排水特点

4.1.2.1　园林排水工程系统组成

园林排水工程系统的组成，包括从天然降水、废水、污水的收集、输送到污水的处理和排放等一系列过程。

按排水工程设施，园林排水工程主要可以分成两个部分：一是作为排水工程主体部分的排水管渠，其作用是收集、输送和排放园林各处的污水、废水和天然降水；二是污水处理设施，包括必要的水池、泵房等构筑物。

按排水的种类，园林排水工程由雨水排水系统和污水排水系统两个部分构成。

采用不同排水体制的园林排水系统，其构成情况有些不同，见表 4-1 所列。

表 4-1　园林排水系统组成

排水类型名称	排水系统构成	说明
雨水排水系统	汇水坡地、集水浅沟和建筑物的屋面、天沟、雨水头、竖管、散水排水明渠、暗沟、截水沟、排洪沟雨水口、雨水井、雨水排水管网、出水口，在利用重力自流排水困难的地方，还可能设置雨水排水泵站	园林内的雨水排水系统不只是排除雨水，还要排除园林生产废水和游乐废水

（续）

排水类型名称	排水系统构成	说明
污水排水系统	室内污水排放设施如厨房洗物槽、下水管、房屋卫生设备等；除油池、化粪池、污水集水口；污水排水干管、支管组成的管道网；管道附属构筑物如检查井、连接井、跌水井等；污水处理站，包括污水泵房、澄清池、过滤池、消毒池、清水池等出水口，是排水管网系统的终端出口	主要是排除园林生活污水，包括室内和室外部分
合流制排水系统	雨水集水口；室内污水集水口；雨水管渠、污水支管；雨、污水合流的干管和主管；管网上附属的构筑物如雨水井、检查井、跌水井，截流式合流制系统的截流干管与污水支管交接处所设的溢流井等；污水处理设施如混凝澄清池、过滤池、消毒池、污水泵房等	合流制排水系统只有一套排水管网，其基本组成是雨水系统和污水系统的组合

4.1.2.2 园林排水的特点

①主要是排除雨水和少量生活污水。

②园林中大多具有起伏多变的地形，以有利于地面水的排除。

③园林中大多有水体，雨水可就近排入园中水体。

④园林中大量的植物可以吸收部分雨水，同时考虑旱季植物对水的需要，干旱地区更应注意保水。

4.1.3 园林排水方式

公园中排除地表径流有地面排水、沟渠排水和管道排水 3 种方式，其中地面排水最为经济。在我国，园林的大部分绿地都采用地面排水为主、沟渠和管道排水为辅的综合排水方式。

4.1.3.1 地面排水

地面排水是指利用地面坡度使雨水汇集，再通过沟、谷、涧、山道等加以组织引导，就近排入附近水体或城市雨水管渠。这是公园排除雨水的一种主要方法，此法经济适用，便于维修，而且景观自然，通过合理安排可充分发挥其优势。利用地形排除雨水时，若地表种植草皮，则最小坡度为0.5%。地面排水的方式可以归结为5个字：拦、阻、蓄、分、导。

拦——把地表水拦截于园地或者某局部之外。

阻——在径流流经的路线上设置障碍物挡水，达到消力降速以减少冲刷的作用。

蓄——蓄包含两方面的意义：一是采取措施使土地多蓄水，二是利用地表洼处或池塘蓄水，这对于干旱地区的园林绿地尤其重要。

分——用山石建筑墙体等将大股的地表径流分成多股细流，以减少灾害。

导——把多余的地表水或者造成危害的地表径流，利用地面、明沟、道路边沟或者地下管道及时排放到园内(或园外)的水体或雨水管渠内。

4.1.3.2 沟渠排水

某些局部如广场、主要建筑周围或难以利用地面排水的局部，可以设置明沟、暗沟排水。

明沟主要是土质明沟，其断面形式有梯形、三角形和自然式浅沟，沟内可植草种花，也可任其生长杂草，通常采用梯形断面；在某些地段，根据需要也可砌砖、石或混凝土明沟，断面形式常采用梯形或矩形。

暗沟也称盲沟，是指利用地下沟(有时设置管)排除绿地土壤多余水分的排水设施。多余水分可以从暗沟(盲沟)接头处或管壁滤水微孔渗入管内排走，起到控制地下水位、调节土壤水分、改善土壤理化性状的作用。暗沟排水有便于地表机械化作业、节省用地和提高土地利用率的优点，但一次性投资较大，施工技术要求较高，如防砂滤层未处理好，使用过程中易淤堵失效。

排水暗沟(盲沟)有土暗沟和装填滤料的滤水槽两种。前者需定期翻修，后者易干堵塞，使用期较短。土暗沟一般用深沟犁在绿地开挖成狭沟，上盖土垡。滤水槽一般先开挖明槽，然后填入碎石、碎砖瓦、煤渣等材料。盲沟构造如图 4-3 所示。

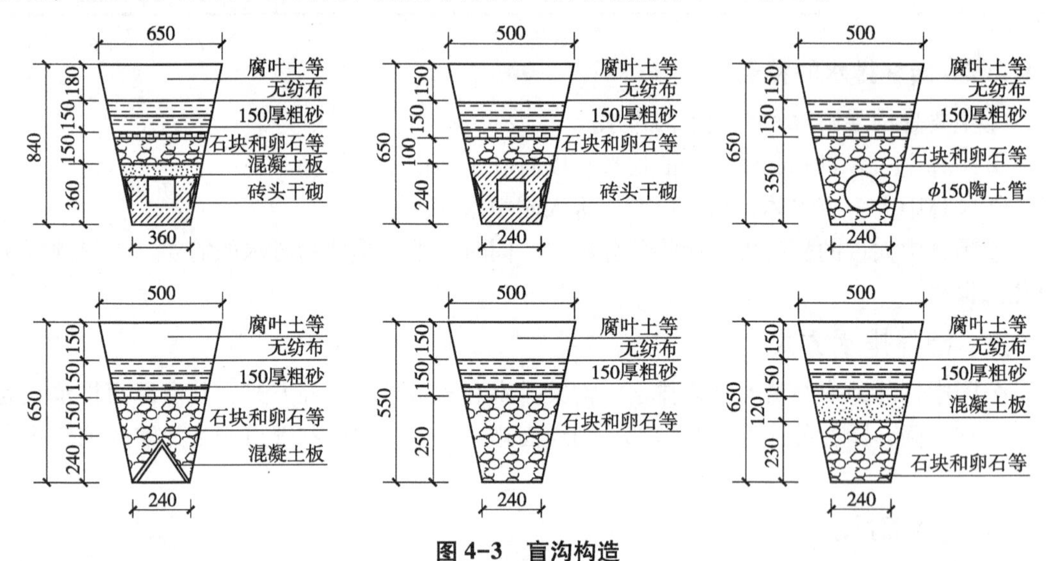

图 4-3 盲沟构造

4.1.3.3 管道排水

在园林中的某些局部，如低洼的绿地、铺装的广场和建筑物周围的积水、污水等，多采用敷设管道的方式排水，优点是不妨碍地面活动，卫生和美观，排水效率高；缺点是造价高，检修困难。

4.1.4 排水管网附属构筑物

为了排除污水，除管渠本身外，还需在管渠系统上设置一些附属构筑物。在园林绿地中，常见的构筑物有雨水口、检查井、跌水井、阀门井、倒虹管、出水口等。

4.1.4.1 雨水口

雨水口是在雨水管渠或合流管渠上收集雨水的建筑物。一般雨水口是由基础、井身、井口、井箅几部分构成的，如图 4-4 所示。其底部及基础可用 C15 混凝土做成，平面尺寸在 1200mm×900mm×100mm 以上。井身、井口可用混凝土浇制，也可以用砖砌筑，砖壁厚 240mm。为了避免过快地锈蚀和保持较高的透水率，井箅应当用铸铁制作，箅条宽 15mm 左右，间距 20~30mm。雨水口的水平截面一般为矩形，长 1m 以上，宽 0.8m 以上。竖向深度一般为1m左右，井身内需要设置沉泥槽的深度应不小于12cm。雨水管的管口设在井身的底部。与雨水管或合流制干管的检查井相接时，雨水口支管于干管的水流方向以在平面上呈60°交角为好。支管的坡度一般不应小于1%。雨水口呈水平方向设置时，井箅应略低于周围路面及地面3cm左右，并与路面或地面顺接，以方便雨水的汇集和泄入。

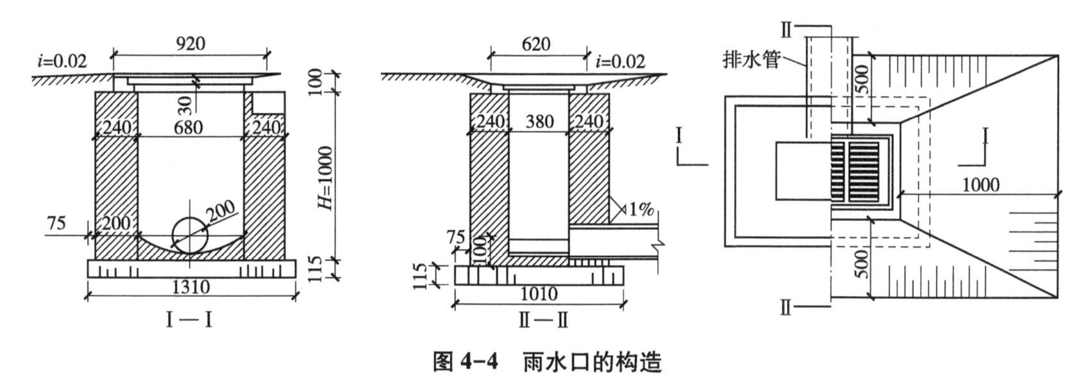

图4-4　雨水口的构造

4.1.4.2　检查井

对管渠系统做定期检查，必须设置检查井。检查井通常设在管渠交汇、转弯、管渠尺寸或坡度改变、跌水等处以及相隔一定距离的直线管渠段上，直线道路上的检查井设置间距见表4-2所列。

表4-2　直线道路上检查井最大间距

管线或暗渠净高(mm)	最大间距(m)	
	污水管道	雨水流的渠道
200~400	30	40
500~700	50	60
800~1000	70	80
1100~1500	90	100
<1500≤2000	100	120

检查井的平面形状一般为圆形，如图4-5所示，大型管渠的检查井也有矩形或扇形的。井下的基础部分一般用混凝土浇筑，井身部分用砖砌成下宽上窄的形状，井口部分形成颈状。检查井的深度，取决于井内下游管道的埋深。为了便于检查人员上、下井室工作，井口部分的大小应能容纳人身的进出。检查井有雨水检查井和污水检查井两类。在合流制排水系统中，只设雨水检查井。由于各地地质、气候条件相差很大，在布置检查井的时候，最好参照全国通用的《给水排水标准图集》和地方性的《排水通用图集》，根据当地的条件直接在图集中选用合适的检查井，而不必再进行检查井的计算和结构设计。

4.1.4.3　跌水井

由于地势或其他因素的影响，排水管道在某些地段的高程落差超过1m时，就需要在该处设置一个具有水力消能作用的检查井，这就是跌水井。根据结构特点来分，跌水井有

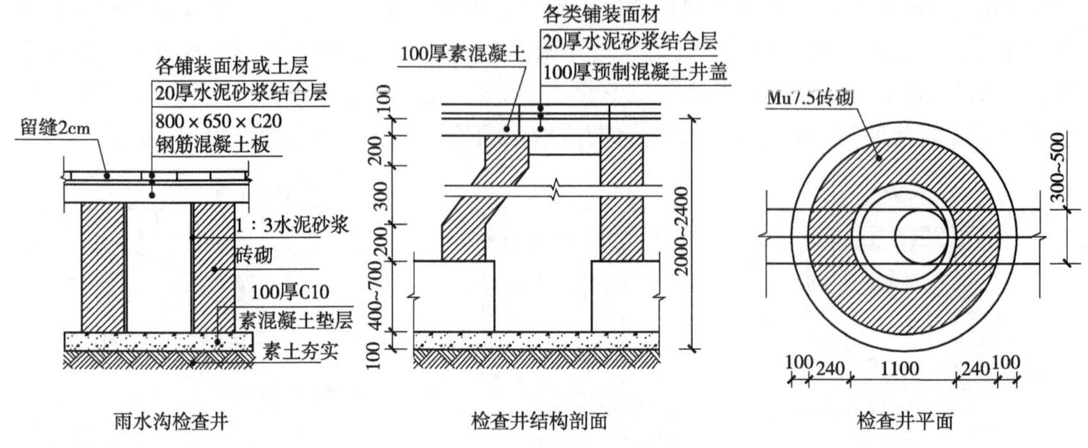

图 4-5 圆形检查井的构造

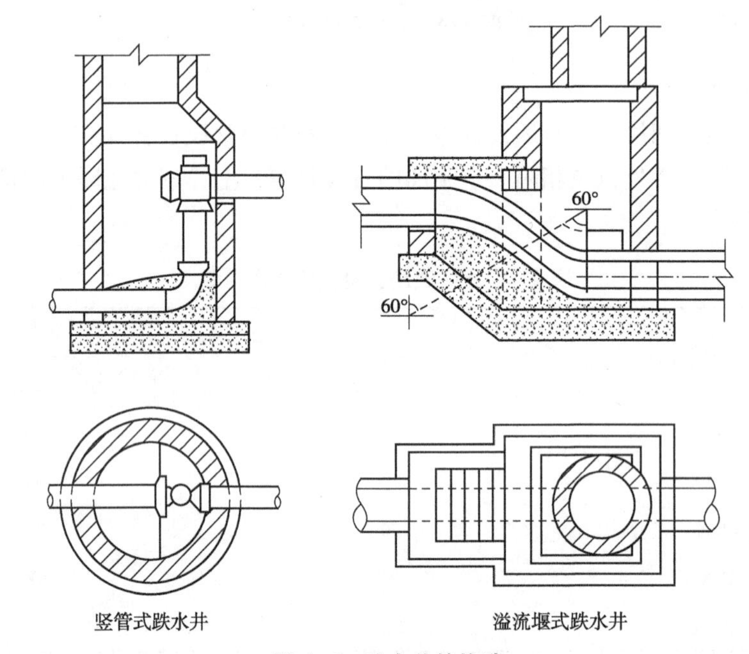

图 4-6 跌水井的构造

竖管式和溢流堰式两种形式，如图 4-6 所示。竖管式跌水井一般适用于管径不大于 400mm 的排水管道上。井内允许的跌落高度，因管径的大小而异。管径不大于 200mm 时，一级的跌落高度不宜超过 6m；当管径为 250~400mm 时，一级跌落高度不超过 4m。

溢流堰式跌水井多用于 400mm 以上大管径的管道。当管径大于 400mm 而采用溢流堰式跌水井时，其跌水水头高度、跌水方式及井身长度等，都应通过有关水力学公式计算求得。

跌水井的井底要考虑对水流冲刷的防护，要采取必要的加固措施。当检查井内上、下游管道的高程落差小于 1m 时，可将井底做成斜坡，不必做成跌水井。

4.1.4.4 阀门井

由于降雨或潮汐的影响，园林水体水位增高，可能对排水管形成倒灌；或者，为了防止非雨时污水对园林水体的污染和为了调节、控制排水管道内水的方向与流量，要在排水管网中或排水泵站的出口处设置阀门井。闸门井由基础、井室和井口组成，如图 4–7 所示。如单纯为了防止倒灌，可在阀门井内设活动阀门。活动阀门通常为铁质、圆形，只能单向开启。当排水管内无水或水位较低时，活动阀门依靠自重关闭；当水位增高后，由于水流的压力而使阀门开启。如果为了既控制污水排放，又防止倒灌，也可在闸门井内设能够人为启闭的阀门。阀门的启闭方式可以是手动，也可以是电动的；阀门结构比较复杂，造价也较高。

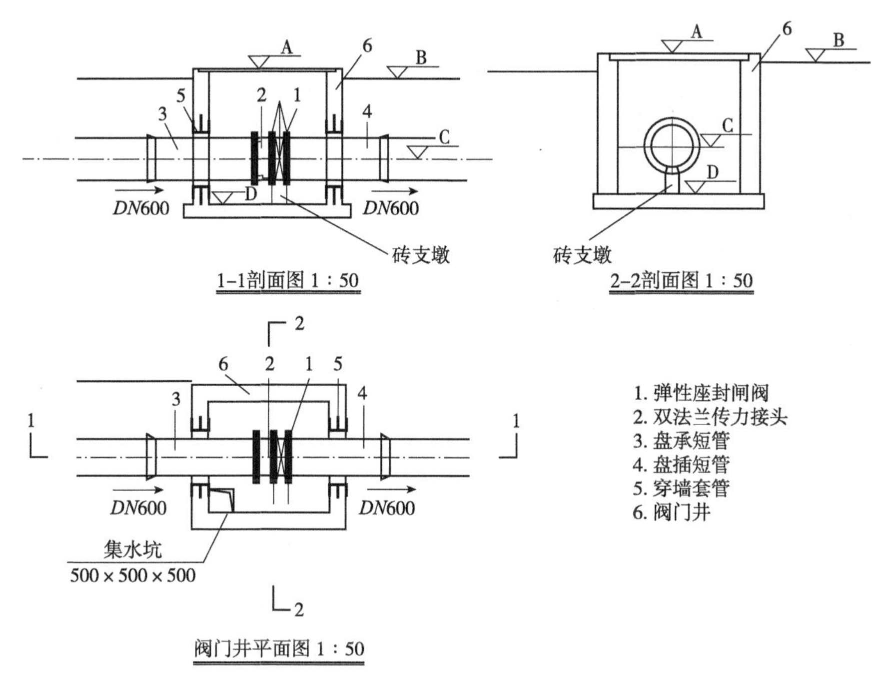

图 4–7　阀门井的构造

4. 1. 4. 5　倒虹管

由于排水管道在园路下布置时有可能与其他管线发生交叉，而它又是一种重力自流式的管道，因此，要尽可能在管线综合中解决好交叉时管道之间的标高关系。但有时受地形所限，如遇到要穿过沟渠和地下障碍物的时候，排水管道就不能按照正常情况敷设，而不得不以一个下凹的折线形式从障碍物下面穿过，这段管道就成了倒置的虹吸管，即所谓的倒虹管，如图 4–8 所示。

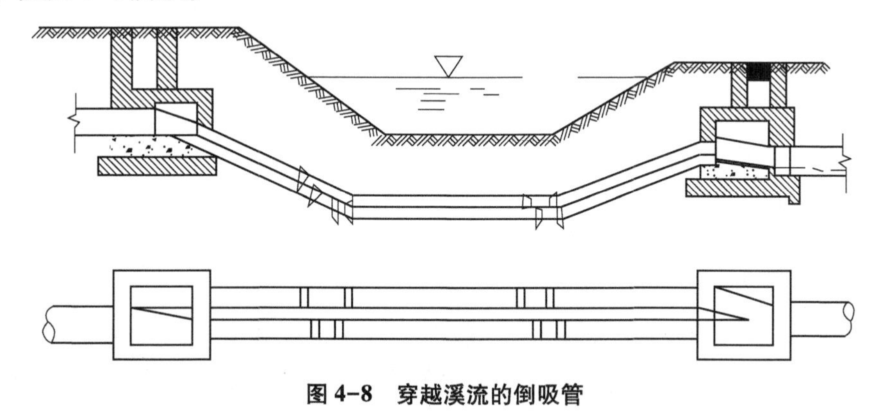

图 4–8　穿越溪流的倒吸管

一般排水管网中的倒虹管是由进水井、下行管、平行管、上行管和出水井等部分构成的。倒虹管采用的最小管径为200mm，管内流速一般为1.2~1.5m/s，不得低于0.9m/s，并应大于上游管内流速。平行管与上行管之间的夹角不应小于150°，要保证管内的水流有较好的水力条件，以防止管内污物滞留。为了减少管内泥沙和污物淤积，可在倒虹管进水井之前的检查井内，设一沉淀槽，使部分泥沙污物在此预沉下来。

4.1.4.6 出水口

排水管渠的出水口是雨水、污水排放的最后出口，其位置和形式，应根据污水水质、下游用水情况、水体的水位变化幅度、水流方向、波浪情况等因素确定。在园林中，出水口最好设在园内水体的下游末端，要和给水取水区、游泳区等保持一定的安全距离。

雨水出水口的设置一般为非淹没式的，即排水管出水口的管底高程要安排在水体的常年水位线以上，以防倒灌。当出水口高出水位很多时，为了降低出水对岸边的冲击力，应考虑将其设计为多级的跌水式出水口。污水系统的出水口，则一般布置成为淹没式，即把出水管管口布置在水体的水面以下，以使污水管口流出的水能够与河湖水充分混合，减轻对水体的污染。

4.2 园林排水工程设计

4.2.1 雨水管渠的布置

雨水管渠布置的一般规定如下：

(1)最小覆土深度

根据雨水井连接管的坡度、冰冻深度和外部荷载情况决定，雨水管的最小覆土深度不小于0.7m。

(2)最小坡度

雨水管道的最小坡度，可参照表4-3所列。

道路边沟的最小坡度不小于0.002。

梯形明渠的最小坡度不小于0.0002。

表4-3 雨水管道各种管径的最小坡度

管径(mm)	200	300	350	400
最小坡度	0.004	0.0033	0.003	0.002

(3)最小容许流速

①各种管道在自流条件下的最小容许流速不得小于0.75m/s。

②各种明渠不得小于0.4m/s(个别地方可酌减)。

(4)最小管径及沟槽尺寸

①雨水管最小管径不小于300mm，一般雨水口连接管最小管径为200mm；最小坡度0.01。公园绿地的径流中挟带泥沙及枯枝落叶较多，容易堵塞管道，故最小管径限值可适当放大。

②梯形明渠为了便于维修和排水通畅，渠底宽度不得小于30cm。

③梯形明渠的边坡，用砖石或混凝土块铺砌的一般采用1∶0.75～1∶1的边坡。边坡在无铺装情况下，根据其土壤性质可采用表4-4的数值。

表4-4 梯形明渠的边坡

明渠土质	边坡	明渠土质	边坡
粉砂	1∶3～1∶3.5	砂质黏土和黏土	1∶1.25～1∶1.5
松散的细砂、中砂、粗砂	1∶2～1∶2.5	砾石土和卵石土	1∶1.25～1∶1.5
细实的细砂、中砂、粗砂	1∶1.5～1∶2.0	半岩性土	1∶0.5～1∶1
黏质砂土	1∶1.5～1∶2.0		

(5)排水管渠的最大设计流速

管道：金属管为10m/s；非金属管为5m/s。

明渠：水流深度为0.4～1.0m时，宜按表4-5采用。

表4-5 明渠最大设计流速

明渠类型	最大设计流速(m/s)	明渠类型	最大设计流速(m/s)
粉砂及贫砂质黏土	0.8	草皮护面	1.6
砂质黏土	1.0	干砌块石	2.0
黏土	1.2	浆砌块石及浆砌砖	3.0
石灰岩及中砂岩	4.0	混凝土	0

4.2.2 雨水管网的计算

在排水管网中，因为雨水(或污水)是在重力作用下通过管渠自行流走的，所以称为重力流。排水系统的布置和计算不仅要保证排水管渠有足够的过水断面，而且要有合理的水里坡降，使雨水(或污水)能顺利排出。

设计流量Q是排水管网计算中最重要的依据之一。其计算公式如下：

$$Q=\psi qF \tag{4-1}$$

式中 Q——管段雨水设计流量，L/s；

ψ——径流系数；

q——管径设计降雨强度，L/s；

F——管段设计汇水面积，hm^2。

(1)径流系数ψ

径流系数是指流入管渠中的雨水量和落到地面上的雨水量的比值，即：

$$\psi=\frac{径流量}{降雨量} \tag{4-2}$$

由于雨水降落到地面后，部分被土壤或其他地面物吸收，不可能全部流入管渠中，所以这一比值的大小取决于地表或地面物的性质。覆盖类型较多的汇水区，其平均径流系数应采用加权平均法求取。即：

$$\psi=\frac{\psi_1F_1+\psi_2F_2+\psi_3F_3+\cdots+\psi_nF_n}{\sum F} \tag{4-3}$$

式中　ψ_1、ψ_2、ψ_3…ψ_n——相应于各类底面的径流系数；

F_1、F_2、F_3…F_n——汇入区内各类地面所占面积，hm^2；

$\sum F$——汇水区总面积，hm^2。

表4-6是各种场地的径流系数ψ值。

表4-6　径流系数ψ值

地面种类	ψ值	地面种类	ψ值
各种屋面、混凝土和沥青路面	0.9	干砌碎石和碎石路面	0.4
大块石铺砌路面和沥青表面处理的碎石路面	0.6	非铺砌土地面	0.3
级配碎石路面	0.45	公园或绿地	0.15

(2)设计降雨强度q

降雨强度是指单位时间内的降雨量，进行雨水管渠设计时，需要知道单位时间流入设计管段的雨水量，而不是某一场雨的总降雨量。所以在排水工程中，雨水量是以单位时间的降雨量为单位的，即：

$$\text{降雨强度 } i=\frac{\text{降雨量 } h}{\text{降雨历时 } t} \tag{4-4}$$

为了计算方便，通常把i(单位mm/min)换算成q[单位L/(s·hm²)]，则：

$$q=167i \tag{4-5}$$

式中　q——技术强度，L/(s·hm^2)；

i——物理强度，mm/min。

我国常用的降雨强度公式如下：

$$q=\frac{167A_i(1+c\lg T)}{(t+b)^n} \tag{4-6}$$

式中　q——降雨强度，L/(s·hm^2)；

T——重现期，a；

t——降雨历时，min；

A_i，c，b，n——地方参数，根据统计的方法进行计算。

我国幅员辽阔，各地情况差别很大，根据各地区的自动雨量记录，推求出适合于本地区的降雨强度公式，为设计工作提供了必要的数据。表4-7是我国一些主要城市的降雨强度公式。

降雨强度公式中都含有两个计算因子，即设计重现期P(有的公式用T)，其单位为年(a)，以及设计降雨历时，单位为分(min)。

设计重现期P是指某一强度的降雨出现的频率，或说每隔若干年出现一次，强度越大的降雨出现的频率越小。园林中的设计重现期可在1~3年选择。怕水淹之处或重要的活动区域，P值可选得大些。

表 4-7　我国部分城市降雨强度公式

城市名称	降雨强度公式 L(s · hm²)	城市名称	降雨强度公式 L(s · hm²)
北京	$q=\frac{2111(1+0.85\lg P)}{(t+8)^{0.70}}$	玉门	$q=\frac{3334(1+0.818\lg P)^*}{t+16}$
上海	$q=\frac{5544(P^{0.3}-0.42)}{(t+10+7\lg P)^{0.82+0.07\lg P}}$	广州	$q=\frac{1195(1+0.622\lg P)}{t^{0.523}}$
天津	$q=\frac{2334P^{0.52}}{(t+2+4.5P^{0.65})^{0.8}}$	汕头	$q=\frac{1042(1+0.56\lg P)}{t^{0.488}}$
承德	$q=\frac{834(1+0.72\lg P)}{t^{0.599}}$	湛江	$q=\frac{9015(1+1.19\lg P)^*}{t+28}$
石家庄	$q=\frac{1689(1+0.898\lg P)}{(t+7)^{0.729}}$	桂林	$q=\frac{4230(1+0.402\lg P)}{(t+13.5)^{0.841}}$
哈尔滨	$q=\frac{6500(1+0.34\lg P)}{(t+15)^{1.05}}$	南宁	$q=\frac{10500(1+0.707\lg P)}{t+21.1P^{0.119}}$
长春	$q=\frac{833(1+0.68\lg P)}{t^{0.604}}$	长沙	$q=\frac{776(1+0.75\lg P)}{t^{0.527}}$
沈阳	$q=\frac{1984(1+0.77\lg P)}{(t+9)^{0.77}}$	衡阳	$q=\frac{892(1+0.67\lg P)}{t^{0.57}}$
旅大	$q=\frac{617(1+0.8\lg P)}{t^{0.486}}$	贵阳	$q=\frac{1887(1+0.707\lg P)}{(t+9.35P^{0.031})^{0.695}}$
济南	$q=\frac{4700(1+0.753\lg P)}{(t+17.5)^{0.898}}$	遵义	$q=\frac{7309(1+0.796\lg P)^*}{t+37}$
青岛	$q=\frac{490(1+0.7\lg P)^*}{t^{0.5}}$	昆明	$q=\frac{700(1+0.775\lg P)}{t^{0.496}}$
南京	$q=\frac{167(47.17+41.66\lg P)}{t+33+9\lg(P-0.4)}$	思茅	$q=\frac{3350(1+0.5\lg P)}{(t+10.5)^{0.85}}$
徐州	$q=\frac{1510.7(1+0.514\lg P)}{(t+9)^{0.64}}$	成都	$q=\frac{2806(1+0.803\lg P)}{(t+12.8P^{0.231})^{0.768}}$
南通	$q=\frac{3530(1+0.807\lg P)}{(t+11)^{0.83}}$	重庆	$q=\frac{2822(1+0.775\lg P)}{(t+12.8P^{0.076})^{0.77}}$
合肥	$q=\frac{3600(1+0.76\lg P)}{(t+14)^{0.84}}$	汉口	$q=\frac{784(1+0.83\lg P)}{t^{0.507}}$
蚌埠	$q=\frac{2550(1+0.77\lg P)}{(t+12)^{0.774}}$	恩施	$q=\frac{1108(1+0.73\lg P)}{t^{0.626}}$
杭州	$q=\frac{1008(1+0.73\lg P)}{t^{0.541}}$	郑州	$q=\frac{767(1+1.04\lg P)}{t^{0.522}}$

（续）

城市名称	降雨强度公式 $L(s \cdot hm^2)$	城市名称	降雨强度公式 $L(s \cdot hm^2)$
温州	$q=\frac{910(1+0.61\lg P)}{t^{0.49}}$	洛阳	$q=\frac{750(1+0.854\lg P)}{t^{0.592}}$
福州	$q=\frac{934(1+0.55\lg P)}{t^{0.542}}$	西安	$q=\frac{1008(1+1.475\lg P)}{(t+14.72)^{0.704}}$
厦门	$q=\frac{850(1+0.745\lg P)}{t^{0.514}}$	延安	$q=\frac{932(1+1.292\lg P)}{(t+8.22)^{0.7}}$
南昌	$q=\frac{1215(1+0.854\lg P)}{t^{0.60}}$	山西	$q=\frac{817(1+0.755\lg P)}{t^{0.687}}$
大同	$q=\frac{758(1+0.785\lg P)}{t^{0.62}}$	乌鲁木齐	$q=\frac{195(1+0.82\lg P)}{(t+7.8)^{0.63}}$
呼和浩特	$q=\frac{378(1+1.000\lg P)}{t^{0.58}}$	西宁	$q=\frac{308(1+1.39\lg P)}{t^{0.58}}$
银川	$q=\frac{242(1+0.83\lg P)}{t^{0.477}}$	海口	$q=\frac{2338(1+0.441\lg P)}{(t+9)t^{0.66}}$
兰州	$q=\frac{1140(1+0.96\lg P)}{(t+8)^{0.8}}$	拉萨	$q=\frac{1700(1+0.75\lg P)^{*}}{t^{0.596}}$

注：①有*号者摘自《建筑设计资料手册》，同济大学、上海工业建筑设计院编，余者分别取自《给排水设计手册》《排水工程》上册，高校试用教材等。

②式中 P——重现期，a。

设计降雨历时 t 是指连续降雨的时段，可以是整个降雨经历的时间，也可以指降雨过程的某个连续时段。

雨水管渠的设计降雨历时 t，由地面集水时间和雨水在计算管段中流行的时间组成。

$$t=t_1+mt_2 \tag{4-7}$$

式中 t——设计降雨历时，min；

t_1——地面集水时间，min；

t_2——雨水在管渠内流行的时间，min；

m——延迟系数，暗管 $m=2$，明渠 $m=1.2$。

地面集水时间 t_1 受汇水区面积大小、地形陡缓、屋顶及地面的排水方式、土壤的干湿程度及地表覆盖情况等因素的影响。在实际应用中，要准确地计算 t_1 值是比较困难的，所以通常取经验数值，t_1 取 5~15min。在设计工作中，按经验在地形较陡、建筑密实较大或铺装场地较多及雨水口分布较密的地区，t_1 取 5~8min；而在地势较平坦、建筑稀疏、汇水区面积较大，雨水口少的地区 t_1 值可取 10~15min。

雨水在管渠内流行时间 t_2 可依以下公式计算：

$$t_2=\sum\frac{L}{60v} \tag{4-8}$$

式中 L——各管段的长度，m；

v——各管段满流时的水流速度，m/s。

降雨历时 t 直接影响着降雨强度 q，t 越大则与它相应的 q 越小。

(3)汇水区面积 F

汇水区是根据地形和地物划分的，通常沿山脊线(分水岭)、沟谷(汇水线)或道路等进行划分，汇水区面积以公顷(hm^2)为单位。

4.3 园林排水工程施工

4.3.1 排水工程施工准备

4.3.1.1 技术准备

①施工人员已熟悉掌握图纸，熟悉相关国家或行业验收规范和标准图等。

②已有经过审批的施工组织设计，并向施工人员交底。

③技术人员向施工班组进行技术交底，使施工人员掌握操作工艺。

4.3.1.2 材料准备

①排水管及管件规格品种应符合设计要求，应有产品合格证。管壁薄厚均匀，内外光滑整洁，不得有砂眼、裂缝、飞刺和疙瘩。要有出厂合格证，无偏扣、乱扣、方扣、断丝和角度不准等缺陷。

目前，常用管道多是圆形管，大多数为非金属管材，具有抗腐蚀的性能，且价格便宜，主要有混凝土管和钢筋混凝土管、陶土管和塑料管。

混凝土管和钢筋混凝土管：制作方便，价低，应用广泛。但有抵抗酸碱侵蚀及抗渗性差、管节短、节口多、搬运不便等缺点。混凝土和钢筋混凝土管适用于排除雨水、污水，分为混凝土管、轻型钢筋混凝土管、重型钢筋混凝土管3种，可以在专门的工厂预制，也可在现场浇制。管口通常有承插式、企口式、平口式，如图4-9所示。

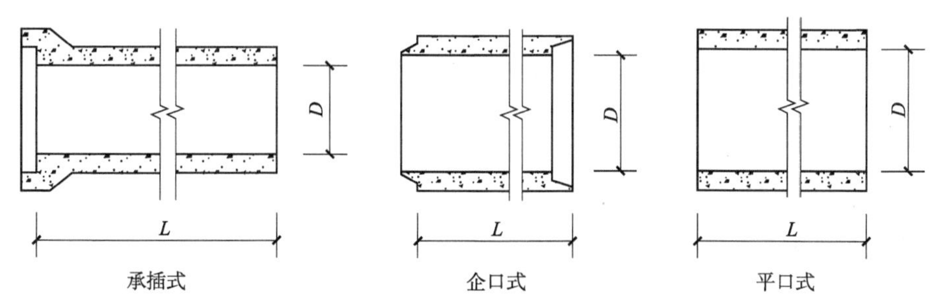

图4-9 混凝土管和钢筋混凝土管口形式

陶土管：内壁光滑，水阻力小，不透水性能好，抗腐蚀，但易碎，抗弯、拉强度低，节短，施工不便，不宜用在松土和埋深较大之处。

②塑料管的管材、管件的规格、品种、公差应符合国家产品质量的要求，管材、管件、黏合剂、橡胶圈及其他附件等应是同一厂家的配套产品。

由于塑料管具有表面光滑、水力性能好、水力损失小、耐磨蚀、不易结垢、重量轻、加工接口搬运方便、漏水率低及价格低等优点，因此，在排水管道工程中已得到应用和普及。其中聚乙烯(PE)管、高密度聚乙烯(HDPE)管和硬聚氯乙烯(UPVC)管的应用较广，但塑料管管材强度低、易老化。

③各类阀门有出厂合格证，规格、型号、强度和严密性试验符合设计要求。丝扣无损伤，铸造无毛刺、无裂纹，开关灵活严密，手轮无损伤。

④附属装置应符合设计要求，并有出厂合格证。

⑤捻口使用的水泥一般采用不小于32.5的硅酸盐水泥和膨胀水泥(采用石膏矾土膨胀水泥或硅酸盐膨胀水泥)。水泥必须有出厂合格证。

⑥胶黏剂应标有生产厂名称、生产日期和有效期，并应有出场合格证和说明书。

⑦型钢、圆钢、管卡、螺栓、螺母、油、麻、垫、电焊条等符合设计要求。

4.3.1.3 机具、仪器

①施工机具　主要有挖沟机、推土机、夯实机、电焊机、切割机、扳手、管子剪、管钳、钢锯、钢卷尺、热熔机、铁锹、卡尺、洋镐等。不同管材、管径、地质条件使用的工具也不同，应根据不同管材和管径准备机具。

②测试仪器　主要有经纬仪、水准仪、测杆、铁钎等。除此之外，还要准备钢尺、示坡板、龙门桩等放线工具。

4.3.1.4 作业条件

①管道施工区域内的地面要进行清理，杂物、垃圾弃出场地。管道走向上的障碍物要清楚。

②在饮用水管道附近的厕所、粪坑、污水坑和坟墓等应在开工前迁至业主指定的地方，并将脏污物清理干净后进行消毒处理，方可将坑填实。

③在施工前应摸清地下高、低压电缆、电线、煤气、热力管道的分布情况，并做标记。

4.3.1.5 施工组织及人员准备

①施工前应建立健全的质量管理体系和工程质量检测制度。

②施工组织设立技术组、质安组、管道班、电气焊班、开挖班、砌筑班、抹灰班、测量班等。

③施工人员数量根据工程规模和工程量的大小确定，一般应配置的人员有给排水专业技术人员、测量工、管道工、电焊工、气焊工、起重工、油漆工、泥瓦工、普工。

4.3.2 园林排水管道工程施工流程

4.3.2.1 排水管道施工基本流程

排水施工流程如图4-10所示。

4.3.2.2 排水构筑物施工流程

园林排水构筑物常用的有雨水口、检查井、跌水井、闸门井、倒虹管、出水口。虽然它们的构造不同，但其施工流程基本相同。园林排水构筑物主要以砖石结构为主，其施工流程如图4-11所示。

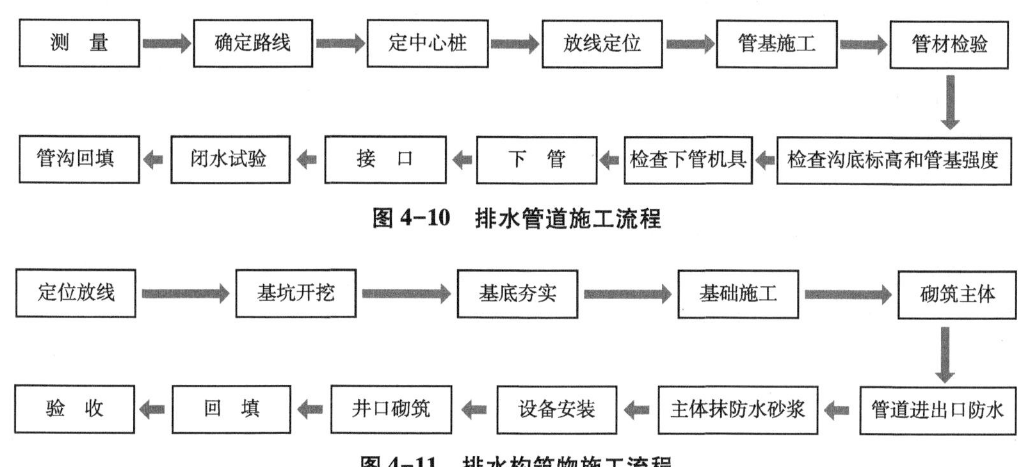

图 4-10 排水管道施工流程

图 4-11 排水构筑物施工流程

4.3.3 排水工程施工方法

4.3.3.1 园林管道排水工程施工

(1)测量

测定管道中线及附属构筑物位置，并标出与管线有冲突的地上、地下构筑物位置，核对水准点，建立临时水准点，核对接入原有管道或河道接头处的高程；测量管线地面高程(机械挖槽)。

(2)确定路线

先从坐标控制网采用坐标法放出道路中线交点及拐点，并将这些中线控制点引测到管道边线两侧、基坑开挖范围之外、易于保护的位置，打设引测桩，以供随时恢复管道中线点之用。

(3)定中心桩

测定管道中线时，应在起点、终点、平面折点、纵向折点及直线段的控制点测设中心桩。中心桩应设置固定可靠的栓桩、栓点和明显标志，桩顶钉中心钉，并应在起点、终点及平面折点的沟槽外面适当位置设置方向桩。

(4)放线定位

按设计要求的埋深和土质情况、管径大小等计算出管槽宽度，并在地面上定出沟槽边线位置，划出白灰线，以便开挖施工。

(5)管基施工

①砂土基础　采用弧形素土与砂垫层两种方法。弧形素土基础是在原土层上挖一弧形管槽，将管子放入弧形管槽内；砂垫层基础是在挖好的弧形槽内铺一层粗砂作为砂垫层，砂垫层的厚度一般为 100~150mm。管径较大时，可适当加厚。

②混凝土枕基　混凝土枕基一般用在管道接口处，通常在管道接口下方用 C7.5 混凝土做成枕状垫块，枕基长度取决于管道外径，其宽度一般为 200~300mm。

③混凝土带形基础　混凝土带形基础是沿着管道全长铺设的基础。做法是：先在基础底部垫一层 100mm 厚的沙砾层，然后在垫层上浇灌 C10 混凝土。混凝土浇筑中应防止离

析；浇筑后应进行养护，强度低于1.2MPa时不得承受荷载。混凝土带形基础规格尺寸应按施工图的要求确定。

(6)管材检验

检查工程管材、管道附件等材料应符合国家现行的有关产品标准的规定，具有出厂合格证。检查各管材的外观、尺寸是否符合设计与施工要求。采用通水的方法、目测和手感的方法检验，以保证管材均无渗漏。

对管节进行外观检查，发现裂纹、管口有残缺者不得使用，管节的质量必须符合质量标准要求。管体内外表面应无漏筋、空鼓(用重250g的轻锤检查保护层空鼓情况)、蜂窝、裂纹、脱皮、碰伤等缺陷。承口、插口工作面应光滑平整，局部凹凸度用尺量不超过2mm。用专用量径尺量并记录每根管的承口内径、插口外径及其椭圆度。承插口配合的环形间隙，应能满足选配的胶圈的要求。对所有用于本工程的混凝土雨水管，分型号必须做内、外试验，合格后厂商出具复检合格证明书，方可使用。

(7)检查沟底标高和管基强度

把管道相对标高引测到水准基座上，然后将地面高程控制点标高通过两台水准仪及钢尺上下传递读数方法引测至管道基坑底，沟底标高确定地下管道控制标高。

检查管基强度检查方法如下：

①原状地基的强度检查方法　观察，检查地基处理强度或承载力检验报告、复合地基承载力检验报告。

②混凝土基础的强度检查方法　混凝土验收批与试块的强度验收符合现行国家标准《混凝土强度检验评定标准》(GB/T 50107—2010)的有关规定。

③砂石基础的强度检查方法　检查砂石材料的质量保证资料、压实度试验报告，符合设计要求及国家标准。

(8)检查下管机具

机具根据具体情况选取，起吊及顶拉设备能力应进行施工设计和计算。

(9)下管

管道基础标高与中心线位置应符合设计要求。下管从两个检查井一端开始，将管道慢慢放到基础上，当进入沟槽后马上进行校正找直。校正时，管道接口处应保留一定间隙。管径小于600mm的承插口或平口管道应留10mm间隙；管径大于600mm时，应留不小于3mm的对口间隙。待下管完成后，对其位置及标高进行检查，并核实无误。

(10)接口

接口形式主要有承插式和平口式两种。

①承插式　施工前，承口内、外壁工作面应清洗干净。用普通水泥砂浆接口时做法是：用1∶2和好的水泥砂浆，由下往上分层填入捣实，表面抹光后覆盖湿草袋养护。若敷设小口径承插管，可在稳好第一节管段后，在下部承口上垫满灰浆，再将第二节管插入承口内稳好。挤入管内的灰浆抹平内口，多余的清除干净，接口余下的部分填灰打严或用砂浆抹平。采用沥青油膏接口时做法是：选用6号石油膏100，重松节油11.1，废机油44.5，石棉灰77.5，滑石粉119，按重量比配成沥青油膏，调制时，先把沥青加热至

120℃，加入其他材料搅拌均匀，待加热至140℃，即可使用。接口时，先涂冷底子油一道，再填沥青石膏。

②平口式　一般采用1∶2.5水泥砂浆抹带接口。在混凝土基础浇筑完成后可进行抹带工作。操作前应将管道接口处进行局部处理，管径小于或等于600mm时，应刷去抹带部分管口浆皮；管径大于600mm时，应将抹带部分的管口外壁凿毛刷净，管道基础与抹带相接处混凝土表面也应凿毛刷净，使之黏接牢固。抹带时，应使接口部分保持湿润，先在接口部分抹上薄薄一层素灰浆，可分两次抹压，第一层为整个厚度的1/3，抹完后在上面割划线槽使其表面粗糙，待初凝后再抹第二层，并赶光压实。抹好后，立即覆盖湿草袋并定期洒水养护，以防龟裂。接口时不应往管缝内填塞碎石、碎砖，必要时应塞麻绳或管内加垫托，待抹完后再取出。

(11)闭水试验

采用闭水法进行严密性试验时，试验段应按井距分隔，长度不宜大于1km，带井试验。一般认为，试验检查的管段长度不宜过长，最好是3个井(两段管)，敷设完毕后即可进行闭水试验。这样，试验检查便捷，方便及时回填，以避免措施不当引起漂管。

(12)管沟回填

管沟回填材料严格按照设计图纸进行回填，并按照先深后浅的原则进行分层回填，待较低管线回填至较高管线同等高度后，再统一进行合槽回填施工。管道两侧和管顶以上50cm范围内应采用轻夯压实，管道两侧回填的高差不应超过30cm。沟槽管区内的回填应从沟槽两侧同时开始，逐渐向管道靠近，严禁单侧夯实。

4.3.3.2 地面排水施工加固措施

在地面排水工程施工中，如遇有下列情况的边沟、截水沟和排水沟，应采取防止渗漏或冲刷的加固措施，加固类型见表4-8所列。

①位于松软或透水性大的土层，以及有裂缝的岩层上；路堑与路堤交接处的边沟出口处。

②流速较大，可能引起冲刷地段。当纵坡大于4%，或易产生路基病害地段的边沟。

③水田地区，土路堤高度小于0.5m地段排水沟；兼作灌溉沟渠的边沟和排水沟以及集中水流进入的截水沟和排水沟。

表4-8　防止渗漏或冲刷的加固措施

序号	形式	名称	铺筑厚度(cm)	适用的沟底纵坡
1	简易式	沟底沟壁夯实	—	1%~3%(土质不好) 3%~5%
2		平铺草坪	单层平铺	
3		竖铺草皮	叠铺	
4		水泥砂浆抹平层	2~3	
5		石灰三合土抹平层	3~5	
6		黏土碎(卵)石加固层	10~15	
7		石灰三合土碎(卵)石加固层	10~15	

（续）

序号	形式	名称	铺筑厚度（cm）	适用的沟底纵坡
8	干砌式	干砌片石加固层	15~25	3%~5%
9		干砌片石水泥浆勾缝	15~25	
10		干砌片石水泥浆抹平	20~25	5%~7%
11	浆砌式	浆砌片石加固层	20~25	5%~7%
12		混凝土预制块加固层	—	>7%
13		砖砌水槽	6~10	
14	阶梯式	跌水	—	>7%

4.4 园林排水工程施工质量检测

4.4.1 园林地表排水工程施工质量检测

4.4.1.1 边沟的施工质量检测

凡挖方地段或路基边缘高度小于边沟深度的填方段，均应设置边沟。边沟深底和底宽一般不应小于0.4m。当流量较大时，断面尺寸应根据水力计算确定。

土质地段一般选用梯形边沟，其边坡内侧一般为1∶1~1∶1.5，外侧与挖方边坡相同；有碎落台时，外侧也可采用1∶1。如选用三角形边沟，其边坡内侧一般为1∶2~1∶4，外侧一般为1∶1~1∶2。石方地段的矩形边沟，其内侧边坡应按其强度采用1∶0.5至直立，外侧与挖方边坡相同。

所有边沟的断面尺寸、沟底纵坡均应符合设计要求。沟底纵坡一般与路线纵坡一致并不得小于0.2%，在特殊情况下允许减至0.1%，坡度准备平整、密实。路线纵坡不能满足边沟纵坡需要时，可采用加大边沟或增设涵洞或将填方路堤提高等措施。梯形边沟的长度，平原区一般不宜超过500m，重丘、山岭区一般不宜超过300m，三角形边沟长度不宜超过200m。

路堑与路堤交接处，应将路堑边沟水徐缓引向路基外侧的自然沟、排水沟或取土坑中，勿使路基附近积水。当边沟出口处易受冲刷时，应设泄水槽或在路堤坡脚的适当长度内进行加固处理。

平曲线处边沟沟底纵坡应与曲线前后沟底相衔接，并且不允许曲线内侧有积水或外溢现象发生。回填曲线外的边沟宜按其原来方向，沿山坡开挖排水沟，或用急流槽引下山坡，不宜在回填曲线处沿着路基转弯冲泄。

一般不允许将截水沟和取水坑中的水排至沟中。在必须排至边沟时，要加大或加固该段边沟。在路堑地段应做成路堤形式，并在路基与边沟间做成不小于2m宽的护道。

边沟的铺砌应按图纸或监理工程师的指导进行。在铺砌之前应对边沟进行修整，沟底和沟壁应坚实、平顺，断面尺寸应符合设计图纸要求。

采用浆砌片石铺砌时，浆砌片石的施工质量应满足相关的要求（详见桥梁砌体工程部分）；采用混凝土预制块铺砌时，混凝土预制块的强度、尺寸应符合设计，外观应美观，砌缝砂浆应饱满，勾缝应平顺，沟身不漏水。

4.4.1.2 截水沟的施工质量检测

无弃土堆时，截水沟边缘至堑顶距离一般不小于5m，但土质良好、堑坡不高或沟内进行加固时，也可不小于2m。湿陷性黄土路堑，截水沟至堑顶距离一般不小于1m，并应加固防渗。有弃土堆时，截水沟应设于弃土堆上方，弃土堆坡脚与截水沟边缘间应留不小于10m的距离。弃土堆顶部设2%倾向截水沟的横坡。截水沟挖出的土，可在路堑与截水沟之间填筑土台，台顶应有2%倾向截水沟的坡度，土台坡脚离路堑外缘不应小于1m。

截水沟横截面一般做成梯形，底宽和深度应不小于0.5m，流量较大时，应根据水力计算确定。截水沟的边坡，一般为1∶1~1∶1.5。沟底纵坡，一般不小于0.5%，最小不得小于0.2%。

山坡上的路堤，可用上坡取土坑或截水沟将水引离路基。路堤坡脚与取土坑和截水沟之间，应设宽度不小于2m的护道，护道表面应有2%的外向坡度。

截水沟长度超过500m时，应选择适当地点设出水口或将水导入排水沟中。

4.4.1.3 排水沟的施工质量检测

排水沟的横断面一般为梯形，其断面大小应根据水力计算确定。排水沟的底宽和深度一般不应小于0.5m；边坡可采用1∶1~1∶1.5；沟底纵坡一般不应小于0.5%，最小不应小于0.2%。

排水沟应尽量采用直线，如需转弯时，其半径不宜小于10m。排水沟的长度不宜超过500m。排水沟与其他沟道连接，应做到顺畅。当排水沟在结构物下游汇合时，可采用半径为10~12倍排水沟顶宽的圆弧或用45°角连接；当其在结构物上游汇合时，除满足上述条件外，连接处与结构物的距离，应不小于2倍河床宽度。

所有边沟、截水沟、排水沟，如果发现流速大于该土壤容许冲刷的流速，则应采取土沟表面加固措施或设法减小纵坡。

4.4.1.4 跌水与急流槽的施工质量检测

跌水和急流槽的边墙高度应高出设计水位，射流时至少0.3m，细(贴)流时至少0.2m。边墙的顶面宽度，浆砌片石为0.3~0.4m，混凝土为0.2~0.3m；底板厚为0.2~0.4m。

跌水和急流槽的进、出水口处，应设置护墙，其高度应高出设计水位至少0.2m。基础应埋至冻结深度以下，并不得小于1m。进、出水口5~10m内应酌情予以加固。出水口处也可视具体情况设置跌水井。

跌水阶梯高度，应视地形确定，多级跌水的每阶高度一般为0.3~0.6m，每阶高度与长度之比一般应大致等于地面坡度；跌水的台面坡度一般为2%~3%。

跌水与急流槽应按图纸要求修建，如图纸未设置跌水和急流槽而监理工程师指示设置，承包人应按指示提供施工图纸，经监理工程师批准后方可进行施工。

混凝土急流槽施工前，承包人应提供一份详细的施工方案，以取得监理工程师的批准。工程施工方案中，应说明不同结构部分的浇筑、回填、压实等作业顺序，证明各施工阶段结构的稳定性。

浆砌片石急流槽的砌筑，应使自然水流与涵洞进、出水口之间形成平滑的过渡段。

急流槽应分节修筑，每节长度以5~10m为宜，接头处应用防水材料填缝，要求密实，无漏水现象，并经监理工程师检查认为满意为止。陡坡急流槽应每隔2.5~5m设置基础土榫，凸榫高宜采用0.3~0.5m，以不等高度相间布置嵌入土中，以增强基底的整体强度，防止滑移变位。

路堤边坡急流槽的修筑，应能为水流流入排水沟提供顺畅通道。路缘开口及流水进入路堤边坡急流槽的过渡应按图纸和监理工程师指示修筑，以便排出路面雨水。

4.4.1.5 土沟工程质量检测

(1)基本要求

土沟边坡必须平整、稳定，严禁贴坡。沟底应平顺、整齐，不得有松散土和其他杂物，排水要通畅。

(2)外观鉴定

表面坚实整洁，沟底无阻水现象。

(3)实测项目及标准

详见表4-9所列。

表4-9 土沟实测项目及标准

项次	检查项目	规定值或允许偏差	检查方法和频率
1	沟底纵坡	符合设计	水准仪检查；每200m测4点
2	断面尺寸	不小于设计	尺量；每200m测2点
3	边坡坡底	不陡于设计	水准仪检查；每200m检查2处
4	边棱直顺度	±50mm	尺量；20m，每200m检查2处

4.4.1.6 浆砌排水沟工程质量检测

(1)基本要求

砌体砂浆配合比准确，砌缝内砂浆均匀、饱满，勾缝密实；浆砌片(块)石、混凝土预制块的质量和规格应符合设计要求。基础沉降缝应和墙身沉降缝对齐；砌体抹面应平整、压实、抹光、直顺，不得有裂缝、空鼓现象。

(2)外观鉴定

砌体内侧及沟底应平顺。沟底不得有杂物及阻水现象。

(3)实验项目及标准

详见表4-10所列。

表4-10 浆砌排水沟实测项目及标准

项次	检查项目	规定值或允许偏差	检查方法和频率
1	砂浆强度	在合格标准内	按砂浆质量规范检查
2	轴线偏位	50mm	经纬仪检查；每200m测5点
3	沟底高程	±50mm	水准仪检查；每200m测5点

（续）

项次	检查项目	规定值或允许偏差	检查方法和频率
4	墙面直顺度或坡度	±30mm 或不陡于设计	20m 拉绳、坡度尺检查；每 200m 查 2 点
5	断面尺寸	±30mm	尺量；每 200m 查 2 点
6	铺砌厚度	不小于设计	尺量；每 200m 查 2 点
7	基础垫层宽、厚	不小于设计	尺量；每 200m 查 2 点

4.4.2 园林地下排水工程施工质量检测

4.4.2.1 盲沟工程质量检测

(1)基本要求

盲沟的设置及材料规格、质量等，应符合设计要求和施工规范规定。反滤层应用筛选过的中砂、粗砂、砾石等渗水性材料分层填筑。排水层应采用石质较硬的较大颗粒填筑，以保证排水孔隙度。

(2)外观鉴定

反应层应层次分明：进、出水口应排水通畅；杂物要及时清理干净。

(3)实测项目及标准

详见表 4-11 所列。

表 4-11 盲沟实测项目及标准

项次	检查项目	规定值或允许偏差	检查方法和频率
1	沟底纵坡	±1%	水准仪检查；每 10~20m 测 1 点
2	断面尺寸	不小于尺寸	尺量；每 20m 查 1 处

4.4.2.2 管道基础及管节安装工程质量检测

(1)基本要求

管材必须逐节检查，不合格的不得使用。基础混凝土强度达到 5MPa 以上时，方可进行管节铺设。管节铺设应平顺、稳固，管底坡度不得出现反坡，管节接头处流水面高差不得大于 5mm。管内不得出现泥土、砖石、砂浆等杂物。当管径大于 1m 时，应在管内作整圈勾缝。管口内缝砂浆应平整、密实，不得有裂缝、空鼓现象。抹带前，管口必须洗刷干净，管口表面应平整、密实，无裂缝现象，抹带后应及时覆盖养生；设计中要求防渗透的排水管须做渗漏试验，渗漏量应符合要求。

(2)外观鉴定

管道基础混凝土表面应平整、密实，侧面蜂窝不得超过该表面积的 1%，深度不超过 10mm。管节铺设直顺，管口缝带圈平整、密实，无开裂、脱皮等现象。

(3)实测项目及标准

详见表 4-12 所列。

表 4-12　管道基础及管节安装实测项目及标准

项次	检查项目	规定值或允许偏差	检查方法和频率
1	混凝土抗压强度或砂浆强度	在合格标准内	按附混凝土和砂浆质量范围检查
2	管轴线偏位	20mm	经纬仪或拉线检查；每两井间测 3 处
3	管轴线高程	±10mm	水准尺检查；每两井间测 2 处
4	基础厚度	不小于设计值	尺量；每两井间测 3 处
5	管座宽度	不小于设计值	尺量；拉边线，每两井间测 2 处
6	抹带宽度厚度	不小于设计值	尺量；按 10%抽查

4.4.2.3　检查井工程质量检测

(1) 基本要求

井基混凝土强度达到 5MPa 时，方可砌筑井体。砌筑砂浆配合比准确，井壁砂浆饱满、灰缝平整。圆形检查井内壁应圆顺，抹面光实，踏步安装牢固。井框、井盖安装必须平稳，井口周围不得有积水。

(2) 外观鉴定

井内砂浆抹面无裂缝，井内平整圆滑，收口均匀。

(3) 实测项目及标准

详见表 4-13 所列。

表 4-13　检查井实测项目及标准

项次	检查项目	规定值或允许偏差		检查方法和频率
1	砂浆强度	在合格标准内		按砂浆质量规范检查
2	管轴线偏位	50mm		经纬仪检查；每个检查井检查
3	圆井直径或方井长宽	±20mm		尺量；每个检查井检查
4	井盖与相邻路面高差	高速、一级公路 其他公路	-2mm、-5mm -5mm、-10mm	水准仪、水平尺检查；每个检查井检查

注：井盖必须低于相邻路面，表中规定了其低于路面的最大、最小值。

4.4.2.4　倒虹吸管工程质量检测

(1) 基本要求

详见管道基础及管节安装部分。

(2) 外观鉴定

上下游沟槽与竖井连接顺畅，流水畅通。井身竖直，内表面平整。

(3) 实测项目及标准

详见表 4-14 所列。

表 4-14　倒虹吸管实测项目及标准

项次	检查项目		规定值或允许偏差	检查方法
1	混凝土强度		在合格标准内	按混凝土质量规范检查
2	管轴线偏位		30mm	用经纬仪检查纵横向各 2 处
3	涵底流水面高程		20mm	用水准仪检查洞口 2 处，拉线检查中间 2 处
4	相邻管节底面错口	管径≤1m	3mm	用水平尺检查接头处
		管径>1m	5mm	
5	竖井尺寸	长、宽	±20mm	尺量
		直径	±20mm	
6	竖井高程	顶部	±20mm	用水准仪检查
		底部	±15mm	

4.4.2.5　排水泵站工程质量检测

(1)基本要求

地基应具有足够的承载能力；井壁混凝土要密实；混凝土强度达到合格标准后才能进行下沉。下沉过程中，应随时注意正位，发现偏位及倾斜时及时纠正。封底应密实、不漏水。

(2)外观鉴定

泵站轮廓线条清晰，表面平整。

(3)实测项目及标准

详见表 4-15 所列。

表 4-15　排水泵站实测项目及标准

项次	检查项目	规定值或允许偏差	检查方法和频率
1	混凝土强度(mm)	在合格标准内	按混凝土质量规范检查
2	轴线平面偏位(mm)	1.0%井深	用经纬仪检查；纵横向各 2 点
3	垂直度(mm)	1.0%井深	用垂线检查；纵横向各 1 点
4	底面高程(mm)	±50	水准仪检查；4 点

实践教学

实训 4-1　排水工程施工

一、实训目的

掌握排水管网的施工方法。

二、材料及用具

1. 材料：排水管网施工图、排水管材等。
2. 用具：切割机、投线仪、水平尺、水桶、橡皮锤等。

三、方法及步骤

1. 熟悉施工图纸

识读排水管网布置平面图，了解排水管网布置要求，熟悉相关材料特征。

2. 管道布置

管道布置形式采用树枝式，水由支渠汇入干渠排出。管道纵坡坡度要求不小于0.5%。

3. 管道基础

先在基础底部垫一层100mm厚的沙砾层，然后在垫层上浇灌C15混凝土。混凝土浇筑中应防止离析；浇筑后应进行养护，强度低于1.2MPa时不得承受荷载。管道基础标高与中心线位置应符合设计要求。

4. 检查井砌筑

检查井的井坑与管道沟槽一同开挖，井基基础与管道平基同时浇筑。砌筑前应将砖用水浸透，用M10水泥砂浆砌筑，砌筑时应满填满挤、上下搭砌，水平缝厚度与竖向缝厚度宜为10mm。在砌筑检查井时，应同时安装预留支管，预留支管的管径、方向、高程应符合设计要求，管与井壁衔接处应严密，采用M10水泥砂浆二次嵌实。检查井内外壁均用1∶2防水水泥砂浆分层粉抹压实、压光。

5. 管道安装

从两个检查井一端开始，将管道慢慢放到基础上，当进入沟槽后马上进行校正找直。校正时，管道接口处应保留一定间隙。待管道下完，对其位置及标高进行检查，核实无误后，再进行接口处理。

6. 雨水口砌筑

雨水口底面为C10现浇混凝土10cm底板。待混凝土达到强度后，在底板面上先铺砂浆再砌砖，采用一顺一丁砌筑。雨水口砌筑应做到墙面平直，边角整齐，宽度一致。雨水口内外抹面可用1∶2水泥砂浆由底板抹至设计标高，厚度为20mm抹面时用水泥板搓平，待水泥砂浆初凝后及时磨光、养护。砌筑顶面用水冲洗干净，并铺1∶2水泥砂浆，同时按设计标高找平，便可安装雨箅子。雨箅子安装就位后，其四周用1∶2水泥砂浆嵌牢，保证低于路面5~20mm。

四、考核评价

序号	考核项目	考核要点	分值	评价等级				得分
				A	B	C	D	
1	施工准备	施工准备工作有序	10	优秀	良好	一般	较差	
2	管道布置	管道布置形式与位置符合要求	10	优秀	良好	一般	较差	
3	管道基础	管道基础结构材料与强度符合要求	10	优秀	良好	一般	较差	
4	检查井砌筑	检查井砌筑材料、方法正确，井壁平滑	20	优秀	良好	一般	较差	
5	管道安装	管道位置平顺，接口连接正确	20	优秀	良好	一般	较差	

（续）

序号	考核项目	考核要点	分值	评价等级				得分
				A	B	C	D	
6	雨水口砌筑	雨水口砌筑材料、方法正确，雨箅子安装牢固	10	优秀	良好	一般	较差	
7	排水效果	排水工程施工达到设计要求，整个排水区域，排水通畅	20	优秀	良好	一般	较差	
考核成绩(总分)								

五、作业

根据施工图完成排水管网的施工。

单元小结

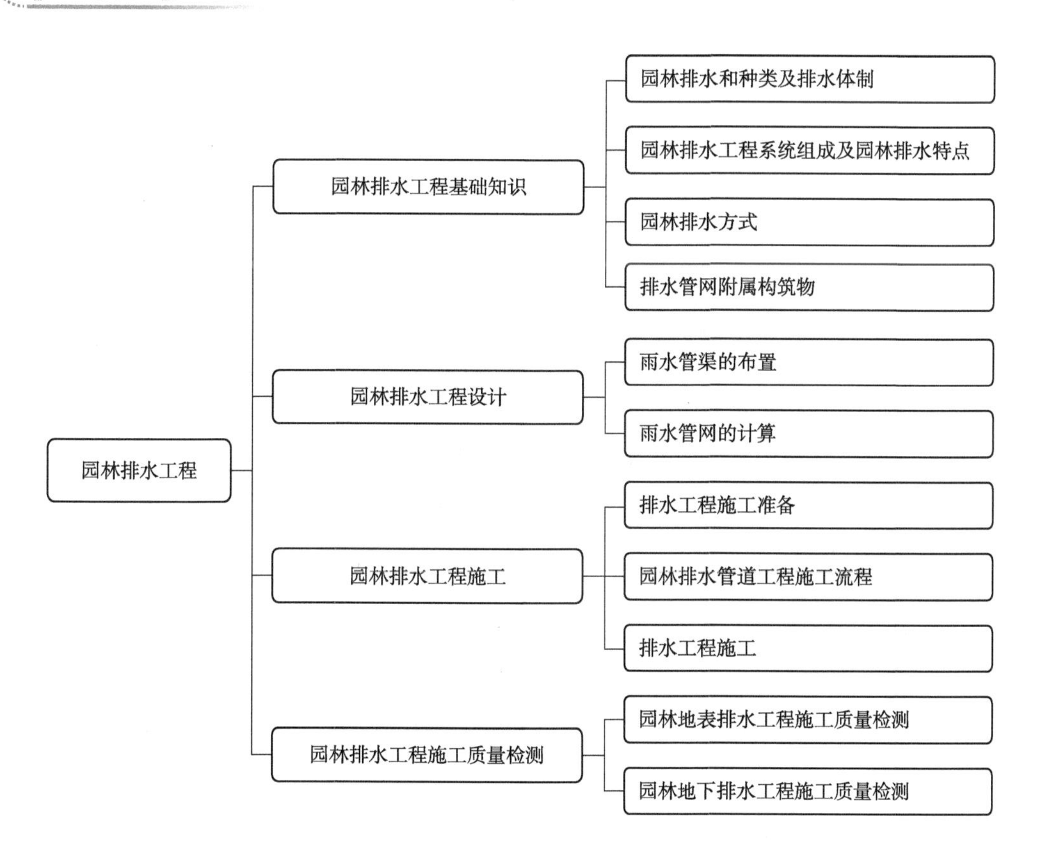

知识拓展

1. 管道直径*DN*、*De*、*D*、*d*的含义及区别

在给排水等相关管道图纸中，经常可以看到*DN*、*De*、*D*、*d*等管道规格的表示方法。

①*DN*(Nominal diameter)　指管道的公称直径，既不是外径也不是内径，是外径与内径的平均值。*DN*=*De*−0.5×管壁厚度。

②*De*(External diameter)　指管道外径，常表示PPR、PE管、聚丙烯管外径。一般采用*De*标注的，均需要标注成外径×壁厚的形式，如*De*25×3。

③*D*　一般指管道内径。无缝钢管等管道用*D*表示外径[见《建筑给水排水制图标准》(GB/T 50106—2010)]。

④*d*　混凝土管内直径。钢筋混凝土(或混凝土)管、陶土管、耐酸陶瓷管、缸瓦管等管材，管径宜以内径*d*表示(如*d*230、*d*380等)。

一般常用*DN*来标注管道规格，在不涉及壁厚的情况下较少使用*De*来标注管道。

2. 管径的表达方式

管径的表达方式依据《给水排水制图标准》(GB/T 50106—2001)第2.4节管径中有关规定：

①管径应以mm为单位。

②管径的表达方式应符合下列规定：

- 水、煤气输送钢管(镀锌或非镀锌)、铸铁管等管材，管径宜以公称直径*DN*表示，(如*DN*15、*DN*50)；
- 无缝钢管、焊接钢管(直缝或螺旋缝)、铜管、不锈钢管等管材，管径宜以外径×壁厚表示(如*D*108×4)；
- 钢筋混凝土(或混凝土)管、陶土管、耐酸陶瓷管、缸瓦管等管材，管径宜以内径*d*表示(如*d*230、*d*380等)；
- 塑料管材，管径宜按产品标准的方法表示；
- 当设计均用公称直径*DN*表示管径时，应有公称直径*DN*与相应产品规格对照表。

在设计图纸中常用公称直径*DN*表示管道规格，目的是根据公称直径确定管道、管件、阀门、法兰、垫片等结构尺寸与连接尺寸。如果在设计图纸中采用外径表示管道规格，应做出管道规格对照表，表明某种管道的公称直径、壁厚。

知识链接

识读某别墅庭院排水总平面图(图4-12)，了解场地排水总平面图的内容要点。

自主学习资源库

1. 园林工程设计．徐辉，潘福荣．机械工业出版社，2008.
2. 园林工程施工一本通．《园林工程施工一本通》编委会．地震出版社，2007.
3. 景观工程施工详图绘制与实例精选．周代红．中国建筑工业出版社，2009.
4. 环境景观与水土保持工程手册．甘立成．中国建筑工业出版社，2001.
5. 山水景观工程图解与施工．陈祺．化学工业出版社，2008.

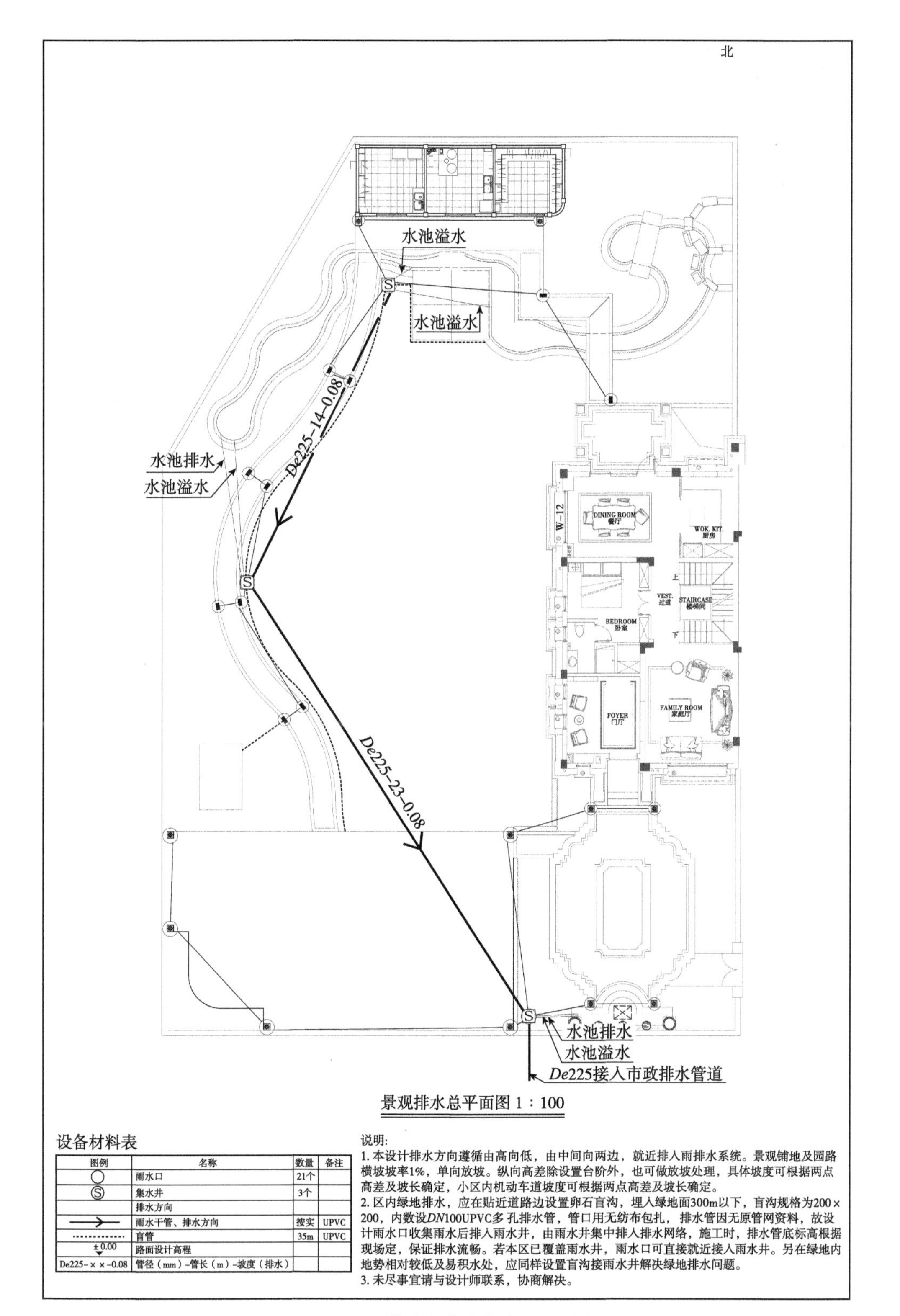

设备材料表

图例	名称	数量	备注
○	雨水口	21个	
Ⓢ	集水井	3个	
	排水方向		
——>——	雨水干管、排水方向	按实	UPVC
··············	盲管	35m	UPVC
±0.00 ▼	路面设计高程		
De225-××-0.08	管径（mm）-管长（m）-坡度（排水）		

说明:

1. 本设计排水方向遵循由高向低，由中间向两边，就近排入雨排水系统。景观铺地及园路横坡坡率1%，单向放坡。纵向高差除设置台阶外，也可做放坡处理，具体坡度可根据两点高差及坡长确定，小区内机动车道坡度可根据两点高差及坡长确定。
2. 区内绿地排水，应在贴近道路边设置卵石盲沟，埋入绿地面300m以下，盲沟规格为200×200，内数设*DN*100UPVC多孔排水管，管口用无纺布包扎，排水管因无原管网资料，故设计雨水口收集雨水后排入雨水井，由雨水井集中排入排水网络，施工时，排水管底标高根据现场定，保证排水流畅。若本区已覆盖雨水井，雨水口可直接就近接入雨水井。另在绿地内地势相对较低及易积水处，应同样设置盲沟接雨水井解决绿地排水问题。
3. 未尽事宜请与设计师联系，协商解决。

图 4-12 某别墅庭院排水总平面图

自测题

1. 园林排水的种类有哪些?
2. 园林排水的模式有哪些?
3. 园林排水工程系统组成有哪些?
4. 园林排水特点及方式有哪些? 请简要说明。
5. 常见的园林排水管网的附属构筑物有哪些?
6. 请简要说明园林排水施工基本流程。
7. 园林排水工程施工质量检测方法有哪些? 请简要说明。

单元5 园林砌筑工程

知识目标

(1)了解园林砌体的应用环境;
(2)掌握常用园林砌筑材料的种类及特点;
(3)掌握常用砌筑施工工艺方法;
(4)掌握砌筑施工工艺流程;
(5)掌握砌筑施工质量检验规范与标准。

技能目标

(1)能读懂砌筑工程施工图;
(2)能绘制简单砌体工程施工图;
(3)能按照要求进行园林砌体工程施工;
(4)会检测砌体施工质量。

素质目标

(1)通过常用园林砌筑材料的学习,培养学生思辨的学习态度;
(2)通过常用砌筑施工工艺方法和流程的学习,培养学生的工匠精神;
(3)通过砌筑施工质量检验规范和标准的学习,培养学生认真负责的工作态度。

5.1 园林砌筑工程基础知识

园林砌筑工程也叫园林砌体工程,是指在园林工程中通过对砌筑材料运用砌筑、拼装或其他施工方法建造的满足特定结构性、功能性及景观要求的建筑物、构筑物、园林小品等工程。对园林砌筑工程基础知识的学习主要从砌筑材料、砌筑施工工艺和砌筑结构3个方面展开。

5.1.1 园林砌筑材料

砌筑材料是指用来砌筑、拼装或用其他方法构成承重或非承重墙体或构筑物的材料,包括黏结材料。砌筑材料根据材料来源、使用功能、加工工艺、性能特点的不同,有着不同的分类方式，如根据材料的来源可分为天然材料与人造材料，根据使用部位及功能的不同，可分为砌筑用材料、装饰用材料、防水用材料等。砂浆是最常见的黏结材料。

5.1.1.1 常见砌筑材料

常见砌筑材料包括石材、砖材、砌块和砂浆。

(1)*石材*

石材主要指采自地壳经过加工或未经加工的岩石。石材是最古老的建筑材料之一，具有强度高、装饰性好、耐久性好、来源广泛等优点，在园林工程中既可用于结构砌筑，也常作为装饰材料，在人类园林史上一直占领一席之地。石材按照来源分为天然石材和人造石材，天然石材根据岩石形成地质条件的不同，可分为岩浆岩、沉积岩和变质岩。园林中常见的天然石材有花岗岩、大理石、砂岩、片麻岩、板岩、页岩等。

岩石经开采加工后称为石材。砌筑石材按其加工后的外形规则程度分为毛石与料石。

①毛石　毛石指采石场爆破后直接得到的形状不规则的石块，园林上一般多用于基础、挡土墙等的砌筑。毛石又有乱毛石和平毛石之分。

• 乱毛石：乱毛石性形状不规则，一般要求石块中部厚度不小于 150mm，长度为 300~400mm，质量为 20~30kg，其强度不宜小于 10MPa，软化系数不应小于 0.8。

• 平毛石：平毛石由乱毛石略经加工而成，形状较乱毛石整齐，其形状基本上有 6 个面，但表面粗糙，中部厚度不小于 200mm。

②料石　砌筑用料石按其加工面的平整程度可分为毛料石、粗料石和细料石，分别用于砌体的外部装饰、台阶、砌体、石拱等。

• 毛料石：外观大致方正，一般不加工或稍加调整。料石的宽度和厚度不宜小于 200mm，长度不宜大于厚度的 4 倍。叠砌面和接砌面的表面凹入深度不大于 25mm，抗压强度不低于 30MPa。

• 粗料石：规格尺寸同毛料石，叠砌面和接砌面的表面凹入深度不大于 20mm；外露面及相接周边的表面凹入深度不大于 20mm。

• 细料石：通过细加工，规格尺寸同毛料石，叠砌面和接砌面的表面凹入深度不大于 10mm，外露面及相接周边的表面凹入深度不大于 2mm。

(2)*砖材*

砖是一种砌筑用的人造小型块材，外形多为直角六面体，也有各种异形的。通常将尺寸规格为 240mm×115mm×53mm 的砖称为标准砖。根据国家标准《烧结普通砖》(GB/T 5101—2017)，砖的抗压强度用 MU 表示，强度等级分为 5 级，分别是 MU30、MU25、MU20、MU15、MU10，如 MU30 表示这种砖的抗压强度为 30MPa，即抗压强度平均值≥30N/mm^2。

砖的分类大致按照原料成分、烧制与否、孔洞率分成不同的类别。

①按照原料成分分类　是最常见的分类方式，其中最常用的就是用黏土烧制的实心黏土砖，应用广泛，历史久远。随着加工工艺的提升和材料种类更新，出现页岩砖、灰砂砖等，尤其是近年对于环境保护、废料利用等话题的热议，出现了以工业废渣、建筑渣土等制成的砖，此类砖如粉煤灰砖、炉渣砖、矿渣砖、煤矸石砖等新型砖。

②按照加工过程烧制与否分类　基本可分为烧制砖和免烧砖两大类。烧结普通砖主要

指以黏土、页岩、煤矸石、粉煤灰、建筑渣土、淤泥、污泥等为主要原料，经焙烧而制成的砖，常用于承重部位。

由于传统的烧制方式消耗大量的燃料并且对环境有一定的污染，近年出现了多种新型免烧砖。免烧砖的加工工艺主要包括蒸养砖、蒸压砖和碳化砖。这些免烧砖的原料取自工业和建筑废料，避免了烧制工序，减少了对能源的消耗，降低了环境污染，且这些免烧制的新型砖在强度、保温、隔声、抗渗等性能上比黏土砖更加优良。例如，蒸压灰砂砖，以砂、石灰为主要原料，经坯料制备，压制成型、蒸压养护而成的实心砖，简称灰砂砖。测试结果表明，蒸压灰砂砖，既具有良好的耐久性能，又具有较高的墙体强度。又如蒸压加气混凝土砌块的单位体积重量是黏土砖的1/3，保温性能是黏土砖的3~4倍，隔音性能是黏土砖的2倍，抗渗性能是黏土砖的1倍以上。

③按孔洞率分类　可以分为实心砖、多孔砖和空心砖。实心砖无孔洞或孔洞率小于25%；多孔砖为孔的尺寸小而数量多的砖；空心砖为孔的尺寸大而数量少的砖。

实心(简称砖)：其尺寸为240mm×115mm×53mm，实心黏土砖按生产方法分为手工砖和机制砖；按颜色分为红砖和青砖。一般青砖比红砖结实，耐碱、耐久性好。空心砖：是以黏土、页岩等为主要原料，经过原料处理、成型、烧结制成。多孔砖：是指以黏土、页岩、粉煤灰为主要原料，经成型、焙烧而成的多孔砖，孔型为圆孔或非圆孔。这些新型砖优点是质轻、强度高、保温、隔音降噪性能好，同时具有生产能耗低、节土利废、施工方便、耐久性好、收缩变形小、外观规整等特点，逐渐成为替代烧结黏土砖的理想材料。砖的孔洞在建造过程中可以加入钢筋来增加强度。

(3)砌块

砌块是另一种砌筑用人造块材，外形多为直角六面体，也有各种异型的。砌块系列中主规格的长度、宽度或高度有一项或一项以上分别大于360mm、240mm或115mm，但高度不大于长度或宽度的6倍，长度不超过高度的3倍。砌块根据规格大小通常分为小型砌块、中型砌块和大型砌块，园林砌筑工程中以小砌块的应用最为普遍。

砌块按其空心率的大小分为空心砌块和实心砌块两种。其中空心率小于25%或无孔洞的砌块称为实心砌块，空心率大于或等于25%的砌块称为空心砌块。

砌块通常又可按其所用原料及生产工艺命名，如水泥混凝土砌块、加气混凝土砌块、粉煤灰砌块、石灰砌块、烧结砌块等。

砌块尺寸比砖大，施工方便，能有效提高劳动生产率，可用于园林砌筑工程中的非承重砌体构件。这里简单介绍几种比较有代表性的砌块。

①蒸压加气混凝土砌块　是以钙质材料和硅质材料以及加气剂、少量调节剂，经配料、搅拌、浇筑成型、切割个蒸压养护而成的多孔轻质块体材料。蒸压加气混凝土砌块的特点是多孔轻质、有一定的耐热和良好的耐火性能、有一定的吸声能力、干燥收缩大、吸水导湿缓慢等。蒸压加气混凝土砌块用于室外砌体构件时，应进行饰面处理或憎水处理，因为风化和冻融会影响加气混凝土砌块的寿命，长期暴露在大气中日晒雨淋，干湿交替，加气混凝土会风化而产生开裂破坏，局部受潮时，冬季有时会生产局部冻融破坏。

②普通混凝土小型空心砌块　是由水泥和粗、细集料加水搅拌，装模，振动或冲压成型，并经养护而成。普通混凝土小型空心砌块按抗压强度分为MU3.5、MU5.0、MU7.5、

MU10.0、MU15.0 和 MU20.0 共 6 个等级。

普通混凝土小型砌块因失水而产生的收缩会导致墙体开裂，为控制裂缝，其相对含水率应符合有关标准的规定。

(4)*砂浆*

砂浆是由骨料(砂)、胶结料(水泥)、掺合料(石灰膏)和外加剂(如微沫剂、防水剂、抗冻剂)加水拌合而成。掺和料及外加剂是根据需要而定的。砂浆是园林中各种砌体材料中块体的胶结材料，使砌块通过它的黏结形成一个整体。砂浆可以填充块体之间的缝隙，把上部传下来的荷载均匀地传到下面去；还可以阻止块体的滑动。

砂浆按用途不同分为砌筑砂浆、抹面砂浆、防水砂浆、装饰砂浆等，也可按胶结材料不同而分为：水泥砂浆——由水泥+砂+水构成；石灰砂浆——由石灰+砂+水构成；混合砂浆——由水泥+石灰+砂+水构成；防水砂浆——在 1∶3(体积比)水泥砂浆中，掺入水泥重量 3%～5%的防水粉或防水剂搅拌而成的，主要用于防潮层，水池内外抹灰等；勾缝砂浆——水泥和细砂以 1∶1(体积比)拌制而成，主要用在清水墙面的勾缝。

①组成砂浆的材料

水泥：水泥是一种粉末状的水硬性胶凝材料。水泥主要是用石灰石、黏土及含铝、铁、硅的工业废料等辅料，经高温烧制、磨细而成的。水泥具有吸潮硬化的特点，因而在储藏、运输时应注意防潮。

水泥的品种非常多，根据《水泥的命名原则和术语》(GB 4131—2014)规定，水泥按其用途及性能分为通用水泥和一般水泥；按其水硬性矿物名称主要分为硅酸盐水泥、铝酸盐水泥、硫铝酸盐水泥、铁铝酸盐类水泥和氟铝酸盐水泥等。

砂：砂是砂浆中的骨料。天然砂是自然生成的，经人工开采和筛分的粒径小于 4.75mm 的岩石颗粒，包括河砂、湖砂、山砂、淡化海砂等。机制砂俗称人工砂，是经除土处理，由机械破碎、筛分制成的，粒径小于 4.75mm 的岩石、矿山尾矿或工业废渣颗粒。砂的粗细程度用细度模数表示，细度模数越大，表示砂越粗。一般来说砂按细度模数分为粗、中、细 3 种规格。对于砌筑砂浆用砂，优先选用中砂，既可满足和易性要求，又可节约水泥。毛石砌体宜选用粗砂。

石灰膏：为了保证砂浆质量，需将生石灰熟化成石灰膏后方可使用。生石灰熟化成石灰膏时，应用孔径不大于 3mm×3mm 的网过滤。砌筑砂浆严禁使用脱水硬化的石灰膏，因为脱水硬化的石灰膏不但起不到塑化作用，还会影响砂浆强度。

微沫剂：主要成分为改性松香酸皂，棕色膏状物，易溶于水，适用于砌筑砂浆及抹面砂浆，也适用于引气型混凝土，可与减水剂等外加剂复合使用。微沫剂在拌合砂浆时掺入，能提高砂浆的和易性及保水性，对凝结时间无影响，可提高硬化砂浆的强度及耐久性。

防水剂：它是与水泥结合形成不溶性材料和填充堵塞砂浆中的孔隙和毛细通路。它分为：硅酸钠类防水剂、金属皂类防水剂、氯化物金属盐类防水剂、硅粉等。应用时要根据品种、性能和防水对象而定。

水：砂浆必须用水拌合，因此所用的水必须是洁净未污染的。若使用河水必须先经化验才可使用。一般以自来水等饮用水来拌制砂浆。

②砂浆的技术性质　砂浆应具备一定的抗压强度、黏结强度、保水性和工作度(或叫

流动性、稠度)。砂浆的性质包括新拌砂浆的性质和硬化后砂浆的性质。对于新拌砂浆，砂浆拌合物应具有良好的和易性。砂浆和易性是指砂浆拌合物是否便于施工操作，并能保证质量均匀的综合性质，包括流动性和保水性两个方面。对于硬化后的砂浆，则要求具有所要求的抗压强度、黏结强度及较小的变形。

砂浆按其强度等级分为：M2.5、M5、M7.5、M10、M15、M20、M25、M30。砂浆强度是以一组70.7mm立方体试块，在标准养护条件下(温度为20±3℃，湿度为相对湿度90%以上环境中)养护28d测其抗压极限强度值的平均值来划分其等级的。

5.1.1.2 砌体装饰材料

在园林砌体工程中，为了达到预期的景观效果，通常要对砌体结构进行装饰处理。砌体装饰设计的材料根据材料的特性一般分为贴面材料、抹灰材料和喷涂材料。

当然，有些砌体工程通过合理选择和运用砖、石等砌筑材料的颜色和质感，以及砌块之间的组合变化，直接将砌筑材料砖、石等暴露出来，也能达到不同的表面装饰效果，从而不需要在进行专门的饰面处理，如园林中常见的石砌挡土墙、清水砖墙、砌筑驳岸、桥梁台座、边坡护坡、假山等。需要注意的是，对于以砌筑完成面作装饰的砌体工程，通常对勾缝的要求较高，以此达到一定的景观要求。

砖的勾缝包括齐平、风蚀、钥匙、突出、提桶把手、凹陷等类型(图5-1)。

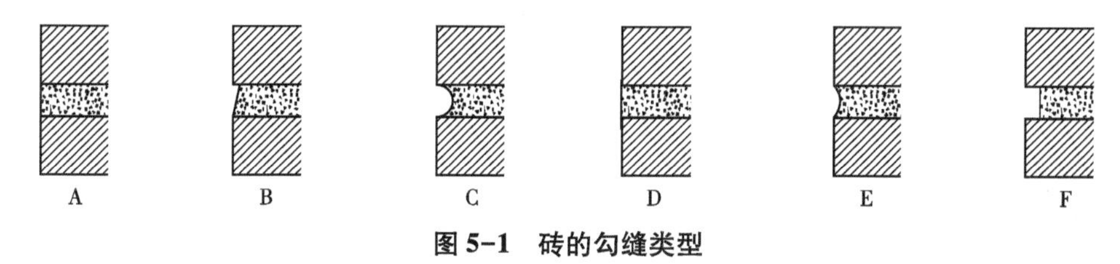

图5-1 砖的勾缝类型

齐平：齐平是一种简单的装饰缝，通常用泥刀将多余的砂浆刮去，并用木条或麻布打光(图5-1A)。

风蚀：风蚀的坡形剖面有助于排水，其上方2~3mm的凹陷在每一砖行产生阴影线(图5-1B)。

钥匙：钥匙是用窄小的弧线工具压印的更深的装饰缝。其阴影线更加美观，但对露天的场所不适用(图5-1C)。

突出：突出是将砂浆抹在砖的表面，它起到很好的保护作用，并随着日晒雨淋形成迷人的乡村式外观。可选择与砖块颜色相匹配的砂浆或用麻布进行打光(图5-1D)。

提桶把手：提桶把手的剖面图是曲线形，利用圆形工具勾缝，适度地强调了每块砖的形状，而且能防日晒雨淋(图5-1E)。

凹陷：凹陷是利用特制的工具将砖块间的砂浆方方正正地按进去，强烈的阴影线夸张地突出了砖线。本方法只适用于非露天的场地(图5-1F)。

石块的勾缝装包括蜗牛痕迹、圆形凹陷、双斜边、刷、方形凹陷、草皮勾缝等类型(图5-2)。

蜗牛痕迹：蜗牛痕迹使线条纵横交错，让人感觉每块石头都与相邻石头契合。当砂浆还未干时，利用工具或小泥刀沿勾缝方向划平行线，使砂浆的表面更光滑、完整(图5-2A)。

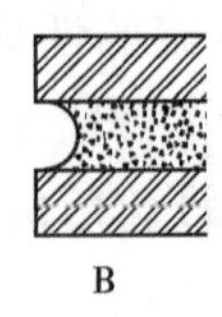

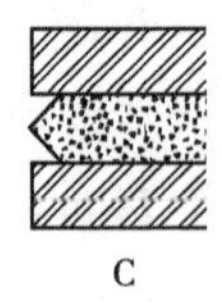

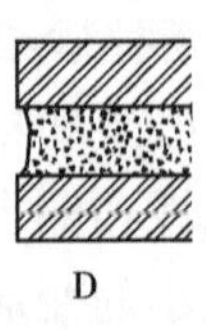

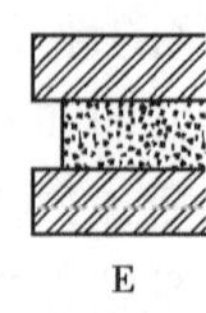

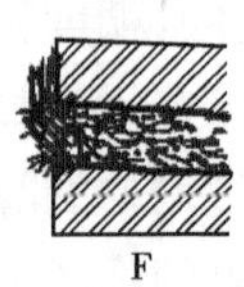

图 5-2 石块的勾缝类型

圆形凹陷：利用湿的卵石(或弯曲的管子)在湿砂浆上按入一定深度。使得每块石头之间形成强烈的阴影线(图 5-2B)。

双斜边：利用带尖的泥刀加工砂浆，产生一种类似鸟嘴的效果。本方法需要专业人员完成，以达到美观的效果(图 5-2C)。

刷：在砂浆完全凝固之前，用坚硬的铁刷将多余的砂浆刷掉(图 5-2D)。

方形凹陷：如果是正方形或长方形的石块，最好使用方形凹陷，需要使用专门的工具(图 5-2E)。

草皮勾缝：利用泥土或草皮取代砂浆，只有在石园或植有绿篱的清水石墙上才适用。要使勾缝中的泥土与墙的泥土相连以保证植物根系的水分供应(图 5-2F)。

(1)贴面材料

贴面是把块料面层镶贴到基层上的装饰方法，常用饰面砖、饰面板、青石板、水磨石饰面板。

①饰面砖　适合于花坛饰面的砖有外墙面砖(墙面砖)、陶瓷锦砖(马赛克)、玻璃锦砖(玻璃马赛克)。

②饰面板　用于花坛饰面的板有：

花岗石饰面板：因加工方法及加工程序的差异，分为下列 4 种：剁斧板——表面粗糙，具有规则的条状斧纹；机刨板——表面平整，具有相互平行的刨纹；粗磨板——表面光滑、无光；磨光板——表面光亮、色泽鲜明、晶体裸露。

③青石板　系水成岩，材质软，较易风化。其材性纹理构造易于劈裂成面积不大的薄片。使用规格一般为长宽 300~500mm 不等的矩形块，边缘不要求很直。青石板有暗红、灰、绿、蓝、紫等不同颜色，加上其劈裂后的自然形状，可掺杂使用，形成色彩富有变化而又具有一定自然风格的装饰效果。

④水磨石饰面板　是用大理石石粒、颜料、水泥、中砂等材料经过选配制坯、养护、磨光打亮制成，色泽品种较多、表面光滑，美观耐用。

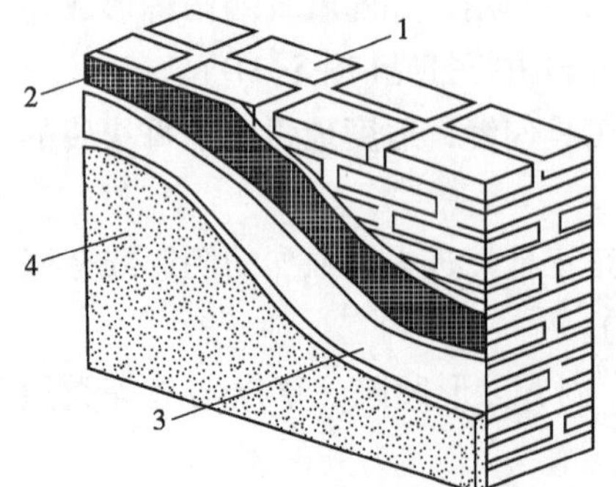

图 5-3 砖墙面抹灰分层示意

1. 基体　2. 底层　3. 中层　4. 面层

(2)抹灰材料

用灰浆涂抹在砌体表面，可以起到找平、防潮、保护砌体和装饰的作用，是砌体表面装饰的常见形式(图 5-3)，成本低但装饰效果较差。装饰抹灰的底层做法基本相同，大多用水泥砂浆打底，中层和面层的做法根据装饰效果的不同而有差异。一般的面层材料有石灰浆、大白浆等，比较高级的用水刷石、水磨石、斩假石、干黏石以及彩色聚合物水泥浆、聚合物砂浆等，这些材料装饰效果较好。装饰抹灰所用材料主要是起色彩作用的石碴、砂浆、颜料及白水泥。

(3)喷涂材料

喷涂主要指油漆和涂料，它是将胶体的溶液涂敷在物体表面，使之与基层黏接，并形成一层完整而坚韧的保护薄膜，借此达到装饰、美化和保护基层免受外界侵蚀的目的。

常用的油漆种类有清油、厚漆、调和漆、清漆等。砌体工程采用油漆装饰的，涉及的材料有底子油、腻子、油漆等，一般底层为干性油，面层一遍厚漆、一遍调和漆或增加一遍无光漆。

涂料的种类很多，分类也各不相同，按成膜物质分为有机系涂料(如丙烯酸树脂)、无机系涂料(如硅酸盐涂料)、有机无机复合涂料(如丙烯酸硅溶胶复合乳液涂料)；按其分散介质分类有溶剂型涂料、水溶性涂料、水乳型涂料等；按涂层质感分类有薄质涂料、厚质涂料和复层建筑涂料。砌体装饰中常用的涂料有着色丙烯酸涂料、彩砂涂料和乳胶漆等。着色丙烯酸涂料由丙烯酸系乳液、人工着色石英砂及各种助剂混合而成，其特点是结膜快、耐污染、耐褪色性能良好，而且色彩鲜艳、质感丰富、黏结力强。彩砂涂料有优异的耐候性、耐水性、耐碱性和保色性等，是一种中、高档的涂料。乳胶漆是以合成树脂乳液为主要成膜物质，加入颜料、填料以及保护胶体、增塑剂、耐湿剂、防冻剂、消泡剂、防霉剂等辅助材料，经过研磨或分散处理而制成，作为砌体涂料可以洗刷，具有安全无毒、透气性好、操作方便、耐碱性好等特点。

5.1.2 砌筑施工工艺

5.1.2.1 砌砖工艺

砖砌体可广泛用于园林工程中的景墙、树池、座椅、小品、基础工程，不同的砌筑类型有不同的要求，但总体上施工工艺差别不大。这里以砖墙为例，介绍园林砖砌体工程的砌筑工艺。

砌砖施工通常包括抄平、放线、摆砖样、立皮数杆、挂准线、铺灰、砌砖等工序。如果是清水墙，还要进行勾缝处理。砌筑应按下面的施工顺序进行：当基地标高不同时，从低处砌起，并由高处向低处搭接；平面相交的墙体应同时砌筑，不能同时砌筑时，应留槎并做好接槎处理。砖墙砌筑中各工序的要点如下：

①抄平放线　主要是为了校核砌体的轴线和标高，确保砌体的位置准确。

②摆砖样　按选定的组砌方法，在基础顶面放线位置试摆砖样(生摆，即不铺灰)，摆砖样中尽量符合砖的模数，偏差小时可通过竖缝调整，以减少斩砖次数，并保证砖及砖缝排列整齐、均匀，以提高砌砖效率。摆砖样在清水墙砌筑中尤为重要。

③立皮数杆　砌体施工应设置皮数杆。皮数杆可以控制每皮砖砌筑的竖向尺寸，并使铺灰的厚度均匀，保证砖皮水平。

④铺灰砌砖　铺灰砌砖的操作方法很多，有“三一”砌砖法、挤浆法、刮浆法和满口灰法等。其中，“三一”砌砖法和挤浆法最为常用。

“三一”砌砖法：即是一块砖，一铲灰，一揉压并随手将挤出的砂浆刮去的砌筑方法。这种砌法的优点是：灰缝容易饱满，黏结性好，墙面整洁。故实心砖砌体宜采用“三一”砌砖法。

挤浆法：即用灰勺、大铲或铺灰器在墙顶上铺一段砂浆，然后双手拿砖或单手拿砖，用砖挤入砂浆中一定厚度之后把砖放平，达到下齐边、上齐线、横平竖直的要求。这种砌法的优点是：可以连续挤砌几块砖，减少烦琐的动作；平推平挤可使灰缝饱满；效率高；保证砌筑质量。砖砌体的施工过程有抄平、放线、摆砖、立皮数杆、挂线、砌砖、勾缝等工序。

5.1.2.2 砖砌体的组砌原则

标准砖的规格为240mm×115mm×53mm，包括10mm厚灰缝，其长宽厚之比为4∶2∶1。标准砖砌筑墙体时以砖宽度的倍数（115mm+10mm=125mm）为模数，与我国现行《建筑模数协调标准》（GB/T 50002—2013）中的基本模数 $M=100$mm 不协调，这是由于砖尺寸的确定时间要早于模数协调的确定时间。

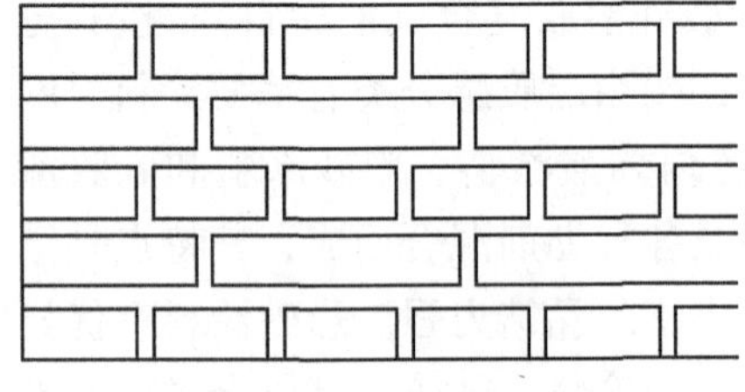

图 5-4 砖砌体错缝

为提高砌体的整体性、稳定性和承载力，砖块排列应遵循上下错缝的原则（图5-4），避免垂直通缝出现，错缝或搭砌长度一般不小于60mm。

组砌原则：上下错缝、内外搭接；控制灰缝厚度；墙体之间连接可靠（图5-5）。

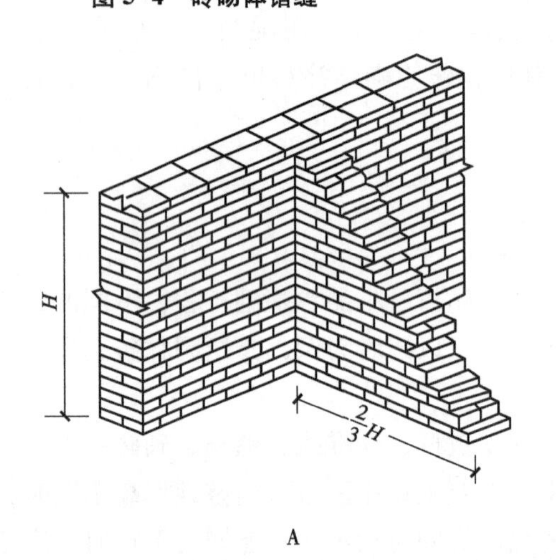

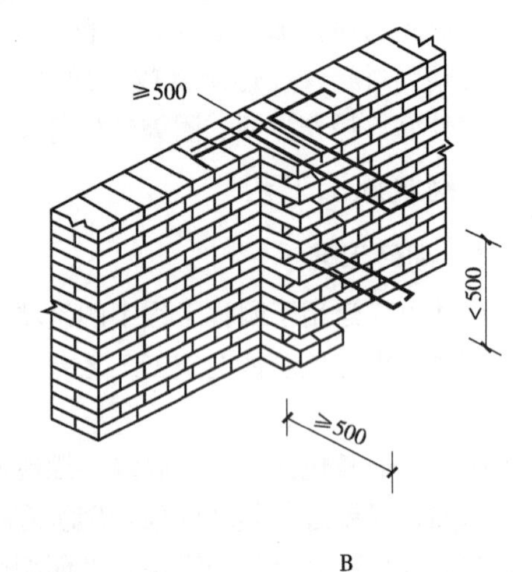

图 5-5 砖砌体的连接

A. 斜槎 B. 直槎

在砌体中，砖的各部位有其专门的名称，如图5-6所示。

5.1.2.3 砖砌体的组砌方式

砖的组砌方式指砖块在砌体中的排列方式。为了保证墙体的强度和稳定性，在砌筑时应遵循错缝搭接的原则，即在墙体上下皮砖的垂直砌缝有规律地错开。砖在墙体中的砌筑方式有顺式（砖的长方向平行于墙面砌筑）和丁式（砖的长方向垂直于墙面砌筑），以及两者的组合方式。

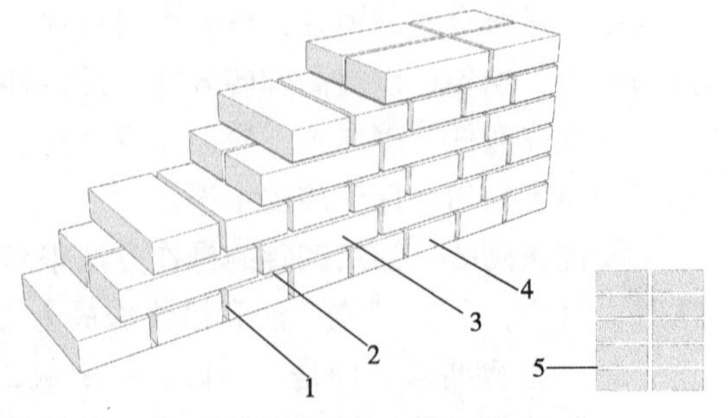

图 5-6 砌体中各部位的名称

1. 顶面 2. 顺面 3. 横缝 4. 竖缝 5. 通缝

砖墙常见的组砌方式有：一顺一丁式、多顺一丁式、十字式（梅花定式）、全顺式、180 墙砌法、240 墙砌法、370 墙砌法（图 5-7、图 5-8）。砖墙的厚度习惯上以砖长为基数进行称呼，如半砖墙、一砖墙、一砖半墙等。其厚度一般取决于对墙体强度、稳定性及功能的要求，同时还应符合砖的规格（表 5-1）。

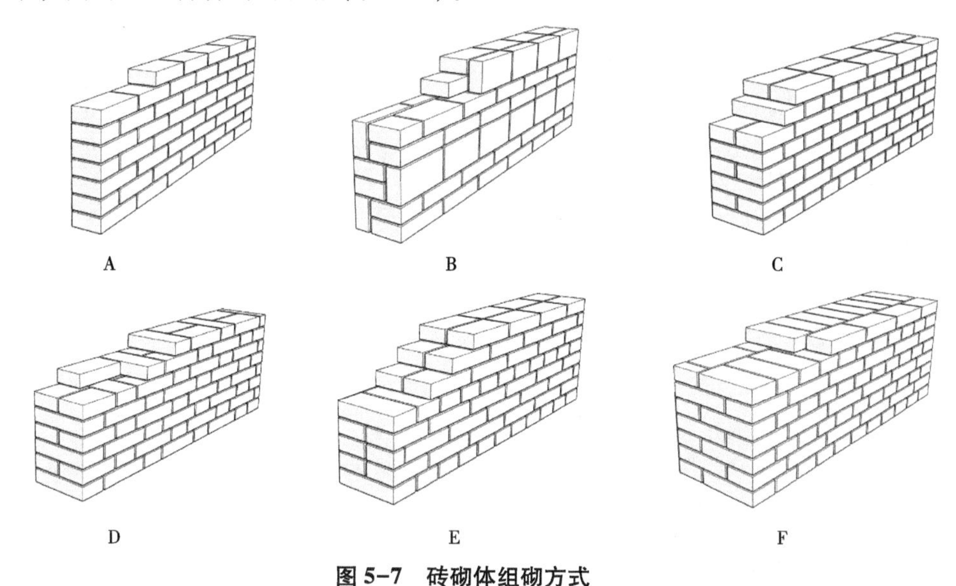

图 5-7　砖砌体组砌方式

A. 120 砖墙　B. 180 砖墙　C. 240 砖墙（一丁一顺式）　D. 240 砖墙（十字式）
E. 240 砖墙（多顺一丁式）　F. 370 砖墙

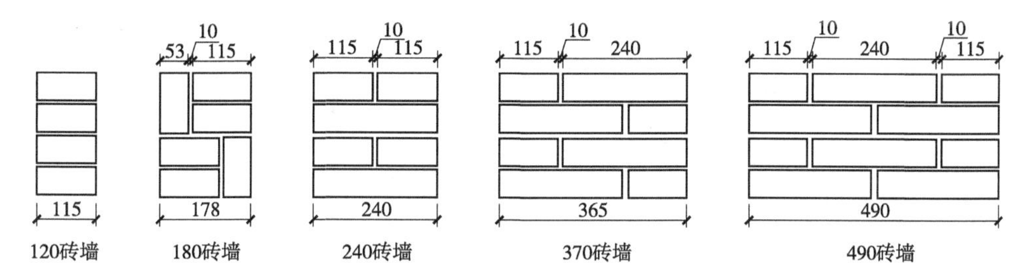

图 5-8　砖墙宽度尺寸

表 5-1　砖墙名称及规格

名称	名称	厚度（mm）
半砖墙	120 砖墙	115
3/4 砖墙	180 砖墙	178
一砖墙	240 砖墙	240
一砖半墙	370 砖墙	365
两砖墙	490 砖墙	490

5.1.3　砌体结构

一般来说，砌体由基础、墙体两部分构成。出于保护墙体或者美观的作用，往往在墙体顶部会采用压顶的方式。

5.1.3.1 基础

根据不同的使用目的，基础采用不同的材料和砌筑方式，下面是几种常用的砖基础做法(图 5-9)。

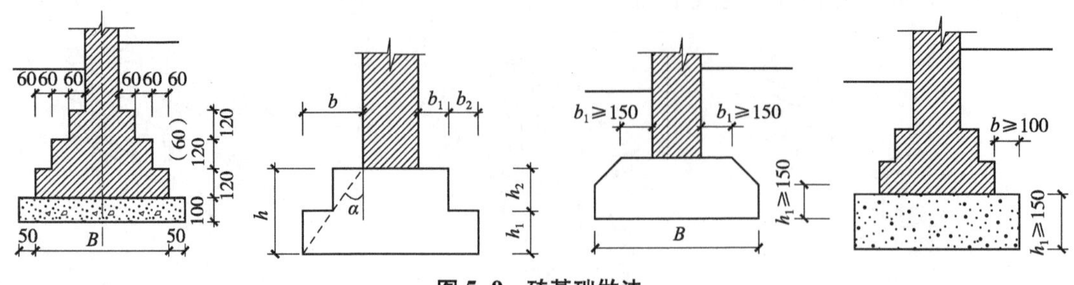

图 5-9　砖基础做法

5.1.3.2 大放脚

为使墙体有足够的稳定性，并均匀传递荷载至地基下面，其基础的承力面通常做成扩大面，形成阶梯状，通常称为大放脚。

大放脚有等高式和间隔式两种。等高式大放脚是两皮一收，两边各收进 1/4 砖长；间隔式大放脚是两皮一收和一皮一收相间隔，两边各收进 1/4 砖长(图 5-10)。

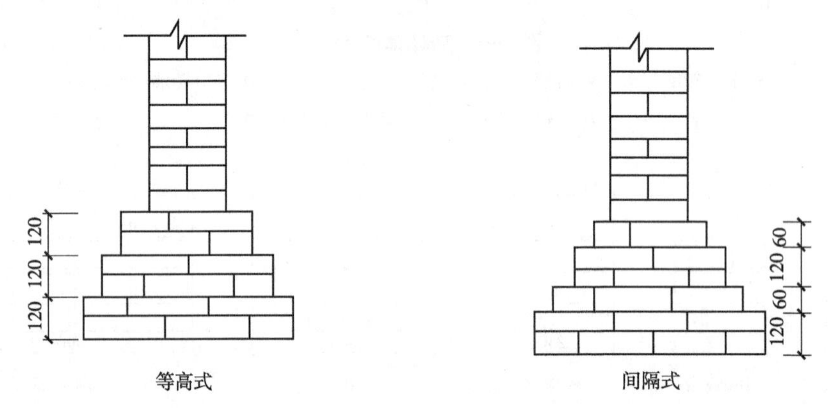

图 5-10　砖基础大放脚形式

5.2 园林常见砌体工程类型

园林中砌体工程通常涵盖园林建筑的墙体、基础、园林景观小品等内容，在本节中园林砌体的内容主要包括园林绿化种植池、园林砌筑景墙、园林挡土墙。

5.2.1 园林绿化种植池

种植池是用来种植植物的人工构筑物，为园林植物生长提供必要的生长条件。种植池是园林中常见的园林小品之一，在为园林植物提供必要的生长环境外，兼具景观美化和部分使用功能。

随着人们对自身所处环境质量的要求越来越高，环境设计不但要实用，也要美观，不仅要有清新的空气、苍翠的树木，还要有完善的公共设施、精致的景观小品。种植池不但能作为单独的景观小品，也能与园凳、雕塑、水体、铺装等结合形成特色景观。设计巧妙的种植池起着塑造园林景观特色、彰显环境氛围的重要作用，营造出优美怡人的公共空间。

5.2.1.1　种植池类型

根据种植池的平面形状、应用形式与使用环境等，园林种植池有不同的分类方式。

按照平面形状分为方形种植池、圆形种植池(图5-11)、弧形种植池、椭圆形种植池、带状种植池、异形种植池等(图5-12)。

按使用环境与功能分为行道树种植池、坐凳种植池、临水种植池、水中种植池、跌水种植池、台阶种植池等(图5-13)。

图5-11　圆形种植池

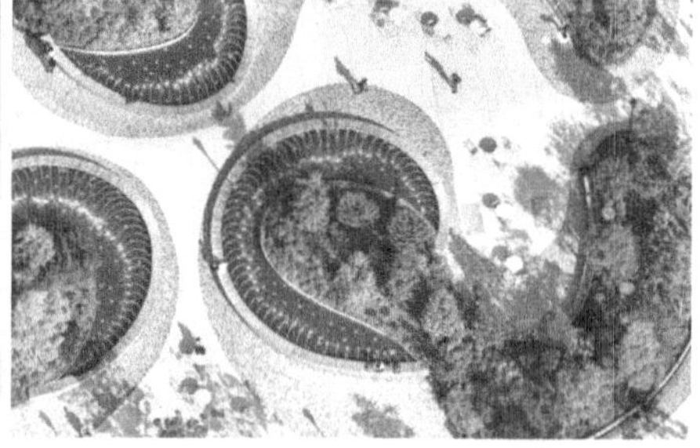

图5-12　异形种植池

图5-13　各类功能种植池

按种园林植物类型分为花坛种植池、树木种植池。其中树池的规格尺寸由树高、胸径、地径大小、根系水平展开大小等因素共同决定。一般情况下，正方形树池以 1.5m×1.5m 较适宜，最小不小于 1m×1m；长方形树池以 1.2m×2m 为宜；圆形树池直径不宜小于 1.5m。

5.2.1.2 种植池结构

种植池砌筑结构一般包括基础、墙体、压顶三部分，根据不同的应用形式，其结构上也有所区别(图 5-14、图 5-15)。

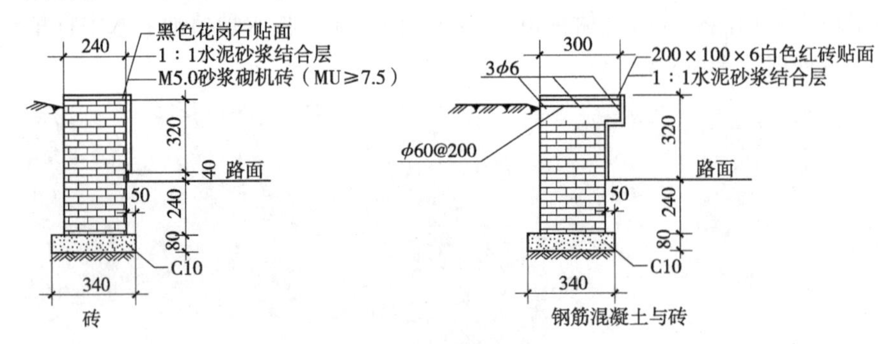

图 5-14 种植池砌体结构(一)

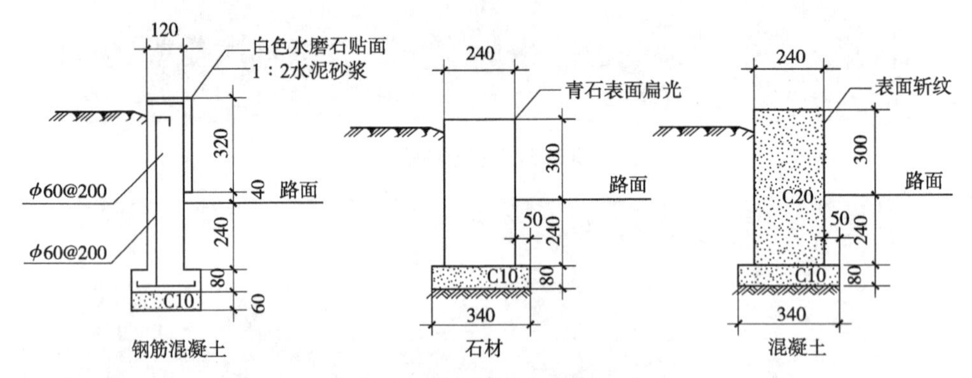

图 5-15 种植池砌体结构(二)

5.2.2 园林砌筑景墙

5.2.2.1 景墙功能

景墙是由传统居住建筑中的墙衍化而来的，与人类的生活和发展息息相关，有其独特的景观价值。园林中的景墙不仅可以组织环境空间，起着导向和组织空间画面的作用，还可以营造优美的环境以及渲染特定的场所氛围，表达文化意境，使观赏者产生共鸣(图 5-16)。

(1)景观载体

景墙作为环境艺术小品，具有丰富的审美价值，主要是通过色彩、质感和肌理、造型等手段进行视觉表达。不同于普通墙体本身的单调与呆板，景墙可作为观赏点，具有观赏价值，与其他园林要素结合，是塑造景观环境的重要组成部分。

(2)划分空间

景墙在园林空间中，能够把外界的景色组织起来，形成景观纽带，引导人们由一个空间进入另一个空间，起着导向和组织空间画面的作用，能在各个不同角度都构成完美的景

图5-16 景墙

色，达到步移景异的效果。同时还起到把单体要素有机结合在一起的功能。

(3)表达文化

景墙作为一个客观存在体，其用途远远超出了它的物质功能。很多场所，不但是创造景观的要素，更要求成为贯穿历史、体现时代和地域文化、具有较高审美价值的精神产品，包括文化价值和道德价值的体现，科技与艺术的结合。景观是社会文化的物化表现，而景墙在一定环境中承载着表现社会文化特征的使命，所以，景墙还具有社会的文化属性。

(4)其他附属功能

其他附属功能包括防护功能、安全功能，以及与其他景观要素结合所产生的一些功能。

5.2.2.2 景墙类型

随着时代的发展以及人们对城市园林化的追求，景墙的设计观念有了很大的变化，现代景墙不仅是景观载体，而且是一种环境中的艺术品，赋予了更多的实用性、观赏性、艺术性、知识性和标志性，并不断向多样性、综合性方向发展演变(图5-17)。常见的景墙类型有以下几种：

图5-17 景墙示例

(1) 景观墙

景观墙具有审美价值，而且能够通过充分占有人的视觉感官而将信息的传达度和关注度提升至一定高度。景墙是思想、艺术、色彩、光影、肌理等城市景观要素的承载界面。

(2) 花墙

具有窗洞、花窗、花格或通花格栅、园林门洞的园墙通称为花墙。花窗上的窗洞与门洞相似，只是不能让人通行，具有框景、对景和漏景功能，使分隔的空间取得联系和渗透。形式灵活多变，能创造丰富优美的景观画面。

(3) 围墙

围墙是建筑的外延，是公共空间与私有空间的中介与过渡，是美化环境的重要手段，是城市公共环境的组成部分，也是所属建筑的一组建筑符号。围墙的设置是符合人类心理需求的，满足私人空间—半公共空间—公共空间—城市空间之间的需要过渡。

(4) 标识墙

景墙具有标识功能，可以成为一个单位或场所的标志和象征。

(5) 文化墙

景墙是一种界面，具有阻挡视线的功能，往往能够成为立面的文化宣传册，展现文化和风采。如把诗词歌赋通过景墙来传播，成为文化墙。

5.2.3 园林挡土墙

挡土墙广泛应用于土木建筑工程中，它是一种防止土体坍塌、截断土坡延伸、承受侧向压力的构筑物。挡土墙广泛应用于水利、水电、公路、铁路、桥梁、房屋、矿山、码头、船坞等工程建设中，如水利水电工程的水闸、船闸、鱼道等的边坡；水电站、泄水道、引水渠等的岸墙；河道堤防和填方渠道的防护墙和防冲墙；公路和铁路工程中的涵洞侧墙、路堤护墙、路基开挖边坡护墙；桥梁的桥墩；矿山工程中的储料场隔墙；房屋建筑工程中的地下室侧墙和地基开挖边坡护墙；码头、船坞工程中的岸墙等。

在园林中，为了满足景观的需要，常常需要对原有地形、地貌进行工程结构和艺术造型改造的设计，此外园林中常涉及挖湖堆山、修桥筑路和平整场地等内容。当地形改造中相邻的两地块出现较大高差时，地块之间就需要挡土墙来抵抗土壤的推力，防止土体坍塌和水土流失，以保证高地和低地之间的正常交接，保持各自地块形状的相对完整和结构安全。有时，为了在园林局部中达到某种景观营建的构思与目的，也需要设置一些挡土墙。因此，挡土墙是园林中的重要内容之一(图 5-18)。随着现代园林的发展，挡土墙出现了很多创新的设计手法，材料日新月异，而且作为景观元素受到越来越高的重视。

5.2.3.1 园林挡土墙的含义和功能

(1) 挡土墙的含义

根据《风景园林基本术语标准》(CJJ/T 91—2017)，挡土墙是指防止土体变形失稳的墙体构造物。挡土墙能够承受侧向压力，防止土坡坍塌、截断土地延伸，是工程中解决地形变化、地坪高差的重要手段。

图5-18　园林挡土墙

土方工程的边坡坡度受土壤安息角的影响。土壤安息角是指堆积土壤的坡面与水平地面间所形成的最大稳定角度。土壤自然堆积，经沉落稳定后，将会形成一个稳定的、坡度一致的土体表面，此表面即称为土壤的自然倾斜面。自然倾斜面与水平面的夹角，就是土壤的自然倾斜角，即安息角。在园林空间的营建中，通常为了丰富立面上的景观体验，创造出高低起伏的地形空间。当地形坡度大于此处的土壤自然安息角时，就需要构筑挡土墙来抵抗土壤的推力。

(2) 园林挡土墙的功能

①固土护坡，阻挡土层塌落　挡土墙的主要功能是在较高地面与较低地面之间充当阻挡物，防止陡坡坍塌。

②削弱台地高差　当上下台地地块之间高差太大，下层台地空间受到强烈压抑时，地块之间挡土墙的设计可以化整为零，分作几层台阶形的挡土墙，以缓和台地之间高度变化太强烈的矛盾。

③节省占地，扩大用地面积　在一些面积较小的园林局部，当自然地形为缓坡地时，为了获得较大面积的平地，可以将地形设计为两层或几层台地，上下台地之间以斜坡相连接，为保证斜坡的稳定性，可设置挡土墙。

④划分空间，形成空间边界　当挡土墙采用两方甚至三方围合的状态布置时，就可以在所围合之处形成一个半封闭的独立空间。有时，这种半闭合的空间很有用处，能够为园林造景提供具有一定环绕性的良好的外在环境。如西方文艺复兴后期出现的巴洛克式园林的“水剧场”景观，就是在采用幻想式洞窟造型的半环绕式的台地挡土墙前创造出的半闭合喷泉水景空间。

⑤造景作用　由于挡土墙是园林空间的一种竖向界面，在这种界面上进行一些造型造景和艺术装饰，就可以使园林的立面景观更加丰富多彩，进一步增强园林空间的艺术效果。特别是近年来随着材料技术的进步，生态挡土墙、景观挡土墙的应用已十分普遍，挡土墙在园林中已不仅是作为结构构件存在，还越来越多地发挥着景观的功能，挡土墙本身已成为重要的景观元素。

挡土墙的作用是多方面的，除了上述几种主要功能外，它还可作为园林绿化的一种载体，增加园林绿色空间或作为休息之用。

5.2.3.2 挡土墙的类型

(1)根据承重方式分类

①重力式挡土墙　主要依靠墙自身的重力来抵抗土压力。相对来说，重力式挡土墙断面都较大，常做成梯形断面。由于它承受较大的土压力，故常用浆砌石、浆砌混凝土预制块、现浇混凝土来做，较低的墙也可以采用浆砌砖和干垒石头来做。重力式挡土墙由于结构简单、施工方便、取材容易而得到广泛应用。

园林中通常采用重力式挡土墙，即借助于墙体的自重来维持土坡的稳定。常见的断面形式有以下 3 种(图 5-19)。

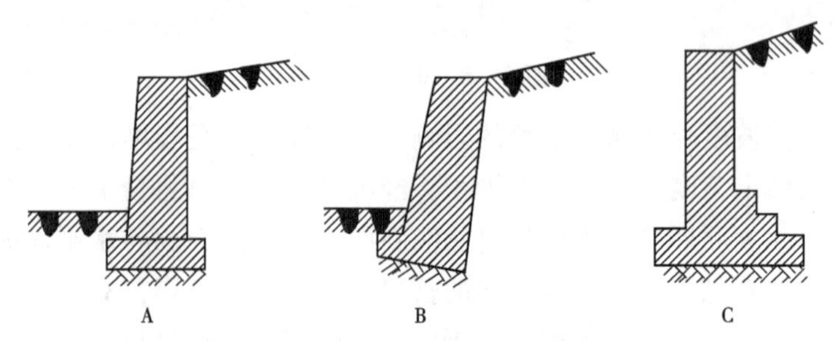

图 5-19　重力式挡土墙常见断面形式

直立式挡土墙：指墙面基本与水平面垂直，但也允许有约 10∶0.2~10∶1 倾斜度的挡土墙。直立式挡土墙由于墙背所承受的水平压力大，只宜用几十厘米到 2m 左右高度的挡土墙(图 5-19A)。

倾斜式挡土墙：常指墙背向土体倾斜、倒斜坡度在 20°左右的挡土墙。这样使水平压力相对减少，同时墙背坡度与天然土层比较密贴。可以减少挖方数量和墙背回填的数量。适用于中等高度的挡土墙(图 5-19B)。

台阶式：对于更高的挡土墙，为了适应不同土层深度土压力和利用土的垂直压力增加稳定性，可将墙背做成台阶形(图 5-19C)。

②轻型结构挡土墙　断面较小，常做成钢筋混凝土薄墙，混凝土强度等级为 C20~C30，主要是靠墙身底板上的填土来维持土压力作用下的自身稳定。

悬臂式挡土墙：其断面通常作 *L* 形或倒 *T* 形，墙体材料通常为混凝土。墙高不超过 9m 时，都是经济的。3.5m 以下的低矮悬臂墙，可以用标准预制构件或者预制混凝土块加钢筋砌筑而成。根据设计要求，悬臂的脚可以向墙内一侧、墙外一侧或者墙的两侧伸出，构成墙体下的底板。如果墙的底板深入墙内侧，便处于它所支撑的土壤下面，也就利用了上面土壤的压力，使墙体自重增加，可更加稳固墙体(图 5-20A)。

扶壁式挡土墙：钢筋混凝土浇筑而成。墙身稳定靠底板上的填土重来保证。用于 9~15m 的墙高较为经济(图 5-20B)。

加筋挡土墙(图 5-21)：此类挡土墙指的是由填料(土、碎石等)、拉带和立板砌块组成的加筋土承受土体侧压力的挡土墙，是在土中加入拉带，利用拉带与土之间的摩擦作用，改善土体的变形条件和提高土体的工程特性，从而达到稳定土体的目的。

(2)根据挡土墙的位置划分

路堑挡土墙：设置在路堑边坡底部，主要用于支撑开挖后不能自行稳定的山坡，同时

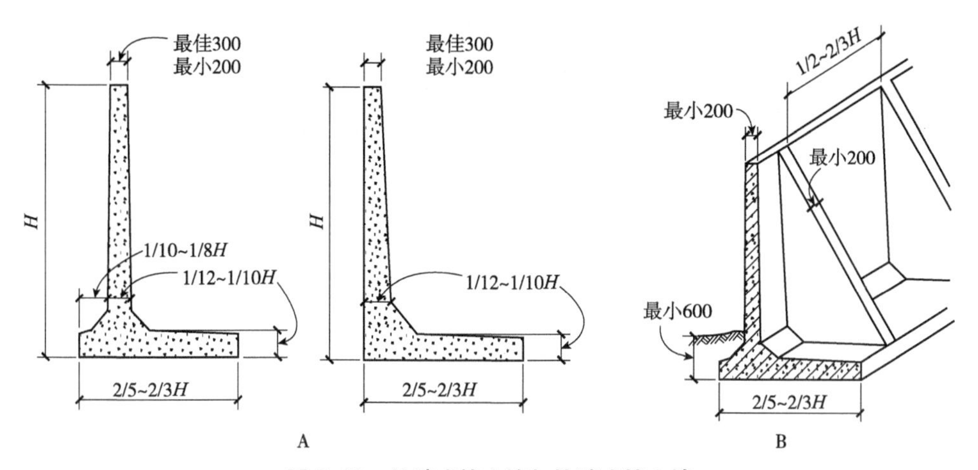

图 5-20　悬臂式挡土墙与扶臂式挡土墙

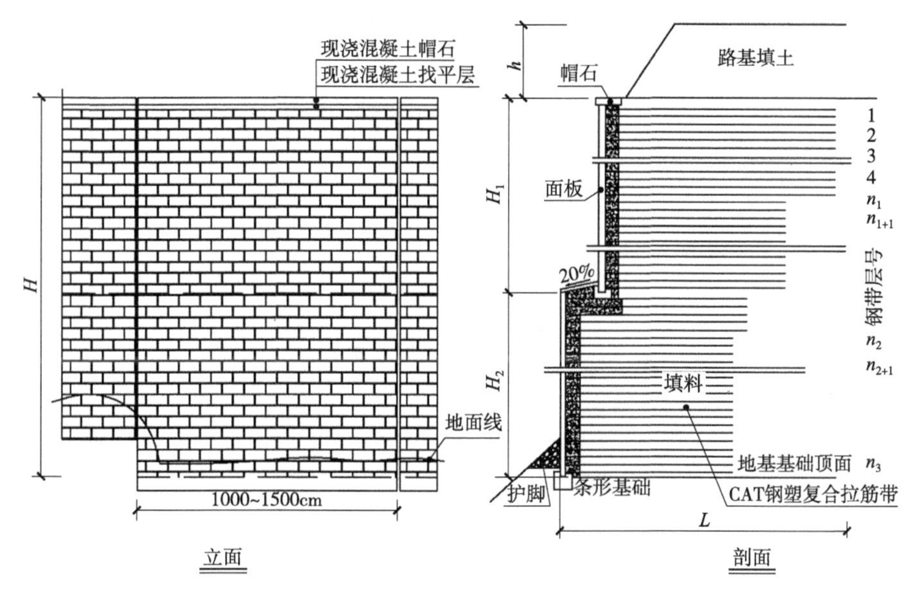

图 5-21　加筋挡土墙

可减少挖方数量，降低挖方边坡的高度。

路肩挡土墙：设置在路肩部位，墙顶是路肩的组成部分，其用途与路堤墙相同。它还可以保护临近路线既有的重要建筑物。

路堤挡土墙：设置在高填土路堤或陡坡路堤的下方，可以防止路堤边坡或路堤沿基底滑动，同时可以收缩路堤坡脚，减少填方数量，减少拆迁和占地面积。

山坡挡土墙：设置在路堑或路堤上方，用于支撑山坡上可能坍滑的覆盖层、破碎岩层或山体滑坡。

浸水挡土墙：沿河路堤，在傍水的一侧设置挡土墙，可以防止水流对路基的冲刷和侵蚀，也是减少压缩河床的有效措施。

(3)根据墙身材料分类

根据墙体材料的不同，挡土墙可分为砌砖挡土墙、干砌石挡土墙、浆砌石挡土墙、混凝土砌块挡土墙、混凝土挡土墙、钢筋混凝土挡土墙。

根据不同的使用需求，挡土墙的适用场地与技术要求见表5-2所列。

表5-2 挡土墙类型和技术要求及适用场地

挡土墙类型	技术要求及适用场地
干砌石墙	墙高不超过3m，墙体顶部宽宜在450~600mm，适用于就地取材
预制砌块墙	墙高不应超过6m，这种模块形式还适用于弧形或曲线形走向的挡土墙
土方锚固式挡墙	用金属片或聚合物片将松散回填土方锚固在连锁的预制混凝土面板上，适用于挡墙面积较大时或需要进行填方处
仓式挡土墙/格间挡土墙	由钢筋混凝土连锁砌块和粒状填方构成，模块面层可有多种选择，如平滑面层、骨料外露面层、锤凿混凝土面层和条纹面层等。这种挡墙适用于使用特定挖掘设备的大型项目以及空间有限的填方边缘
混凝土垛式挡土墙	用混凝土砌垛砌成挡墙，然后立即进行填方回填。垛式支架与填方部分的高差不应大于900mm，以保证挡墙的稳固
木制垛式挡土墙	用于需要表现木质材料的景观设计。这种挡土墙不宜用于潮湿或寒冷地区
绿化挡土墙	结合挡土墙种植草坪或植被。砌体倾斜度宜在25°~70°。适用于雨量充足的地区和有喷灌设备的场地

5.2.3.3 园林挡土墙的结构

常用的挡土墙一般由墙身、基础、排水设施与伸缩缝组成(图5-22)。

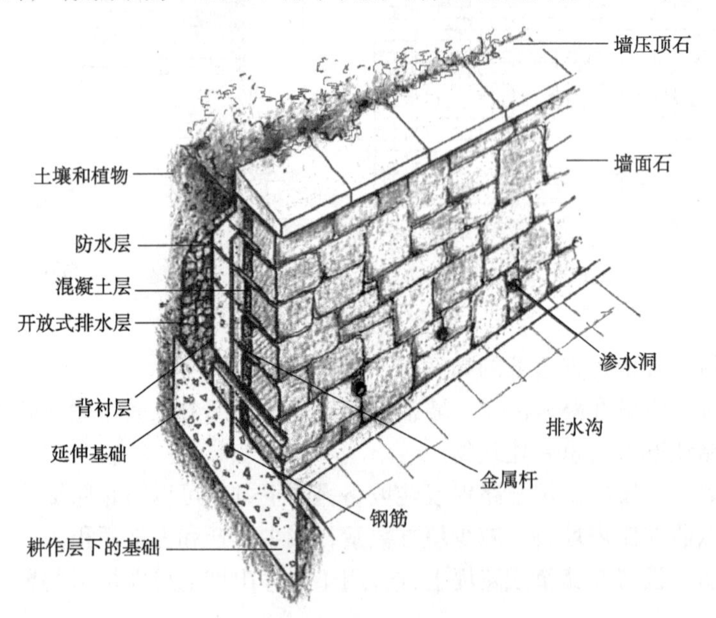

图5-22 典型挡土墙结构

(1)墙身

墙身一般分为墙背、墙面、墙顶。

(2)基础

大多数挡土墙都直接修筑在天然地基上(图5-23)。

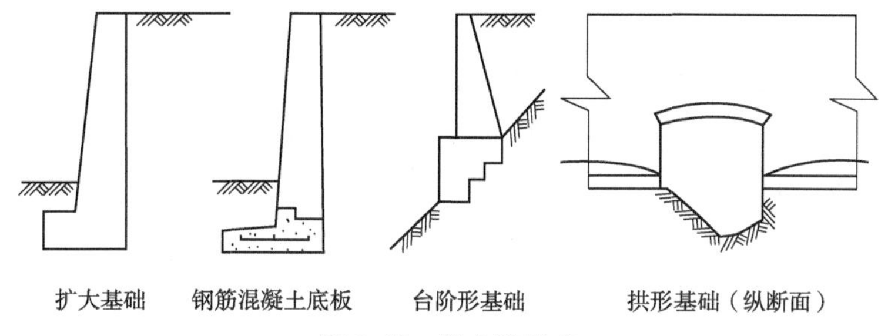

图 5-23 挡土墙基础

当地基承重力不足且墙趾处地形比较平坦，而墙身又超过一定高度时，为了减小基底压应力和增加抗倾覆稳定性，常扩大基础。

当地基应力超过地基承载力过多时，需要加宽值较大，为避免加宽部分的台阶过高，可采用钢筋混凝土底板。

地基为软弱土层时，可采用沙砾、碎石、矿渣或者灰土等材料予以换填。

当挡土墙修筑在陡坡上，而地基又为完整、稳固、对基础不产生侧压力的坚硬岸石时，可设置台阶基础，以减少基坑开挖和节省圬工(瓦工的旧称，指砌砖、盖瓦等工作，圬工即圬工结构)。

如地基有短段缺口(如深沟等)或挖基困难(如需水下施工)可采用拱形基础。

(3)排水设施

挡土墙的排水措施通常由地面排水和墙身排水两部分组成。

①地面排水　主要是防止地表水渗入墙后土体或者地基。地面排水有以下几种方法：

- 设置地面排水沟，截引地表水。
- 夯实回填土顶面和地表松土，防止雨水和地面水下渗，必要时可设铺砌层。
- 路堑挡土墙趾前的边沟应予以铺砌加固，以防边沟水渗入基础。

②墙身排水　浆砌块(片)石墙身应在墙前地面以上设一排泄水管；墙高时可在墙上部加设一排泄水孔，泄水孔尺寸可视泄水量大小分别采用 5cm×10cm、10cm×10cm、15cm×20cm 的方孔，或直径 5~10cm 的圆孔。孔眼间距一般为 2~3m；对于浸水挡土墙孔眼间距一般 1.0~1.5m，干旱地区可适当加大，孔眼上下错开布置，下排水孔的出口应高出墙前地面或墙前水位 0.3m(图 5-24)。

为防止水分渗入地基，下排泄水孔进入的底部应铺设 30cm 厚的黏土隔水层，泄水孔的进水口部分应设置粗粒料反滤层，以免孔道阻塞，当墙背填土透水性不良或可能发生冻胀时，应在最低一排泄水孔至墙顶以下 0.5m 的范围内铺设厚度不小于 0.3m 的砂卵石。

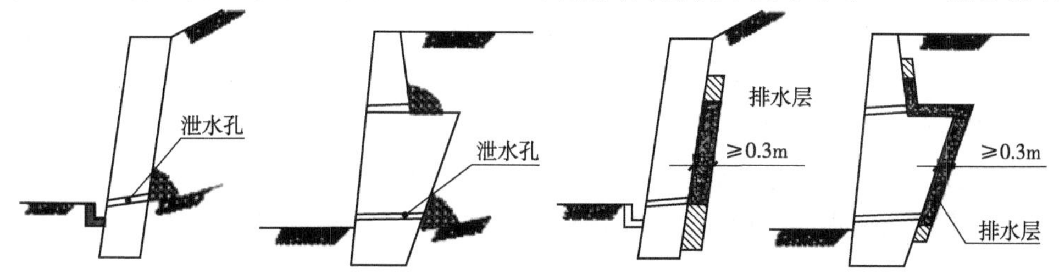

图 5-24 墙身排水示意

(4)伸缩缝

设计时，一般将沉降缝和伸缩缝合并设置，沿路线方向每隔 10~15m 设置一道，兼起两者的作用，缝宽 2~3cm，缝内一般可用胶泥填塞，但在渗水量大、填料容易流失或冻害严重地区，则宜用沥青麻筋或涂以沥青的木板等具有弹性的材料，沿内、外、顶三方填塞，填深不宜小于 0.15m，当墙后为岩石路堑或填石路堤时，可设置空缝。干砌挡土墙缝的两侧应选用平整石料砌筑使之成垂直通缝(图 5-25)。

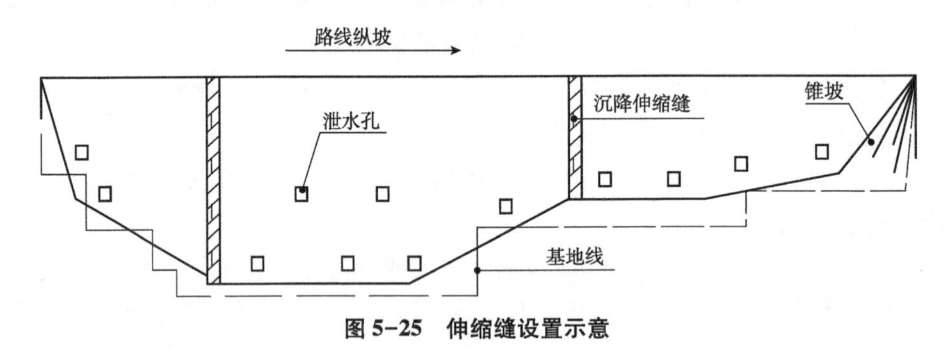

图 5-25 伸缩缝设置示意

5.2.3.4 挡土墙的排水处理

挡土墙后土坡的排水处理对于维持挡土墙的安全意义重大，因此应给予充分重视。常用的排水处理方式有以下几种：

(1)地面封闭处理

在土壤渗透性较大而又无特殊使用要求时，可作 20~30cm 厚夯实黏土层或种植草皮封闭。还可采用胶泥、混凝土或浆砌毛石封闭。

(2)设地面截水明沟

在地面设置一道或数道平行于挡土墙的明沟，利用明沟纵坡将降水和上坡地面径流排除，减少墙后地面渗水(图 5-26)。必要时还要设纵、横向盲沟，力求尽快排除地面水和地下水。

(3)设置泄水孔

泄水孔墙身水平方向每隔 2~4m 设一孔。竖向每隔 1~2m 设一行。每层泄水孔交错设置。泄水孔尺寸在石砌墙中宽度为 2~4cm，高度为 10~20cm。混凝土墙可留直径为 5~10cm 的圆孔或用毛竹筒排水。干砌石墙可不专设墙身泄水孔。

(4)设置盲沟

有的挡土墙基于美观要求不允许设墙面排水时，除在墙背面刷防水砂浆或填一层不小于 50cm 厚黏土隔水层外，还需设毛石盲沟，并设置平行于挡土墙的暗沟。引导墙后积水，包括成股的地下水及盲沟集中之水，与暗管相接。园林中室内挡土墙也可这样处理，或者破壁组成叠泉水景(图 5-27)。

在土壤或已风化的岩层侧面的室外挡土墙前，地面应做散水和明、暗沟管排水。必要时做灰土或混凝土隔水层，以免地面水浸入地基而影响稳定。明沟距墙底水平距离不小于 1m。

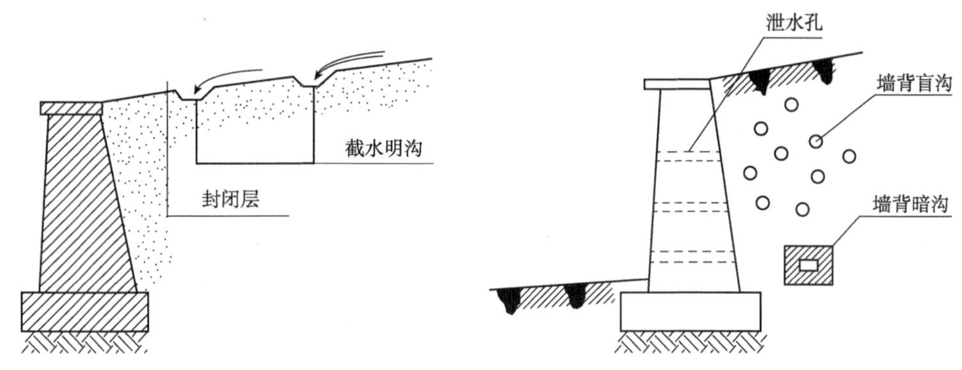

图 5-26　挡土墙后截水明沟示意　　图 5-27　挡土墙后泄水口盲沟示意

5.2.3.5　园林挡土墙的美化处理

园林挡土墙除其必须满足工程特性要求外，更应突出其美化空间、美化环境的外在形式。从挡土墙的形态设计上，应遵循宁小勿大、宁缓勿陡、宁低勿高、宁曲勿直等原则。

(1)化高为低

土质好，高差在1m以内的台地，尽可以不设挡土墙而按斜坡台阶处理，以绿化为过渡；即使高差较大，放坡有困难的地方，也可在其下部设台阶式挡墙，或于坡地上加做石砌连拱券，既保证了土坡稳定，空隙处也便于绿化，既保持生态平衡，同时也降低了挡墙高度，节省工程造价。

(2)化整为零

高差较大的台地，挡土墙不宜一次砌筑成，以免造成过于庞大的整体圬工挡墙，而宜化整为零，分成多阶的挡墙修筑，中间跌落处设平台绿化。

(3)化大为小

在一些美观上有特殊要求的地段，土质不佳时，则要化大为小，即使挡土墙的外观由大变小。做法是整个墙体分为两部分，下部加宽，形成种植池填土绿化。在景观明亮之处也可以设计成水池，放养游鱼水生植物，也可以设计成喷泉，形成观赏性很强的空间效果。

(4)化陡为缓

由于人的视角所限，同样高度的挡墙，对人产生的压抑感大小常常由于挡墙界面到人眼的距离远近的不同而不同。

(5)化直为曲

曲线比直线更加符合人们的审美，将直线形的挡土墙根据地形特点转化为曲线形式，给人以舒缓的感受。

5.3　砌体工程施工

5.3.1　砖砌体工程施工

5.3.1.1　一般施工流程

图 5-28 为砖砌体一般施工流程。

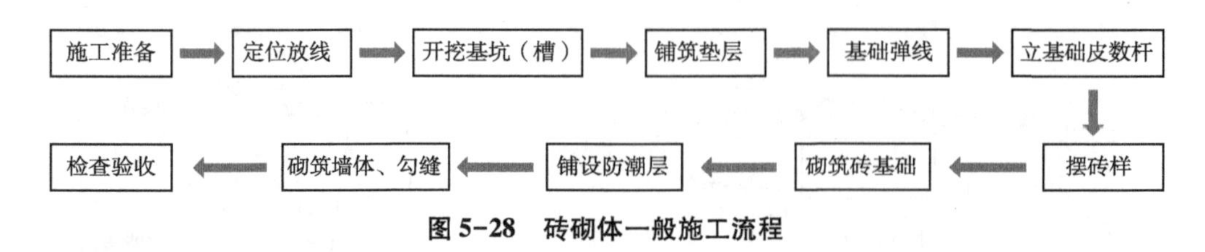

图 5-28　砖砌体一般施工流程

5.3.1.2　一般施工步骤

(1) 基槽开挖

按照放线范围开挖基槽，然后槽底夯实。

(2) 铺筑垫层

园林墙体一般用 C10 或 C15 的混凝土做垫层，厚 100mm，宽度每边比大放脚最下层宽 100mm。

(3) 基础弹线

垫层施工完毕后，即可进行基础的弹线工作。弹线之前应先将表面清扫干净，并进行一次抄平，检查垫层顶面是否与设计标高相符。如符合要求，即可按要求进行弹线。

(4) 立基础皮数杆

先在垫层上找出墙的轴线和基础大放脚的外边线，然后在转角处、丁字交界处、十字交接处及高低踏步处立基础皮数杆，在皮数杆上画出砖的皮数、大放脚退台情况及防潮层位置。基础皮数杆要利用水准仪抄平。

(5) 摆砖样

砌筑前，按选用的组砌方法，应先用砖试摆，尽量使其符合砖的模数，砖砌体的灰缝宽度一般控制在 8~12mm。

(6) 砖基础砌筑

砌筑时，砖基础的砌筑高度是用皮数杆来控制的。如发现垫层表面水平标高有高低偏差，可用砂浆或 C10 混凝土找平再开始砌筑。如果偏差不大，也可以在砌筑过程中逐步调整。砌大放脚时，先砌好转角端头，然后以两端为标高拉好线绳进行砌筑。砌筑完成砖基础，应立即进行回填，回填土要在基础两侧同时进行，并分层夯实。

(7) 铺设防潮层

按图纸要求铺设防潮层。

(8) 墙体砌筑、勾缝

砖砌体的砌筑一般采用“三一砌法”，也就是一块砖、一铲灰、一挤揉。清水墙砌完后，应进行勾缝，一般待墙体砌筑完毕后，利用 1∶1 水泥砂浆或加色砂浆进行勾缝。勾缝要求横平竖直，深浅一致，搭接平整并压实抹光。勾缝完毕后应清扫墙面。

5.3.2　砌筑花坛施工

5.3.2.1　施工工艺流程

砌筑花坛施工流程如图 5-29 所示。

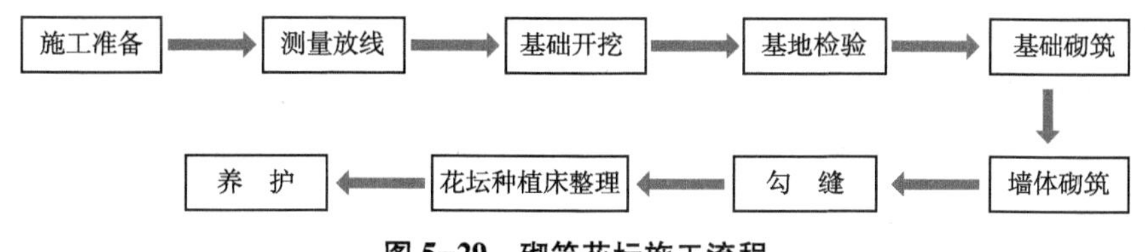

图 5-29 砌筑花坛施工流程

5.3.2.2 主要施工步骤

根据施工复杂程度、准备工具，常用工具为皮尺、绳子、木桩、木槌、铁锹、经纬仪等，按规范要求清理施工现场。

(1)定点放线

根据设计图和地面坐标系统的对应关系，用测量仪器把花坛群中主花坛中心点坐标测设到地面上，再把纵横中轴线上的其他中心点的坐标测设下来，将各中心点连线即在地面上放出了花坛群的纵横线。据此可量出各处个体花坛的中心，最后将各处个体花坛的边线放到地面上就可以了。

(2)花坛墙体的砌筑

花坛工程的主要工序就是砌筑花坛边缘石。

①花坛边沿基础处理

- 放线完成后，应沿着已有的花坛边线开挖边缘石基槽。
- 基槽的开挖宽度应比墙体基础宽 100mm 左右，深度根据设计而定，一般在 120~200mm，槽底土面要夯实。有松软处要进行加固，不得留下不均匀沉降的隐患。在砌基础之前，槽底应做一个 30~50mm 厚的粗砂垫层，作基础施工找平用。

②花坛边缘石砌筑施工

- 边缘石一般用砖砌筑，高 150~450mm，其基础和墙体可用 1：2 水泥砂浆、M2.5 混合砂浆砌 MU7.5 标准砖做成。
- 墙砌筑好之后，回填泥土将基础填上，并夯实泥土。再用水泥和粗砂配 1：2.5 的水泥砂浆，对墙抹面，抹平即可，不要抹光或按设计要求勾砖缝。

按照设计，用磨制花岗石片、釉面墙地砖等贴面装饰，或者用彩色水磨石、水刷石、斩假石、喷砂等方法饰面。如果用普通砖砌筑，砖缝的水平灰缝厚度和竖向灰缝宽度一般为 10mm，但不应小于 8mm，也不应大于 12mm。灰缝的砂浆应饱满，水平灰缝的砂浆饱满度不得低于 80%。实心黏土砖用作基础材料，这是园林中花坛砌筑工程常用的基础形式之一。它属于刚性基础，以宽大的基底逐步收退，台阶式的收到墙身厚度，收退多少应按图纸实施，一般有以下几种：等高式大放角每两皮一收，每次收退 60mm(1/4 砖长)；间隔式大放脚是两层一收及间隔一层一收交替进行。如果用毛石块砌筑墙体，其基础采用 C7.5~10 混凝土，厚 60~80mm，砌筑高度由设计而定，为使毛石墙体整体性强，常用料石压顶或钢筋混凝土现浇，再用 1：1 水泥砂浆勾缝或用石材本色水泥砂浆勾缝作装饰。

③其他装饰构件的处理

- 有些花坛边缘还可能设计有金属矮栏花饰，应在边缘石饰面之前安装好。
- 矮栏的柱脚要埋入边缘石，用水泥砂浆浇筑固定。待矮栏花饰安装好后，才进行边缘石的饰面工序。

(3)花坛种植床整理

为了保证花坛的观赏效果，花坛植物保持生长良好，花坛土壤必须具有良好的理化性质和营养状况。通常在种植花卉前应对花卉土壤进行深翻和施肥改良。根据花坛材料要求不同，土壤厚度也不同。一、二年生花卉及草坪需要至少 20cm 厚，多年生花卉及灌木需 40cm 厚，土壤需排水良好，深翻后施足基肥，并做出适当的排水坡度。

5.3.3 园林砌筑景墙施工

5.3.3.1 施工工艺流程

以园林铁艺围墙为例进行说明(图 5-30)：

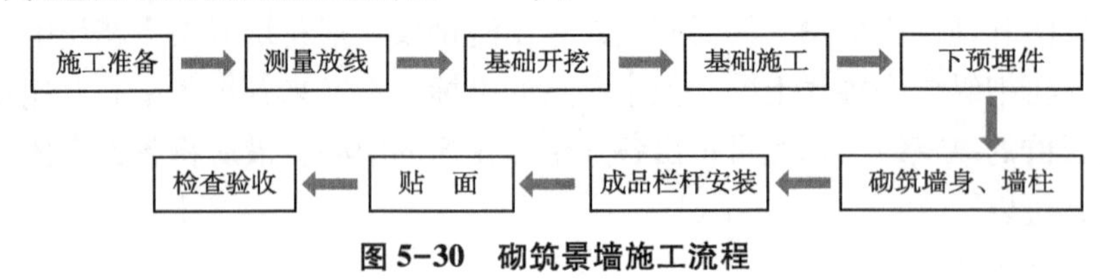

图 5-30 砌筑景墙施工流程

5.3.3.2 主要施工步骤

(1)定点放线

按照景墙平面位置测量放出基准点。按照网格定位图放置 1000mm×1000mm 网格控制线，根据图纸尺寸放线景墙位置尺寸。

(2)开挖基槽与土方开挖

开挖面积较小的情况下，土方采用人工开挖。开挖同时进行余土清理，并严格按照设计夯实度要求进行整平夯实。

(3)景墙基础施工

按照要求开挖基槽及夯实后进行 C15 混凝土浇筑，基础支护采用木模一次支护成型。严格控制原材料质量，主要是砂石料的级配，含泥量及水泥质量，严格控制坍落度在 10~12cm，确保混凝土浇捣质量。混凝土浇筑完进行预埋件安装加固，加固过程中应保证预埋的垂直度、平整度偏差均不大于 3mm，水平标高偏差不大于 10mm，预埋件与设计偏差不大于 20mm，预埋件尺寸位置符合设计要求。墙身每隔 15m 需设置一道伸缩缝，缝宽 20~30mm，缝中填塞沥青麻筋，沥青木板或其他有弹性的防水材料，沿内外顶三方填塞深度不小于 150mm。

(4)景墙墙身施工

①景墙墙身为钢制栏杆整体造型，该造型需要向厂家定制进行安装，产品严格安装设计要求，保证质量，并且安装要求高，误差在 10mm 以内。预埋件接前应对有变形的进行矫正，矫正后的钢材表面不应有明显的凹面或损伤。焊接按要求满焊，施焊前，焊工应检查焊件部位的组装和表面清理质量，如不符合要求，应修磨补焊合格后方可施焊。

②景观围墙下部及柱子表面为咖啡色围墙柱墩亚光面砖。基层处理：地砖施工前应先用水将基层清洗干净，不得有油污、浮泥。若有明显水泥浮浆皮，必须凿除或用钢丝刷刷

至外露结实面为止。

③贴饼、冲筋　按控制标高先在柱子四角的墙面基层上做灰饼，再每隔1.5m左右补灰饼，并连通灰饼做纵向或横向标筋。

灰饼及标筋用干硬性水泥砂浆分别抹成50mm见方和宽50mm左右条状。找平层施工：做完标筋后，在基层面上均匀洒水润湿，然后刷一道水灰比为0.4~0.5素水泥浆，一次面积不宜过大，必须随刷随铺抹找平层。用于铺抹找平层的水泥砂浆配合比宜为1∶3(体积比)或按设计确定，稠度尽量小，以当时气温及基层湿度确定。摊铺后，按标筋高用刮扛刮平，再用木搓板拍实、搓平、顺手划毛。如厚度超过20mm应分两遍成活。

④排砖、弹线　找平层抹好24h后，可在上面弹线。弹线尺寸按地砖实际长、宽及设计铺砌图形、柱子高度、截面等计算控制。排砖分线时，应从柱子顶或者底部排，以保证两边尺寸对称。镶边处如出现窄条砖，应重新调整来解决，使其表面整齐美观。

(5)基坑回填

回填前，必须对管线埋设彻底检查并验收后，方可回填土。

5.3.4 园林挡土墙(重力式)工程施工

5.3.4.1 施工工艺流程

以园林中常用的重力式挡土墙为例进行说明(图5-31)：

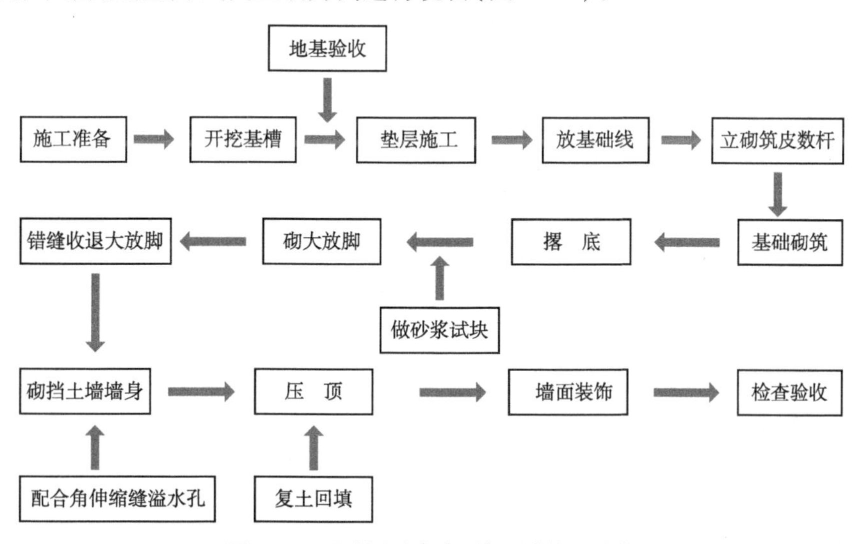

图5-31　园林(重力式)挡土墙施工流程

5.3.4.2 主要施工步骤

(1)基坑开挖

①基坑开挖必须进行详细的测量定位，标出开挖线。基坑分段跳槽开挖，边坡稳定性差或基坑开挖较深时，必须设置临时支护。

②基坑开挖时，核对地质情况，对基底进行承载力检测，达到设计要求时，方可进行下一道施工工序。

③基坑开挖做好临时防、排水措施，做到坑内积水随时排干，确保基坑不受水的侵害。

(2)基础施工

①基础施工前，土质基坑要保持干燥，受水浸泡的基底土必须全部清除，并用满足填筑要求的土体回填(或以砂、砾石夯填)至设计高程。

②硬质岩石基坑中的基础，宜满坑砌筑。

③当基底设有向内倾斜的稳定横坡时，应采取临时排水措施，并在基底设置泄水孔，坐浆后砌筑基础。

④当挡土墙基础设置在有横坡的岩石上时，应清除岩石表面风化层，并按设计凿成台阶；当沿墙长度方向有纵坡时，应沿纵向按设计要求做成台阶。

⑤基坑应随砌筑分层回填夯实，并在表面留3%的向外斜坡。有渗透水时，应及时排除；在岩体或土质松软、有水地段，应避开雨季，分段集中施工。

(3)挡土墙墙身施工

①浆砌片(块)石挡土墙砌筑时必须两面立杆或样板挂线，外面线应顺直整齐，逐层收坡，内外线顺直。在砌筑过程中，应经常校正线杆，以保证墙体各部尺寸符合设计要求。

②砌筑墙身时，先将基础表面加以清洗、湿润，再坐浆砌筑。砌筑工作中断后再进行砌筑时，应将砌层表面加以清扫和湿润。

③砌体应分层坐浆砌筑。砌筑上层时，不应振动下一层，不得已在砌好的砌体上抛掷、滚动、翻转和敲击石块。砌筑完后，应及时进行勾缝。

④挡土墙应分段砌筑，分段位置设在伸缩缝或沉降缝。各段水平缝应一致。

⑤挡土墙的泄水孔应预先埋设，向排水方向倾斜，保证排水顺畅。

⑥砌体石块应互相咬接，砌缝砂浆应饱满。砌缝宽度一致(浆砌块石)，上下层错缝(竖缝)距离不得小于8cm，并应尽量使每层石料顶面自身形成一个较平整的水平面。

(4)墙背填料、填筑

①墙背填料选用水稳定性和透水性良好的碎石类土、砂类土。填料中严禁含有有机物、草皮、树根、冰块等杂物及生活垃圾。

②挡土墙的墙体达到设计强度的75%以上时，方可进行墙后填料施工。挡土墙顶面应做成与路肩一致的横坡度，以便排除路面水。

③墙后必须回填均匀、摊铺平整，填料顶面应按设计要求设置横坡。在墙后1m范围内，不得有大型机械行驶或作业。墙后填筑时，应分层填筑，松铺厚度应不超过20cm，压实度应满足规范和设计文件的要求。

(5)质量控制要点

①纵坡顺直，曲线线形圆滑；沟壁平整、稳定，无贴坡；排水畅通，无冲刷和阻水现象；各类防渗、加固设施坚实稳固。

②浆砌片石工程　片石的最小断面尺寸应不小于20cm，片石强度应不小于30MPa，表面应干净，严禁采用风化石；砌体底必须坐浆，砂浆嵌缝均匀、饱满、密实，砌缝宽度不大于40mm；勾缝宜采用宽度和深度为5mm的凹缝，保证平顺无脱落、密实、美观，缝宽均衡协调；砌体咬扣紧密；抹面平整、压光、顺直，无裂缝、空鼓。砌筑一片后，应立即覆盖土工布喷淋养护。

- 检查片石断面尺寸、强度和外观质量。
- 检查拌和砂浆工艺、配合比、强度，水泥、砂子质量；不得使用二次拌和的砂浆。
- 检查砌体底部坐浆、嵌缝砂浆情况，随时开挖检查砌体厚度。
- 查看勾缝、抹面情况。
- 查看覆盖养护情况。

5.4 砌体工程施工质量检测

5.4.1 砌筑砂浆质量检测

①水泥进场时应对其品种、等级、包装或散装仓号、出厂日期进行检查，并应对其强度、安定性进行复验，其质量必须符合现行国家标准《通用硅酸盐水泥》(GB 175—2020)的有关规定。

②当在使用中对水泥质量有怀疑或水泥出厂超过3个月(快硬硅酸盐水泥超过1个月)时，应复查试验，并按其复验结果使用。

③不同品种的水泥，不得混合使用。

抽检数量：按同一生产厂家、同品种、同等级、同批号连续进场的水泥，袋装水泥不超过200t为一批，散装水泥不超过500t为一批，每批抽样不少于一次。

检验方法：检查产品合格证、出厂检验报告和进场复验报告。

④砂浆用砂宜采用过筛中砂，并应满足下列要求：

- 不应混有草根、树叶、树枝、塑料、煤块、炉渣等杂物。
- 砂中含泥量、泥块含量、石粉含量、云母、轻物质、有机物、硫化物、硫酸盐及氯盐含量(配筋砌体砌筑用砂)等应符合现行行业标准《普通混凝土用砂、石质量及检验方法标准》(JGJ 52—2006)的有关规定。
- 人工砂、山砂及特细砂，应经试配能满足砌筑砂浆技术条件要求。

⑤拌制水泥混合砂浆的粉煤灰、建筑生石灰、建筑生石灰粉及石灰膏应符合下列规定：

- 粉煤灰、建筑生石灰、建筑生石灰粉的品质指标应符合《粉煤灰在混凝土及砂浆中应用技术规程》(GB 50146—2014)、《建筑生石灰》(JC/T 479—2013)、《建筑生石灰粉》(JC/T 480—1992)的有关规定。
- 建筑生石灰、建筑生石灰粉熟化为石灰膏，其熟化时间分别不得少于7d和2d；沉淀池中储存的石灰膏，应防止干燥、冻结和污染，演进采用脱水硬化的石灰膏；建筑生石灰粉、消石灰粉不得替代石灰膏配制水泥石灰砂浆。
- 石灰膏的用量，应按稠度120mm±5mm计量，现场施工中石灰膏不同稠度可按《砌体结构工程施工质量验收规范》(GB 50203—2011)中给定的系数进行换算。

⑥拌制砂浆用水的水质，应符合现行行业标准《混凝土用水标准》(JGJ 63—2006)的有关规定。

⑦砌筑砂浆应进行配合比设计。当砌筑砂浆的组成材料有变更时，其配合比应重新确定。砌筑砂浆的稠度宜按表5-3的规定采用。

表 5-3　砌筑砂浆的稠度

砌体种类	砂浆稠度(mm)
烧结普通砖砌体 蒸压粉煤灰砖砌体	70~90
混凝土实心砖、混凝土多孔砖砌体 普通混凝土小型空心砌块砌体 蒸压灰砂砖砌体	50~70
烧结多孔砖、空心砖砌体 轻骨料小型空心砌块砌体 蒸压加气混凝土砌块砌体	60~80
石砌体	30~50

⑧施工中不应采用强度等级小于 M5 的水泥砂浆代替同强度等级水泥混合砂浆，如需替代，应将水泥砂浆提高一个强度等级。

⑨在砂浆中掺入的砌筑砂浆增塑剂、早强剂、缓凝剂、防冻剂、防水剂等砂浆外加剂，其品种和用量应经有资质的检测单位检验和试配确定。所用外加剂的技术性能应符合国家现行有关标准《砌筑砂浆增塑剂》(JG/T 164—2004)、《混凝土外加剂》(GB 8076—2008)、《砂浆、混凝土防水剂》(JC 474—2008)的质量要求。

⑩配制砌筑砂浆时，各组分材料应采用质量计量，水泥及各种外加剂配料的允许偏差为±2%；砂、粉煤灰、石灰膏等配料的允许偏差为±5%。

⑪砌筑砂浆应采用机械搅拌，搅拌时间自投料完算起应符合下列规定：

• 水泥砂浆和水泥混合砂浆不得少于 120s。

• 水泥粉煤灰砂浆和掺用外加剂的砂浆不得少于 180s。

• 掺增塑剂的砂浆，其搅拌方式、搅拌时间应符合现行行业标准《砌筑砂浆增塑剂》(JG/T 164—2004)的有关规定。

• 干混砂浆及加气混凝土砌块专用砂浆宜按掺用外加剂的砂浆确定搅拌时间或按产品说明书采用。

⑫现场拌制的砂浆应随拌随用，拌制的砂浆应 3h 内使用完毕；当施工期间最高气温超过 30℃时，应在 2h 内使用完毕。预拌砂浆及蒸压加气混凝土砌块专用砌筑砂浆的使用时间应按照厂方提供的说明书确定。

⑬砌体结构工程使用的湿拌砂浆，除直接使用外必须储存在不吸水的专用容器内，并根据气候条件采取遮阳、保温、防雨雪等措施，砂浆在储存过程中严禁随意加水。

⑭砌筑砂浆试块强度验收时，其强度合格标准应符合下列规定：

• 同一验收批砂浆试块强度平均值应大于或等于设计强度等级值的 1.10 倍。

• 同一验收批砂浆试块抗压强度的最小一组平均值应大于或等于设计强度等级值的 85%。

• 抽检数量：每一检验批且不超过250m^3砌体的各类、各强度等级的普通砌筑砂浆，每台搅拌机应至少抽检一次。验收批的预拌砂浆、蒸压加气混凝土砌块专用砂浆，抽检可为3组。

• 检验方法：在砂浆搅拌机出料口或在湿拌砂浆的储存容器出料口随机取样制作砂浆试块（现场拌制的砂浆，同盘砂浆只应作1组试块），试块标养28d后作强度试验。预拌砂浆中的湿拌砂浆稠度应在进场时取样检验。

⑮若施工中或验收时出现下列情况，可采用现场检验方法对砂浆或砌体强度进行实体检测，并判定其强度：

• 砂浆试块缺乏代表性或试块数量不足；
• 对砂浆试块的试验结果有怀疑或有争议；
• 砂浆试块的试验结果，不能满足设计要求；
• 发生工程事故，需要进一步分析事故原因。

5.4.2 砖砌体质量检测

5.4.2.1 一般规定

①用于清水墙、柱表面的砖，应边角整齐，色泽均匀。

②砌体砌筑时，混凝土多孔砖、混凝土实心砖、蒸压灰砂砖、蒸压粉煤灰砖等块体的产品龄期不应小于28d。

③有冻胀环境和条件的地区，地面以下或防潮层以下的砌体，不应采用多孔砖。

④砌筑烧结普通砖、烧结多孔砖、蒸压灰砂砖、蒸压粉煤灰砖砌体时，砖应提前1~2d适度湿润，严禁采用干砖或处于吸水饱和状态的砖砌筑，块体湿润程度宜符合下列规定：

• 烧结类块体的相对含水率60%~70%。

• 混凝土多孔砖及混凝土实心砖不需要浇水湿润，但在气候干燥炎热的情况下，宜在砌筑前对其喷水湿润。其他非烧结类块体的相对含水率40%~50%。

⑤采用铺浆法砌筑砌体，铺浆长度不得超过750mm；当施工期间气温超过30℃时，铺浆长度不得超过500mm。

⑥240mm厚承重墙的每层墙的最上一皮砖，砖砌体的阶台水平面上及挑出层的外皮砖，应整砖丁砌。

⑦多孔砖的孔洞应垂直于受压面砌筑。半盲孔多孔砖的封底面应朝上砌筑。

⑧竖向灰缝不应出现透明缝、瞎缝和假缝。

⑨砖砌体施工临时间断处补砌时，必须将接槎处表面清理干净，洒水湿润，并填实砂浆，保持灰缝平直。

5.4.2.2 主控项目

①砖和砂浆的强度等级必须符合设计要求。

②砌体灰缝砂浆应密实饱满，砖墙水平灰缝的砂浆饱满度不得低于80%；砖柱水平灰缝和竖向灰缝饱满度不得低于90%。

抽检数量：每检验批抽查不应少于5处。

检验方法：用百格网检查砖底面与砂浆的黏结痕迹面积，每处检测 3 块砖，取其平均值。

③砖砌体的转角处和交接处应同时砌筑，严禁无可靠措施的内外墙分砌施工；对不能同时砌筑而又必须留置的临时间断处应砌成斜槎，普通砖砌体斜槎水平投影长度不应小于高度的 2/3。砖砌体的位置及垂直度允许偏差应符合表 5-4 所列。

表 5-4　砖砌体位置及垂直度允许偏差

<table>
<tr><th>项次</th><th colspan="2">项目</th><th>允许偏差(mm)</th><th>检验方法</th><th>抽检数量</th></tr>
<tr><td>1</td><td colspan="2">轴线位移</td><td>10</td><td>用经纬仪和尺或用其他测量仪器检查</td><td>承重墙、柱全数检查</td></tr>
<tr><td rowspan="3">2</td><td rowspan="3">墙面垂直度</td><td>每层</td><td>5</td><td>用 2m 托线板检</td><td>不应小于 5 处</td></tr>
<tr><td>全高≤10</td><td>10</td><td rowspan="2">用经纬仪、吊线和尺或其他测量仪器检查</td><td rowspan="2">外墙全部阳角</td></tr>
<tr><td>全高>10</td><td>20</td></tr>
</table>

5.4.2.3　一般项目

①砖砌体组砌方法应正确，内外搭砌，上、下错缝。清水墙无通缝；混水墙中不得有长度大于 300mm 的通缝，长度 200~300mm 的通缝每间不超过 3 处，且不得位于同一面墙体上。砖柱不得采用包心砌法。

抽检数量：每检验批抽查不应少于 5 处。

检验方法：观察检查。砌体组砌方法抽检每处应为 3~5m。

②砖砌体的灰缝应横平竖直，厚薄均匀。水平灰缝厚度及竖向灰缝宽度宜为 10mm，但不应小于 8mm，也不应大于 12mm。

抽检数量：每检验批抽查不应少于 5 处。

检验方法：水平灰缝厚度用尺量 10 皮砖砌体高度折算。竖向灰缝宽度用尺量 2m 砌体长度折算。

③砖砌体尺寸、位置的允许偏差及检验应符合表 5-5 的规定。

表 5-5　砖砌体尺寸、位置的允许偏差及检验

<table>
<tr><th>项次</th><th colspan="2">项目</th><th>允许偏差(mm)</th><th>检验方法</th><th>抽检数量</th></tr>
<tr><td>1</td><td colspan="2">轴线位移</td><td>10</td><td>用经纬仪和尺或用其他测量仪器检查</td><td></td></tr>
<tr><td>2</td><td colspan="2">基础、墙、柱顶面标高</td><td>±15</td><td>用水准仪和尺检查</td><td>不应小于 5 处</td></tr>
<tr><td rowspan="2">3</td><td rowspan="2">墙面垂直度</td><td>全高≤10m</td><td>10</td><td rowspan="2">用经纬仪、吊线和尺或用其他测量仪器检查</td><td rowspan="2">全部阳角</td></tr>
<tr><td>全高≥10m</td><td>20</td></tr>
<tr><td rowspan="2">4</td><td rowspan="2">表面平整度</td><td>清水墙、柱</td><td>5</td><td rowspan="2">用 2m 靠尺和楔形塞尺检查</td><td rowspan="2">不应小于 5 处</td></tr>
<tr><td>混水墙、柱</td><td>8</td></tr>
<tr><td rowspan="2">5</td><td rowspan="2">水平灰缝平直度</td><td>清水墙、柱</td><td>7</td><td rowspan="2">拉 5m 线和尺检查</td><td rowspan="2">不应小于 5 处</td></tr>
<tr><td>混水墙、柱</td><td>10</td></tr>
<tr><td>6</td><td colspan="2">清水墙游丁走缝</td><td>20</td><td>以每层第一皮砖为准，用吊线和尺检查</td><td>不应小于 5 处</td></tr>
</table>

5.4.3 石砌体质量检测

5.4.3.1 一般规定

①石砌体采用的石材应质地坚实，无裂纹和无明显风化剥落；用于清水墙、柱表面的石材，应当色泽均匀；石材的放射性应经检验，其安全性应符合现行国家标准《建筑材料放射性核素限量》(GB 6566—2010)的有关规定。

②石材表面的泥垢、水锈等杂质，砌筑前应清除干净。

③砌筑毛石基础的第一皮石块应坐浆，并将大面向下；砌筑料石基础的第一皮石块应用丁砌层坐浆砌筑。

④毛石砌体的第一皮及转角处、交接处和洞口处，应用较大的平毛石砌筑。

⑤毛石砌筑时，对石块间存在的较大缝隙，应先向缝内填灌砂浆并捣实，然后用小石块嵌填，不得先填小石块后填灌砂浆，石块间不得出现无砂浆相互接触现象。

⑥砌筑毛石挡土墙应按分层高度砌筑，并应符合下列规定：

- 每砌3~4皮为1个分层高度，每个分层高度应将顶层石块砌平。
- 2个分层高度间分层处的错缝不得小于80mm。

⑦料石挡土墙，当中间部分用毛石砌时，丁砌料石伸入毛石部分的长度不应小于200mm。

⑧毛石、毛料石、粗料石、细料石砌体灰缝厚度应均匀，灰缝厚度应符合下列规定：

- 毛石砌体外露面的灰缝厚度不宜大于40mm。
- 毛料石和粗料石的灰缝厚度不宜大于20mm。
- 细料石的灰缝厚度不宜大于5mm。

⑨挡土墙的泄水孔当设计无规定时，施工应符合下列规定：

- 泄水孔应均匀设置，在每米高度上间隔2m左右设置一个泄水孔。
- 泄水孔与土体间铺设长宽各为300mm、厚200mm的卵石或碎石作疏水层。

⑩挡土墙内侧回填土必须分层夯填，分层松土厚宜为300mm。墙顶土面应有适当坡度使流水流向挡土墙外侧面。

⑪在毛石和实心砖的组合墙中，毛石砌体与砖砌体应同时砌筑，并每隔4~6皮砖用2~3皮丁砖与毛石砌体拉结砌合；两种砌体间的空隙应填实砂浆。

⑫毛石墙和砖墙相接的转角处和交接处应同时砌筑。转角处、交接处应自纵墙(或横墙)每隔4~6皮砖高度引出不小于120mm与横墙(或纵墙)相接。

5.4.3.2 主控项目

①石材及砂浆强度等级必须符合设计要求。

②砌体灰缝的砂浆饱满度不应小于80%。

- 抽检数量：每检验批抽查不应少于5处。
- 检验方法：观察检查。

5.4.3.3 一般项目

①石砌体尺寸、位置的允许偏差及检验方法应符合表5-6的规定：

抽检数量：每检验批抽查不应少于5处。

表 5-6 石砌体尺寸、位置的允许偏差及检验方法

项次	项目		允许偏差(mm)							检验方法
			毛石砌体		料石砌体					
					毛料石		粗料石		细料石	
			基础	墙	基础	墙	基础	墙	墙、柱	
1	轴线位置		20	15	20	15	15	10	10	用经纬仪和尺检查，或用其他测量仪器检查
2	基础和墙砌体顶面标高		±25	±15	±25	±15	±15	±15	±10	用水准仪和尺检查
3	砌体厚度		30	20 −10	30	20 −10	15	10 −5	10 −5	用尺检查
4	墙面垂直度	每层		20		20		10	7	用经纬仪、吊线和尺检查，或用其他测量仪器检查
		全高		30		30		25	10	
5	表面平整度	清水墙、柱				20		10	5	细料石用 2m 靠尺和楔形塞尺检查，其他用两直尺垂直于灰缝拉 2m 线和尺检查
		混水墙、柱				30		15		
6	清水墙水平灰缝平直度							10	5	拉 10m 线和尺检查

②石砌体的组砌形式应符合下列规定：

- 内外搭砌，上下错缝，拉结石、丁砌石交错设置。
- 毛石墙拉结石每 0.7m^2 墙面不应少于 1 块。
- 检查数量：每检验批抽查不应少于 5 处。
- 检验方法：观察检查。

5.4.4 混凝土小型砌块施工质量检测

5.4.4.1 一般规定

①施工采用的小砌块的产品龄期不应小于 28d。

②砌筑小砌块时，应清除表面污物，剔除外观质量不合格的小砌块。

③砌筑小砌块砌体，宜选用专用小砌块砌筑砂浆。

④地面以下或防潮层以下的砌体，应采用强度等级不低于 C20 的混凝土灌实小砌块的孔洞。

⑤小砌块墙体应孔对孔、肋对肋错缝搭砌。单排孔小砌块的搭接长度应为块体长度的 1/2；多排孔小砌块的搭接长度可适当调整，但不宜小于小砌块长度的 1/3，且不应小于 90mm。

⑥小砌块应将生产时的底面朝上反砌于墙上。

⑦小砌块墙体宜逐块坐(铺)浆砌筑。

5.4.4.2 主控项目

①小砌块、砌筑砂浆的强度等级必须符合设计要求。

②砌体水平灰缝和竖向灰缝的砂浆饱满度，按净面积计算不得低于90%。

抽检数量：每检验批抽查不应少于5处。

检验方法：用专用百格网检测小砌块与砂浆黏结痕迹，每处检查3块小砌块，取其平均值。

③墙体转角处和纵横交接处应同时砌筑。临时间断处应砌成斜槎，斜槎水平投影长度不应小于斜槎高度。施工洞口可预留直槎，但在洞口砌筑和补砌时，应在直槎上下搭砌的小砌块孔洞内用强度等级不低于C20的混凝土灌实。

抽检数量：每检验批抽查不应少于5处。

检验方法：观察检查。

5.4.4.3 一般项目

①砌体的水平灰缝厚度和竖向灰缝厚度宜为10mm，但不应小于8mm，也不应大于12mm。

抽检数量：每检验批抽查不应少于5处。

检验方法：水平灰缝厚度用尺量5皮小砌块的高度折算；竖向灰缝宽度用尺量2m砌体的长度折算。

②小砌块砌体尺寸、位置的偏差参照砖砌体有关要求执行。

实践教学

实训5-1 花坛设计与施工

一、实训目的

1. 了解花坛的设计要点及常用材料。
2. 掌握花坛的施工要点与质量要求。

二、材料及用具

1. 设计：计算机、绘图纸及相关绘图用具。
2. 施工：砖、砌筑砂浆、红外线激光仪、水平尺、瓦刀、皮尺、墨斗等常用施工用具。

三、方法及步骤

1. 根据场地设计花坛并进行施工。
2. 准备需用工具并清理施工现场。
3. 根据图纸要求，进行定点放线，确定花坛的中心及边线。
4. 沿着已有的花坛边线开挖边缘石基槽。
5. 进行花坛边缘石的砌筑。
6. 花坛种植床整理及养护。

四、考核评估

序号	考核项目	评价标准				等级分值			
		A	B	C	D	A	B	C	D
1	定点放线准确	优秀	良好	一般	较差	20	16	12	8
2	基槽开挖准确	优秀	良好	一般	较差	10	8	6	4
3	墙体砌筑完整	优秀	良好	一般	较差	60	48	36	24
4	种植床整理平整	优秀	良好	一般	较差	10	8	6	4
考核成绩(总分)									

五、作业

完成花坛的施工。

实训5-2　砖砌景墙的施工

一、实训目的

1. 了解景墙的特点与作用。
2. 掌握景墙的施工要点及质量要求。

二、材料及用具

1. 设计：计算机、绘图纸及相关绘图用具。
2. 施工：砖、砌筑砂浆、红外线激光仪、水平尺、瓦刀、皮尺、墨斗等常用施工用具。

三、方法及步骤

1. 根据场地设计砖砌景墙。
2. 根据施工需要进行施工准备。
3. 定点放线。
4. 根据图纸要求，按照放线范围进行基槽开挖。
5. 砖基础砌筑。
6. 墙体砌筑、勾缝。
7. 养护。

四、考核评估

序号	考核项目	评价标准				等级分值			
		A	B	C	D	A	B	C	D
1	定点放线准确	优秀	良好	一般	较差	10	8	6	4
2	基槽开挖准确	优秀	良好	一般	较差	10	8	6	4
3	砖基础砌筑准确	优秀	良好	一般	较差	30	24	18	12
4	墙体砌筑准确	优秀	良好	一般	较差	35	28	21	14
5	墙体勾缝美观	优秀	良好	一般	较差	10	8	6	4
6	墙体养护得当	优秀	良好	一般	较差	5	4	3	2
考核成绩(总分)									

五、作业

教师准备景墙施工图纸及施工材料、工具，学生完成砖砌景墙的施工。

单元小结

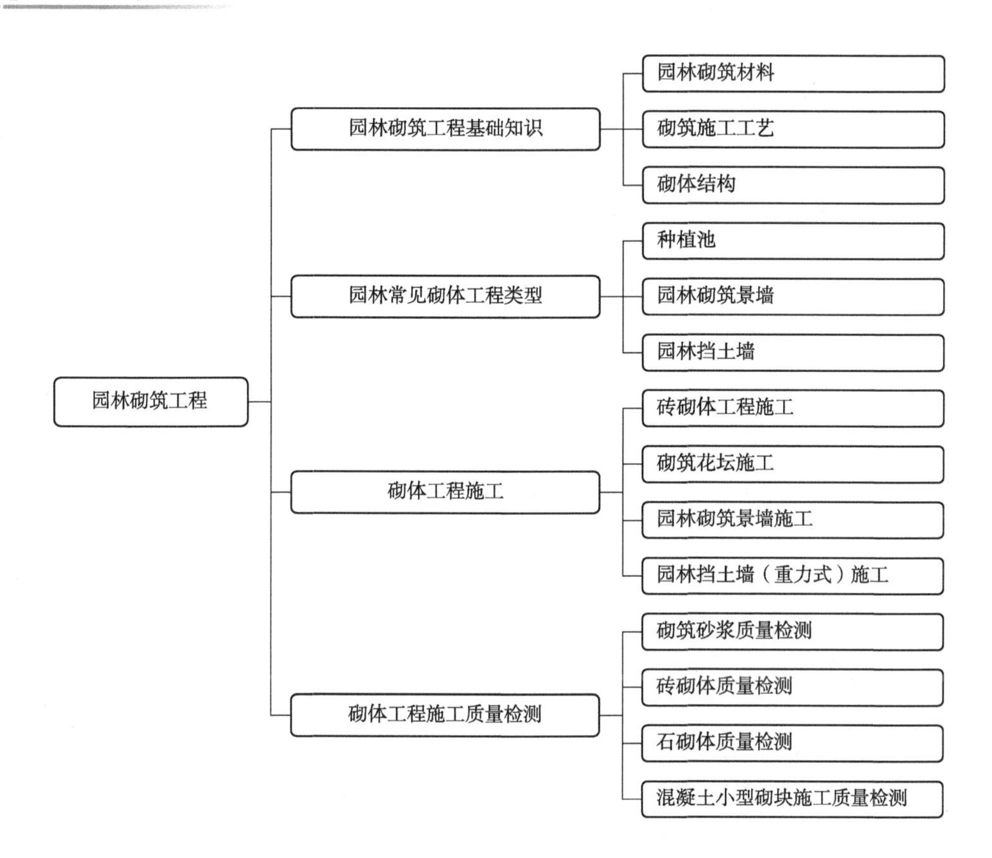

知识拓展

石材类型

石材是土木工程和建筑装饰工程中常见的材料之一，也是使用历史最悠久的建筑材料之一。赵州桥是我国现存最早的大型石拱桥，也是世界上现存最古老、跨度最长的圆弧拱桥。

石材是以岩石或人工合成性能相当于岩石为原料加工成的材料。石材分天然石材和人造石材两大类。

1. 天然石材

天然石材指从天然岩石体中开采未经加工或经加工制成块状、板状或特定形状的石材的总称。

优点：结构致密，抗压强度高；生产成本低：蕴藏量丰富、分布广，便于就地取材；耐久性好，使用年限一般可达到百年以上；装饰性好，具有自然纹理、质感稳重、肃穆和雄伟的艺术效果；耐水性好；耐磨性好。

缺点：抗拉强度低、体积密度大、硬度高，开采和加工较困难。

(1)按其形成原因分类

①岩浆岩　花岗岩、玄武岩、辉绿岩、火山灰、浮石、凝灰岩。

②沉积岩　石灰岩、砂岩、页岩、砾岩、石膏。

③变质岩　大理岩(大理石)、石英岩、片麻岩。

(2)按用途分类

砌筑石材　分为毛石、料石。

毛石：又称片石或块石，指以开采所得，未经加工的形状不规则的石块。主要用于砌筑基础、勒脚、墙身挡土墙等，也可配制片石混凝土。

料石：又称条石，指以人工斩凿或机械加工而成，形状比较规则的六面体石材。主要用于建筑物的基础、勒脚、墙体等部位，半细料石和细料石主要用作镶面材料。

2. 人造石材

人造石材是由无机或有机胶结料、矿物质原料及各种外加剂配制而成的具有类似天然石材性质、纹理和质感的合成材料，如人造大理石、花岗石等。

优点：质轻、强度高、耐污染、耐腐蚀、施工方便。

装饰石材分为大理石板材、花岗石板材、青石板、砂岩板。

大理石板材　长期暴露在室外受阳光雨水侵蚀易褪色失去光泽。主要用于室内的装修，如墙面、柱面及磨损较小的地面，踏步。

花岗石板材　耐磨性好，抗风化性好及耐久性高，耐酸性好。主要用于基础，挡土墙，勒脚，踏步地面，外墙饰面雕塑。

青石板　特点：来源广，硬度低，易劈，便于开采，具有一定的强度和耐久性；颜色多为豆青色和深豆青色带灰白结晶颗粒等多种。应用：可用于建筑物墙裙、地坪铺贴以及庭园栏杆、台阶等，具有很好的立体感、怀旧感、古建筑风格。

砂岩板　分硅质砂岩、钙质砂岩、铁质砂岩、泥质砂岩 4 类。性能以硅质砂岩最佳，依次递减。应用于室内外墙面和地面装饰。

(1)按用途分类

台面类、墙、地面类、地砖类。

(2)按生产所用材料分类

水泥型人造石材(水磨石板材)、聚酯型人造石材、复合型人造石材、烧结型人造石材。

①水泥型人造石材　以各种水泥为胶结材料，砂、天然碎石粒为粗细骨料，经配制、搅拌、加压蒸养、磨光和抛光后制成的人造石材。

②聚酯型人造石材　以不饱和聚酯树脂为胶结剂，与天然大理碎石、石英砂、方解石、石粉或其他无机填料按一定的比例配合，再加入催化剂、固化剂、颜料等外加剂，经混合搅拌、固化成型、脱模烘干、表面抛光等工序加工而成。

③复合型人造石材　采用的黏结剂中，既有无机材料，又有有机高分子材料。其制作工艺是：先用水泥、石粉等制成水泥砂浆的坯体，再将坯体浸于有机单体中，使其在一定条件下聚合而成。板材即底层用性能稳定而价廉的无机材料，面层用聚酯和大理石粉制作。

④烧结型人造石材　生产方法与陶瓷工艺相似，是将长石、石英、辉绿石、方解石等粉料和赤铁矿粉以及一定量的高龄土共同混合，一般配比为石粉60%，黏土40%，采用混浆法制备坯料，用半干压法成型，再在窑炉中以1000℃左右的高温焙烧而成。

自主学习资源库

1. 园林花卉应用设计．董丽．中国林业出版社，2003.
2. 砌筑工程施工工艺．孙盘龙，刘敏蓉．中国农业科学技术出版社，2020.
3. 砌筑工程施工．郭秀丽．中国林业出版社，2015.
4. 砌石拱坝裂缝研究与砌筑工艺改进．曾兼权．中国水利水电出版社，2018.
5. 初级砌筑工．周海涛．中国劳动社会保障出版社，2011.
6. 砌筑工基本技能．周海涛．中国劳动社会保障出版社，2011.
7. 砌筑及混凝土工程计价与应用．杜贵成．金盾出版社，2011.
8. 砌筑工．建筑工人职业技能培训组委会．中国建材工业出版社，2016.

自测题

1. 普通砖砌筑方法有哪些？各有什么特点？
2. 砌筑砂浆的类型有哪些？砂浆的材料有什么要求？
3. 砖砌体的组砌方式有哪些？举例说明园林中的用法。
4. 花坛施工的重点工序有哪些？
5. 园林景墙的作用是什么？景墙施工中的重点施工步骤有哪些？
6. 园林挡土墙的类型有哪些？各有什么特点？
7. 园林挡土墙的排水处理有哪些方法？
8. 毛石砌筑挡土墙的检测标准有哪些？

单元 6　园林水景工程

知识目标

(1) 了解园林水景的分类及功能作用；
(2) 掌握水景工程材料的分类及特点；
(3) 掌握园林水景工程施工工艺流程及施工要点；
(4) 掌握园林水景工程施工质量检测方法。

技能目标

(1) 能读懂园林水景工程施工图；
(2) 能制订园林水景工程的施工流程；
(3) 能按照要求制订水景施工流程并组织施工；
(4) 具备水景工程施工质量检测能力。

素质目标

(1) 通过水景工程教学，培养学生尊重自然的品质；
(2) 树立学生保护生态、爱护环境的意识；
(3) 构建学生精益求精的敬业精神。

6.1　园林水景基础知识

水景工程是园林工程中涉及面最广，项目组成最多的专项工程之一。古今中外之造园，水是不可缺少的。水是环境空间艺术创作的一个重要的自然因素，也是变化最多的因素。水景有着其他景观无法代替的动感、光韵和声响。狭义上水景包括湖泊、水池、水塘、溪流、水坡、水道、瀑布、水帘、跌水、水墙和喷泉等多种水景。为了实现这些景观，需要修建小型闸阀、驳岸、护坡和水池等构筑物，配置必要的给排水设施和电力设施等。

水景工程是与水体造园相关的所有工程的统称。园林水景的形式与种类众多，本项目内容主要选取静水、流水、落水、喷水中有代表性的水景形式进行论述，内容包括湖池水

图 6-1 园林水景

景工程、溪流水景工程、瀑布跌水工程、喷泉工程(图 6-1)。

6.1.1 园林水景功能及作用

水是园林的灵魂，有了水才能使园林产生很多生气勃勃的景观。“仁者乐山，智者乐水”，寄情山水的审美理想和艺术哲理深深地影响着中国园林。水是园林空间艺术创作的一个重要园林要素，由于水具有流动性和可塑性，因此园林中对水的设计实际上是对盛水容器的设计。水池、溪涧、河湖、瀑布、喷泉等都是园林中常见的水景设计形式，它们静中有动，寂中有声，以少胜多，渲染着园林气氛。园林水景的用途非常广泛，主要归纳为以下 5 个方面。

6.1.1.1 构成园景

如喷泉、瀑布、池塘等，都以水体为题材，水成了园林的重要构成要素，也引发了无穷的诗情画意。

水景配以音乐、灯光形成绰约多姿的动态声光立体水流造型，不但能掩饰、烘托和增强修建物、构筑物、艺术雕塑和特定环境的艺术效果和气氛，而且有美化生活环境的作用。

6.1.1.2 改善环境，调节气候，控制噪声

园林水景可增加环境湿度，特别在炎热枯燥的地域，其作用愈加明显；园林水景工程可增加环境中负离子的浓度，减少悬浮细菌数量，改善卫生状况；园林水景工程可大大减少环境中的含尘量，使气氛清新洁净。

6.1.1.3 提供体育娱乐活动场所

如游泳、划船、溜冰、船模以及冲浪、漂流、水上乐园等。

6.1.1.4 汇集、排泄天然雨水

汇集园林绿地中多余的降水，减少排水管线的投资，促进生态效益，并为水生、湿生植物生长创造良好的立地条件。

6.1.1.5 防护、隔离、防灾用水

如护城河、隔离河，以水面作为空间隔离是最自然、最节约的办法。救火、抗旱都离不开水。城市园林水体，可作为救火备用水，郊区园林水体、沟渠是抗旱救灾的天然管网。

6.1.2 园林水景类型

6.1.2.1 根据水体状态分类

(1)静态水景

静态水景也称静水，一般指园林中以片状汇聚的水面为景观的水景形式，如湖、池等。其特点是宁静、祥和、明朗。它的作用主要是净化环境、划分空间、丰富环境色彩、增加环境气氛(图6-2)。

图6-2 静态水景(镜面水池)

(2)动态水景

以流动的水体，利用水姿、水色、水声来增强其活力和动感，令人振奋。形式上主要有流水、落水和喷水3种。流水如小河、小溪、涧，多为连续的、有宽窄变化的；带状动态水景如瀑布、跌水等，这种水景立面上必须有落水高差的变化；喷水是水受压后向上喷出的一种水景形式，如喷泉等(图6-3)。

图6-3 动态水景(线瀑、涌泉)

6.1.2.2 按水景的布局形式分类

(1)自然式水体

保持天然的或模仿天然形状的河、湖、溪、涧、泉、瀑等，水体在园林中多半随地形而变化，有聚有散，有分有合，有曲有直，有高有下，有动有静。

(2)规则式水体

规则式水体是人工开凿成几何形状的水面，如运河、水渠、方潭、圆池、水井及几何形体的喷泉、瀑布等。

(3)混合式水体

混合式水体是两种形式的交替穿插或协调使用。

图6-4为不同布局形式的水景。

图6-4 水景布局形式示例

6.1.2.3 按水体的使用功能分类

(1)观赏的水体

可以较小，主要为构景之用，水面有波光倒影，能成为风景的透视线。水体可设岛、堤、桥、点石、雕塑、喷泉、落水、水生植物等，岸边可做不同处理，构成不同景色。

(2)开展水上活动的水体

一般水面较大，有适当的水深，水质好，活动与观赏相结合。

6.1.3 水景工程相关概念

6.1.3.1 水质

水质是水体质量的简称。它标志着水体的物理(如色度、浊度、臭味等)、化学(无机物和有机物的含量)和生物(细菌、微生物、浮游生物、底栖生物)的特性及其组成的状况。为评价水体质量的状况，规定了一系列水质参数和水质标准，如生活饮用水、工业用水和渔业用水等水质标准。

6.1.3.2 水位

水位是指自由水面相对于某一基面的高程。将水位尺设置在稳定的位置，水表在水位尺上的位置所示刻度的读数即水位。由于降水、潮汐、气温、沉积、冲刷等自然因素的变化和人们用水生产、生活活动的影响，水位会产生相应变化。水位一般距离岸顶15~50cm。高度由水体大小而定。

(1)常水位

在江河、湖泊的某一地点，经过长时期对水位的观测后得出，在一年或若干年中，有50%的水位等于或超过该水位的高程值，称为常水位。

(2)最高水位

在江河、湖泊的某一地点，经过长时期对水位的观测后，得出的最高水位值，称为最高水位。因此，最高水位必须指明其时间性，如年最高、月最高、若干年最高及历史最高。

(3)最低水位

河流、湖泊、水库某一横断面上在某时段内所出现的最低水位值。一年内出现的最低水位，称为年最低水位；多年期间出现的最低水位，称为多年最低水位；此外还有月最低水位和日最低水位。

(4)洪水位

洪水位一般指河道水位因受流域上降雨或融雪影响而起过滩地水位的统称；或根据历年水位观训资料，从水位历时曲线上确定某一历时的水位作为下限，超过此限度的水位称为洪水位。

(5)枯水位

在江河、湖泊的某一地点，经过长时期对水位的观测后得出，在一年或若干年中河流水体枯水期的平均水位称为枯水位。

6.1.3.3 水深

水深是指水体底部到水面的高度。园林中的湖池水体的水深应充分考虑安全、功能和水质的要求。水面的安全应放在首位考虑，规范规定：硬底人工水体距岸边、桥边、汀步边以外宽 2.0m 的带状范围内，要设计为安全水深，即水深不超过 0.7m，否则应设栏杆。无护栏的园桥、汀步附近 2.0m 范围以内的水深不得大于 0.5m。在住宅区中，安全水深一般为 300~400mm。各种活动对水体深度与面积的要求见表 6-1 所列。喷泉一般水深 60~70cm。如为喷泉，水深一般应按管道、设备的布置要求确定。死水自净为 1.5m 左右。表 6-1 为水体深度与面积的要求。

表 6-1 各种活动对水体深度与面积要求

项目	水深(m)	面积(m^2)	备注
划船	>0.7	>2500	800~1000m^2/只
滑水	—	—	3~5m^2/人
游泳	1.2~1.7	400~1500	5~10m^2/人
儿童游泳	0.4	200~800	3~5m^2/人
儿童戏水池	0.3	200~800	—
养鱼	0.3~1.0	—	—
观赏鱼池	1.2~1.5	—	—

注：养金鱼要求水深 0.3m，鲤鱼 0.3~0.6m，鱼过冬要求水深 1.0m。

6.1.3.4 其他概念

流速：水体流动的速度。

流量：在一定水流断面单位时间内流过的水量。

蓝线：水体的边缘线。

6.2 湖池水景工程

湖属于静态水体，有天然湖和人工湖之分。天然湖是自然的水域景观，如著名的南京玄武湖、杭州西湖、广东星湖等。人工湖则是人工依地势就低挖掘而成的水域，沿岸因境设景，自然天成图画，如太原晋阳湖和一些现代公园的人工大水面。湖的特点是水面宽阔平静，具有平远开朗之感。此外，湖往往有一定的水深以利于水产。湖岸线和周边天际线较好，还常在湖中利用人工堆土成小岛，用来划分水域空间，使水景层次更为丰富。

园林中的湖池是指自然的或人工的湖泊、池塘、水池、水洼等，是园林中最为常见的水景形式之一。水以其可塑性，被岸坡、景石、建筑、植物等要素限制围合形成各种式样的湖池造型，平滑如静镜的水面映照着环境的各种物象，满足各个角度的欣赏。

6.2.1 人工湖工程

6.2.1.1 湖的布置要点

园林中利用湖体来营造水景，应充分体现湖的水光特色。

(1)湖岸线的“线形艺术”

以自然曲线为主，讲究自然流畅，开合相映。造景湖池的平面形状影响到湖池的水景形象表现及其风景效果。图6-5是湖岸线平面设计的几种基本形式。要注意湖体水位设计，选择合适的排水设施，如水闸、溢流孔(槽)、排水孔等；要注意人工湖的基址选择，应选择壤土、土质细密、土层厚实之地，不宜选择过于黏质或渗透性大的土质区域作为湖址。如果渗透力较大，必须采取工程措施设置防漏层。

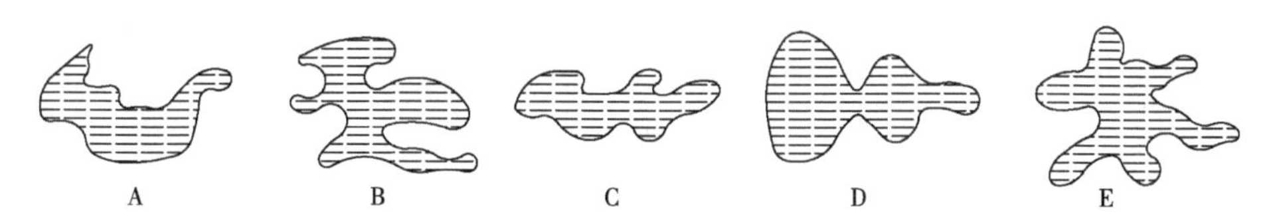

图6-5 自然式湖池平面示例

A. 心字形 B. 云形 C. 流水形 D. 葫芦形 E. 水字形

(2)湖池平面

造景湖池的平面形状影响湖池的水景形象表现及风景效果。湖池水面的大小宽窄与环境的关系比较密切。水面的纵、横长度与水边景物高度之间的比例关系，对水景效果影响较大。在水面形状设计中，有时需要通过两岸岸线凸进水面而将水面划分；或通过堤、岛等进行分区(图6-6)。

(3)水面空间处理

通过桥、岛、建筑物、堤岸和汀步等分隔空间，以丰富园林空间的造型层次和景深。

(4)水深

不同功能的水体其深度不一。在设计时要充分考虑安全因素。国家规范规定：硬底人工水体的近岸2.0m范围内的水深，不得大于0.7m，达不到此要求的应设护栏。无护栏的园桥、汀步附近2.0m范围以内的水深不得大于0.5m，如图6-7所示。

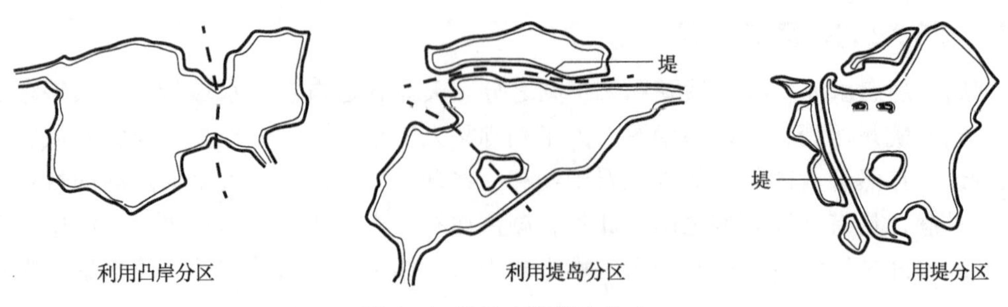

图 6-6　湖塘水面划分方式

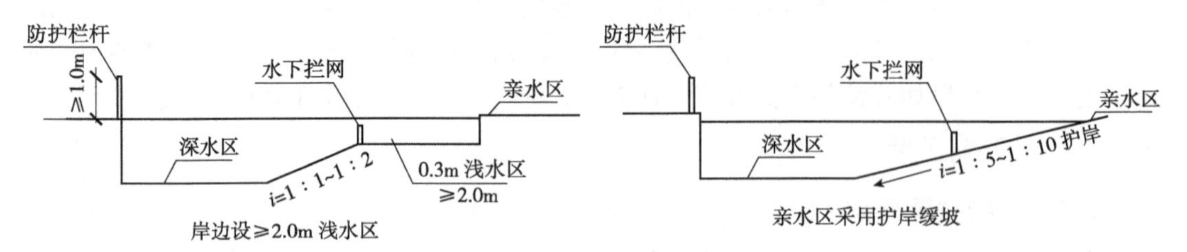

图 6-7　亲水区防护网做法

6.2.1.2　人工湖工程设计

(1)水源选择

蓄积天然降水(雨水或雪水)、引天然河湖水、池塘本身的底部有泉水、打井取水、引城市用水。

(2)人工湖基址对土壤的要求

①黏土、砂质土、壤土是最适合挖湖的土壤类型。

②以砾石为主、黏土夹层结构密实的地段，也适宜挖湖。

③砂土、卵石等易漏水，应尽量避免在其上挖湖。

④基土为淤泥或草煤层等松软层时，须全部挖出。

⑤湖岸立基的土壤必须坚实。

(3)水量损失的估算和测定

水量损失主要是由于风吹、蒸发、溢流、排污和渗漏等原因造成的，一般按循环水流量或水池容积的百分数计算。

根据水量损失总量可知湖水体积的总减少量，依次可计算出最低水位；结合雨季进水量，可计算出最高水位；结合湖中给水量，可计算出常水位，这些都是进行驳岸设计必不可少的数据。表 6-2 列出了渗漏损失的估算值。

表 6-2　渗漏损失估算表

底盘的地址情况	全年水量的损失(占水体体积的百分比,%)
良好	5~10
一般	10~20
不好	20~40

对于较大的人工湖，湖面的蒸发量是非常大的，为了合理设计人工湖的补水量，测定湖面水分蒸发量是很有必要的。目前，我国主要采用置 E601 型蒸发器测定水面的蒸发量，但其测得的数值比水体实际的蒸发量大，因此需采用折减系数，年平均蒸发折减系数一般取 0.75~0.85。

(4)湖池池底结构设计

湖池在池底结构设计通常应根据其基址条件、使用功能、规模大小等的不同作不同的底部构造选择。人工湖通常面积较大，湖底常见的有灰土层湖底、塑料薄膜湖底和混凝土湖底，其中灰土层湖底做法适于大面积湖体，混凝土湖底宜于较小湖体或基址土壤较差的湖体，图 6-8 所示为常用湖底做法。

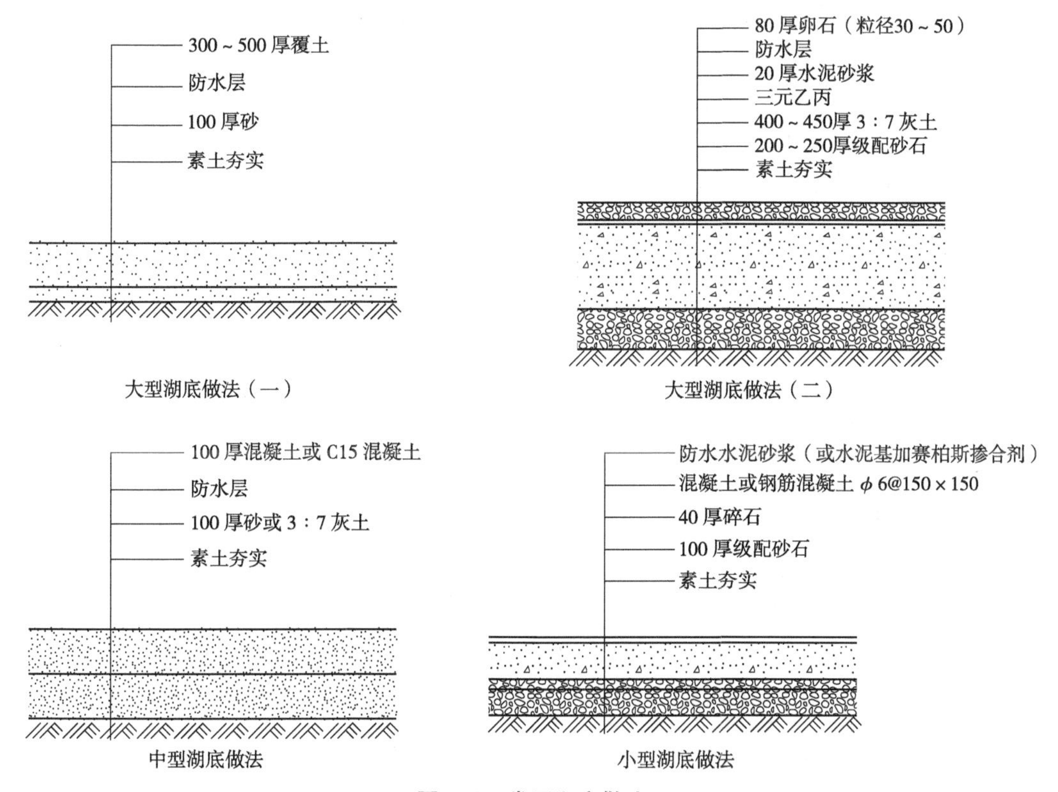

图 6-8 常用湖底做法

①常见人工湖底构造做法

基层：一般土层碾压平整即可。沙砾或卵石基层经过碾压平后，面上须再铺 15cm 细土层。如遇有城市生活垃圾等废物应全部清除，用土回填压实。

防水层：用于湖底的防水层的材料很多，主要有聚乙烯防水毯、聚氯乙烯防水毯、三元乙丙橡胶、膨胀土防水毯、土壤固化剂等。

保护层：在防水层上平铺 15cm 过筛细土，以保护塑料膜不会被破坏。

覆土层：在保护层上覆盖 50cm 回填土，防止防水层被撬动。其寿命可保持 10~30 年。

②常用防水材料的主要特性与相关做法(表 6-3)

表 6-3 常用防水材料的主要特性与相关做法

序号	防水材料	主要特性	做法
1	聚乙烯防水毯	由乙烯聚合而成的高分子化合物，其热塑性耐化学腐蚀，成品呈乳白色，含碳的聚乙烯能抵抗紫外线，一般防水用厚 0.3mm	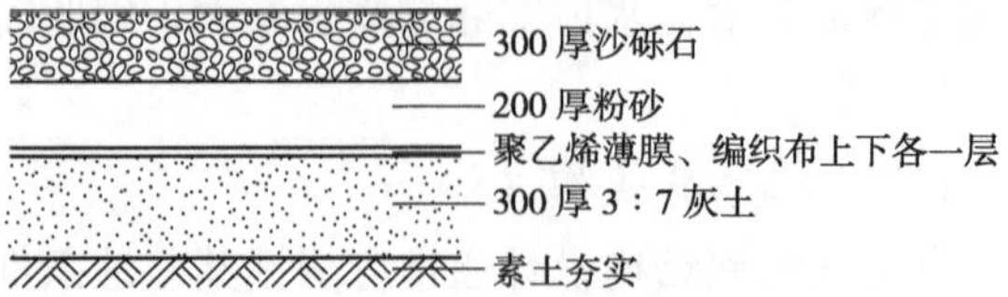 300 厚沙砾石 200 厚粉砂 聚乙烯薄膜、编织布上下各一层 300 厚 3：7 灰土 素土夯实
2	聚氯乙烯防水毯	以聚氯乙烯为主合成的高聚合物，其拉伸强度>5MPa，断裂伸长率>150%，耐老化性能好，使用寿命长，原料丰富，价格便宜	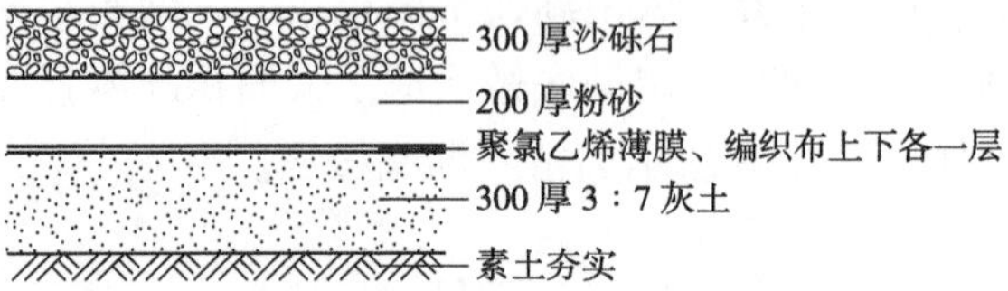 300 厚沙砾石 200 厚粉砂 聚氯乙烯薄膜、编织布上下各一层 300 厚 3：7 灰土 素土夯实
3	三元乙丙橡胶（EPDA）	由乙烯、丙烯和任何一种非共轭二烯烃聚合成的高分子聚合物，加上丁基橡胶混炼而成的防水卷材，耐老化，使用寿命长达 50 多年，拉伸强度高，断裂伸长率为 450%。因此抗裂性能极佳，耐高低温性能好，能在-45～160℃长期使用	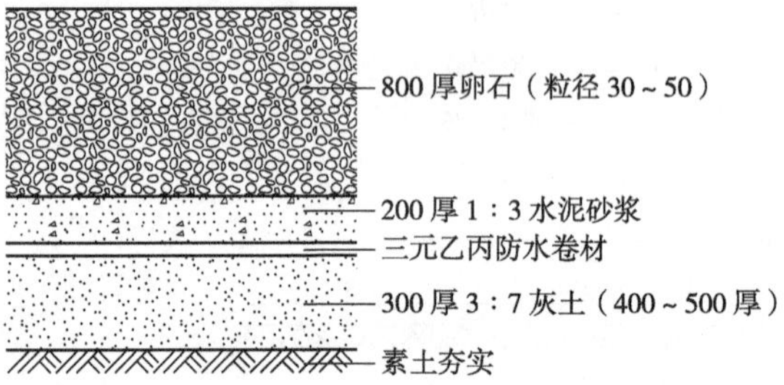 800 厚卵石（粒径 30～50） 200 厚 1：3 水泥砂浆 三元乙丙防水卷材 300 厚 3：7 灰土（400～500 厚） 素土夯实
4	膨润土防水毯	一种以蒙脱石为主的黏土矿物，具有遇水后膨胀形成不透水的凝胶体，渗透系数为 1.1×10^{-11} m/s，土工合成材料，膨润土垫（GCL）经常采用有压安装，遇水后产生反向压力，具自愈补裂隙的功能。可直接铺于夯实的土层上，安装容易，防水性永久	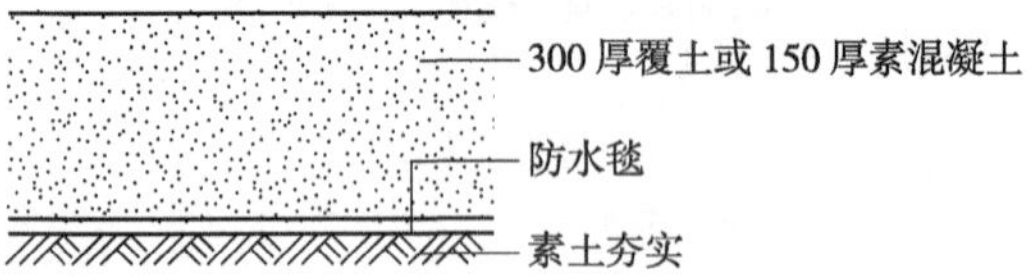 300 厚覆土或 150 厚素混凝土 防水毯 素土夯实
5	赛柏斯掺合剂	水泥基渗透结晶型防水掺合剂，为灰色结晶粉末，遇水后形成不溶于水的网状结晶，与混凝土融为一体，阻断混凝土中的微孔，达到防水目的	
6	土壤固化剂	由多种无机和有机材料配制而成的水硬性复合材料。适用于各种土质条件下的表层、深层土的改良加固，固化剂中的高分子材料通过交联形成三维网状结构，提高土壤的抗压、抗渗、抗折性能，其渗透系数不大于 1×10^{-7} cm/s，固化剂元素无污染，对水的生态环境无副作用，水中动植物可健康生长	清除石块、杂草，松散土壤均匀拌合固化剂，摊平、碾压、常温养生，经胶结的土粒，填充了其中的孔隙，将松散的土变为致密的土而固定

6.2.1.3 人工湖施工

对于基址土壤抗渗性好、有天然水源保障条件的湖体，湖底一般不需做特殊处理，只要充分压实，相对密实度达90%以上即可，否则，湖底需做抗渗处理。

开工前根据设计图纸结合现场调查资料(主要是基址土壤情况)确认湖底结构设计的合理性。施工前清除地基上面的杂物。压实基土时如杂填土或含水量过大、过小应采取措施加以处理。具体流程如图6-9所示。

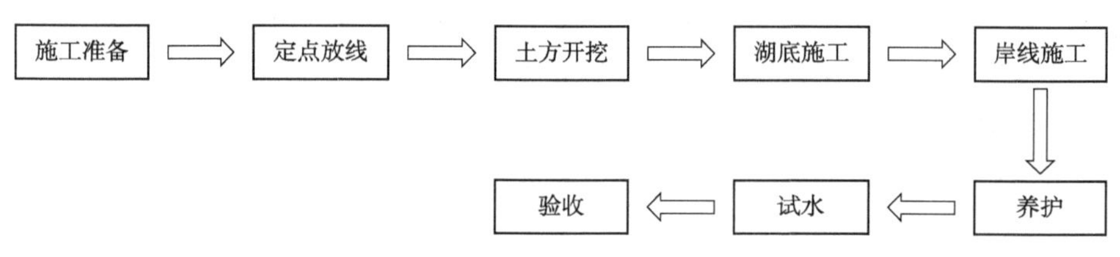

图6-9 施工流程图

(1)湖、塘施工测量控制

定期进行纵横断面坡度测量，并将施测成果绘制成图表，池体削坡前应定出放样控制桩，削坡后应实测断面。

所有测量有原始记录、计算成果和绘制的图表，妥为保存归档。

(2)土方开挖

根据各控制点，采用自上而下分层开挖的施工方法，不得欠挖和超挖。开挖过程中要及时校核、测量开挖平面的位置、水平标高、控制桩、水准点和边坡坡度等是否符合施工图纸的要求。

开挖中如出现裂缝和滑动现象，应采取暂停施工和应急抢救措施，并做好处理方案，做好记录。

(3)湖底施工

对于灰土层湖底，灰土比例常用3∶7。土料含水量要适当，并用16~20mm筛子过筛。生石灰粉可直接使用，如果是块灰闷制的熟石灰要用6~10mm筛子过筛。注意拌和均匀，最少翻拌两次。灰土层厚度大于200mm时要分层压实(图6-10)。

对于塑料薄膜湖底，应选用延展性和抗老化能力高的塑料薄膜。铺贴时注意衔接部位要重叠0.5m以上。摊铺上层黄土时动作要轻，切勿损坏薄膜。

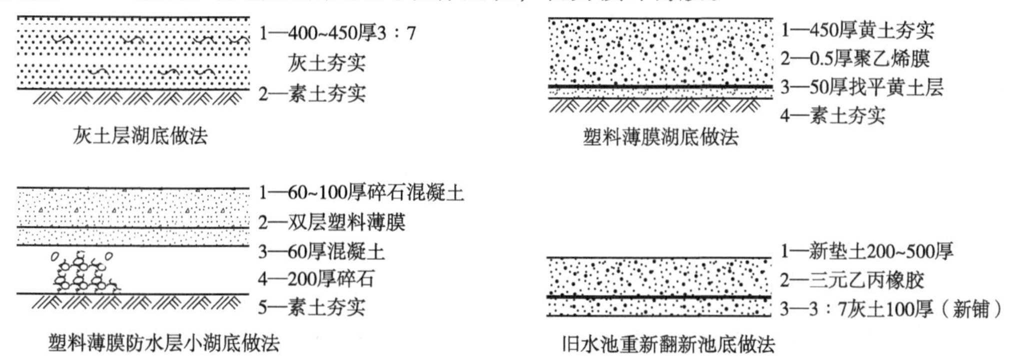

图6-10 湖底做法示例

塑料薄膜防水层小湖底做法是当小型湖底土质条件不是太好时所采取的施工方法，此法比塑料薄膜湖底做法增加了200mm厚碎石层、60mm厚混凝土层及60~100mm厚粒石混凝土，这有利于湖底加固和防渗，但投入比较大。旧水池翻新做法，对于发生渗漏的水池，或因为景观改造需要，可用此法进行施工。注意保护已建成设施。对施工过程中损坏的驳岸要进行整修，恢复原状。

(4)湖岸处理

湖岸的稳定性对湖体景观有特殊意义，应予以重视。先根据设计图严格将湖岸线用石灰放出，放线时应保证驳岸(或护坡)的实际宽度，并做好各控制基桩的标注。开挖后要对易崩塌之处用木条、板(竹)等支撑，遇到孔、洞等渗漏性大的地方，要结合施工材料用抛石、填灰土、三合土等方法处理。如岸壁土质良好，做适当修整后可进行后续施工。

(5)人工湖岸墙防渗施工

人工湖防渗一般包括湖底防渗和岸墙防渗两部分。湖底由于不外露，又处于水平面，一般采用铺防水材料上覆土或混凝土的方法进行防渗；而湖岸处于立面，又有一部分露出水面，要兼顾美观，因此岸墙防渗比湖底防渗要复杂些，方法也较多样。

知识链接

复合土工膜防渗工程

1. 基层施工

(1)基础应分层洒水碾压或夯实，每层厚度应不大于40cm。

(2)基层表面按设计要求铺设砂土、砂浆作为保护层。

(3)当面层存在对复合土工膜有影响的特殊菌类时，杀菌剂处理。

2. 复合土工膜的铺设施工

(1)应在当日用完。

(2)铺设前应做好下列准备工作：基础支持层具备铺设复合土工膜的条件；画出复合土工膜铺设顺序和裁剪图；检查复合土工膜的外观质量；进行现场铺设试验，确定焊接温度、速度等施工工艺参数。

(3)按先上游、后下游，先边坡、后池底的顺序分区分块进行人工铺设。

(4)膜块间形成的结点应为T字形，不得做成十字形。

(5)复合土工膜焊缝搭接面应干净；铺设完毕未覆盖保护层前，应在膜的边角处每隔2~5m放一个20~40kg重的沙袋。

(6)膜的外观有无破损、麻点、孔眼等缺陷。

3. 现场连接复合土工膜焊接技术

土工膜平行对齐，适量搭接。焊接宽度为5~6cm。做小样焊接试验，试焊接1m长的复合土工膜样品。再采用现场撕拉检验试样。

4. 保护层施工

(1)保护层材料采用满足设计要求的细砂土，其中不得含有任何易刺破土工膜的尖锐物体或杂物。不得使用可能损伤土工膜的工具。

(2)在土工膜铺设及焊接验收合格后，应及时填筑保护层。

(3)必须按保护层施工设计进行，不得在垫层施工中破坏已铺设完工的土工膜。保护层施工工作面不宜上重型机械和车辆，应采用铺放木板，用手推车运输的方式。

6.2.2 岸坡工程

人工湖的平面形态是依靠岸边的围合来形成的。根据其构筑形式，岸又分为驳岸和护坡两种形式。驳岸是在水体边缘与陆地交界处，为稳定岸壁，保护水体不被冲刷或水淹等因素所破坏而设置的垂直构筑物，由基础、墙体、盖顶等组成。护坡主要是保护坡面、防止雨水径流冲刷及风浪拍击，以保证岸坡稳定的一种水工措施。园林水景工程中，人工湖和许多种类的水体都涉及岸边建造问题，这种专门处理和建造水体岸边的建设工程，称为水体岸坡工程，包括驳岸工程和护坡工程。

6.2.2.1 驳岸工程

(1)驳岸的作用

①维持水体稳定，防止岸边塌陷　可以防止因冻胀、浮托、风浪的淘刷或超重荷载而导致的岸边塌陷，对维持水体稳定起重要作用。

②岸坡之顶可作为水边游览道。

③构成园景　提高水景的亲和性。岸坡也属于园林水景构成要素的一部分。

(2)破坏驳岸的主要因素

驳岸可分成湖底以下基础部分、常水位以下部分、常水位与最高水位之间的部分和不淹没的部分(图6-11)。

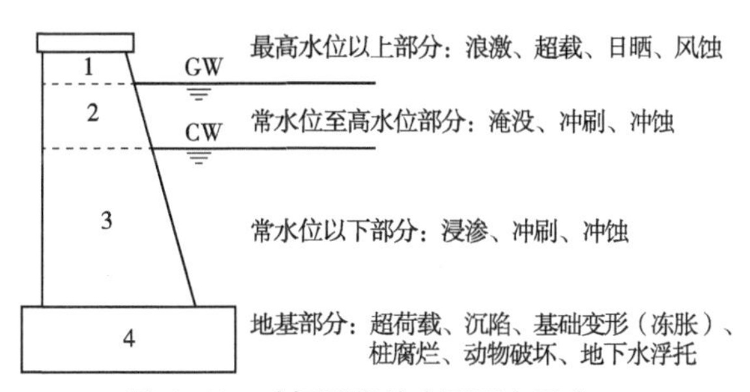

图6-11　破坏驳岸的主要因素示意

湖底地基直接坐落在不透水的坚实地基上是最理想的。否则由于湖底地基荷载强度与岸顶荷载不相适应而造成均匀或不均匀沉陷使驳岸出现纵向裂缝甚至局部塌陷。在冰冻地带湖水不深的情况下，由于冻胀引起地基变形。如以木桩作桩基则因腐烂，包括动物的破坏而造成朽烂。在地下水位高的地带则因地下水的浮托力影响基础的稳定。

常水位至湖底部分处于常年被淹没状态，其主要破坏因素是湖水浸渗。在我国北方寒冷地区则因水渗入驳岸内，冻胀后使驳岸断裂。湖面冰冻，冻胀力作用于常水位以下驳岸使常水位以上的驳岸向水面方向位移。而岸边地面冰冻产生的冻胀力也将常水位以上驳岸向水面方向推动。岸的下部则向陆面位移，这样便造成驳岸位移。常水位以下驳岸又是园内雨水管出水口。如安排不当，也会影响驳岸。

常水位至最高水位这部分驳岸经受周期性淹没，随水位上下的变化也形成冲刷。如果不设驳岸，岸土便被冲落。如水位变化频繁则也使驳岸受冲蚀破坏。

最高水位以上不被淹没的部分，主要是受浪击、日晒和风化剥蚀。驳岸顶部则可能因超重荷载和地面水的冲刷遭到破坏。另外，由于驳岸下部被破坏也会引起上部受到破坏。

对于破坏驳岸的主要因素有所了解以后，再结合具体情况便可以做出防止和减少破坏的措施。

(3)驳岸的类型

园林水体岸坡设计中，首先要确定岸坡的设计形式，然后再根据具体建设条件进行岸坡的结构设计，最后才能完成岸坡的设计。

①依据断面形状划分　水体驳岸的断面形状决定其外观的基本形象，园林内的水体岸坡有下述几种。

垂直岸：岸壁基本垂直于水面。在岸边用地狭窄时，或在小面积水体中，采用这种驳岸形式可节约岸边用地。在水位有涨落变化的园林水体中，这种驳岸不能适应水位的涨落。枯水期有岸口显得太高(图 6-12)。

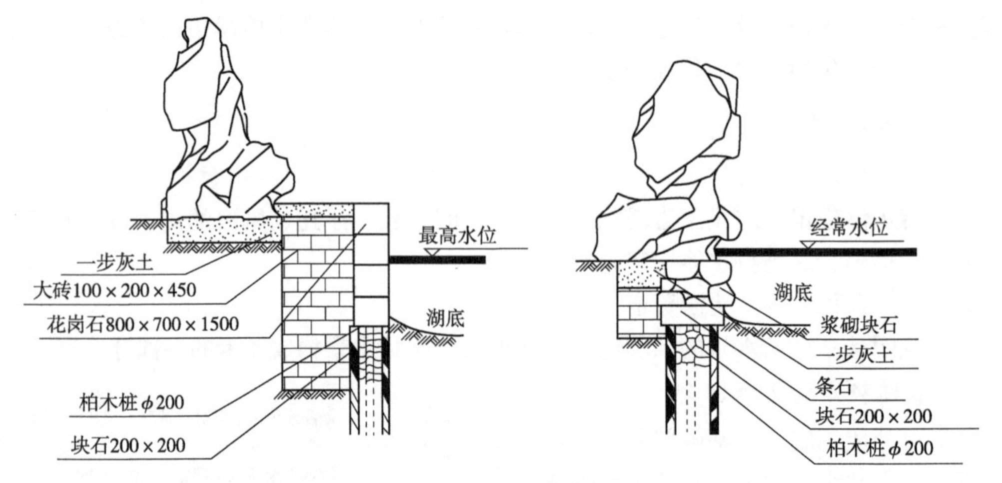

图 6-12　垂直岸

悬挑岸：岸壁基本垂直，岸顶石向水面悬挑出一小部分，水面仿佛延伸到了岸口以下。这种驳岸适宜在广场水池、庭院水池等面积较小的、水位能够人为控制的水体中采用(图 6-13)。

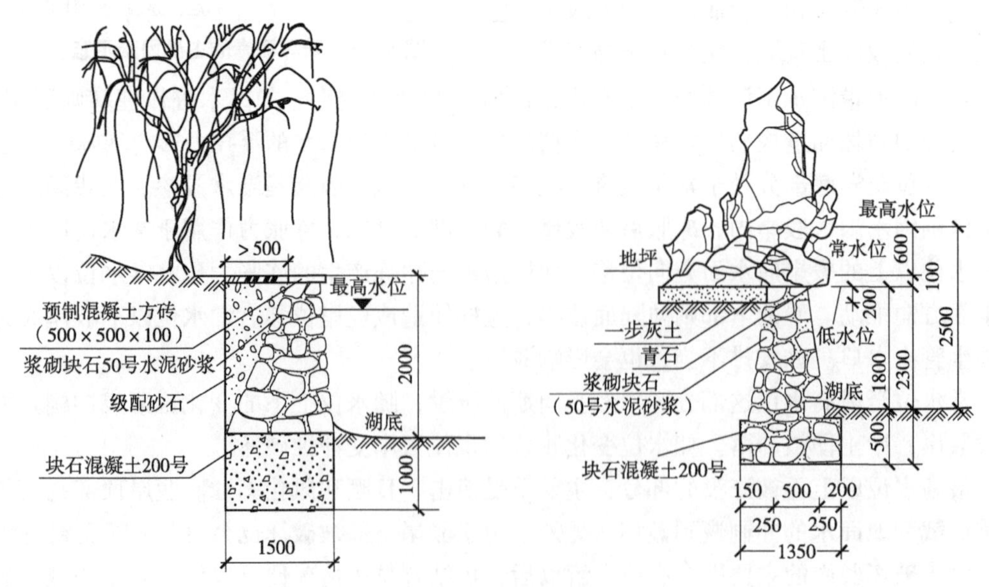

图 6-13　悬挑岸

斜坡岸：岸壁成斜坡状，岸边用地需比较宽阔。这种驳岸比较能适应水位的涨落变化，并且岸景比较自然。当水面比较低，岸顶比较高时，采用斜坡岸能降低岸顶，避免因岸口太高而引起的视觉上的不愉快(图 6-14)。

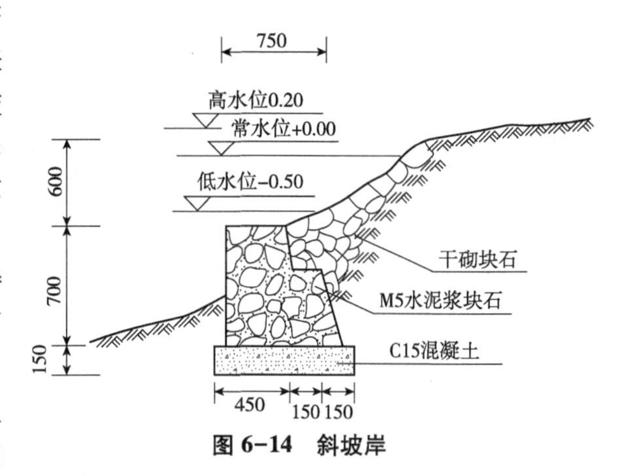

图 6-14　斜坡岸

②按照景观特点划分　如果以景观特点为划分依据，园林水体驳岸常见有以下类型。

山石驳岸：采用天然山石，不经人工整形，顺其自然石形砌筑成崎岖、曲折凹凸变化的自然山石驳岸。这种驳岸适用于水石庭院、园林湖池、假山山涧等水体。

干砌大块石驳岸：这种驳岸不用任何胶结材料，而只是利用大块石的自然纹缝进行拼接镶嵌。在保证砌叠牢固的前提下，使块石前后错落，多有变化，以造成大小深浅形状各异的石峰、石洞、石槽、石孔、石峡等。由于这种驳岸缝隙密布，生态条件比较好，有利于水中生物的繁衍和生长，因而广泛适用于多数园林湖池水体。

浆砌块石驳岸：这种驳岸是采用水泥砂浆，按照重力式挡土墙的方式砌筑块石驳岸，并用水泥砂浆抹缝，使岸壁壁面形成冰裂纹、松皮纹等装饰性缝纹。这种驳岸能适应大多数园林水体使用。

整形石砌体驳岸：利用加工整形成规则形状的石格，整齐地砌筑成条石砌体驳岸。这种驳岸规则整齐、工程稳固性好，但造价较高，多用于较大面积的规则式水体。

石砌台阶式岸坡：结合湖岸坡地形式游船码头的修建，用整形石条砌筑成梯级形状的岸坡。这样不仅可适应水位的高低变化，还可以利用阶梯作为休息坐凳，吸引游人靠近水边赏景、休息或垂钓，以增加游园的兴趣。

砖砌池壁：用砖砌体做成垂直的池岸。砖砌体墙面常用水泥砂浆抹面，以加固墙体、光洁墙面和防止池水渗漏。这种池壁造价较高，适用于面积较小的造景水池。

钢筋混凝土池壁：以钢筋混凝土材料做成池壁和池底。整齐性、光洁性和防渗漏性都最好，但造价高，并且适于重点水池和规则式水池。

板桩式驳岸：使用材料较广泛，一般可用混凝土桩、板等砌筑。岸壁较薄，因此不宜用于面积较大的水体，而是适用于局部的驳岸处理。

卵石及其贝壳岸坡：将大量的卵石、砾石与贝壳按一定级配与层次堆积于斜坡的岸边，既可适应池水涨落的冲刷，又带来自然风采。有时将卵石或贝壳粘于混凝土上，组成形形色色的花纹图案，能倍增观赏效果。

③根据结构形式划分　按结构形式分，园林驳岸可分为重力式、后倾式、板桩式和混合式等几种。

重力式驳岸：这种驳岸主要是依靠墙身自重来保证岸壁的稳定，并抵抗墙背的土压力。这类岸坡在北方使用较为普遍，特别是在水面辽阔、风浪较大处，一般都采用此种形式的岸坡。这种岸坡多用混凝土或毛石材料砌筑而成。

后倾式驳岸：它是重力式岸坡的特殊形式，墙身后倾，受力合理，坚固耐用，工程量小，比重力式经济。一般在岸线固定、地质情况较好处可采用这种形式的岸坡。

板桩式驳岸：采用钢筋混凝土或木桩作支墩，加插入的钢筋混凝土板（或木板）组成这种岸坡。支墩靠横拉条和锚板连接来固定，板与支墩的连接形式分为板插入支墩和板紧靠支墩。其特点是施工快、灵活、体积小、造价低，土体不高时尤其合适，但冲刷地段不宜用此形式。

混合式驳岸：这类岸坡有两种形式。一是其上部用块石护坡，下部采用重力式块石岸坡。这是块石护坡和后倾式相混合的岸坡，具有以下特点：避免了因全部采用重力式岸坡而使用施工进度慢，经济指标高，又避免了因全部采用块石护坡而不设重力式岸坡，造成护坡滩面太大的问题，同时抗冲刷效果也明显。二是桩板重力式混合岸坡。桩板作为下部结构，重力式为上部结构，组成桩板式重力岸坡。一般多用于湖底基础条件不好的环境。

④根据驳岸平面位置和岸顶高程的确定　与城市河湖接壤的驳岸，应按照城市规划河道系统规定的平面位置建造。园林内部驳岸则根据设计图纸确定平面位置。技术设计图上应该以常水位线显示水面位置。整形驳岸，岸顶宽度一般为30~50cm。如驳岸有所倾斜则根据倾斜度和岸顶高程向外推求。

岸顶高程应比最高水位高出一段距离，一般是高出25cm至1m。一般情况下驳岸以贴近水面为好。在水面积大、地下水位高、岸边地形平坦的情况下，对于人流稀少的地带可以考虑短时间被洪水淹没以降低由大面积垫土或增高驳岸的造价。

驳岸的纵向坡度应根据原有地形条件和设计要求安排，不必强求平整，可随地形有缓和的起伏，起伏过大的地方甚至可做成纵向阶梯状。

⑤水体驳岸设计　不同园林环境中，水体的形状、面积和基本景观各不相同，其驳岸的表现形式和结构形式也相应有所不同。在什么样的水体中选用什么样的岸坡，要根据岸坡本身的适用性和环境景观的特点确定。

在规则式布局的园林环境中，如园景广场、规则式水体，一般要选择整齐、光洁性良好的岸坡形式，如钢筋混凝土池壁、砖砌池壁、整形石砌驳岸等。一些水景形式如喷泉池、瀑布池、滴泉池、休闲泳池等，也应采用这些岸坡形式。

园林中大面积或较大面积的河、湖、池塘等水体，可采用很多形式的岸坡，如浆砌块石驳岸、整形石砌驳岸、石砌台阶式岸坡等。为了降低工程总造价，也可采用一些简易的驳岸形式，如干砌大块石驳岸和浆砌卵石驳岸等。在岸坡工程量比较大的情况下，这些种类的岸坡施工进度可以比较快，有利于缩短工期。另外，采用这些岸坡也能使大面积水体的岸边景观显得比较规整。

对于规整形式的砌体岸坡，设计中应明确规定砌块要错缝砌筑，不得齐缝，而缝口外的勾缝，则勾成平缝、阳缝都可以，一般不勾成阴缝，具体勾缝形式可视整形条石的砌筑情况而定。

对于具有自然纹理的毛石，可按重力式挡土墙砌筑。砌筑时砂浆要饱满，并且顺着自然纹理，按冰裂式勾成明缝，使岸壁壁面呈现冰裂纹。在北方冻害区，应于冰冻线高约1m外嵌块石混凝土，以抗冻害侵蚀破坏。为隐蔽起见，可做成人工斩假石状。但岸坡过长时，这种做法显得单调无味。

山水庭园的水池、溪涧中，根据需要可选用更富于自然特质的驳岸形式。如草坡驳岸、山石驳岸(局部使用)等。庭院水池也常用砖砌池壁、混凝土池壁、浆砌块石池壁等。为了丰富岸边景观并与叠山理水相结合，可利用就地取材的山石(如南方的黄石、太湖石、石灰岸风化石，北方的虎皮石、北太湖石、青石等)，置于大面积水体的岸边，拼砌成凹深凸浅、纹理相顺、颜色协调、体态各异的自然山石驳岸。在岸线凸出的地方，再立一些峰石、剑石，增加山石的景观效果。为使游人更能接近水面，在湖池岸边可设挑出水面的山石蹬道。邻近水面处还可设置参差不齐的礁石，并与水边的石矶相结合，时而平卧，进而竖立；有的翘首昂立，剑指蓝天；有的低伏水面，半浸碧波。让人坐踏其上，戏水观鱼怡然自得。此外，还可在山石缝隙间栽植灌木花草，点缀岸坡，展示自然美景。

自然山石驳岸在砌筑过程中，要求施工人员的技艺水平较高，而且工程造价比较高，因此，一般都不是大量应用于园林湖池作为岸坡，而是与草皮岸坡、干砌大块石驳岩等结合起来使用。

就一般大、中型园林水体来说，只要岸边用地条件能够满足要求，就应当尽量采用草皮岸坡。草皮岸坡的景色自然优美，工程造价不高，很适于岸坡工程量大的情况。

草皮岸坡的设计要点是：在水体岸坡常水位线以下层段，采用干砌石块或浆砌卵石做成斜坡岸体。常水位以上，则做成低缓的土坡，土坡用草皮覆盖，或用较高的草丛布置成草丛岸坡。草皮缓坡或草丛缓坡上，还可以点缀一些低矮灌木，进一步丰富水边景观。

⑥园林常见驳岸结构

砌石驳岸：砌石驳岸是园林工程中最为主要的护岸形式。它主要依靠墙身自重来保证岸壁的稳定，抵抗墙后土壤的压力。园林驳岸的常见结构由基础、墙身和压顶三部分组成(图6-15)。

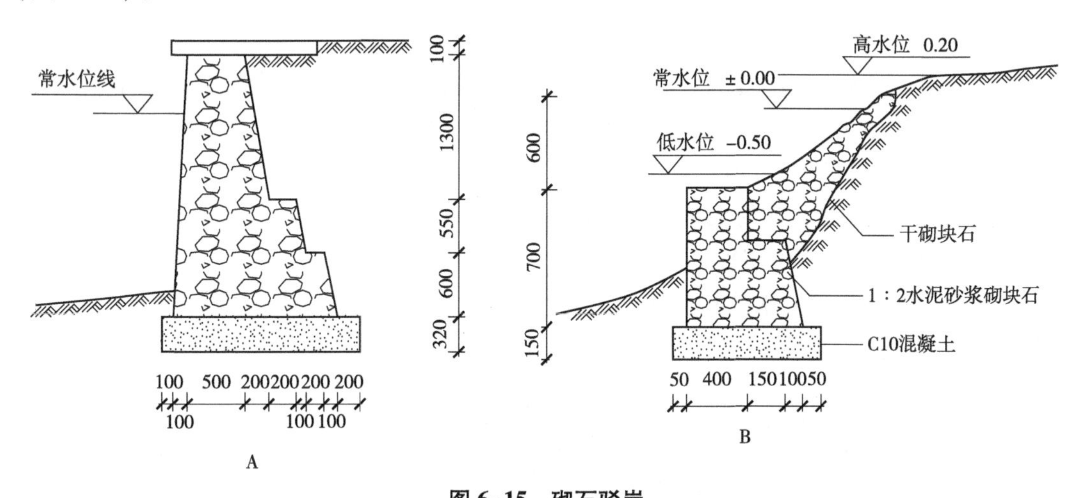

图6-15 砌石驳岸

A. 浆砌块石驳岸 B. 干砌块石驳岸

基础——驳岸承重部分，上部质量经基础传给地基。要求基础坚固，埋入湖底深度不得小于50cm，基础宽度要求在驳岸高度的0.6~0.8倍范围内。

墙身——基础与压顶之间的主体部分，墙身承受压力最大，主要来自垂直压力、水的水平压力及墙后土壤侧压力。墙身要确保一定厚度，为避免因温差变化而引起墙体破裂，一般每隔10~25m设伸缩缝一道，缝宽20~30mm。另外还需要设置沉降缝。

压顶——驳岸最上部分，作用是增强驳岸稳定，阻止墙后土壤流失，美化水岸线。压顶用混凝土或大块石做成，宽度 30~50cm。

桩基驳岸：桩基是常用的一种水工地基处理手法。主要作用是增强驳岸的稳定，防止驳岸的滑移或倒塌，同时可加强土基的承载力。通过桩尖将上部荷载传给下面的基础或坚实土层；或者利用摩擦，借木桩侧表面与泥土间的摩擦力将荷载传到周围的土层中，以达到控制沉陷的目的。

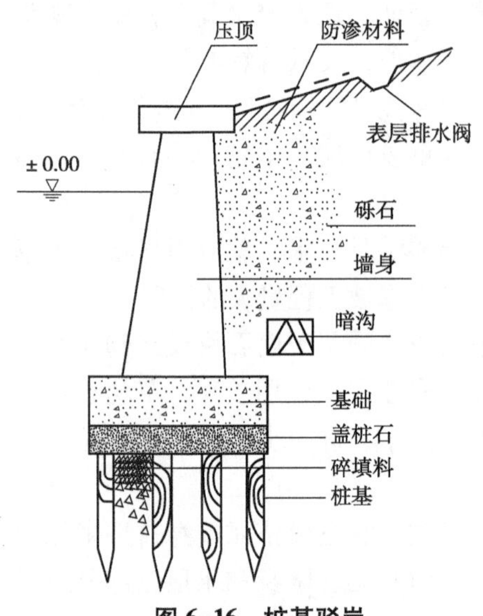

图 6-16　桩基驳岸

图 6-16 是桩基驳岸结构图，它由核基、碎填料、盖桩石、混凝土基础、墙身和压顶等部分组成。卡当石是桩间填充的石块，主要是保持木桩的稳定。盖桩石为桩顶浆砌的条石，作用是找平桩顶以便浇灌混凝土基础。碎填料多用石块，填于桩间，主要是保持木桩的稳定。基础以上部分与砌石驳岸相同。

桩基有木桩、石桩、灰土桩和混凝土桩、竹桩、板桩等。木桩要求耐腐、耐湿、坚固，如柏木、松木、橡树、榆树、杉木等。桩木的规格取决于驳岸的要求和地基的土质情况，一般直径 10~15cm，长 1~2m，弯曲度(d/l)小于 1%。桩木的排列常布置成梅花桩、品字桩或马牙桩。梅花桩一般每平方米 5 个桩。

灰土桩是先打孔后填灰土的桩基做法，常配合混凝土用，适用于岸坡水淹频繁而木桩又容易腐蚀的地方。混凝土桩坚固耐久，但投资较大。

竹篱、板桩驳岸：驳岸打桩后，基础上部临水面墙身由竹篱(片)或板片镶嵌而成，适用于临时性驳岸。竹篱驳岸造价低廉，取材容易，施工简单，工期短，能使用一定年限，凡盛产竹子，如毛竹、大头竹、勒竹、撑篙竹的地方均可采用。施工时，竹桩、竹篱要涂上一层柏油防腐。竹桩顶端由竹节处截断以防雨水积聚，竹片镶嵌要直顺、紧密、牢固(图 6-17)。

钢筋混凝土驳岸(图 6-18)：钢筋混凝土驳岸稳定性好，结构坚固，通常用于水流冲刷较大、地质情况较差的水体；其缺点是成本较高，并且外观形式较生硬、单一，园林中不易于景观相协调。

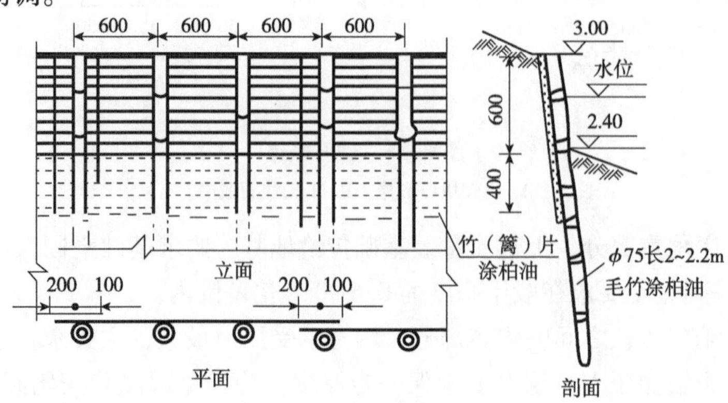

图 6-17　竹篱驳岸

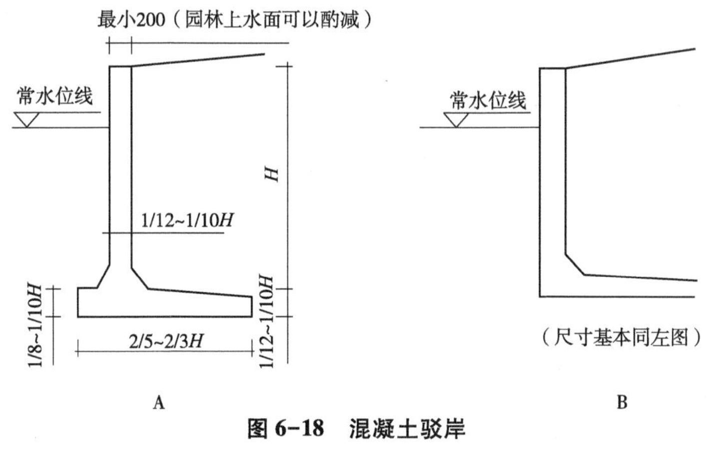

图 6-18　混凝土驳岸

A. T 型混凝土驳岸　B. L 型混凝土驳岸

(4)驳岸施工

水体驳岸的施工材料、施工做法，随岸坡的设计形式不同而有差别。但在多数岸坡种类的施工中，也有一些共同的要求。在一般岸坡施工中，都应坚持就地取材的原则。就地取材是建造岸坡的前提，它可以减少投入在砖石材料及其运输上的工程费用，有利于缩短工期，也有利于形成地方土建工程的特色。

驳岸施工前必须放干湖水，或分段堵截围堰逐一排空。以块石驳岸为例，施工流程如下：

砌石驳岸施工工艺流程为：放线→挖槽→夯实地基→浇筑混凝土基础→砌筑岸墙→砌筑压顶。

放线：依据施工设计图上的常水位线来确定驳岸的平面位置，并在基础两侧各加宽20cm 放线。

挖槽：一般采用人工开挖，工程量大时可采用机械挖掘。为了保证施工安全，挖方时要保证足够的工作面，对需要放坡的地段，务必按规定放坡。

夯实地基：基槽开挖完成后将基槽夯实，遇到松软的土层时，必须铺一层厚 14~15cm 灰土(石灰与中性黏土之比为 3∶7)加固。

浇筑基础：采用块石混凝土基础。浇注时要将块石垒紧，不得列置于槽边缘。然后浇筑 M15 或 M20 水泥砂浆，基础厚度 400~500mm，高度常为驳岸高度的 0.6~0.8 倍。灌浆务必饱满，要渗满石间空隙。

北方地区冬季施工时可在砂浆中加 3%~5%的 $CaCl_2$ 或 NaCl 用以防冻。

砌筑岸墙：M5 水泥砂浆砌块石，砌缝宽 1~2cm，每隔 10~25m 设置伸缩缝，缝宽3cm，用板条、沥青、石棉绳、橡胶、止水带或塑料等材料填充，填充时最好略低于砌石墙面。缝隙用水泥砂浆勾满。如果驳岸高差变化较大，应做沉降缝，宽 20mm。另外，也可在岸墙后设置暗沟，填置砂石排除墙后积水，保护墙体。

砌筑压顶：压顶宜用大块石(石的大小可视岸顶的设计宽度选择)或预制混凝土板砌筑。砌时顶石要向水中挑出 5~6cm，顶面一般高出最高水位 50cm，必要时也可贴近水面。桩基驳岸的施工可参考上述方法。

6.2.2.2　护坡工程

在园林中，自然山地的陡坡、土假山的边坡、园路的边坡和湖岸池边的陡坡，有时为了顺其自然不做驳岸，而是改用斜坡伸向水中做成护坡。防坡主要是防止滑坡、减少地面水和风浪的冲刷，以保证岸坡的稳定，常见的有草坪护坡、花坛式护坡、石钉护坡、预制框格护坡、截水沟护坡、编柳抛石护坡等。

(1)园林护坡的类型

①块石护坡　在岸坡较陡、风浪较大的情况下，或因为造景的需要，在园林中常使用块石护坡(图6-19)。护坡的石料，最好选用石灰岩、砂岩、花岗岩等比重大、吸水率小的顽石。在寒冷的地区还要考虑石块的抗冻性。石块的比重应不小于2。如火成岩吸水率超过1%或水成岩吸水率超过1.5%(以重量计)则应慎用。

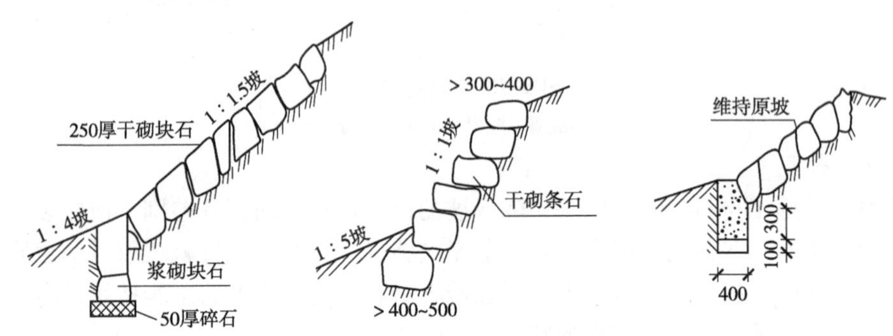

图6-19　块石护坡

②园林绿地护坡

草皮护坡：当岸壁坡角在自然安息角以内，地形变化在1：5~1：20间起伏，这时可以考虑用草皮护坡，即在坡面种植草皮或草丛，利用土中的草根来固土，使土坡能够保持较大的坡度而不滑坡(图6-20)。

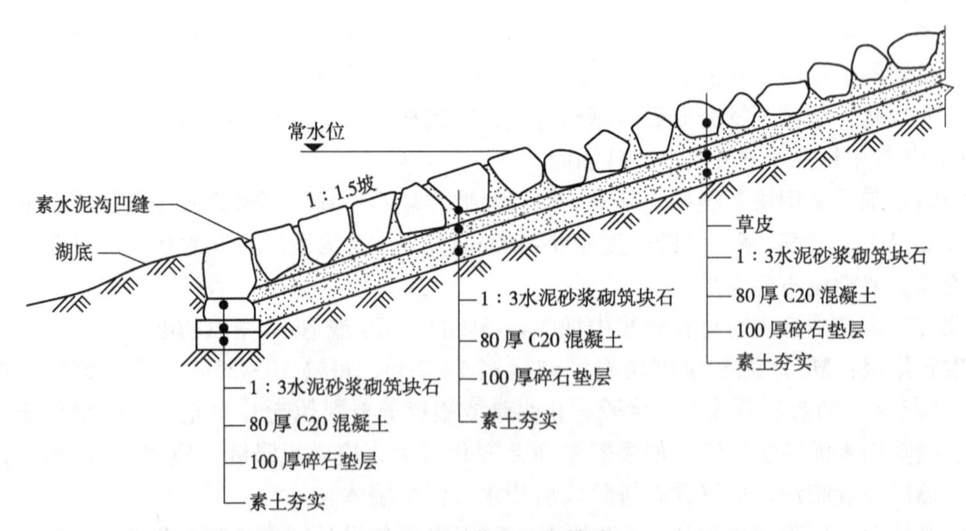

图6-20　草皮入水护坡

花坛式护坡：将园林坡地设计为倾斜的图案、文字类模纹花坛或其他花坛形式，既美化了坡地，又起到了护坡的作用。

石钉护坡：在坡度较大的坡地上，用石钉均匀地钉入坡面，使坡面土壤的密实度增长，抗坍塌的能力也随之增强。

预制框格护坡：一般是用预制的混凝土框格，覆盖、固定在陡坡坡面，从而固定、保护坡面，坡面上仍可种草种树。当坡面很高、坡度很大时，采用这种护坡方式比较好。因此，这种护坡最适于较高的道路边坡、水坝边坡、河堤边坡等的陡坡。

截水沟护坡：为了防止地表径流直接冲刷坡面，而在坡的上端设置一条小水沟，以阻截、汇集地表水，从而保护坡面。

编柳抛石护坡：采用新截取的柳条十字交叉编织。编柳空格内抛填厚200~400mm的块石，块石下设厚10~20cm的砾石层以利于排水和减少土壤流失。柳格平面尺寸为1m×1m或0.3m×0.3m，厚度为30~50cm。柳条发芽便成为较坚固的护坡设施。

近年来，随着新型材料的不断应用，用于护坡的成品材料也层出不穷，不论采用哪种形式的护坡，它们最主要的作用基本上都是通过坚固坡面表土的形式，防止或减轻地表径流对坡面的冲刷，使坡地在坡度较大的情况下也不至于坍塌，从而保护了坡地，维持了园林的地形地貌。

(2)坡面构造设计

各种护坡工程的坡面构造，实际上是比较简单的。它不像挡土墙那样，要考虑泥土对砌体的侧向压力。护坡设计要考虑的只是如何防止陡坡的滑坡和如何减轻水土流失。根据护坡做法的基本特点，下面将各种护坡方式归入植被护坡、框格护坡和截水沟护坡3种坡面构造类型，并对其设计方法给予简要的说明。

①植被护坡的坡面设计　这种护坡的坡面是采用草皮护坡、灌丛护坡或花坛护坡方式所做的坡面，这实际上都是用植被来对坡面进行保护，因此，这3种护坡的坡面构造基本上是一样的。一般而言，植被护坡的坡面构造从上到下的顺序是：植被层、坡面根系表土层和底土层。各层的构造情况如下：

植被层：植被层主要采用草皮护坡的，植被层厚15~45cm；采用花坛护坡的，植被层厚25~60cm；采用灌木丛护坡，则灌木层厚45~180cm。植被层一般不用乔木做护坡植物，因乔木重心较高，有时可因树倒而使坡面坍塌。在设计中，最好选用须根系的植物，其护坡固土作用比较好。

坡面根系表土层：用草皮护坡与花坛护坡时，坡面保持斜面即可。若坡度太大，达到60°以上时，坡面土壤应先整细并稍稍拍实，然后在表面铺上一层护坡网，最后才撒播草种或栽种草丛、花苗。用灌木护坡，坡面则可先整理成小型阶梯状，以方便栽种树木和积蓄雨水(图6-21)。为了避免地表径流直接冲刷陡坡坡面，还应在坡顶部顺着等高线布置一条截水沟，以拦截雨水。

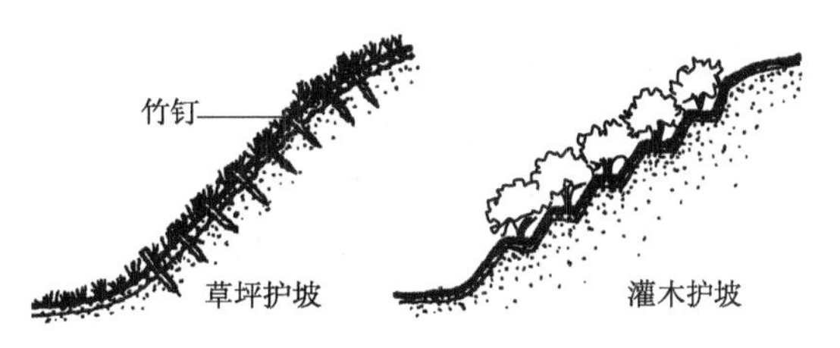

图6-21　植被护坡的两种断面

底土层：坡面的底土一般应拍打结实，但也可不做任何处理。

②预制框格护坡的坡面设计　预制框格是由混凝土、塑料、铁件、金属网等材料制作的，其每一个框格单元的设计形状和规格大小都可以有许多变化。框格一般是预制生产的，在边坡施工时再装配成各种简单的图形。用锚和矮桩固定后，再往框格中填满肥沃壤土，土要填得高于框格，并稍稍拍实，以免下雨时流水渗入框格下面，冲刷走框底泥土，

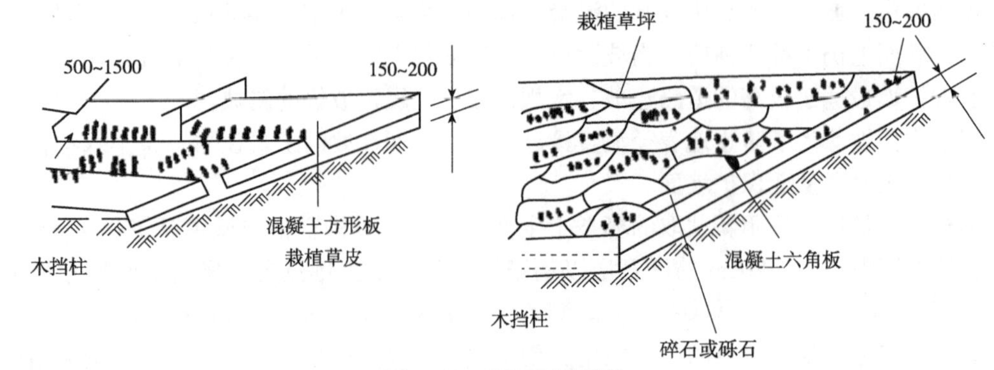

图 6-22 预制框格护坡

使框格悬空。以下是预制混凝土框格的参考形状及规格尺寸示例(图 6-22)。

③护坡的截水沟设计　截水沟一般设在坡顶，与等高线平行。沟宽 20~45cm，深 20~30cm，用砖砌成。沟底、沟内壁用 1∶2 水泥砂浆抹面。为了不破坏坡面的美观，可将截水沟设计为盲沟，即在截水沟内填满砾石，砾石层上面覆土种草。从外表看不出坡顶有截水沟，但雨水流到沟边就会下渗，然后从截水沟的两端排出坡外(图 6-23)。

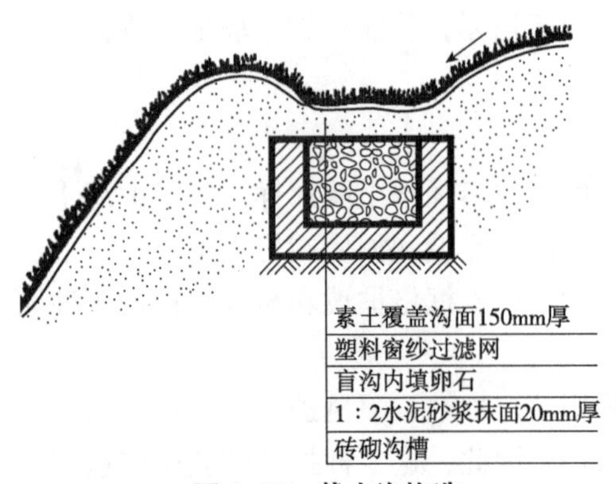

图 6-23 截水沟构造

(3)块石护坡施工

①放线挖槽。

②砌坡脚石　保证顶面标高。

③铺倒滤层　注意摊铺厚度，下厚上薄。

④铺砌块石　由下而上铺砌，块石呈“品”字开排列，打掉过于突出的棱角，并挤压倒滤层使之密实入土。石块间缝隙用碎石填满、垫平。

⑤勾缝　用 M7.5 砂浆勾缝，也可不勾缝。

园林护坡既是一种土方工程，又是一种绿化工程；在实际的工程建设中，这两方面的工作是紧密联系在一起的。在进行设计之前，应当仔细踏勘坡地现场，核实地形图资料与现状情况，针对不同的矛盾提出不同的工程技术措施。特别是对于坡面绿化工程，要认真调查坡面的朝向、土壤情况、水源供应情况等条件，为科学地选择植物和确定配置方式，以及制订绿化施工方法，做好技术上的准备。

6.2.3 人工水池

水池在城市园林中用途很广。它可以改善小气候条件，降温和增加空气湿度。又可起美化市容、重点装饰环境的作用。如布置在广场中心、门前或门侧、园路尽端以及与亭、廊、花架等组合在一起。水池中还可种植水生植物、饲养观赏鱼和设喷泉、灯光等。水池平面形状和规模主要取决于园林总体规划以及详细规划中的观赏与功能要求，水景中水池的形态种类众多，深浅和材料也各不相同。

水池多取人工水源，设置进水、溢水、泄水的管线和循环水设施，池壁和池底须人工铺砌且壁底一体的盛水构筑物。

6.2.3.1 水池分类

(1)按布局分类

①整形式　其平面可以是各种各样的几何形，又可作立体几何形的设计，如圆形、方形、长方形、多边形或曲线、曲直线结合的几何形组合(图6-24)。

②自然式　自然式水池是指模仿大自然中的天然水池。其特点是平面曲折有致，宽窄不一(图6-24)。虽由人工开凿，却宛若自然天成，无人工痕迹。池面宜有聚有分，大型水池聚处则水面辽阔，有水乡弥漫之感。视面积大小不同进行设计，小面积水池聚胜于分，大面积水池则应有聚有分。

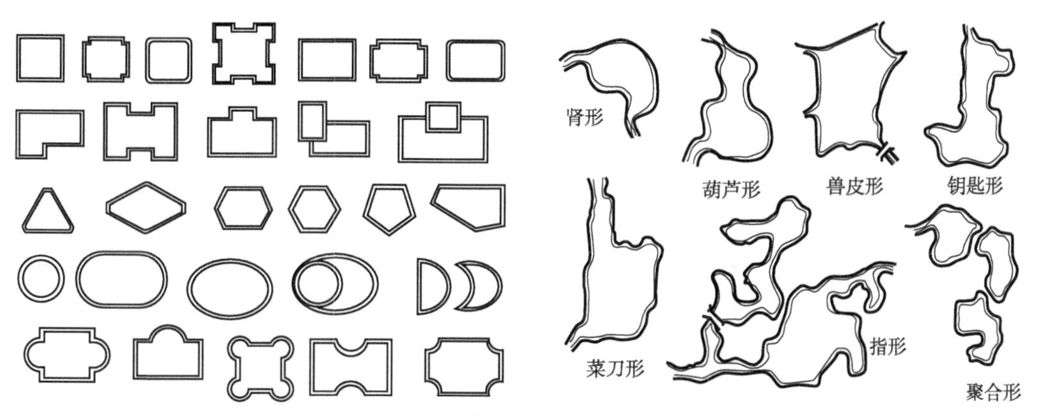

图6-24　规则式和自然式水池平面布局

(2)按功能分类

①喷水池　由喷泉水景构成的水池景观，主要观赏喷水的各种形式。

②观鱼池　在池中饲养各种观赏鱼类的水池。

③水生植物池　在池中种植各类水生植物。

④假山水池　在水池中构建假山，形成山水相依的景观。

⑤戏水池　用于水上游戏、活动的水池。

6.2.3.2 水池的基本构造

(1)池底

为保证不漏水，宜采用防水混凝土。为防止裂缝，应适当配置钢筋。池底可利用原有土石，也可用人工铺筑砂土砾石或钢筋混凝土做成。其表面要根据水景的要求，选用深色的或浅色的池底镶嵌材料进行装饰，以示深浅。如池底加进镶嵌的浮雕、花纹、图案，则池景更显得生动活泼。室内及庭院水池的池底常采用白色浮雕，如美人鱼、贝壳、海螺之类，构图颇具新意，装饰效果突出，渲染了水景的寓意和水环境的气氛。

- 为保证不漏水，宜采用防水混凝土，如C10混凝土，厚200~300mm。
- 为防止裂缝，应适当配置钢筋，如钢筋混凝土：ϕ8~12、@200、C15~20混凝土，厚100~150mm。
- 大型水池还应考虑适当设置伸缩缝、沉降缝(每隔10~25m设伸缩缝一道，缝宽

20~25mm)这些构造缝应设止水带，用柔性防漏材料填塞。

• 为便于泄水，池底须具有不少于5‰的坡度。

(2) 池壁

起围护的作用，要求防漏水，与挡土墙受力关系相类似，分外壁和内壁，内壁做法同池底，并同池底浇筑为一整体。

(3) 池顶

强化水池边界线条，使水池结构更稳定；用石材压顶，其挑出的长度受限，与墙体连接性差；用钢筋混凝土作压顶，其整体性好(图6-25)。

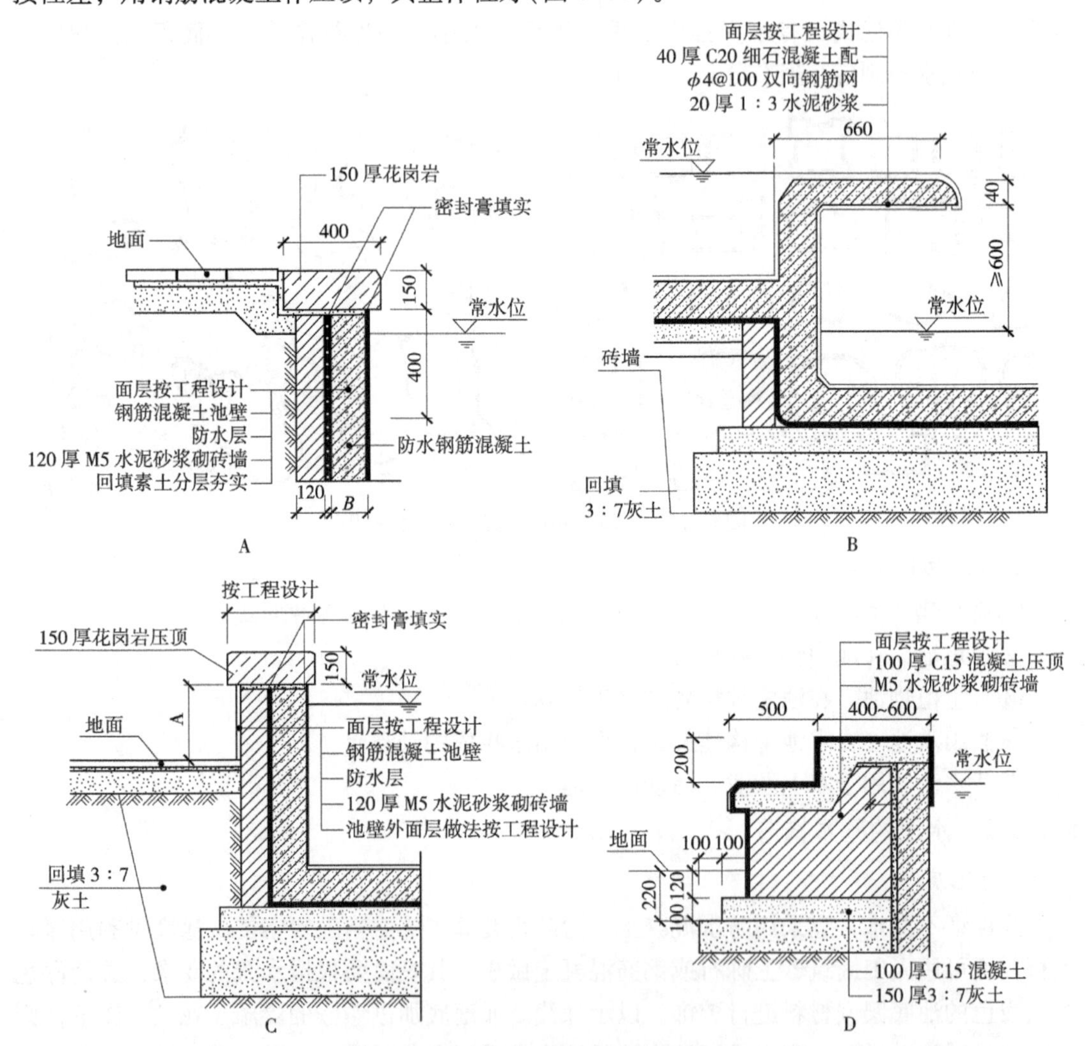

图6-25 池壁池顶构造做法

A. 池顶与地面相平 B. 池顶两侧有水位高差 C. 池顶高于地面 D. 池顶有外向台阶

①压顶形式 为了使波动的水面很快的平静下来，形成镜面倒影，可以将水池壁做成有沿口的压顶，使之快速消能，并减少水花向上溅溢。压顶若无沿口，有风时浪碰击沿口，水花飞溅，有强烈动感，也有另一番情趣。压顶可做成坡顶、圆顶、平顶均可，讲究一点则可做双饰面与贴面，视觉效果更佳(图6-26)。

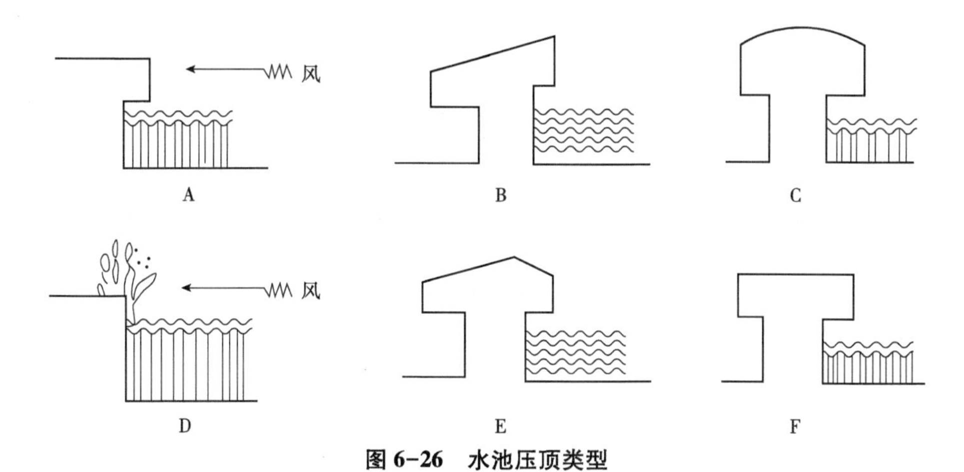

图6-26 水池压顶类型

A. 有沿口 B. 单坡 C. 圆弧 D. 无沿口 E. 双坡 F. 平顶

②溢流壁沿(图6-27)

方角：使水流溅落有前冲感，形成富有层次与角度的水幕。

圆角：使水流垂直下落，形成平衡水幕。

双圆角：能使水池水面平滑柔顺地下落到低水面，避免干扰已形成的静水面倒影。

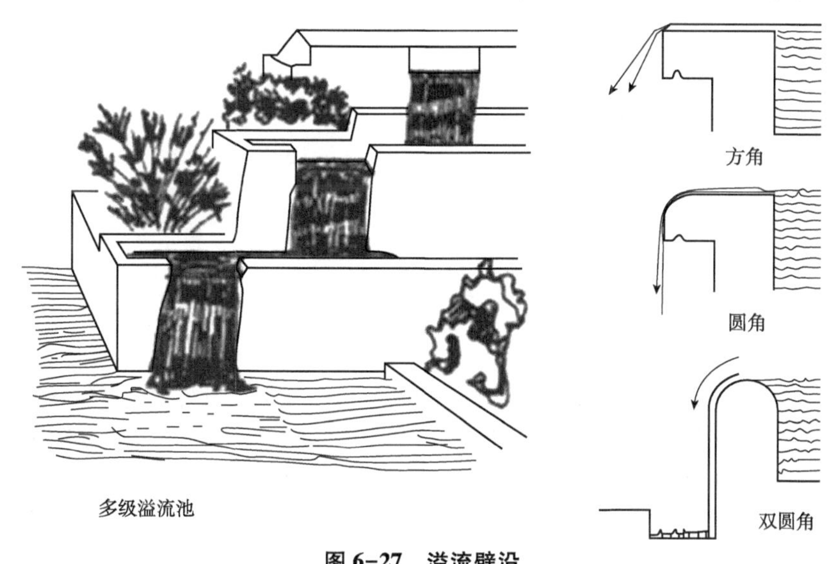

图6-27 溢流壁沿

(4)进水口

水池的水源一般为人工水源(自来水等)，为了给水池注水或补充水，应当设置进水口。进水口可以设置在隐蔽处或结合山石布置(图6-28)。

(5)泄水口

为便于清扫、检修和防止停用时水质腐败或结冰，水池应设泄水口。水池应尽量采用重力方式泄水，也可利用水泵的吸水口兼作泄水口，利用水泵泄水。泄水口的入口也应设格栅或格网(图6-28)。

(6)溢水口

为防止水满从池顶溢出到地面，同时为了控制池中水位，应设置溢水口(图6-28)。

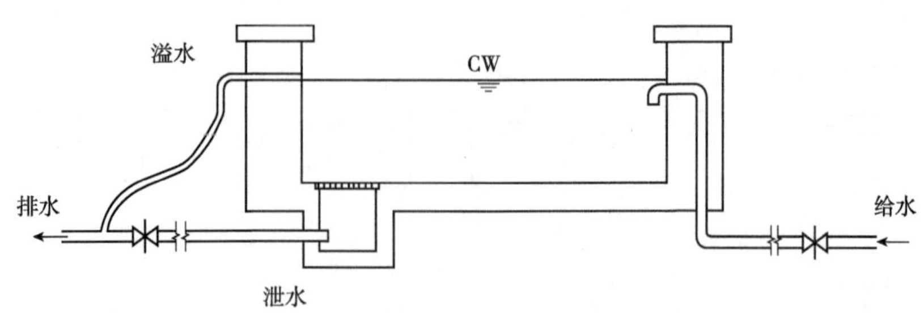

图 6-28　给水口、溢水口、排水口位置

(7) 园林常用水池结构

如图 6-29 至图 6-31 所示。

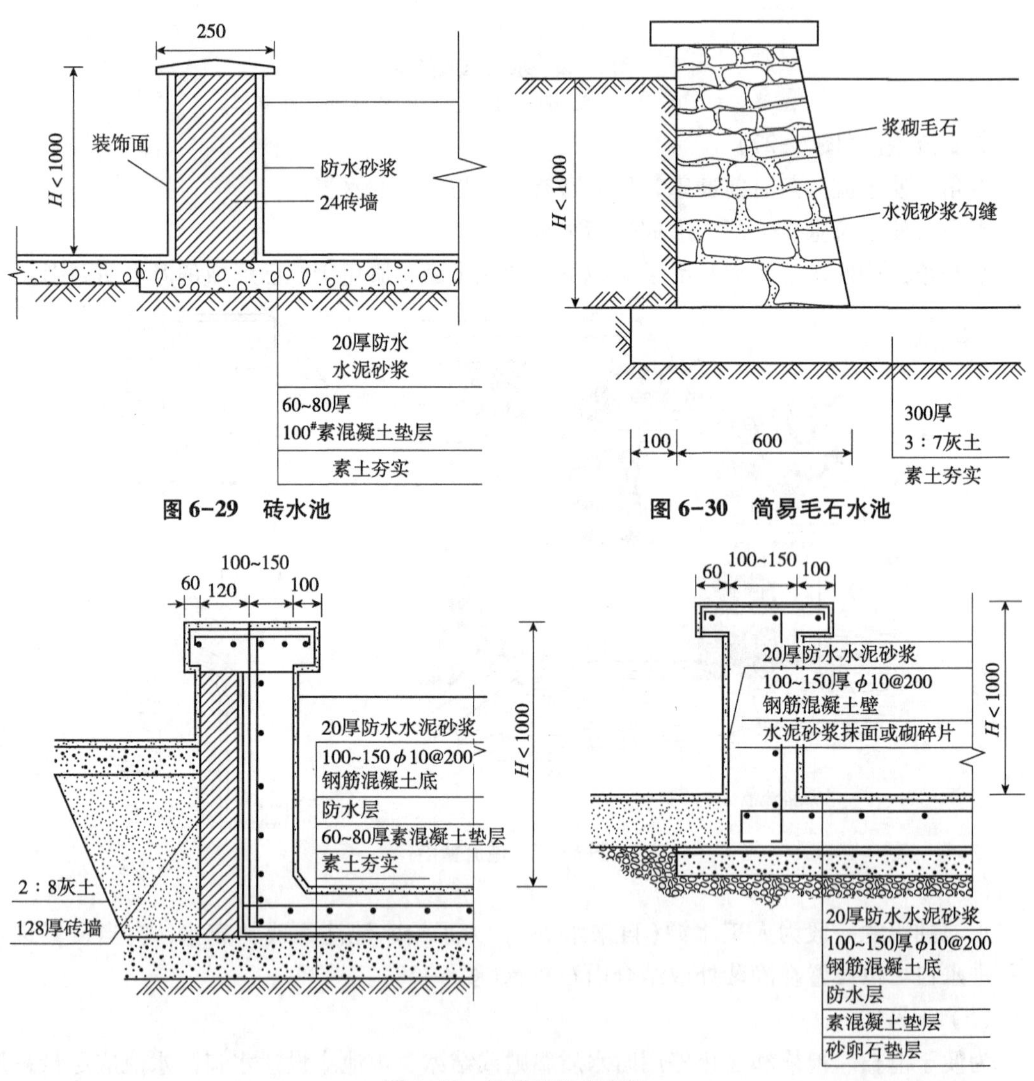

图 6-29　砖水池

图 6-30　简易毛石水池

图 6-31　钢筋混凝土水池

6.2.3.3　水池设计

(1) 平面设计

造景湖池的平面形状直接影响到湖池的水景形象表现及其风景效果。根据曲线岸边的

不同围合情况，水面可设计为多种形状，如肾形、葫芦形、兽皮形、钥匙形、菜刀形、聚合表等。水池平面设计主要是与所在环境的气氛、建筑和道路的线型特征和视线关系相协调统一。水池的平面轮廓要“随曲合方”，即体量与环境相称，轮廓与广场走向、建筑外轮廓取得呼应与联系。要考虑前景、框景和背景的因素。不论规则式、自然式、综合式的水池都要力求造型简洁大方而又具有个性的特点。

水池平面设计主要显示其平面位置和尺度。标注池底、池壁顶、进水口、溢水口和泄水口、种植池的高程和所取剖面的位置。

(2) 立面设计

水池立面设计反映主要朝向各立面处理的高度变化和立面景观。水池壁顶与周围地面要有合宜的高程关系。既可高于路面，也可以持平或低于路面作成沉床水池。一般所见水池的通病是池壁太高而看不到多少池水。池边允许游人接触则应考虑坐池边观赏水池的需要。池壁顶可做成平顶、拱顶和挑伸、倾斜等多种形式。水池与地面相接部分可作成凹入的变化。剖面应有足够的代表性。要反映从地基到壁顶各层材料的厚度。

(3) 水池结构设计

水池的剖面设计应从地基至池壁顶注明各层的材料和施工要求。剖面应有足够的代表性。

(4) 水池的管线设计

水池中的基本管线包括给水管、补水管、泄水管、溢水管等。有时给水与补水管道使用同一根管子(图6-32)。

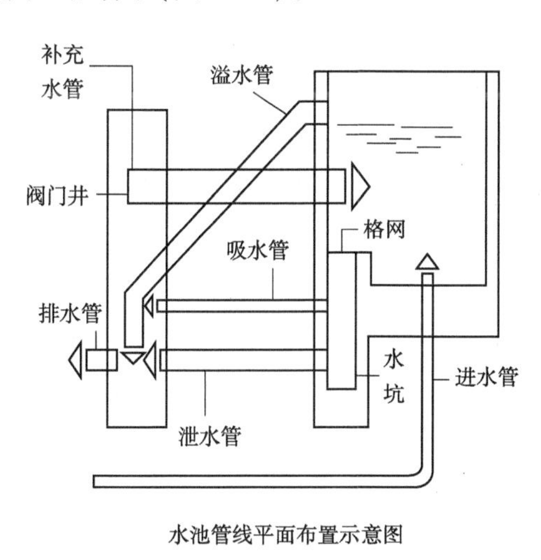

水池管线平面布置示意图

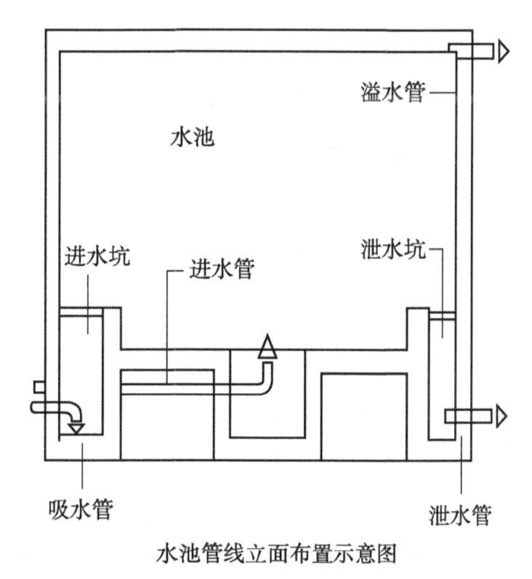

水池管线立面布置示意图

图6-32　水池管线布置示意

(5) 其他配套设计

在水池中可以布设卵石、汀步、跳水石、跌水台阶、置石、雕塑等园林元素，共同组成景观。

对于有跌水的水池，跌水线可以设计成规整或不规整的形式，是设计时重点强调的地方。

池底装饰可利用人工铺砌砂土、砾石或钢筋混凝土池底，再在其上选用池底装饰材料。

(6) 水池的设计要点

①确定水池的用途　观赏用、嬉水用还是养鱼用。如为嬉水，其设计水深应在30cm

以下，池底作防滑处理，注意安全性。而且，因儿童有可能饮用池中水，应尽量设置过滤装置。养鱼池，应确保水质，水深在30~50cm，并设置越冬用鱼巢。另外，为解决水质问题，除安装过滤装置外，还要作水除氯处理。

②池底处理　如水深30cm的水池，且池底清晰可见，应考虑对池底作相应的艺术处理。浅水池一般可采用与池床相同的饰面处理。普通水池常采用水洗豆砾石或镶砌卵石的处理。瓷、砖石料铺砌的池底，如无过滤装置，脏污后会很难看。铺砌大卵石虽然耐脏，但不便清扫，各种池底都有其利弊。对游泳池而言，如为使池水显得清澈、洁净，可采用水色涂料或瓷砖、玻璃马赛克装饰池底。想突出水深，可把池底作深色处理。

③确定用水种类(自来水、地下水、雨水)以及是否需要循环装置。

④确认是否安装过滤装置　结养护费用有限又需经常进行换水、清扫的小型池，可安装氧化灭菌装置，基本上可以不用安装过滤装置。但考虑到藻类的生长繁殖会污染水质，还应设法配备过滤装置。

⑤确保循环、过滤装置的场所和空间，水池应配备泵房或水下泵井，小型池的泵井规模一般为1.2m×1.2m，井深需1m左右。

⑥设置水下照明，配备水下照明时，为防止损伤器具，池水需没过灯具5cm以上，因此池水总深应保证达30cm以上。另外水下照明设置尽量采用低压型。

⑦在规划设计中应注意瀑布、水池、溪流等水景设施的给排水管线与建筑内部设施管线的连接以及调节阀、配电室、控制开关的设置位置。同时对确保水位的浮球阀、电磁阀、溢水管、补充水管等配件的设置应避免破坏景观效果。水池的进水口与出水口应分开设置，以确保水循环均衡。

⑧水池的防渗漏　水池的池底与池畔应设隔水层。如需在池中种植水草，可在隔水层上覆盖30~50cm厚的覆土再进行种植。如在水中放置叠石则需在隔水层之上涂布一层具有保护作用的灰浆。而在生态调节水池中，可利用黏土类的截水材料防渗漏。

6.2.3.4　水生植物池设计

在园林湖池边缘低洼处、园路转弯处、游憩草坪上或空间比较小的庭院内，适宜设置水生植物池。水生池具有自然的野趣、鲜活的生趣和小巧水灵的情趣，为园林环境带来新鲜景象。水生植物池分为规则式和自然式两种形式。

(1)规则式水生植物池设计

规则式水生植物池是用砖砌成或用钢筋混凝土做成池壁和池底，水生植物池与一般规则式水池量不同的是池底的设计。前者常设计为台阶状池底，而后者一般为平底。为适用不同水生植物对池内水深的需要，水池池底要设计成不同标高的梯台形，而且梯台的顶面一般还应设计为槽状，以便填进泥土作为水生植物的栽种基质(图6-33)。

在栽植水生植物的过程中，要注意将栽入池底槽中或盆栽的水生植物固定好，根窠部分要全埋入泥中，避免上浮。泥土表面还应地盖上一层小石子，把表土压住，这样有利于保持池水清洁。

小面积的水生植物池，其水深不宜太浅。如果水太浅，则池水的水量太少，在夏季强烈阳光长期曝晒下，水温将会太高。当水温超过40℃时，植物便可能枯死。

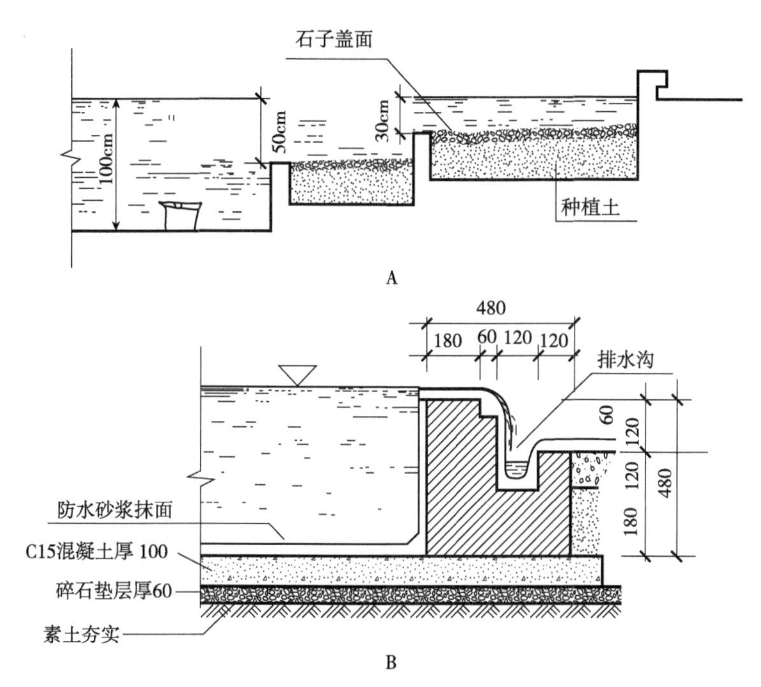

图 6-33 规则式水生植物种植池

A. 阶梯式种植池 B. 溢流式种植池

(2) 自然式水生植物池设计

自然式水生植物池不需砌筑池壁和池底，就地挖土做成池塘。创建自然式水生植物池，宜选地势低洼阴湿之处。首先，挖地深 80~100cm，将水体平面挖成自然的池塘形状，将池底挖成几种不同高度的台地状(图 6-34A)。然后夯实池底，布置一条排水管引出到池外，管口必须设置滤网，池子使用后，可以通过排水管排除太多的水，对水深有所控制。

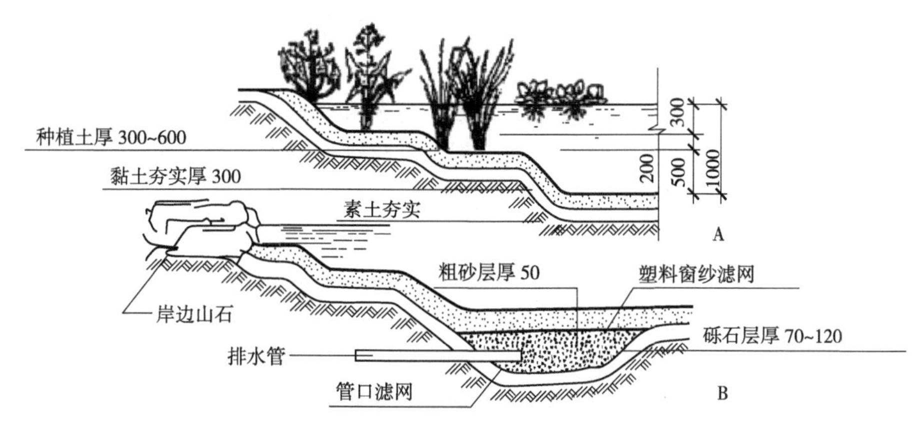

图 6-34 自然式水生植物种植池

排水和布置好后，铺上一层砾石或卵石，厚 7cm 左右。在砾石层之上，铺粗砂厚 5cm。最后在粗砂垫层上平铺肥沃泥土，厚度 20~30cm。泥土可用一般腐殖土或泥炭土与菜园土混合而成，要呈酸性反应。在池边，如果配置一些自然山石，半埋于土中，可以使水景景观显得更有野趣(图 6-34B)。

水生植物池所栽种的湿生、水生植物通常有菖蒲、石菖蒲、香蒲、芦苇、慈姑、荸荠、水田芥、半夏、三白草、苦荞麦、萍蓬草、小毛毡苔、莲花、睡莲等。

(3)水生植物种植池设计要点

• 室外水生植物造景以有自然水体或与附近的自然水体相通为好。流动的水体能更新水质，减少藻类繁衍。

• 一些水生植物不能露地过冬，多做盆栽处理。这种方便的栽植方法不但可保持水质的干净，有利于对植物的控制，还便于替换植株，更新设计。

• 水生植物水池在构筑时应设有进水口、排水口、溢水口等设施，水深一般控制在 1.5m 以内。

• 新池建好后，不仅要进行水池的养护管理，同时要对注入的池水进行处理，特别是城市自来水中的消毒剂，对水生植物生长不利，应将池水放置一段时间再进行水生植物的种植。

6.2.3.5 水池施工

(1)刚性结构水池施工

刚性结构水池施工也称钢筋混凝土水池，池底和池壁均配钢筋，因此寿命长、防漏性好，适用于大部分水池(图 6-35)。

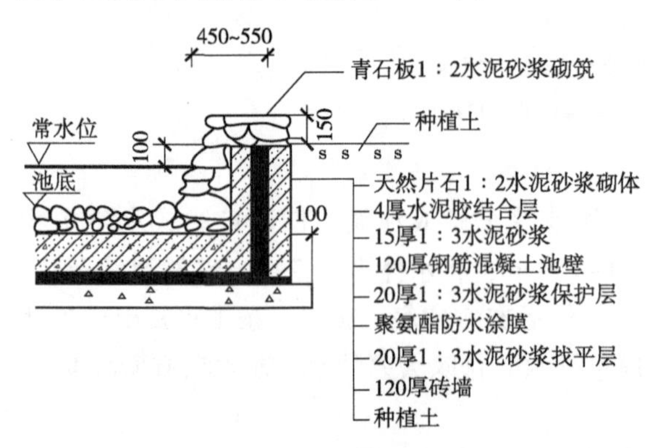

图 6-35 刚性水池结构

刚性结构水池的施工过程：施工准备→池面开挖→池底施工→浇注混凝土池壁→混凝土抹灰→试水。

①施工准备

混凝土配料：基础与池底——水泥 1 份、细沙 2 份、粒料 4 份(C20)；池底与池壁——水泥 1 份、细沙 2 份、0.6～2.5cm 粒料 3 份(C15)；防水层——防水剂 3 份或其他防水卷材；池底池壁采用 425 号以上普通硅酸盐水泥，水灰比≤0.55，粒料直径不大于 40mm，吸水率不大于 1.5%，混凝土抹灰和砌砖抹灰用 325 号或 425 号水泥。

添加剂：常用 U 型混凝土膨胀剂、加气剂、氯化钙促凝剂、缓凝剂、着色剂。

②场地放线　根据设计图纸定点放线。放线时，水池的外轮廓应包括池壁厚度。为使施工方便，池外沿应各边加宽 50cm，用石灰或黄沙放出起挖线，每隔 5～10cm(视水池大小)打一小木桩，并标记清楚。方形(含长方形)水池，直角处要校正，并最少打 3 个桩；圆形水池，应先定出水池的中心点，再用线绳(足够长)以该点位圆心、水池宽的 1/2 为半径(注意池壁厚度)划圆，石灰标明，即可放出圆形轮廓。

③池基开挖　根据现场施工条件确定挖方方法，可用人工挖方，也可人工结合机械挖方。开挖时一定要考虑池底和池壁的厚度。如为下沉式水池，应做好池壁的保护。挖至设计标高后，池底应正平并夯实，再铺上一层碎石、碎砖作底。如果池底设置有沉泥池，应结合池底开挖同时施工。

池基挖方会遇到排水问题，工程中常用基坑排水，这是既经济又简易的排水方法。此法是沿池基边挖成临时性排水沟，并每隔一定距离在池基外侧设置集水井，再通过人工或机械抽水机排走，以确定施工顺利进行。

④池底施工　池底现浇混凝土要在 1d 内完成，必须一次浇注完毕。先在底基上浇铺一层 5~15cm 厚的混凝土浆作为垫层，用平板振荡器夯实，保养 1~2d 后，在垫层面测定池底中心，再根据设计尺寸放线定出柱基及池底边线，画出钢筋布线，依线绑扎钢筋，紧接着安装柱基和池底外围的模板。

依不同情况分别加以处理；浇灌混凝土垫层，钢筋布线、安模板；注意钢筋的固定与除锈处理；底板应一次浇完，不留施工缝；施工间歇时间不得超过混凝土的初凝时间；底板与池壁的施工缝可留在基础上 20cm 处。

⑤浇筑混凝土池壁　混凝土浇筑池壁施工技术：水泥标号不低于 425#，选用普通硅酸盐水泥，石子最大粒径不大于 40mm；池壁混凝土每立方水泥用量不少于 320kg，含砂率为 35%~40%，灰沙比为 1∶2~1∶2.5，水灰比不大于 0.6；固定模板的铁丝和螺栓不宜直接穿过池壁；浇筑池壁混凝土前施工缝表面凿毛、清除浮粒和杂物、冲洗干净、保持湿润、铺 20~25mm 水泥砂浆；浇筑混凝土应连续施工，不留施工缝；立即进行养护，充分保持湿润，养护时间不少于 14 昼夜。

浇注混凝土池壁须用木模板定型，木模板要用横条固定，并要有稳定的承重强度。浇注时，要趁池底混凝土未干时，用硬刷将边缘拉毛，使池底与池壁结合得更好。池底边缘处的钢筋要向上弯入与池壁结合部，弯入的长度应大于 30cm，这种钢筋能最大限度地增强池底与池壁结合部的强度。

对于大型水池，池底和池壁不能一次连续浇筑时会产生施工缝，对于施工缝应当进行合理处理，避免发生渗漏。表 6-4 列出了常用各类施工缝的做法及优缺点。

表 6-4　各种施工缝的做法及优缺点

施工缝种类	简图	优点	缺点	做法
台阶形	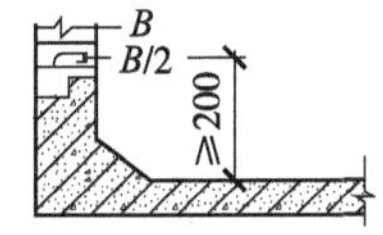 B；B/2；≥200	可增加接触面积，使渗水路线延长和受阻，施工简单，接缝表面易清理	接触面简单，双面配筋时，不易支模，阻水效果一般	支模时，可在外侧安设木方，混凝土终凝后取出
凹槽形	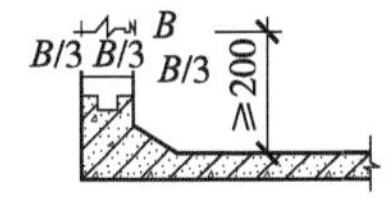 B；B/3　B/3　B/3；≥200	加大了混凝土的接触面，使渗水路线受更大阻力，提高了防水质量	在凹槽内易于积水和存留杂物，清理不净时影响接缝严密性	支模时将木方置于池壁中部，混凝土终凝后取出
加金属止水片	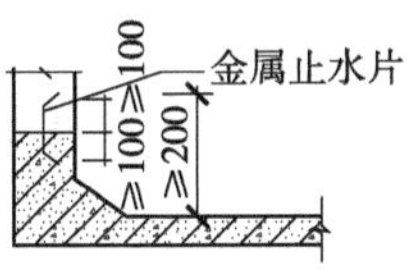 金属止水片；≥100；≥100；≥200	适用于池壁较薄的施工缝，防水效果比较可靠	安装困难，且需耗费一定数量的钢材	将金属止水片固定在池壁中部，两侧等距
遇水膨胀橡胶止水带	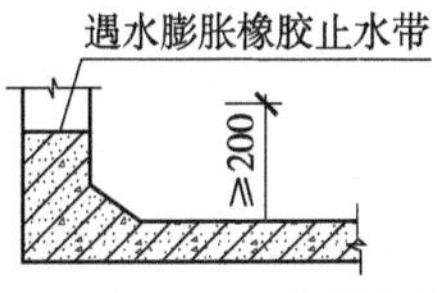 遇水膨胀橡胶止水带；≥200	施工方便，操作简单，橡胶止水带遇水后体积迅速膨胀，将缝隙塞满、挤密		将腻子型橡胶止水带置于已浇筑好的施工缝中部即可

⑥管道安装　水池内还必须安装各种管道，这些管道需通过池壁，因此务必采取有效措施防漏。管道的安装要结合池壁施工同时进行。在穿过池壁之处要预埋套管，套管上加焊止水环，止水环应与套管满焊严密。安装时先将管道穿过预埋套管，然后一端用封口钢板套管和管道焊牢，再从另一端将套管与管道之间的缝隙用防水油膏等材料填充后，用封口钢板封堵严密。

对于溢水口、泄水口的处理，其目的是维持一定的水位和进行表面排污，保持水面清洁。常用溢水口形式有堰口式、漏斗式、管口式、联通式等(图 6-36)，可视实际情况选择。水口应设格栅，泄水口应设于水池池底最低处，并使池底有不小于 1%的坡度。

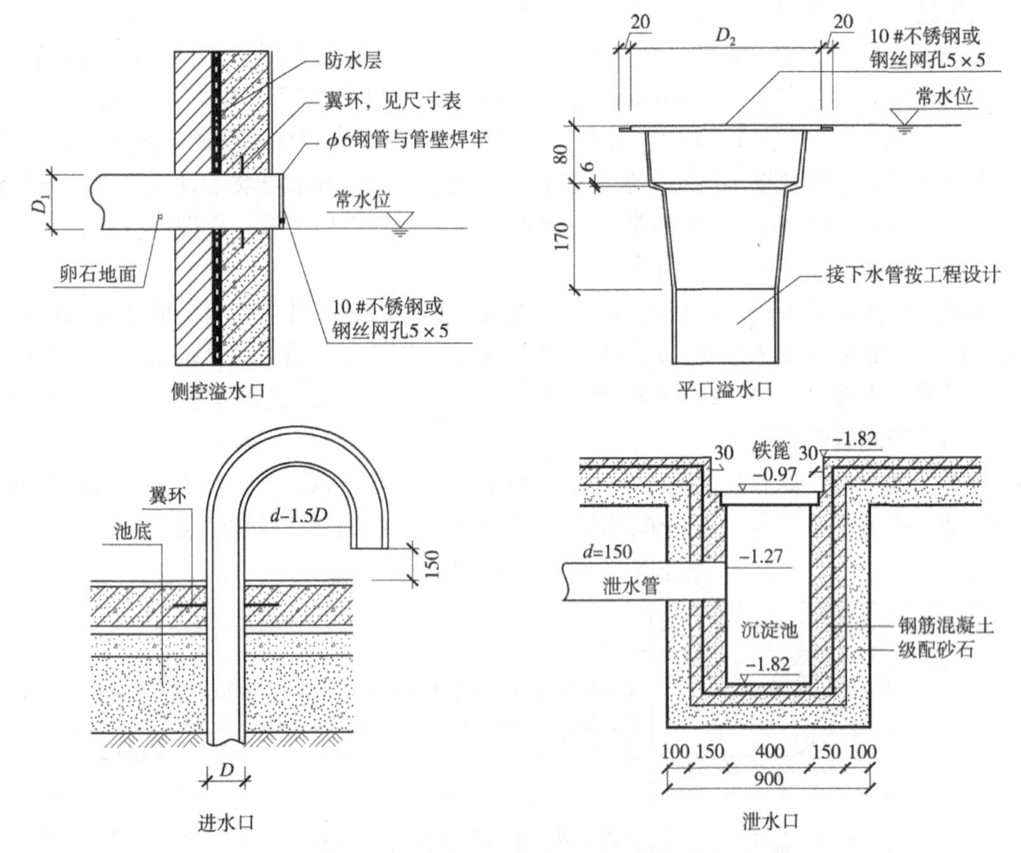

图 6-36　溢水口、进水口、泄水口做法

保养 1~2d 后，就可根据设计要求进行水池整个管网的安装，可与抹灰工序进行平行作业。

混凝土砖砌池壁施工技术：简化程序，适用于古典风格或设计规范的池塘。

⑦混凝土抹灰　混凝土抹灰在混凝土结构水池施工中是一道十分重要的工序，它能使池面平滑，易于保养。抹灰前应先将池内壁表面凿毛，不平处要铲平，并用水清洗干净。抹灰的灰浆要用325 号(或 425 号)普通水泥配置砂浆，配合比 1∶2。灰浆中可加入防水剂或防水粉，也可加些黑色颜料，使水池更趋自然。抹灰一般在混凝土干后 1~2d 内进行。抹灰时，可在混凝土墙面上刷上一层薄水泥纯浆，以增加黏结力。通常先抹一层底层砂浆，厚度 5~10mm；再抹第二层找平，厚度 5~12mm；最后抹第三层压光，厚度 2~3mm。池壁与池底结合处可适当加厚抹灰量，防止渗漏。

⑧压顶　池顶以砖、石块、石板、大理石或水泥预制板压顶；顶石稍向外倾，可部分放宽。

⑨试水　水池施工所用工序全部完成后，可以进行试水。试水的目的是检验水池结构的安全性及水池的施工质量。试水时应先封闭排水孔。由池顶放水，一般要分几次进水，每次加水深度视具体情况而定。每次进水都应从水池四周观察记录，无特殊情况可继续灌水直至达到设计水位标高。达到设计水位标高后，要连续观察7d，做好水面升降记录，外表面无渗漏现象及水位无明显降落说明水池施工合格。

(2)柔性结构水池施工

目前在工程实践中使用的有玻璃布沥青席水池、三元乙丙橡胶(EPDM)薄膜水池、再生橡胶薄膜水池、油毛毡防水层(二毡三油)水池等。

①沥青结构水池施工(图6-37)　施工前先准备好沥青席。方法是以沥青0号：3号＝2：1调配好，按调配好的沥青30%、石灰石矿粉70%的配比，且分别加热至于100℃，再将矿粉加入沥青锅拌匀，把准备好的玻璃纤维布(孔目8mm×8mm或者10mm×10mm)放入锅内蘸匀后慢慢拉出，确保黏结在布上的沥青层厚度2～3mm，拉出后立即洒滑石粉，并用机械碾压密实，每块席长40m左右。

施工时，先将水池土基夯实，铺300mm厚3：7灰土保护层，再将沥青席铺在灰土层上，搭接长5～100mm，同时用火焰喷灯焊牢，端部用大块石压紧，随即铺小碎石一层。最后在表层散铺150～200mm厚卵石一层即可。

②三元乙丙橡胶(EPDM)薄膜水池施工(图6-38)　EPDM薄膜类似于丁基橡胶，是一种黑色柔性橡胶膜，厚度3～5mm，能经受温度-40～80℃，扯断强度>7.35N/mm^2，使用寿命可达50年，施工方便自重轻，不漏水，特别适用于大型展览用临时水池和屋顶花园用水池。

建造EPDM薄膜水池，要注意衬垫薄膜与池底之间必须铺设一层保护垫层(细砂、废报纸、旧地毯或合成纤维)。

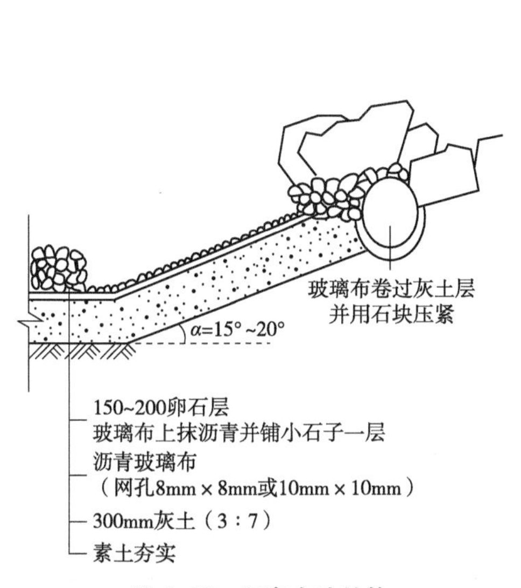

图6-37　沥青水池结构

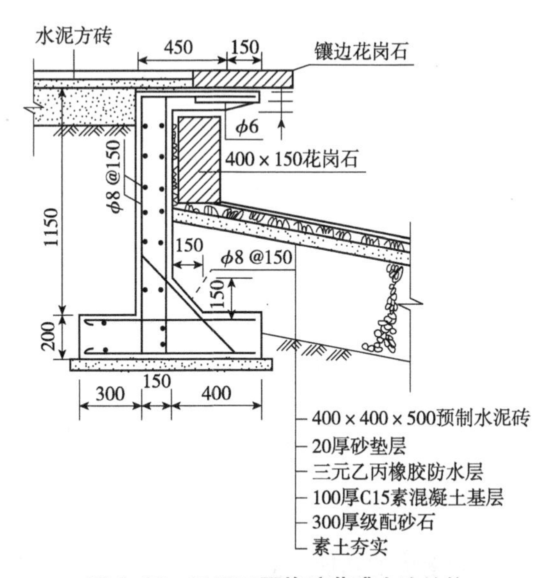

图6-38　三元乙丙橡胶薄膜水池结构

(3) 常见水池做法

如图 6-39 至图 6-41 所示。

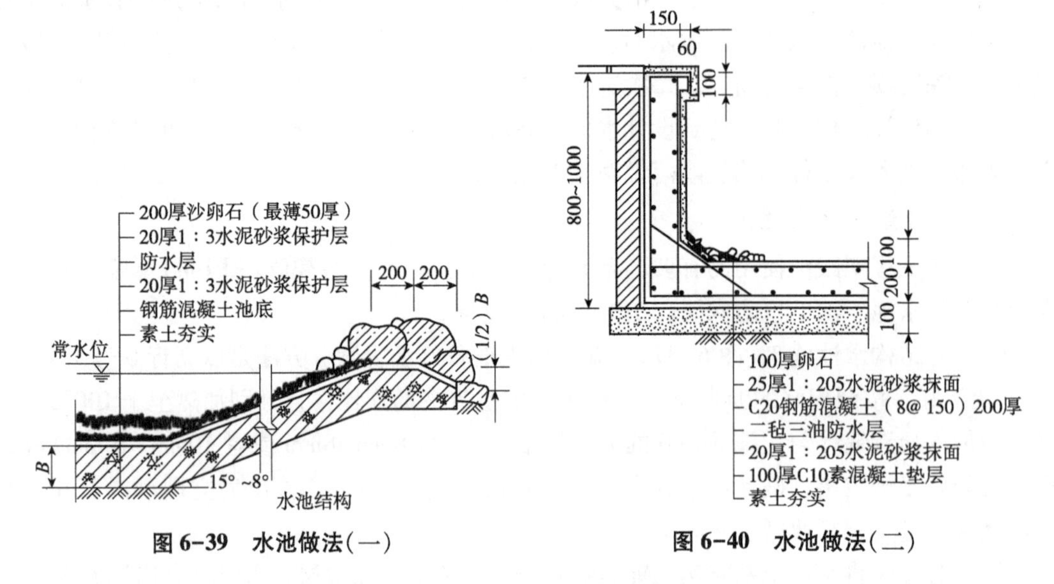

图 6-39　水池做法(一)

图 6-40　水池做法(二)

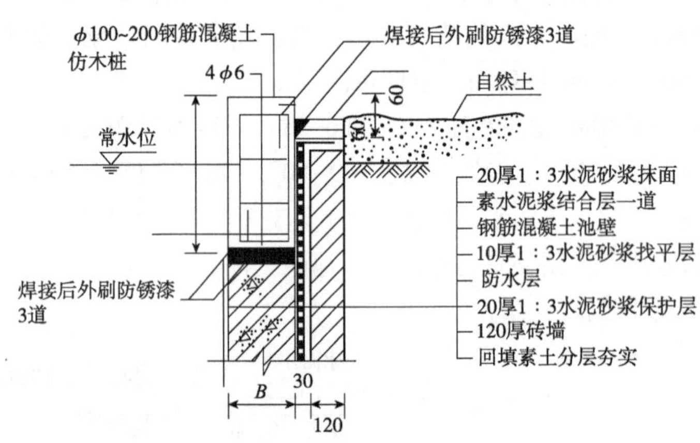

图 6-41　水池做法(三)

6.3　溪流水景工程

溪流是园林流水中最常见的一种形式，是流水景观的典型代表。人们常常对自然的溪涧进行优化改造，对水岸线、河道、景石等要素进行适度整治和建设。当环境中没有自然溪流时，根据设计需求建造溪涧，满足人们的需求。这种专门处理和建造溪涧的建设工程，称为溪涧工程。

6.3.1　溪流设计

明确溪流的功能，如观赏、嬉水、养殖昆虫植物等。依照功能进行溪流水底、防护堤细部、水量、水质、流速设计调整。

6.3.1.1 溪流平面形式

(1)平面线型

在平面线形设计中，溪涧走向宜曲折深远，宽度应开合收放，富有变化。溪涧宜曲不宜直，多弯曲以增长流程，显示源远流长，绵延不尽。溪涧弯曲一般采用“S”形或“Z”字形，弯曲处须扩大，引导水体向下缓流。溪涧线形应流畅，回转自如(图6-42)。

(2)溪涧宽度

溪流宽度有几十厘米到几米宽，变化幅度较大，应根据场地大小以及景观设计主题来确定(图6-43)。

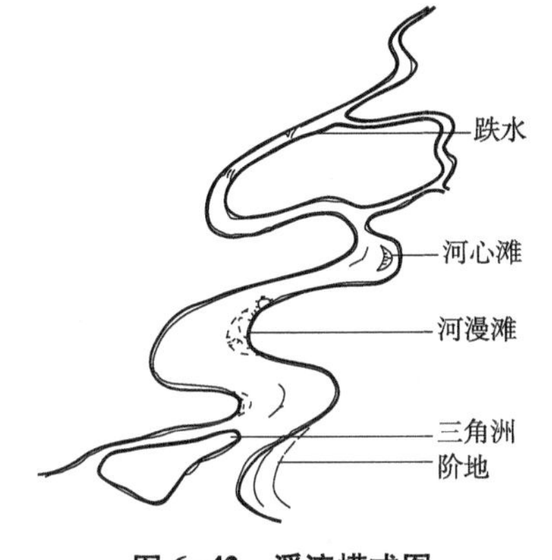

图6-42 溪流模式图

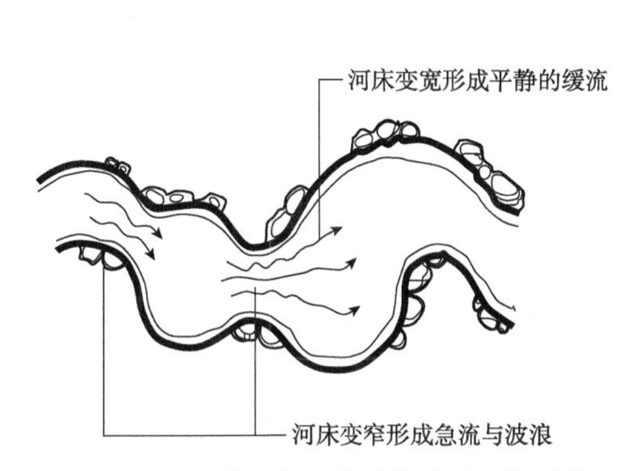

图6-43 河道宽窄变化对水流形态的影响

6.3.1.2 溪涧立面形态

溪涧在立面上要有高低变化，水流有急有缓，平缓的流水段具有宁静、平和、轻柔的视觉效果，湍急的流水段则容易泛起浪花和水声，更能引起游人的注意。溪涧的立面变化主要包括溪底形式、坡度和水深3个方面。

(1)溪底形式

溪涧的坡式即溪涧溪底纵向和横向的变化形式和坡度。常见的溪涧横断面有梯形、矩形、台阶形、弧线形4种形式(图6-44)。纵断面可为坡式或者梯式(图6-45)。

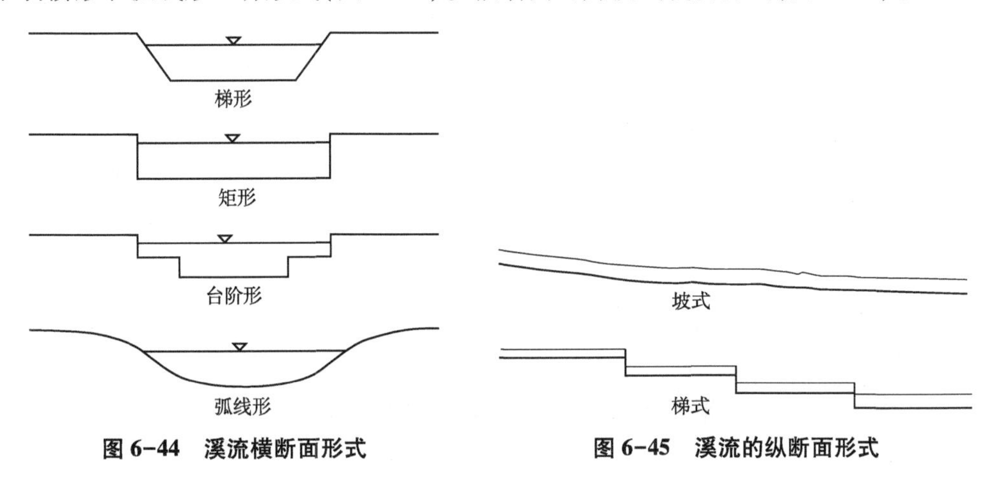

图6-44 溪流横断面形式

图6-45 溪流的纵断面形式

(2)坡度与水深

溪涧的坡度就是溪底的坡度。一般情况下，溪涧上游坡度宜大，下游坡度宜小。坡度的大小没有限制，可大至垂直90°，小至0.5%。在平地上其坡度宜小，在坡度上其坡度宜大，小型溪涧的坡度一般为1%~2%，能让人感到流水趣味的坡度是在3%以内的变化。最大的坡度一般不超过3%，因为超过3%河床会受到影响，如坡度超过3%应采取工程措施。

通常情况下，溪涧的水深通常为20~50cm，可涉入的溪流不深于300mm，溪底底面应做防滑处理。

(3)附属要素

溪涧中有河心滩、三角洲、河漫滩，岸边和水中有岩石、矶石、滚水坝(滚槛)、汀步、小桥等；岸边有若近若离，蜿蜒交错的小路。这些都属于溪涧的附属要素。

6.3.1.3 溪流设计要点

①明确溪流的功能，如观赏、嬉水、养殖昆虫植物等。依照功能进行水底、防护堤细部、水量、水质、流速的设计计算和调整。

②对游人可能涉入的溪流，其水深应设计在30cm以下，以防儿童溺水。同时，水底应作防滑处理。另外，对不仅用于儿童嬉水，还可游泳的溪流，应安装过滤装置(一般可将瀑布、溪流、水池的循环、过滤装置集中设置)。

③为使庭院更显开阔，可适当加大自然式溪流的宽度，增加其曲折度，甚至可以采取夸张设计。

④对溪底，可选用大卵石、砾石、水洗砾石、瓷砖、石料等铺砌处理，以美化景观(图6-46)。

⑤栽种石菖蒲、玉蝉花等水生植物处的水势会有所减弱，应设置尖桩压实种植土。

⑥水底与防护堤都应设防水层，防止溪流渗漏。

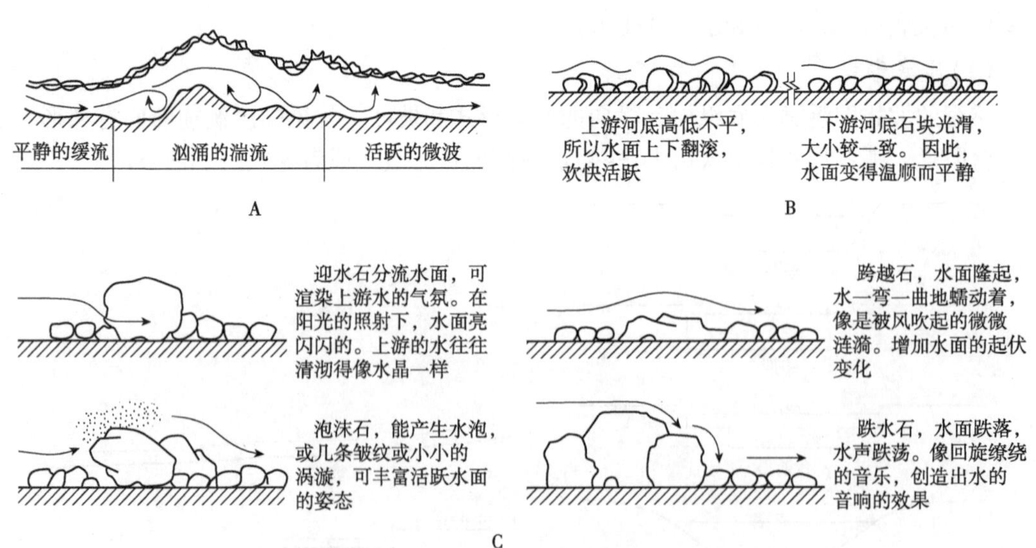

图6-46 溪底粗糙情况不同对水面的影响

A. 凹凸河床底形成波浪 B. 粗糙不同的河床底形成水波 C. 利用水中置石创造不同的景观

6.3.2 溪流施工

6.3.2.1 施工工艺流程(图6-47)

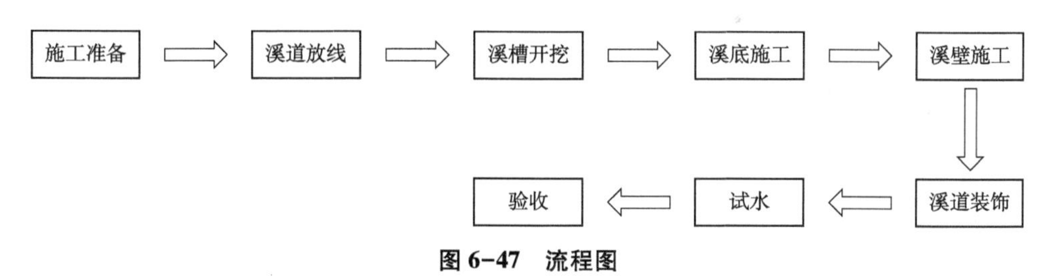

图6-47 流程图

6.3.2.2 施工步骤

(1)施工准备

主要环节是进行现场踏查，熟悉设计图纸，准备施工材料、施工机具、施工人员。对施工现场进行清理平整，接通水电，搭置必要的临时设施等。

(2)溪道放线

依据已确定的小溪设计图纸。用白粉笔、黄沙或绳子等在地面上勾画出小溪的轮廓，同时确定小溪循环用水的出水口和承水池间的管线走向。由于溪道宽窄变化多，放线时应加密打桩量，特别是转弯点。各桩要标注清楚相应的设计高程，变坡点(即设计跌水之处)要做特殊标记。

(3)溪槽开挖

小溪要按设计要求开挖，最好掘成U形坑，因小溪多数较浅，表层土壤较肥沃，要注意将表土堆放好，作为溪涧种植用土。溪道开挖要求有足够的宽度和深度，以便安装散点石。溪道挖好后，必须将溪底基土夯实，溪壁拍实。如果溪底用混凝土结构，先在溪底铺10~15cm厚碎石层作为垫层。

(4)溪底施工

①混凝土结构　在碎石垫层上铺上砂子(中砂或细砂)，垫层2.5~5cm，盖上防水材料(EPDM、油毡卷材等)，然后现浇混凝土(水泥标号、配比参阅水池施工)，厚度10~15cm(北方地区可适当加厚)，其上铺M7.5水泥砂浆约3cm，然后再铺素水泥浆2cm，按设计种上卵石即可(图6-48)。

②柔性结构　如果小溪较小，水又浅，溪基土质良好，可直接在夯实的溪道上铺一层2.5~5cm厚的砂子，再将衬垫薄膜盖上。衬垫薄膜纵向的搭接长度不得小于30cm，留于溪岸的宽度不得小于20cm，并用砖、石等重物压紧。最后用水泥砂浆把石块直接黏在衬垫薄膜上(图6-49)。

(5)溪壁施工

溪岸可用大卵石、砾石、瓷砖、石料等铺砌处理。和溪道底一样，溪岸也必须设置防水层，防止溪流渗漏。如果小溪环境开朗，溪面宽、水浅，可将溪岸做成草坪护坡，且坡度尽量平缓。临水处用卵石封边即可。

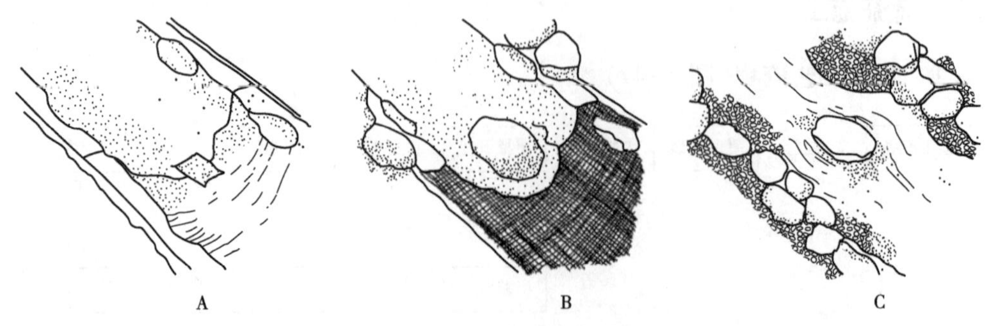

图 6-48 刚性溪流水道施工示意

A. 挖好流水槽，铺设防水衬垫，然后铺一层混凝土，并预留出植栽孔 B. 铺设钢筋，然后再铺设一层混凝土，并以相同材质的石块进行河道装饰 C. 进行植物栽植以及河岸的进一步装饰，然后放水

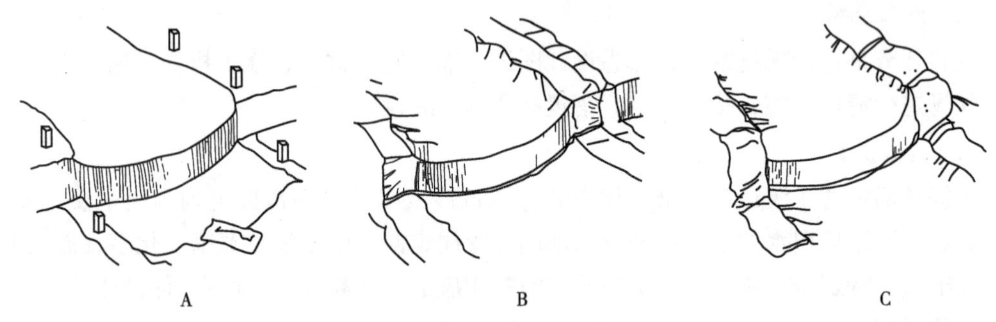

图 6-49 柔性溪流水道施工示意

A. 按设计挖好流水槽，并以阶梯形成一定的落差，以细砂铺底 B. 将柔性衬垫铺于槽内，确保接头处的叠接，不会产生漏水 C. 柔性衬垫的边缘以沙袋或者石块进行固定，然后进行必要的装饰获植物栽植，然后放水

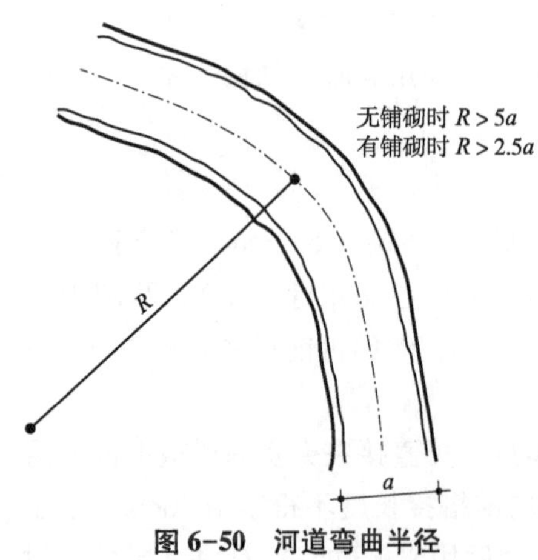

图 6-50 河道弯曲半径

小河弯道处中心线弯曲半径一般不小于设计水面宽的 5 倍，有铺砌的河道弯曲半径不小于水面宽的 2.5 倍(图 6-50)。

弯道迎水面应加固处理，如超高应砌筑加固等。弯道的超高一般不宜小于 0.3m，最小不得小于 0.2m，折角、转角处不应小于 90°。

(6)溪道装饰

为使溪流更自然有趣，可用较少的鹅卵石放在溪床上，这会使水面产生轻柔的涟漪。同时按设计要求进行管网安装，最后点缀少量景石，配以水生植物，饰以小桥、汀步等小品。

(7)试水

试水前应将溪道全面清洁和检查管路的安装情况。而后打开水源，注意观察水流及岸壁，如达到设计要求，说明溪道施工合格。

6.3.2.3 常用溪流结构

图 6-51 为常用溪流结构施工图。

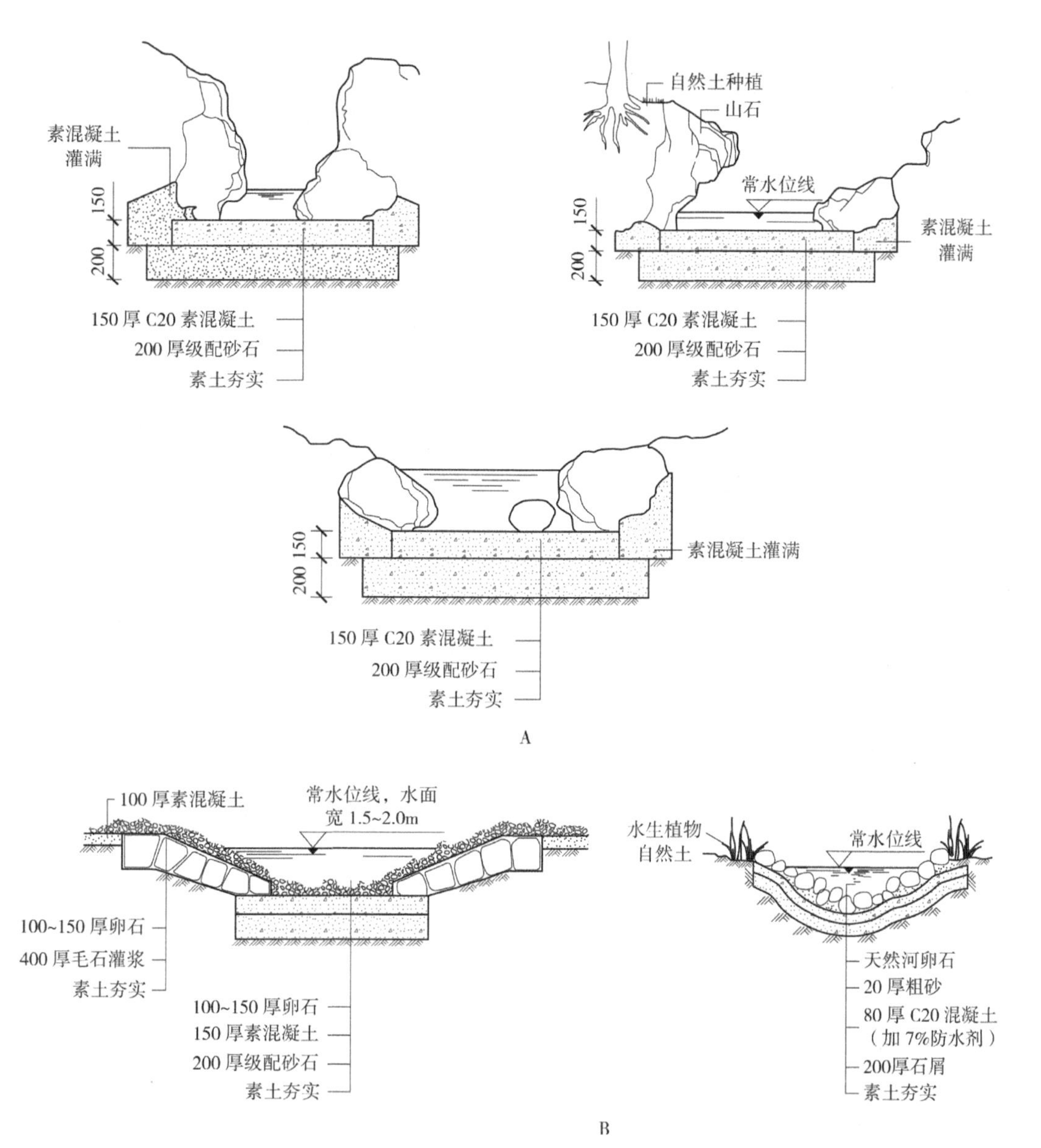

图 6-51　常用溪流结构施工图

A. 自然山石小溪结构图　B. 卵石护坡小溪结构图

6.4 瀑布跌水工程

瀑布是一种自然现象，是河床造成陡坎，水从陡坎处滚落下跌时，形成优美动人或奔腾咆哮的景观，因遥望下垂如布，故称瀑布。

瀑布一般由背景、上游积聚的水源、落水口、瀑身、承水潭及下流的溪水组成。人工瀑布常以山体上的山石、树木组成浓郁的背景，上游积聚的水（或水泵动力提水）至瀑布口，瀑布口也称落水口，其形状和光滑程度影响到瀑布水态，其水流量是瀑布设计的关

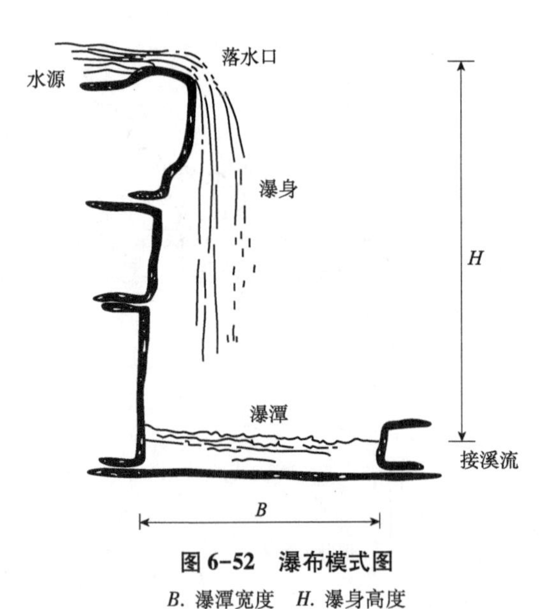

图 6-52　瀑布模式图

B. 瀑潭宽度　*H*. 瀑身高度

键。瀑身是观赏的主体，落水后形成深潭经小溪流出，其模式图样如图 6-52 所示。

6.4.1　瀑布的组成

6.4.1.1　水源

天然瀑布的水源来自江、河、溪涧等自然水，经落水口跌入瀑潭，然后再流走形成河流、溪涧。

6.4.1.2　瀑布口

瀑布口是指瀑布的出水口，就是河床断裂的崖顶或坡顶，通常由山石形成。它的形状直接影响瀑身的形态和景观的效果。

6.4.1.3　瀑身

从瀑布口开始到坠入潭中止，这一段的水是瀑身，是瀑布观赏的主体部分。水是没有形状的，瀑布的水造型除受出水口形状的影响外，瀑身所依附山体的造型是另一个重要的决定因素。所以瀑布的造型设计，实际上是根据瀑布水造型的设计要求进行山体造型设计和瀑布口设计。由水体和背后山石组成，集中体现瀑布水流的动态和音响效果。

6.4.1.4　瀑潭

瀑布上跌落下来的水，在地面上形成一个深深的水坑，这就是瀑潭或称盛水池。

6.4.2　瀑布的类型

瀑布可以分为两类：一是水平瀑布，它的瀑面宽度大于瀑布的落差。如尼亚加拉大瀑布，宽度为 914m，落差为 50m。二是垂直瀑布，它的瀑面宽度小于瀑布的落差。如萨泰尔连德瀑布，它的瀑面不宽，而落差有 580m。

6.4.2.1　按瀑布跌落方式分类

(1) 直瀑

直瀑即直落瀑布。这种瀑布的水流是不间断地从高处直落下，直接落入其下的池、潭水面或石面。直瀑的落水能够造成声响喧哗，可为园林增添动态水声。

(2) 分瀑

实际上是瀑布的分流形式，因此又叫分流瀑布。它是由一道瀑布在跌落过程中受到中间物的阻挡，一分为二，再分成两道水流继续跌落。这种瀑布的水声效果也比较好。

(3) 迭瀑

迭瀑也称迭落瀑布，是由很高的瀑布分为几迭，一迭一迭地向下落。迭瀑适宜布置在比较高的陡坡坡地，其水形变化较直瀑、分瀑都大一些，水景效果的变化也多一些，但水声要稍弱一点。

(4)滑瀑

滑瀑即滑落瀑布。其水流不是从瀑布口直落而下，而是顺着一个很陡的倾斜坡面向下滑落。斜坡表面所使用的材料质地情况决定着滑瀑的水景形象。斜坡若是光滑表面，则滑瀑如一层薄薄的透明纸，在阳光照射下显示出湿润感和水光的闪耀。坡面若是凸起点（或凹陷点）密布的表面，水层在滑落过程中就会激起许多水花。斜坡面上的凸起点（或凹陷点）若做成有规律排列的图形纹样，则所激起的水花也可以形成相应的图形纹样，如图6-53所示。

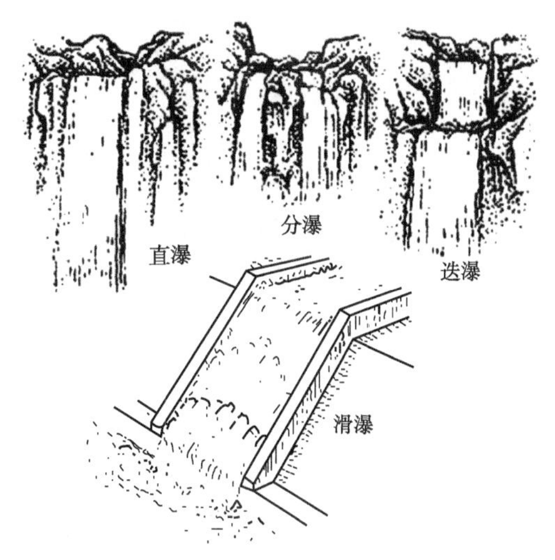

图6-53 瀑布的表现形式(一)

6.4.2.2 按瀑布口的设计形式分类

(1)布瀑

瀑布的水像一片又宽又平的布一样飞落而下。

(2)带瀑

从瀑布口落下的水流，组成一排水带整齐地落下。

(3)线瀑

排线状的瀑布水流如同垂落的丝帘，这是线瀑的水景特色，如图6-54所示。

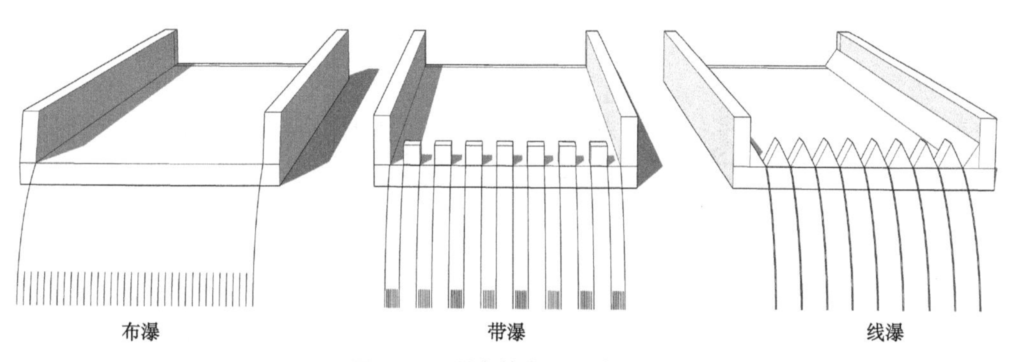

图6-54 瀑布的表现形式(二)

6.4.3 瀑布设计

6.4.3.1 人工瀑布用水量的估算

人工建造瀑布，其用水量较大，因此多采用水泵循环供水（图6-55）。其用水量标准可参阅表6-5所列。水源要达到一定的供水量，根据以往经验，高2m的瀑布，每米宽度的流量约为0.5m^2/min较为适宜。

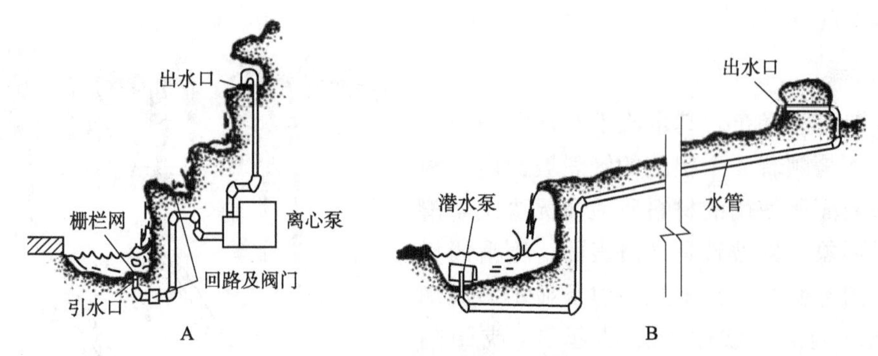

图 6-55　水泵循环供水瀑布示意

表 6-5　瀑布用水量估算表(每米宽用水量)

瀑布落水高度(m)	蓄水池水深(m)	用水量(L/s)	瀑布落水高度(m)	蓄水池水深(m)	用水量(L/s)
0.30	6	3	3.00	19	7
0.90	9	4	4.50	22	8
1.50	13	5	7.50	25	10
2.10	16	6	>7.50	32	12

6.4.3.2　瀑布工程设计

(1)顶部蓄水池的设计

蓄水池的容积要根据瀑布的流量来确定，要形成较壮观的景象，就要求其容积大；相反，如果要求瀑布薄如轻纱，就没有必要太深、太大(图 6-56)。

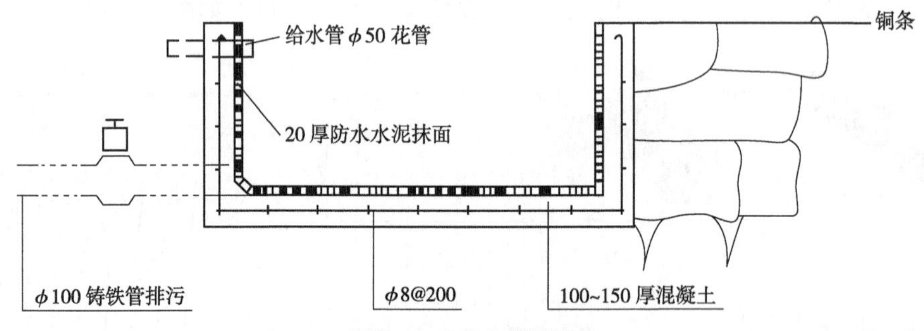

图 6-56　蓄水池结构

(2)堰口处理

所谓堰口就是使瀑布的水流改变方向的山石部位。其出水口应模仿自然，并以树木及岩石加以隐蔽或装饰，当瀑布的水膜很薄时，能表现出极其生动的水态，可以采用以下办法：

①用青铜或不锈钢制成堰唇，并使落水口平整、光滑。

②适当增加堰顶蓄水池的水深，以形成较为壮观的瀑布。

③堰顶蓄水池可采用花管供水，可在出水管口处设挡水板，以降低流速。一般应使流速不超过 0.9m/s 为宜。

④将出水口处山石作拉道处理，凿出细沟，设计成丝带状滑落。

(3)瀑身设计

瀑布水幕的形态也就是瀑身，它是由堰口及堰口以下山石的堆叠形式确定的。例如，堰口处的整形石呈连续的直线，堰口以下的山石在侧面图上的水平长度不超出堰口，则这时形成的水幕整齐、平滑，非常壮丽。堰口处的山石虽然在一个水平面上，但水际线伸出、缩进，可以使瀑布形成的景观有层次感。若堰口以下的山石，在水平方向上堰口突出较多，可形成两重或多重瀑布，这样瀑布就更加活泼而有节奏感(图6-57)。

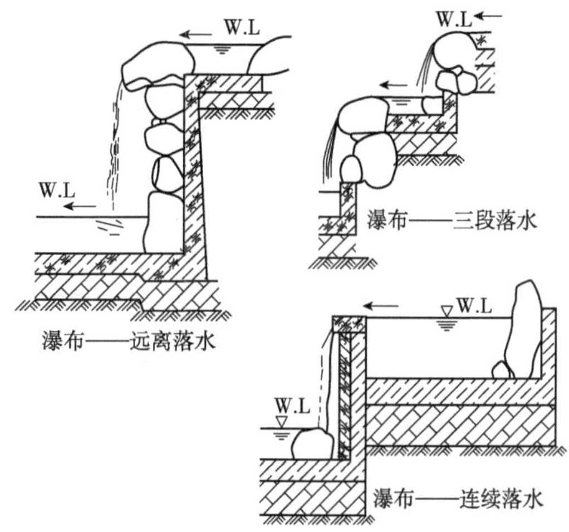

图6-57 瀑身设计形式示意

瀑身设计表现瀑布的各种水态的性格。在城市景观构造中，注重瀑身的变化，可创造多姿多彩的水态。天热瀑布的水态是很丰富的，设计时应根据瀑布所在环境的具体情况、空间气氛，确定设计瀑布的性格。设计师应根据环境需要灵活运用。

(4)潭(受水池)

天然瀑布落水口下面多为一个深潭。在做瀑布设计时，也应在落水口下面做一个受水池。为了防止落时水花四溅，一般的经验是使受水池的宽度不小于瀑身高度的2/3。

$$B \geqslant 2/3H$$

式中 B——瀑布的受水池潭的宽度；

H——瀑身高度。

(5)与音响、灯光的结合

可利用音响效果渲染气氛，增强水声如波涛翻滚的意境。也可以把彩色的灯光安装在瀑布的对面，晚上就可以呈现出彩色瀑布的奇异景观。

6.4.3.3 瀑布的设计要点

①筑造瀑布景观，应师法自然，以自然的瀑布作为造景砌石的参考，来体现自然情趣。

②设计前需先行勘查现场地形，以决定大小、比例及形式，并依此绘制平面图。

③瀑布设计有多种形式，设计时要考虑水源的大小、景观主题，并依照岩石组合形式的不同进行合理的创新和变化。

④庭园属于平坦的地形时，瀑布不宜设计过高，以免看起来不自然。

⑤为节约用水，减少瀑布水量损失，平时可装置循环水流系统的水泵。

⑥出水口应以岩石及植物进行遮蔽，切忌露出塑胶水管，否则将破坏水景的自然效果。

⑦岩石间的固定除用石与石互相咬合外，目前常用水泥或其他胶结材料进行加固，但应尽量以植栽掩饰，以免破坏自然山水的意境。

6.4.3.4 瀑布施工

(1)施工工艺流程

施工准备→定点放线→基坑(槽)开挖→瀑道与承水潭施工→管线安装→扫尾→试水→验收。

(2)施工方法

①施工准备　进行现场检查、熟悉设计图纸，准备施工材料、机具、人员。清理施工现场，搭建施工必需的临时设施。

②定点放线　依据确定的施工图纸用划线工具勾画出瀑布的轮廓，并注意落水口与承水潭的高程关系。如瀑布属掇山类型，平面上应将掇山位置采取“宽打窄用”的方法放出外轮廓，此类瀑布施工最好先按比例做出模型，以便施工时进行参考。同时应注意循环供水线路的方位走向。

③基坑(槽)开挖　一般情况下采用人工开挖的方式，挖方时需经常与施工图核对避免过量，保证落高程的正确。如瀑道为多层跌落方式，更应注意各层的基底设计高程。承水潭开挖时遇到排水问题可采用基坑排水的方式。

④瀑道与承水潭施工　瀑道施工按照设计要求开挖，承水潭的施工可参照水池的施工。瀑布堰口的做法根据瀑布设计内容所讲方法处理可保证有较好的出水效果。

⑤管线安装　对于埋地管应结合漫道基础施工同步进行。露出部分的管道在混凝土施工1~2d后进行安装，出水口管段在山石掇砌完毕后再行连接。

⑥扫尾　根据设计要求进行扫尾，对瀑身和承水潭进行必要的点缀装饰，如栽种卵石、水草，铺细砂、散石等，根据要求安装灯光等附属工作。

⑦试水　试水前应将承水潭全面清洁并检查管路的安装情况。打开水源后观察水流及瀑身，如达到设计要求则说明施工合格。

⑧验收　依据设计要求进行检查验收，验收合格后，合同双方应签订竣工签收证书。施工单位应将全套验收资料整理装订成册，交建设单位存档。

6.4.4 跌水水景

6.4.4.1 跌水的含义

跌水本质上是瀑布的变异，它强调一种规律性的阶梯落水形式，跌水的外形就像一道楼梯，其构筑的方法和前面的瀑布基本一样，只是它所使用的材料更加自然美观，如经过装饰的砖块、混凝土、厚石板、条形石板或铺路石板，目的是取得规则式设计所严格要求的几何结构。台阶有高有低，层次有多有少，有韵律感及节奏感，构筑物的形式有规则式、自然式及其他形式，故产生了形式不同、水量不同、水声各异的丰富多彩的跌水景观。它是善用地形、美化地形的一种理想的水态，具有很广泛的利用价值(图6-58)。

6.4.4.2 跌水的类型

跌水的形式有多种，其落水的水态分为以下几种形式：

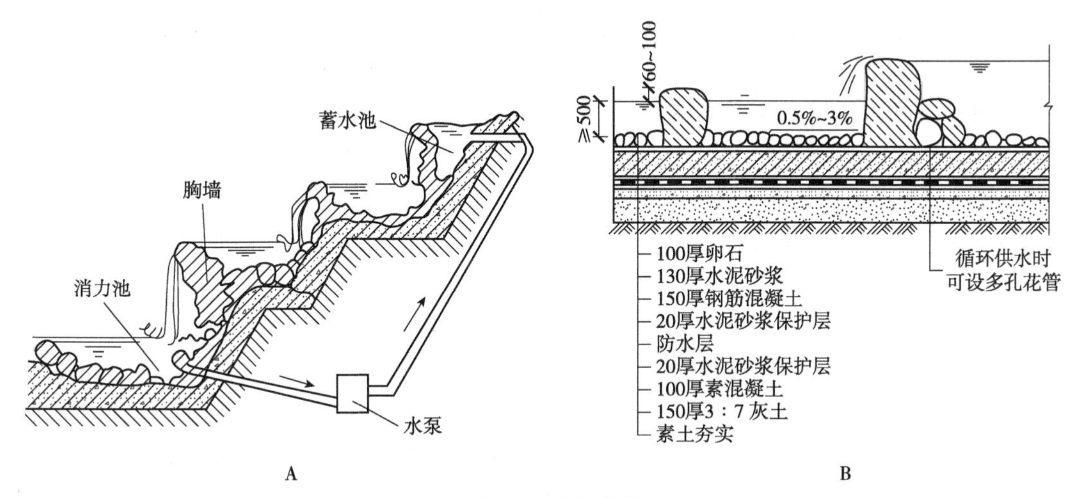

图 6-58 跌水结构

A. 构造组成 B. 溪流中的跌水汀步纵剖面图

(1) 单级式跌水

单级式跌水也称一级跌水。溪流下落时，如果无阶状落差，即为单级跃水。单级跌水由进水口、胸墙、消力池及下游溪流组成。

(2) 二级式跌水

溪流下落时，具有两阶落差的跌水。通常上级落差小于下级落差。二级式跌水的水流量比单级式跌水小，故下级消力池底厚度可适当减小。

(3) 多级式跌水

溪流下落时，具有三阶及以上落差的跌水。多级式跌水一般水流量较小，因而各级均可设置蓄水池(或消力池)，水池可为规则式也可为自然式，视环境而定。

(4) 悬臂式跌水

悬臂式跌水的特点是其落水口处理与瀑布落水口泄水石处理极为相似，它是将泄水石突出成悬臂状，使水能泄至池中间，因而落水更具魅力。

(5) 陡坡跌水

陡坡跌水是以陡坡连接高、低渠道的开敞式过水构筑物。园林中多应用于上、下水池的过渡。由于坡陡水流较急，需有稳固的基础。

6.4.4.3 跌水施工

(1) 施工流程

以钢筋混凝土结构为例，主要施工方法如下：

定点放线→基坑(槽)开挖→基础施工→支模板→钢筋施工→混凝土施工→防水层施工→贴面装饰→试水。

(2) 施工方法

①测量放线，根据设计图放跌水步级位置和标高控制线，然后按放样开挖基槽，开挖

基槽后重新对基槽平面位置、标高进行放样。

②基坑开挖采用人工进行，基坑开挖时必须严格按测量放线位置进行开挖，在开挖过程中随时检查其开挖尺寸是否满足要求，否则不准进入下一道工序施工。

③对基土进行碾压、夯实，对软弱土层要进行处理。分层夯实，填土质量进行国家标准《地基与基础工程施工质量验收规范》(GB 50202—2018)的有关规定，填土时应为最优含水量，取土样按击实试确定最优含水量与相应的最大干密度。基土应均匀密实，压实系数应符合设计要求，应小于0.94。

• 3∶7灰土垫层：严格按规范施工，灰和土严格过筛，土粒径不大于15mm，灰颗粒不大于5mm，搅拌均匀才能回填，机械碾压夯实。灰土回填厚度不大于250mm，同时注意监测含水率，认真做好压实取样工作。

• 混凝土垫层施工：混凝土垫层应采用粗骨料，其最大粒径不应大于垫层粒径的2/3，含泥量不大于5%；砂为中粗砂，其含泥量不大于3%，垫层铺设前其下一层应湿润，垫层应设置伸缩缝，混凝土垫层表面的允许偏差值应不大于±10mm。

④支模板

• 模板及其支架应具有承载能力、刚度和稳定性，能可靠地承受浇注混凝土的重量、侧压力以及施工荷载。

• 板的接缝不应漏浆，模板与混凝土的接触面应清理干净，并涂隔离层。

• 模板安装的偏差应符合施工规范规定，如轴线位置5mm，表面平整度5mm，垂直度6mm。

⑤钢筋工程

• 纵向受力钢筋的连接方式应符合设计要求。

• 钢筋安装位的偏差，网的长宽不大于±10mm，保护层不大于±3mm，预埋件与中心线位置不大于±5mm。

⑥混凝土施工

• 结构混凝土的强度等级必须符合设计要求。

• 混凝土运输、浇筑及间歇的全部时间不应超过混凝土的初凝时间。同一施工段的混凝土应连续浇筑，并应在底层混凝土初凝之前将上一层混凝土浇筑完毕。

• 施工缝的位置应在混凝土浇筑前按设计要求和施工技术方案确定。

• 对有抗渗要求的混凝土，浇水养护时间不得少于14d。

• 现浇混凝土拆模后，应由监理单位、施工单位对外观质量尺寸偏差进行检查，做出记录，并及时按技工技术方案对缺陷进行处理。

⑦防水层施工　先在做好的基础混凝土上铺设20厚水泥砂浆保护层，然后铺贴SBS防水卷材，铺设完成后再在上面摊铺20厚水泥砂浆保护层。

⑧贴面装饰　根据设计要求，对跌水水池及水道进行装饰施工。贴面材料可选择卵石、花岗岩、玻璃等材料。

⑨试水前全面检查并进行清洁，打开水源注意观察水流与承水池，如达到设计要求则施工合格。

⑩验收　依据设计要求进行检查验收，验收合格后，合同双方应签订竣工签收证书。

施工单位应将全套验收资料整理装订成册，交建设单位存档。

6.5 喷泉工程

喷泉是园林理水的手法之一，它是利用压力使水从孔中喷向空中，再自由落下的一种优秀的造园水景工程，它以壮观的水姿、奔放的水流、多变的水形，深得人们喜爱。近年来，由于技术的进步，出现了多种造型喷泉、构成抽象形体的水雕塑和强调动态的活动喷泉等，大大丰富了喷泉构成水景的艺术效果。在我国喷泉已成为园林绿化、城市及地区景观的重要组成部分，越来越得到人们的重视和欢迎(图6-59)。

图6-59 喷泉示例

喷泉可以为园林环境提供动态水景，丰富城市景观，这种水景一般都被作为园林的重要景点来使用。其次，喷泉对其一定范围内的环境质量还有改良作用。它能够增加局部环境中的空气湿度，并增加空气中负氧离子的浓度，减少空气尘埃，有利于改善环境质量，有益于人们的身心健康。它可以陶冶情怀，振奋精神，培养审美情趣。正因为这样，喷泉在艺术上和技术上才能够不断发展，不断地创新。

6.5.1 喷泉的类型及布置

6.5.1.1 现代喷泉类型

随着喷头设计的改进、喷泉机械的创新以及喷泉与电子设备、声光设备等的结合，喷泉的自由化、智能化和声光化都将有更大的发展，将会带来更加美丽、更加奇妙和更加丰富多彩的喷泉水景效果。

(1)程控喷泉

程控喷泉是将各种水型、灯光，按照预先设定的排列组合进行控制程序的设计，通过计算机运行控制程序发出控制信号，使水型、灯光实现多姿多彩的变化。另外，喷泉在实际制作中还可分为水喷泉、旱喷泉及室内盆景喷泉等。

(2)音乐喷泉

音乐喷泉是在程序控制喷泉的基础上加入音乐控制系统，计算机通过对音频及 MIDI 信号的识别，进行译码和编码，最终将信号输出到控制系统，使喷泉及灯光的变化与音乐保持同步，从而达到喷泉水型、灯光及色彩的变化与音乐的完美结合，使喷泉表演更生动，更加富有内涵。

(3)旱泉

喷泉放置在地下，表面饰以光滑美丽的石材，可铺设成各种图案和造型。水花从地下喷涌而出，在彩灯照射下，地面如五颜六色的镜面，将空中飞舞的水花映衬得无比娇艳，使人流连忘返。停喷后，不阻碍交通，可照常行人，非常适合于宾馆、饭店、商场、大厦、街景小区等。

(4)跑泉

尤适合于江、河、湖、海及广场等宽阔的地点。计算机控制数百个喷水点，随音乐的旋律超高速跑动，或瞬间形成排山倒海之势，或形成委婉起伏波浪式，或组成其他的水景，衬托景点的壮观与活力。

(5)室内喷泉

各类喷泉都可采用。控制系统多为程控或实时声控。娱乐场所建议采用实时声控，伴随着优美的旋律，水景与舞蹈、歌声同步变化，相互衬托，使现场的水、声、光、色达到完美地结合，极具表现力。

(6)层流喷泉

层流喷泉又称波光喷泉，采用特殊层流喷头，将水柱从一端连续喷向固定的另一端，中途水流不会扩散，不会溅落。白天，就像透明的玻璃拱柱悬挂在天空，夜晚在灯光照射下，尤如雨后的彩虹，色彩斑斓。适用于各种场合与其他喷泉相组合。

(7)趣味喷泉

子弹喷泉：在层流喷泉基础上，将水柱从一端断续地喷向另一端，尤如子弹出膛般迅速准确射到固定位置，适用于各种场合与其他的喷泉相结合。

鼠跳喷泉：一段水柱从一个水池跳跃到另一个水池，可随意启动，当水柱在数个水池之间穿梭跳跃时即构成鼠跳喷泉的特殊情趣。

时钟喷泉：用许多水柱组成数码点阵，随时反映日期、小时、分钟及秒的运行变化，构成独特趣味。

游戏喷泉：一般是旱泉形式，地面设置机关控制水的喷涌或音乐控制，游人在其间不小心碰触到，则忽而这里喷出雪松状水花，忽而那里喷出摇摆飞舞的水花，令人防不胜防。适合于公园、旅游景点等。具有较强的营业性能。

乐谱喷泉：用计算机对每根水柱进行控制，其不同的动态与时间差反映在整体上即构成形如乐谱般起伏变化的图形，也可把 7 个音阶做成踩键，控制系统根据游人所踩旋律及节奏控制水型变化，娱乐性强，适用于公园，旅游景点等，具有营业性能。

喊泉：由密集的水柱排列成坡形，当游人通过话筒时，实时声控系统控制水柱的开与停，从而显示所喊内容，趣味性很强，适用于公园、旅游景点等，具有极强的营业性能。

(8)激光喷泉

配合大型音乐喷泉设置一排水幕，用激光成像系统在水幕上打出色彩斑斓的图形、文字或广告，既渲染美化了空间又起到宣传、广告的效果。适用于各种公共场合，具有极佳的营业性能。

(9)水幕电影

水幕电影是通过高压水泵和特制水幕发生器，将水自上而下，高速喷出，雾化后形成扇形“银幕”，由专用放映机将特制的录影带投射在“银幕”上，形成水幕电影。当观众在观摩电影时，扇形水幕与自然夜空融为一体，当人物出入画面时，好似人物腾起飞向天空或自天而降，产生一种虚无缥缈和梦幻的感觉，令人神往。

6.5.1.2 喷泉的布置形式

①普通装饰性喷泉　是由各种普通的水花图案组成的固定喷水型喷泉。

②与雕塑结合的喷泉　喷泉的各种喷水花与雕塑、观赏柱等共同组成景观。

③水雕塑　用人工或机械塑造出各种大型水柱的姿态。

④自控喷泉　用各种电子技术，按设计程序控制水、光、音、色形成多变奇异的景观。

6.5.1.3 喷泉的布置要点

在选择喷泉位置，布置喷水池周围的环境时，要考虑喷泉的主题、形式，要使它们与环境相协调。把喷泉和环境统一考虑，用环境渲染和烘托喷泉，并达到美化环境的目的，也可借助喷泉的艺术联想，创造意境。

①所确定的主题与形式要与环境相协调，把喷泉和环境统一起来考虑，用环境渲染和烘托喷泉，以达到装饰环境的目的。或者借助特定喷泉的艺术联想进行意境创作。表6-6为喷泉分类与适用场所。

②根据场所选择喷泉类型。喷水池的形式有自然式和规则式两类。一般多设于建筑广场的轴线焦点、端点和花坛群中，也可以根据环境特点，做一些喷泉小景，布置在庭院中、门口两侧、空间转折处、公共建筑的大厅内等地点，采取灵活的布置，自由地装饰室内外空间(表6-6)。

表6-6　喷泉类型与适用场所

名称	主要特点	适用场所
壁泉	由墙壁、石壁或玻璃壁板上喷出，顺流而下形成水帘或多股水流	广场、居住区入口、景观墙、挡土墙、庭院
涌泉	不由下向上涌出，呈水柱状，高0.6~0.8m，可独立设置也可以组成图案	广场、居住区、庭院、假山、水池

（续）

名称	主要特点	适用场所
间歇泉	模拟自然界的地质现象，每隔一定时间喷出水柱或汽柱	溪流、小径、泳池边、假山
旱地泉	将喷泉管道和喷头下沉到地面以下，喷水时水流回落到广场硬质铺装上，沿地面坡度排出。平时可作为休闲广场	广场、居住区入口
跳泉	射流非常光滑稳定，可以准确落在受水孔中，在计算机控制下，生成可变化长度和跳跃时间的水流	庭院、园路边、休闲场所
跳球喷泉	射流呈光滑的水球，水球大小和间歇时间可控制	
雾化喷泉	由多组微孔喷泉组成，水流通过微孔喷出，看似雾状	庭院、园路边、休闲场所
喷水盆	外观呈现盆状，下有支柱，可分多级，出水系统简单，多为独立设置	庭院、园路边、休闲场所
小品喷泉	从雕塑上口中的器具(盆、罐)和动物(鱼、龙等)口中出水，形象有趣	广场、雕塑、庭院
组合喷泉	具有一定规模，喷水形式多样，有层次，气势强，喷射高	广场、居住区、入口

喷水的位置可居于水池中心，组成图案；也可以偏于一侧或自由地布置。要根据喷泉所在地的空间尺度来确定喷水的形式、规模及喷水池的大小比例。

6.5.2 喷泉的组成

一个完整的喷泉系统一般由喷头、管道、水泵三部分组成，对于大型喷泉还有必需的相关附属构筑物。

6.5.2.1 喷泉工作原理

水泵吸入池水并对水加压。然后通过管道将有一定压力的水输送到喷头处，最后水从喷头出水口喷出。由于喷头类型不同，其出水的形状也不同，因而喷出的水流呈现出各种不同的形态(图 6-60)。

如果要考虑夜间效果，喷泉中还要布置灯光系统，主要用水下彩灯和陆上射灯组合照明。

6.5.2.2 喷头种类及特点

喷头根据工作方式及喷射类型不同有如下分类(图 6-61)。

①单射流喷头　是喷泉中应用最广的一种喷头，是压力水喷出的最基本形式。它不仅可以单独使用，也可以组合、分布为各种阵列，形成多种式样的喷水水形图案。

②喷雾喷头　这种喷头内部装有一个螺旋状导流板，使水进行圆周运动，水喷出后，形成细细的弥漫的雾状水滴，在阳光照射下可形成七色彩虹。噪声小，用水量少。

③环形喷头　喷头的出水口为环形断面，即外实内空，使水形成集中而不分散的环形水柱。

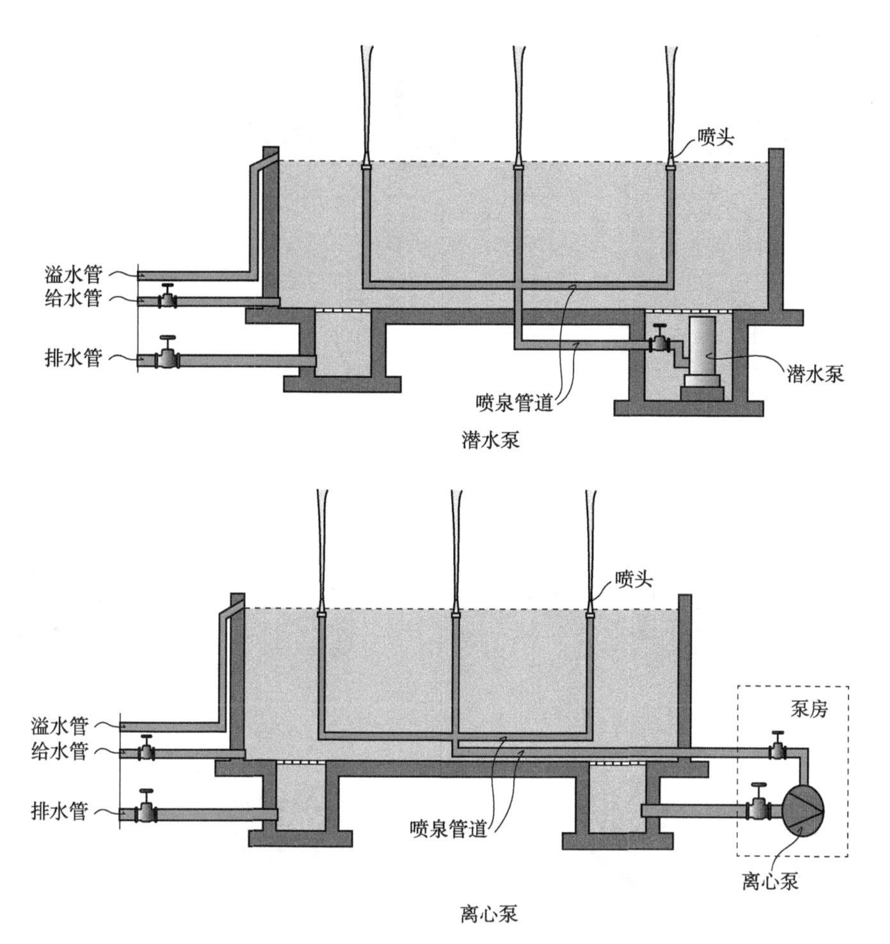

图 6-60　喷泉工作原理

④旋转喷头　利用压力水由喷嘴喷出时的反作用力或其他动力带动回转器转动，使喷嘴不断地旋转运动，从而丰富了喷水造型，喷出的水花或欢快旋转或飘逸荡漾，形成各种扭曲线型，婀娜多姿。

⑤扇形喷头　这种喷头的外形很像扁扁的鸭嘴。它能喷出扇形的水膜或像孔雀开屏一样美丽的水花构成。

⑥多孔喷头　可以由多个单射流喷嘴组成一个大喷头，也可以由平面、曲面域半球形的带有很多细小孔眼的壳体构成喷头。它们能呈现出造型各异盛开的水花，如常用的三层花喷头、凤尾喷头等。

⑦组合式喷头　由两种或两种以上形体各异的喷嘴，根据水花造型的需要，组合成一个大喷头即组合式喷头。它能够形成较复杂的花形。

⑧蒲公英喷头　又名水晶头喷头，球体停喷时造型似蒲公英，独立或组合成景，银光闪闪，气势壮观。对水质要求高，必须装滤网。

⑨吸力喷头　利用压力水的喷出，在喷嘴处形成负压，以此吸入水或空气，并将水和空气混合一起喷出。水柱的体积大，呈白色。可分为吸水、加气和吸水加气喷头 3 种。常用的有玉柱、雪松、涌泉、鼓泡等类型。

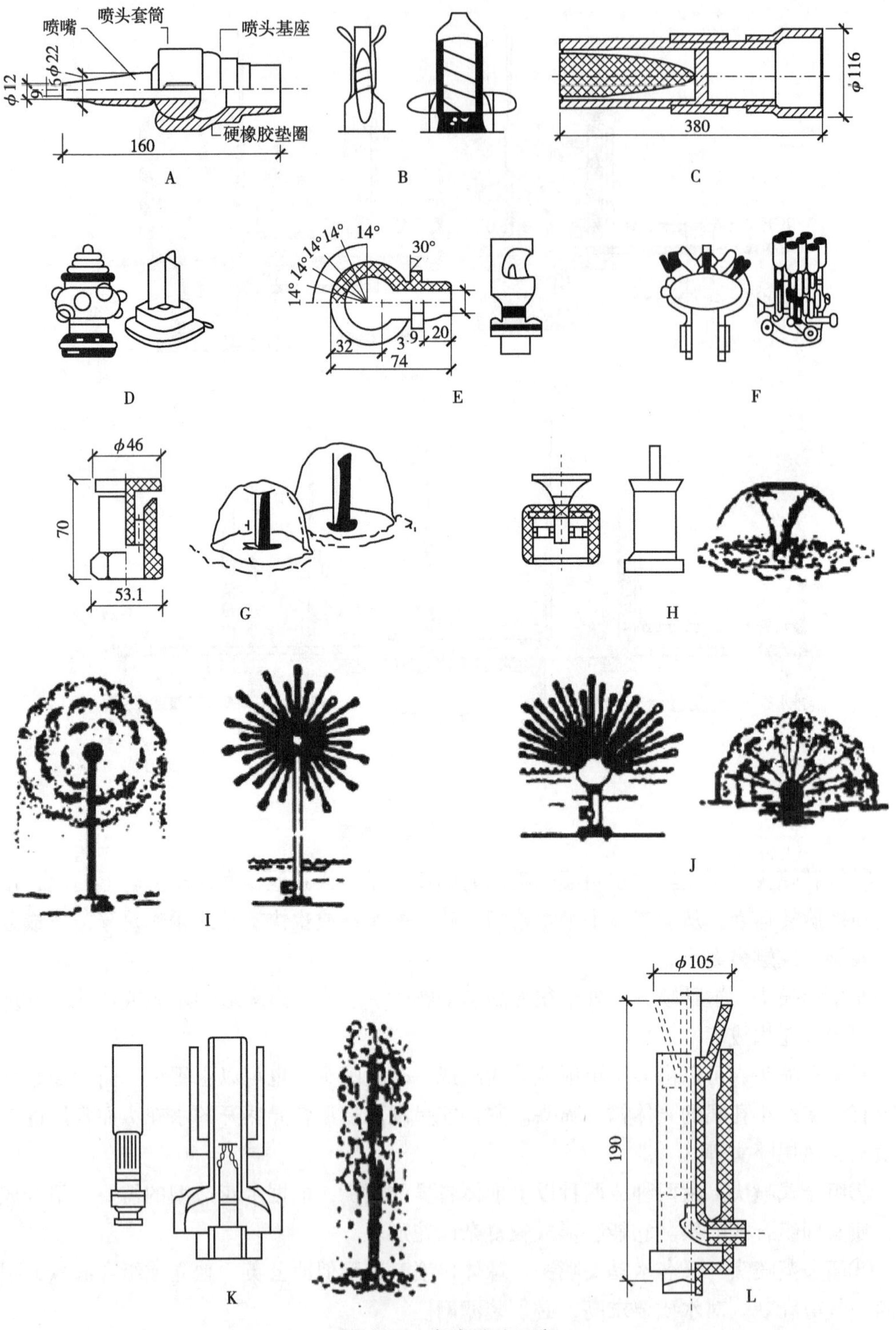

图 6-61 各类喷头示意

A. 单射流喷头 B. 喷雾喷头 C. 环形喷头 D. 旋转喷头 E. 扇形喷头 F. 多孔喷头 G. 半球形喷头 H. 牵牛花形喷头 I. 球形蒲公英喷头 J. 半球形蒲公英喷头 K. 吸力喷头 L. 组合喷头

6.5.2.3 喷泉控制方式

(1) 手阀控制

这是最常见和最简单的控制方式，在喷泉的供水管上安装手控调节阀，用来调节各段中水的压力和流量，形成固定的喷水姿态。

(2) 继电器控制

通常利用时间继电器按照设计的时间程序控制水泵、电磁阀、彩色灯等的启闭，从而实现可以自动变换的喷水水姿。

(3) 音响控制

声控喷泉是用声音来控制喷泉喷水形变化的一种自控泉。它一般由以下几部分组成：

①声-电转换、放大装置　通常是由电子线路或数字电路、计算机等组成。

②执行机构　常使用电磁阀。

③动力设备　即水泵。

④其他设备　主要由管路、过滤器、喷头等组成。

声控喷泉的原理是将声音信号转变为电信号，经放大及其他一些处理，推动继电器电子式开关，再去控制设在水路上的电磁阀的启闭，从而达到控制喷头水流动的通断。随着声音的变化人们可以看到喷水大小、高矮和形态的变化。要能把人们的听觉和视觉结合起来，使喷泉喷射的水花随着音乐优美的旋律而翩翩起舞。因此，也被誉为“音乐喷泉”或“会跳舞的喷泉”。这种音乐喷泉控制的方式很多。

(4) 电脑控制

计算机通过对音频、视频、光线、电流等信号的识别，进行译码和编码，最终将信号输出到控制系统，使喷泉及灯光的变化与音乐变化保持同步，从而达到喷泉水型、灯光、色彩、视频等与音乐情绪的完美结合，使喷泉表演更生动，更加富有内涵。

6.5.2.4 喷泉照明

喷泉照明与一般照明不同，其原理如图 6-62 所示。一般照明是要在夜间创造一个明亮的环境，而喷泉照明是要突出水花的各种风姿。因此，它要求有比周围环境更高的亮度，而被照明的物体又是一种无色透明的水，这就要利用灯具的各种不同的光分布和构图，形成特有的艺术效果，营造开朗、明快的气氛，供人们观赏。

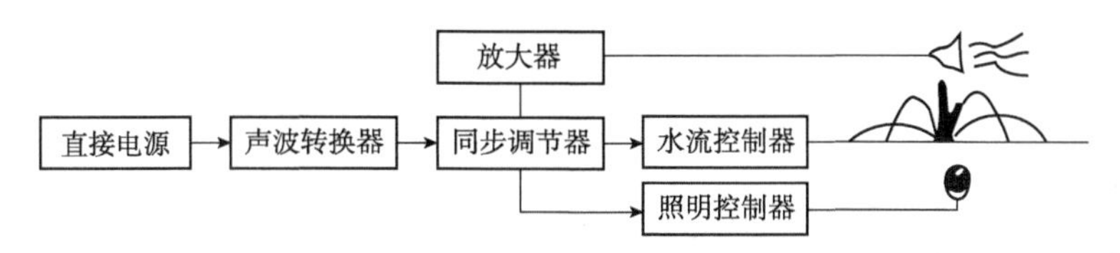

图 6-62　喷泉照明控制原理

为了既能保证喷泉照明取得华丽的艺术效果，又能防止对观众产生眩目，布光是非常重要的。照明灯具的位置，一般是在水面下 5~10cm 处。在喷嘴的附近，以喷水前端高度的 1/5~1/4 以上的水柱为照射的目标；或以喷水下落到水面稍上的部位为照射的目标。如

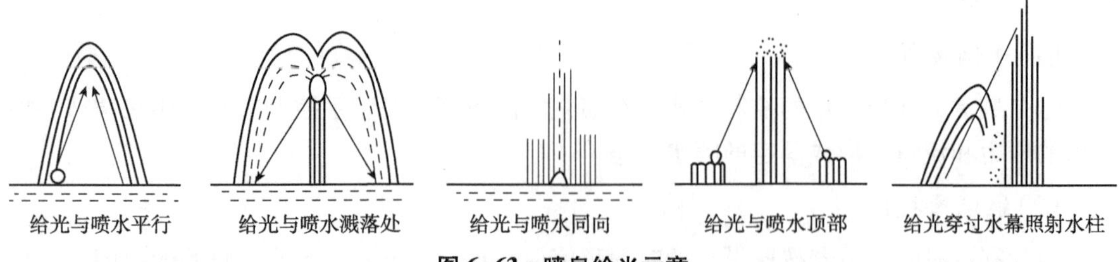

图 6-63　喷泉给光示意

果喷泉周围的建筑物、树丛等的背景是暗色的，则喷泉水的飞花下落的轮廓，会被照射得清清楚楚(图 6-63)。

6.5.2.5　喷泉构筑物

(1)喷水池

喷水池是喷泉的重要组成部分。本身不仅能独立成景，起点缀、装饰、渲染环境的作用，而且能维持正常水位以保证喷水。可以说喷水池是集审美功能与实用功能于一体的人工水景。喷水池由基础、防水层、池底、压顶等部分组成(图 6-64)。

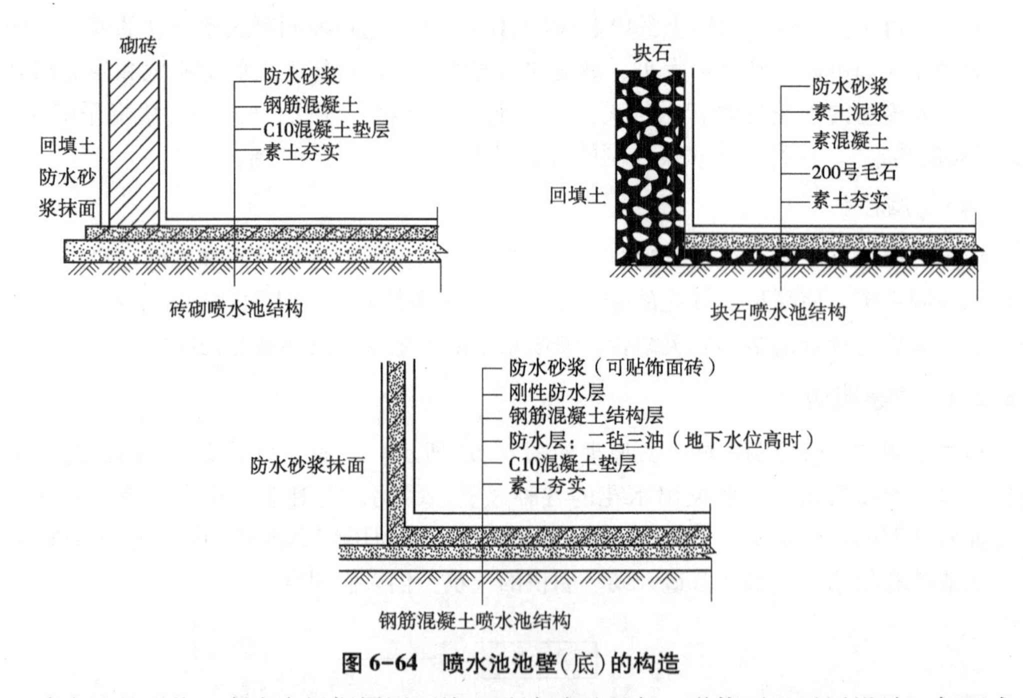

图 6-64　喷水池池壁(底)的构造

喷水池的形状、大小应根据周围环境和设计需要而定。形状可以灵活设计，但要求富有时代感；水池大小要考虑喷高，喷水越高，水池越大，一般水池半径为最大喷高的 1~1.3 倍，平均池宽可为喷高的 3 倍。实践中，如用潜水泵供水，吸水池的有效容积不得小于最大一台水泵 3min 的出水量。水池水深应根据潜水泵、喷头、水下灯具等的安装要求确定，其深度不能超过 0.7m。否则，必须设置保护措施。

喷水池的各部分构造做法如图 6-65 至图 6-68 所示。

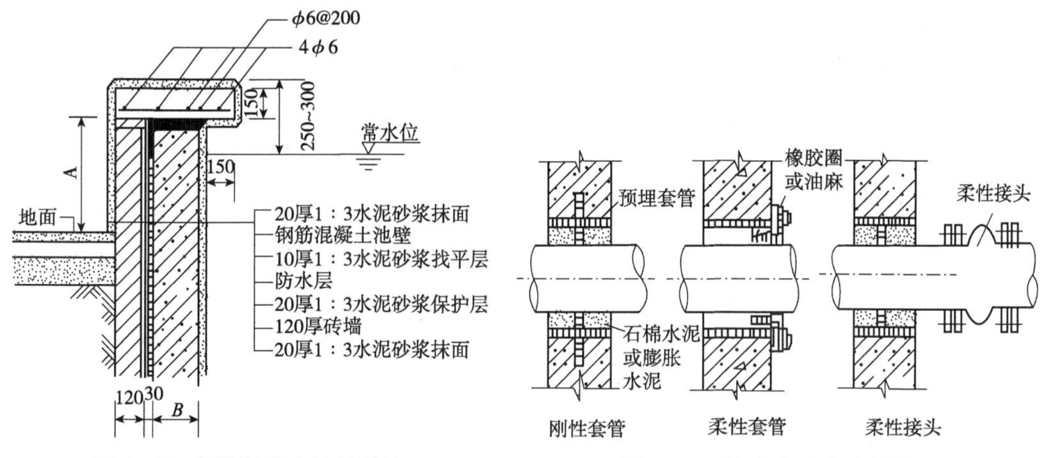

图 6-65 钢筋混凝土池壁做法

图 6-66 管道穿过池壁的做法

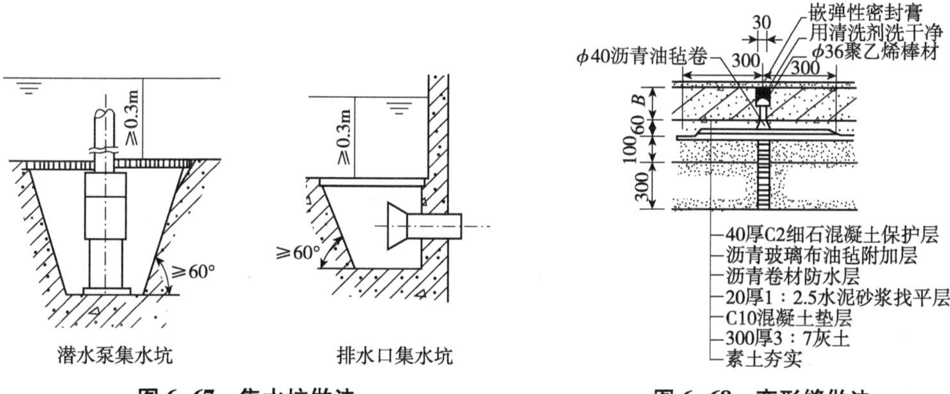

图 6-67 集水坑做法

图 6-68 变形缝做法

(2)泵房

泵房是指安装水泵等提水设备的常用构筑物。在喷泉工程中，凡采用清水离心泵循环供水的都要设置泵房。泵房的形式按照泵房与地面的关系分为地上式泵房、地下式泵房和半地下式泵房 3 种。

地上式泵房的特点是泵房建于地面上，多采用砖混结构，其结构简单，造价低，管理方便，但有时会影响喷泉环境景观，实际中最好和管理用房配合使用，适用于中小型喷泉。地下式泵房建于地面之下，园林用得较多，一般采用砖混结构或钢筋混凝土结构，特点是需做特殊的防水处理，有时排水困难，会因此提高造价，但不影响喷泉景观。

(3)阀门井

有时要在给水管道上设置给水阀门井，根据给水需要可随时开启和关闭，便于操作。给水阀门井内安装截止阀控制。

①给水阀门井　一般为砖砌圆形结构，由井底、井身和井盖组成。井底一般采用 C10 混凝土垫层，井底内径不小于 1.2m，井壁应逐渐向上收拢，且一侧应为直壁，便于设置铁爬梯。井口圆形，直径 600mm 或 700mm。井盖采用成品铸铁井盖。

②排水阀门井　用于泄水管和溢水管的交接，并通过排水阀门井排进下水管网。泄水管道要安装闸阀，溢水管接于阀后，确保溢水管排水畅通。

6.5.3　喷泉的给排水系统

喷泉的水源应为无色、无味、无有害杂质的清洁水。因此，喷泉除用城市自来水作为水源外，其他像冷却设备和空调系统的废水等也可作为喷泉的水源(图 6-69)。

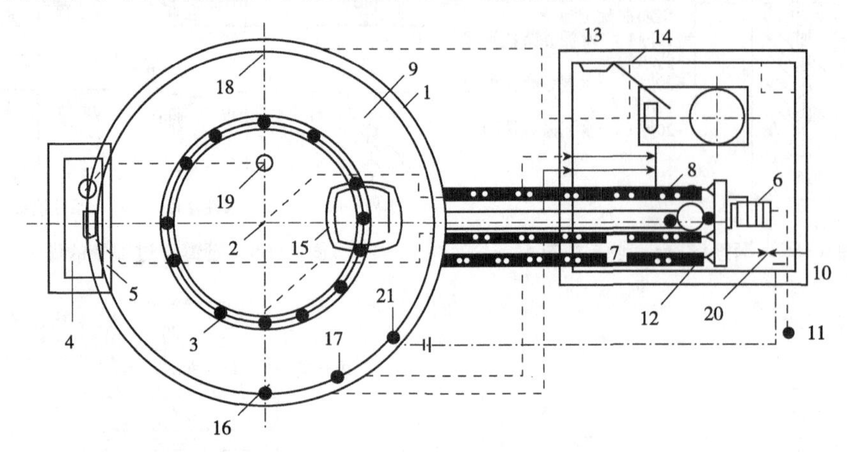

图 6-69　喷泉工程的给排水系统

1. 喷水池　2. 加气喷头　3. 装有直射流喷头的环状管　4. 高位水池　5. 堰　6. 水泵　7. 吸水滤网　8. 吸水关闭阀　9. 低位水池　10. 风控制盘　11. 风传感计　12. 平衡阀　13. 过滤器　14. 泵房　15. 阻涡流板　16. 除污器　17. 真空管线　18. 可调眼球状进水装置　19. 溢流排水口　20. 控制水位的补水阀　21. 液位控制器

6.5.3.1　喷泉的给水方式

喷泉用水的给水方式，有以下几种：

①对于流量在 2~3L/s 以内的小型喷泉，可直接由城市自来水供水，使用过后的水排入城市雨水管网，如图 6-70A 所示。

②为保证喷水具有稳定的高度和射程，给水需经过特设的水泵房加压。喷出后的水仍排入城市雨水管网，如图 6-70B 所示。

③为了保证喷水有必要的、稳定的压力和节约用水，对于大型喷泉，一般采用循环供水。循环供水的方式可以设水泵房，如图 6-70C 所示。也可以将潜水泵直接放在喷水池或水体内低处，循环供水，如图 6-70D 所示。

④在有条件的地方，可以利用高位的天然水源供水，用毕排除，如图 6-70E 所示。

为了保持喷水池的卫生，大型喷泉还可设专用水泵，以供喷水池水的循环，使水池的水不断流动。并在循环管线中设过滤器和消毒设备，以清除水中的杂物、藻类和病菌。

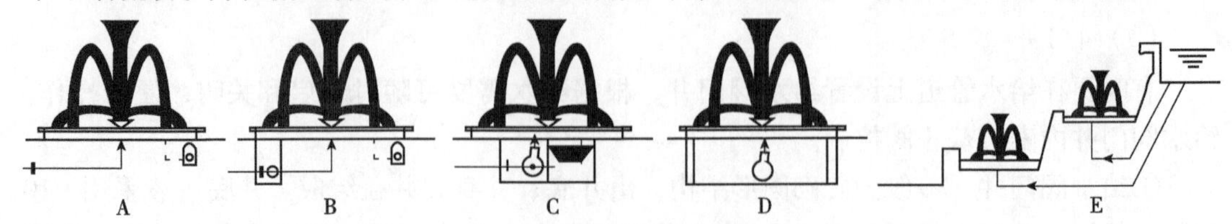

图 6-70　喷泉供水方式

A. 小型喷泉供水　B. 小喷泉加压供水　C. 泵房循环供水　D. 潜水泵循环供水　E. 利用高位蓄水池供水

喷水池的水应定期更换。在园林或其他公共绿地中，喷水池的废水可以和绿地喷灌或地面洒水等结合使用，做水的二次使用处理。

6.5.3.2 喷泉管线布置

喷泉管网由输水、配水、补给水、溢水、泄水等组成(图6-71)。

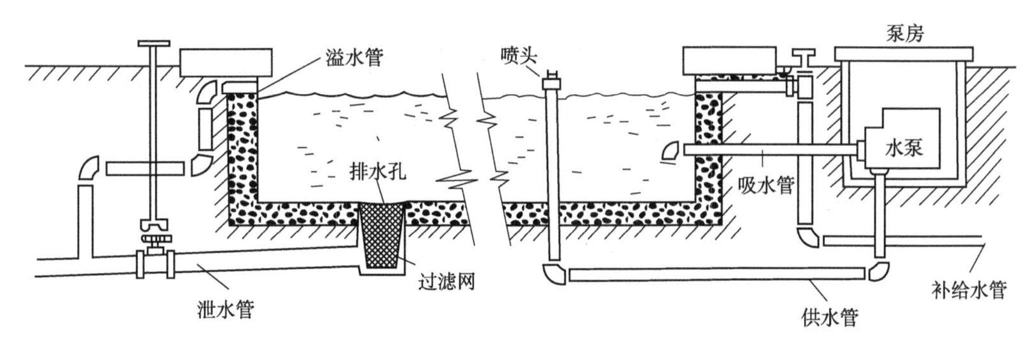

图6-71 喷泉管线布置示意

管道布置要点：

①在小型喷泉中，管道可直接埋在土中。在大型喷泉中，如管道多而且复杂时主要管道敷设在能通行人的渠道中，在喷泉的底座下设检查井。只有非主要的管道布置管可直接敷设在结构物中，或置于水池内。

②为了使喷泉获得等高的射流，喷泉配水管网多采用环形十字供水。

③由于喷水池内水的蒸发及在喷射过程中一部分水被风吹走等造成喷水池内水量的损失，因此，在水池中应设补给水管。补水管和城市给水管连接，并在管上设浮球阀或液位继电器，随时补充池内水量的损失，以保持水位稳定。

④为了防止因降雨使池水上涨造成溢流，在池内应设溢水管，直通城市雨水井有不小于3%的坡度，在溢水口外应设拦污栅。

⑤为了便于清洗和在不使用的季节把池水全部放完，水池底部应设泄水管，直通城市雨水井，也可结合绿地喷灌或地面洒水另行设计。

⑥在寒冷地区，为防止冬季冻害，所有管道均应有一定坡度。一般不小于2%，以冬季将管内的水全部排出。

⑦连接喷头的水管不能有急剧的变化。如有变化，必须使水管管径逐渐由大变小，且在喷头前必须有一段适当长度的直管。一般不小于喷头直径的20~50倍，以保持射流稳定。

⑧对每个或每一组具有相同高度的射流，应有自己的调节设备。通常用阀门调节流量和水头。

6.5.3.3 喷泉水力计算及水泵选型

各种喷头因流速、流量不同，喷出的水型组合会有很多变化，如果流速和流量达不到预定的要求则不能形成设计的水型效果，因此喷泉设计必须经过水力计算，主要计算喷泉总流量、管径和扬程。

(1)喷泉水力计算

①计算总流量 Q

单个喷嘴的流量：

$$q=\mu f\times 10^{-3}$$

式中 q——喷嘴流量，L/s；

μ——流量系数，与喷嘴的形式有关，一般在 0.62～0.94，如蘑菇式喷头为 0.8～0.98，雾状喷头为 0.9～0.98，牵牛花喷头为 0.8～0.9；

f——喷嘴出水口断面面积，mm^2。

$$\mu=\varepsilon\varphi$$

式中 ε——断面收缩系数，与喷嘴形式有关；

φ——流速系数，与喷嘴形式有关。

总流量：喷泉总流量是指在某一时间同时工作的各个喷头喷出的流量之和的最大值。即：

$$Q=q_1+q_2+q_3+q_4+q_5+q_6+\cdots+q_n$$

②计算管径

$$D=\sqrt{\frac{4Q}{\pi v}}$$

式中 D——管径，m；

Q——总流量，m^3/s；

π——圆周率；

v——流速，m/s，通常选用 0.5～0.6m/s。

另外，也可依据如下公式：

进水管径：

$$D\geqslant 800\times Q^{1/2}(\mathrm{mm})$$

泄水管管径：

$$d=17.9\times F^{0.5}\times H^{0.25}\times T^{-0.5}$$

式中 F——水池面积，m^2；

H——水池水深，m；

T——要求泄水时间，h，一般选用 4～8h，不超过 12h。

③计算总扬程 H　水泵的提水高度叫扬程。一般将水泵进、出水池的水位差称为净扬程，加上水流进出水管的水头损失称为总扬程。

总扬程=净扬程+损失扬程

净扬程=吸水高度+压水高度

损失扬程的计算比较复杂。对一般的喷泉可以粗略地取净扬程 10%～30%作为损失扬程。表 6-7 为损失扬程估算表。

表6-7 损失扬程估算表

净扬程(m)	损失扬程(m)	净扬程(m)	损失扬程(m)
≤5	1	16~20	3~4
6~10	1~2	21~40	4~8
11~15	2~3		

(2)水泵选型

根据上述计算的总扬程及水泵铭牌上的扬程(在一定转速下效率最高时的扬程，一般称为额定扬程)，确定合适的水泵。

喷泉用水泵以离心泵、潜水泵最为普遍。单级悬壁式离心泵特点是领先泵内的叶轮旋转所产生的离心力将水吸入并压出，它结构简单，使用方便，扬程选择范围大，应用广泛，常有IS型、DB型。潜水泵使用方便，安装简单，不需要建造泵房，主要型号有QY型、QD型、B型等。

①水泵性能　水泵选择要做到“双满足”，即流量满足、扬程满足。所以先要了解水泵的性能，再结合喷泉水力计算结果最后确定泵型。通过铭牌能基本了解水泵的规格及主要性能。

水泵型号：按流量、扬程、尺寸等给水泵编的型号，有新旧两种型号。

水泵流量：指水泵在单位时间内的出水量，单位用m^3或L/s。

水泵扬程：指水泵总扬水高度。

允许吸上真空高度：是防止水泵在运行时产生汽蚀现象，通过试验而确定的吸水安全高度，其中已留有0.3m的安全距离。该指标表明水泵的吸水能力，是水泵安装高度的依据。

②泵型选择

选择水泵流量：如果水源比较充足，则主要根据最大需水量来确定水泵的型号规格。

选择水泵扬程：所选水泵铭牌上的扬程应该大于实际输水高度。一般情况下，应比实际扬程大20%左右。同样，水泵吸水扬程(允许吸上真空高度)也应该大于实际吸水扬程，否则水泵就很难将水抽到预定高度。

• 选择水泵：水泵的选择依据所确定的总流量、总扬程，查水泵铭牌即可选定。如喷泉需用两个或两个以上水泵提水(水泵并联，流量增加，压力不变；水泵串联，流量不变，压力增大)，用总流量除以水泵数求出每台水泵流量，再利用水泵性能表选泵。查表时若两种水泵都适用，应优先选择功率小、效率高、叶轮小、重量轻的型号。

• 选择动力电源：一般照明电源是220V，选购220V电源的微型泵较为经济方便。

注意泵安装尺寸的配套。

6.5.3.4 喷泉的管线及附件

(1)水管

①类型　喷泉管道一般为钢管(镀锌钢管)和UPVC给水管。

②钢管规格(常用管径尺寸)，见表6-8所列。

表 6-8 常用钢管规格对照

内径(mm)	英寸*	俗称	内径(mm)	英寸	俗称
15	1/2	四分	70	$2\frac{1}{2}$	二寸半
20	3/4	六分	80	3	三寸
25	1	一寸	100	4	四寸
32	5/4	一寸二	125	5	五寸
40	3/2	一寸半	150	6	六寸
50	2	二寸	200	8	八寸

(2)水管附件

①钢管连接件

直通(接头):等径、变径。

分支:三通、四通,也有等径、变径。

方向改变:90°和 45°弯头。

②水流控制件

闸阀:调节管道的水量和水压的重要设备。

手阀:以手动的方式来控制阀门的开阀。

电磁阀:通过电流来控制阀门之开闭,通→开,断→闭。

6.5.3.5 喷泉照明及线路

(1)喷泉照明方式

①固定照明和变化照明

固定照明:灯光不变化。

变化照明:闪光照明或灯光明暗变化及部分灯亮,部分灯暗之变化。

②水上照明和水下照明

水上照明:水上射灯将不同颜色的光线投射到水柱上,对于高大的水柱采用这种方式照明效果较好,适宜大型喷泉照明。

水下照明:水下彩灯是一种可以放入水中的密封灯具,有红、黄、蓝、绿等颜色。水下彩灯一般装在水面以下 5~10cm 处,光线透过水面投射到喷泉水柱上,水柱有晶莹剔透的透明感,同时也可照射出水面的波纹。如果采用多种颜色的彩灯照射,水柱呈现出缤纷的色彩。

(2)线路布置

水上照明按一般照明要求:水下照明须用专门水下彩灯,并用水下电缆作供电线。开关、配电盘等与控制房或泵房等放在一起。水下接线要用水下密封接线盒。

6.5.4 喷泉设计

6.5.4.1 喷泉水形设计

喷泉水形是由喷头的种类、组合方式及俯仰角度等几个方面因素共同造成的。喷泉水

* 1 英寸≈2.54cm。

形的基本构成要素，就是由不同形式喷头喷水所产生的不同水形，即水柱、水带、水线、水幕、水膜、水雾、水花、水泡等。由这些水形按照设计构思进行不同的组合，就可以创造出千变万化的水形设计。

水形的组合造型也有很多方式，既可以采用水柱、水线的平行直射、斜射、仰射、俯射，也可以使水线交叉喷射、相对喷射、辐状喷射、旋转喷射，还可以用水线穿过水幕、水膜，用水雾掩藏喷头，用水花点击水面等。

从喷泉射流的基本形式来分，水形的组合形式有单射流、集射流、散射流和组合射流 4 种(图 6-72)。

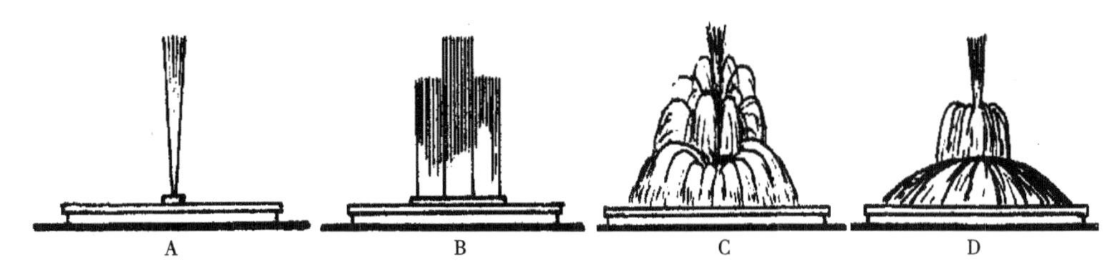

图 6-72　水型组合基本形式

A. 单射流　B. 集射流　C. 散射流　D. 组合射流

水型组合的常见类型见表 6-9 所列。

表 6-9　水型组合的常见类型

序号	名　称		水　形	备　注
1	单射形			单独布置
2	水幕形			布置在圆周上
3	拱顶形			布置在圆周上
4	向心形			布置在圆周上
5	圆柱形			布置在圆周上
6	编织形	向外编织		布置在圆周上
		向内编织		布置在圆周上
		篱笆形		布置在圆周或直线上
7	屋顶形			布置在直线上
8	喇叭形			布置在圆周上
9	圆弧形			布置在曲线上
10	蘑菇形			单独布置

（续）

序号	名 称	水 形	备 注
11	吸力形		单独布置，此型可分为吸水型、吸气型、吸水吸气型
12	旋转形		单独布置
13	喷雾形		单独布置
14	洒水形		布置在曲线上
15	扇形		单独布置
16	孔雀形		单独布置
17	多层花形		单独布置
18	牵牛花形		单独布置

6.5.4.2 喷泉设计要点

①喷水的水姿、高度因喷头形状及工作水压而异，而且喷头所设置位置不同。如水上或水下，其出水形态也会有所不同。在设计前应就所选用的喷头产品向厂家做充分的咨询。

②喷水易受风吹影响而飞散，设计时应慎重选择喷泉的位置及喷水高度。

③应使用滤网等过滤设施，以防收入尘砂等堵塞喷头。

④水盘的出水系统较为简单，如无须过高喷水，在喷头上加普通的不锈钢即可。其水泵也可用住宅水池常用的简易水下泵。

⑤水盘的边缘即落水口需做适当的处理，如做水槽，或做成花瓣形状，防止水流向水盘下部贴流。

⑥水下照明器具通常安装在接水池中，如需安装在水盘内，应设法避免器具直接进入观赏者的视线。

⑦水盘等水景设施有时会被布置在大厅等室内的环境中，此时，应使用不锈钢管和做防水层，进行双重防水，预防渗漏。

6.5.4.3 旱泉

旱泉又称埋地式喷泉，采用直流式或可升降造型喷头，不喷水时，可作广场或步行街使用。

下部构造有集水池式和集水沟式。在集水池或集水沟中设集水坑，坑上设铁箅，过滤杂物。回收水应经砂滤处理后，才可供给喷头。具体做法如图6-73、图6-74所示。

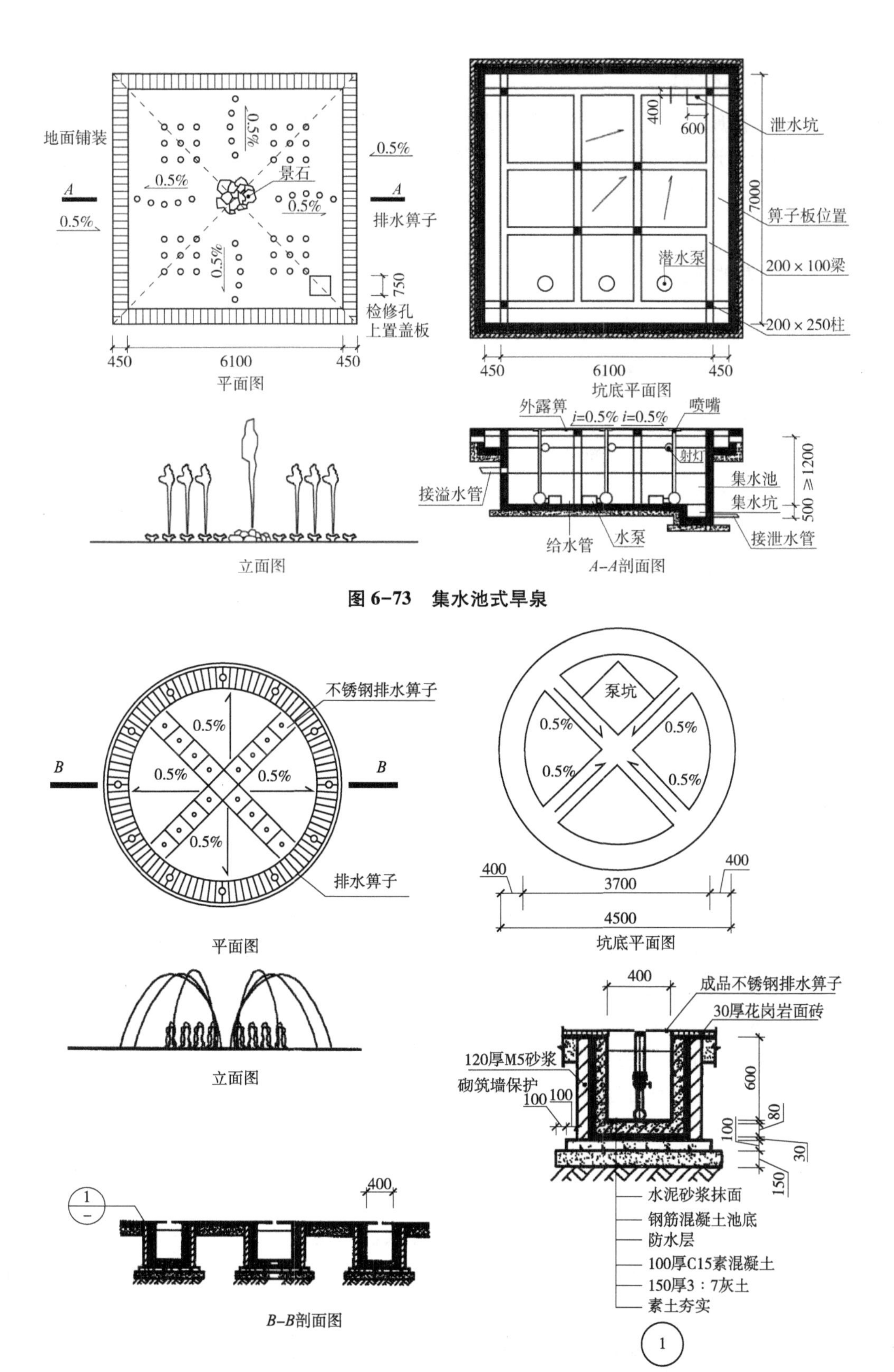

图 6–73 集水池式旱泉

图 6–74 集水沟式旱泉

6.5.5 喷泉工程施工

喷泉工程的施工程序，一般是先按照设计将喷泉池和地下水泵房修建起来，并在修建过程中结合着进行必要的给水排水主管道安装。待水池、泵房建好后，再安装各种喷水支管、喷头、水泵、控制器、阀门等，最后才接通水路，进行喷水试验和喷头及水形调整。

6.5.5.1 喷泉池施工

(1)熟悉设计图纸和掌握工地现状

设计意图，掌握设计手法，进行施工现场勘查。

(2)编制各种计划图表

根据工程的具体要求，编制施工预算，落实工程承包合同，编制施工计划、绘制施工图表、制定施工规范、安全措施、技术责任制及管理条例等。

(3)准备工作

①布置临时设施。

②组织材料、机具进场，各种施工材料、机具等应有专人负责验收登记。

③做好劳务调配工作，应视实际的施工方式及进度计划合理组织劳动力。

(4)回水槽施工

①核对永久性水准点，布设临时水准点，核对高程。

②测设水槽中心桩，管线原地面高程，施放挖槽边线，划定堆土、堆料界线及临时用地范围。

③槽开挖时严格控制槽底高程，决不超挖，槽底高程可以比设计高程提高 10cm。

④槽底素土夯实。

原材料的选用：为了降低水化热，采用 32.5 级矿渣水泥；采用 5~31.5mm 的连续径粒碎石；采用深井地下水搅拌；在混凝土中掺和 UEA 膨胀剂和超缓型高效泵送剂，补偿混凝土的收缩，延缓水化物的释放，减少底板的温度应力，提高可泵性；在混凝土中掺入粉煤灰，提高可加工性，增大结构密度和增强耐久性。

浇筑方法：要求一次性浇筑完成，不留施工缝，加强池底及池壁的防渗水能力。混凝土浇筑采用从底到上“斜面分层、循序渐进、薄层浇筑、自然流淌、连续施工、一次到顶”的浇筑方法。

振捣：应严格控制振捣时间、振捣点间距和插入深度，避免各浇筑带交接处的漏振。提高混凝土与钢筋的握裹力，增大密实度。

表面及泌水处理：浇筑成型后的混凝土表面水泥砂浆较厚，应按设计标高用刮尺刮平，赶走表面泌水。初凝前，反复碾压，用木抹子搓压表面 2~3 遍，使混凝土表面结构更加致密。

混凝土养护：为保证混凝土施工质量，控制温度裂缝的产生，采取蓄水养护。蓄水前，先盖一层塑料薄膜，再盖一层草袋，进行保湿临时养护。

(5) 自检验收

施工结束后严格按规范拆除各种辅助材料，对水体水面、水岩及喷水池进行清洁消毒处理，进行自检。如排水、供电、彩灯、花样等，一切正常后，开始准备验收资料。

6.5.5.2 喷泉管路施工

(1) 工艺流程

管路系统加工进场→施工准备→支架定位安装→管路系统安装→水泵安装→喷头、阀门安装→通水冲洗→水型调试。

(2) 施工步骤

①管路系统加工进场　各种材料、设备进场应先由质检员对其进行检查，无质量问题，通知建设方、监理检查，符合设计及规范要求后，才能进场使用。

②安装准备　认真熟悉图纸，根据施工方案决定的施工方法和技术交底的具体措施做好准备工作。参看有关专业设备安装图，核对各种管路的坐标、标高，管路排列所用的空间是否合理。有问题及时与设计和有关人员研究解决。

焊条、焊剂应放置于通风、干燥和室温不低于5℃的专设库房内，设专人保管、烘焙和发放，并应及时做好实测温度和焊条发放记录。烘焙温度和时间应严格按厂家说明书的规定进行。烘焙后的焊条应保存在100~150℃的恒温箱内，药皮应无脱落和明显的裂纹。现场使用的焊条应装入保温筒，焊条在保温筒内的时间不宜超过4h，超过后，应重新烘焙，重复烘焙次数不宜超过2次，焊丝使用前应清除铁锈和油污。

③支架安装

- 清除设备基础表面的油污、碎石、泥土、积水，并清理预埋钢板的顶面。
- 确定管路支架的位置，根据加工图进行支架的加工。
- 测出支架的高度，并做好标记，场外进行下料，支架采用国标热镀锌角钢。下料时两端切口要平直并去毛刺和卷边。
- 将支架与地埋铁焊接牢固，焊口处应用砂轮机打磨平整并做锈漆、防腐处理。
- 复测其坐标和标高，准确方可进行下道工序。

④管路系统安装　喷泉主管路需在场外按设计要求加工成型后运至现场，安装采用法兰连接方式，支管、支架与主管连接采用焊接方式。

直管道拼装要按照设计图及场外加工完的序号逐一安装，确保各节管中心要对齐，两节管法兰间用法兰垫垫好后将螺丝带上，用扳手带上并检查法兰垫是否完好。

弯形管安装要注意各节弯管中心的吻合和管口倾斜。当弯形管安装时，将其中心对准首装节钢管的中心。如有偏移，及时调整或查看对接管顺序是否准确，使其中心一致。弯形管安装2~3节后，必须检查调整，以免误差积累，造成以后处理困难。斜管安装方法和弯形管相同。

管路放置要按图纸设计要求放平稳，并要复核出水口的位置和方向是否准确，较大的管件需要多人同时安装的，就位后应由两人或多人同时扶稳，待连接件或抱箍固定牢固才能撤离。

管道固定后要检查水平度、垂直度、进出水口是否符合设计要求，否则不能进行下道工序。

主管路安装完成后，按照图纸水形设计将各个支管按部位分类并点数，确定齐全无误后进场统一安装。

⑤水泵安装

• 找平：水泵采用法兰与管路连接的，安装前先检查主管路连接水泵的法兰是否平整，用水平仪在泵的出口法兰面进行量测，保证纵向安装和横向安装水平垂直度符合要求。对于解体安装的泵，在水平中分面、轴的外露部分、底座的水平加工面上进行测量，并选用相匹配的法兰垫。

• 泵就位安装：将水泵就位，与管路法兰对接，带上螺栓将水泵固定，并用水平靠尺将水泵调垂直拧紧螺母。

• 泵与管路连接后，做校正复核，由于与管路连接而不正常时，调整管路。

⑥喷头、阀门安装

• 喷头严格按照技术要求进行安装。

• 对有方向性的阀门不得装反，应按阀门上介质流向标志的方向安装。在水平管路上安装阀门，阀杆一般应安装在上半周范围内，不宜朝下。

• 安装法兰连接的阀门，螺母一般应放在阀门一侧，要对称拧紧法兰螺栓，保证法兰面与管子中心线垂直；安装螺纹连接的阀门，先用扳手把住阀体上的六角体，然后转动管子与阀门连接，不得将填料挤入管内或阀内，应从螺纹旋入端第二扣开始缠绕填料。

• 法兰连接的阀门应在关闭状态下安装。

⑦通水冲洗　管路安装完成投入使用前应进行冲洗。冲洗应用水连续进行，保证有充足的流量。冲洗洁净，并观察各个喷头出水量是否均匀、无杂物堵塞的现象。

⑧水型调试　水池注水至规定水位，接通电源后，水泵达到正常转速工作时，调试人员穿雨服下水，根据水形情况手动调整喷头的喷射角度，将水柱调直到位。拧动泄水阀门的大小来调节水柱的高度达到设计的要求。成排水柱要整齐，高度一致。

6.5.5.3　喷泉工程施工注意事项

在喷泉工程整个施工过程中，还要注意以下问题。

①喷水池的地基若是比较松软，或者水池位于地下构筑物（如水泵地下室）之上，则池底、池壁的做法应视具体情况，进行力学计算之后做出专门设计。

②池底、池壁防水层的材料，宜选用防水效果较好的卷材，如三元乙丙防水布、氯化聚乙烯防水卷材等。

③水池的进水口、溢水口、泵坑等要设置在池内较隐蔽的地方。泵坑位置、穿管的位置宜靠近电源、水源。

④在冬季冰冻地区，各种池底、池壁的做法都要求考虑冬季排水出池，因此，水池的排水设施一定要便于人工控制。

⑤池体应尽量采用于硬性混凝土，严格控制砂石中的含泥量，以保证施工质量，防

止漏透。

⑥较大水池的变形缝间距一般不宜大于20m。水池设变形缝应从池底、池壁一直沿整体断开。

⑦变形缝止水带要选用成品，采用埋入式塑料或橡胶止水带。施工中浇注防水混凝土时，要控制水灰比在0.6以内。每层浇注均应从止水带开始，并应确保止水带位置准确，嵌接严密牢固。

⑧施工中必须加强对变形缝、施工缝、预埋件、坑槽等薄弱部位的施工管理，保证防水层的整体性和连续性。特别是在卷材的连接和止水带的配置等处，更要严格技术管理。

⑨施工中所有预埋件和外露金属材料，必须认真做好防腐防锈处理。

6.6 园林水景工程施工质量检测

6.6.1 园林水景工程施工质量检测要求

6.6.1.1 施工前质量检测要求

设计单位向施工单位交底，除结构构造要求外，主要针对其水形、水的动态及声响等图纸难以表达的内容提出技术、艺术的要求。

对于构成水容器的装饰材料，应按设计要求进行搭配组合试排，研究其颜色、纹理、质感是否协调统一，还要了解其吸水率、反光度等性能，以及表面是否容易被污染。

水景施工质量的预控措施：

一般来说，水池的砌筑是水景施工的重点，现以混凝土水池为例进行质量预控。

(1)施工准备工作

复核池底、侧壁的结构受力情况是否安全牢固，有无构造上的缺陷；了解饰面材料的品种、颜色、质地、吸水、防污等性能；检查防水、防渗漏材料，构造是否满足要求。

(2)施工阶段

根据设计要求及现场实际情况，对水池位置、形状及各种管线放线定位。

①施工时机　浇注混凝土地前，应先施工完成好各种管线，并进行试压、验收。

②混凝土水池应按有关施工规程进行支模、配料、浇注、振捣、养护及取样检查，验收后方可进行下道施工工序。

③防水防漏层施工前，应对水池基面抹灰层进行验收。

④饰面应纹理一致，色彩与块面布置均匀美观。

(3)池体施工完成后，进行放水试验

检查其安全性，平整度，有无渗漏，水形、光色与环境是否协调统一。

6.6.1.2 施工过程质量检测要求

(1)施工过程中的质量检测

以静水为景的池水，重点应放在水池的定位、尺寸是否准确；池体表面材料是否按设计要求选材及施工；给水与排水系统是否完备等方面。

流水水景应注意沟槽大小、坡度、材质等的精确性，并要控制好流量。水池的防水防渗应按照设计要求进行施工，并经验收。施工过程中要注意给、排水管网，供电管线的预埋(留)。

(2)水景施工过程中的质量检查

①检查池体结构混凝土配比通知书，材料试验报告，强度、刚度、稳定性是否满足要求。

②检查防水材料的产品合格证书及种类，制作时间，储存有效期，使用说明等。

③检查水质检验报告，有无污染。

④检查水、电管线的测试报告单。

⑤检查水的形状、色彩、光泽、流动等与饰面材料是否协调统一等。

6.6.2　园林水景工程施工质量检测方法

6.6.2.1　一般规定

人工水池、人工湖的基础施工和主体施工中的模板工程、钢筋工程、防水层、面层装饰应按具体类型执行国家标准《建筑工程施工质量验收统一标准》(GB 50300—2013)的规定。

分部分项工程验收内容见表 6-10 所列。

表 6-10　水体、人工湖渠工程分部分项内容

序号	分部名称	分项名称
1	基底处理及清挖工程	场地清理、地形开挖
2	地形堆筑及地貌整修工程	地形回填和堆筑主体工程、地貌人工整修
3	护坡挡墙及渗水设施工程	三合土、灰土垫层、护坡挡墙砌筑、渗水管网、盲沟、排水层铺设

6.6.2.2　基础工程

(1)土方工程

①主控项目　沟槽边坡必须平整、坚实、稳定，严禁贴坡。槽底严禁超挖，如发生超挖，应用灰土或砂、碎石夯垫。

②一般项目　沟槽内不得有松散土，槽底应平整，排水应畅通。

③检验方法　观察、尺量。

④允许偏差项目　沟槽允许偏差应符合表 6-11 的规定。

(2)灰土垫层

①主控项目　灰土拌和均匀，色泽调和，石灰中严禁含有未消解颗粒。压实度必须符合设计要求。无设计要求时，按轻型夯实标准，压实度必须≥98%。

②一般项目　灰土中粒径大于 20mm 的土块不得超过 10%，但最大的土块粒径不得大于 50mm；夯实后不得有浮土、脱皮、松散现象。

③允许偏差项目　见表 6-12 所列。

表 6-11 沟槽允许偏差

序号	项目	允许偏差(mm)	检验频率		检验频率
			范围(m^2)	点数	
1	高程	0~30	20	2	用水准仪测量
2	池底边线位置	不小于设计规定	20	2	用尺量每侧记1点
3	边坡	不陡于设计规定	40	每侧1	用坡度尺量

表 6-12 灰土垫层允许偏差项目

序号	项目	允许偏差(mm)	检验频率		检验频率
			范围(m^2)	点数	
1	厚度	±20	100	2	尺量
2	平整度	15	100	2	靠尺、塞尺
3	高程	±20	100	2	用水准仪测量

(3)砂石级配

①主控项目　级配比例符合设计要求。

②一般项目　表面应坚实、平整，不得有浮石、粗细料集中等现象。

③允许偏差项目　砂石基层允许偏差应符合表6-13的规定。

表 6-13 砂石基层允许偏差

序号	项目	允许偏差(mm)	检验频率		检验频率
			范围(m^2)	点数	
1	厚度	±20	100	2	尺量
2	平整度	15	100	2	靠尺、塞尺
3	高程	±20	100	2	用水准仪测量

(4)混凝土垫层

①主控项目　混凝土强度必须符合设计要求。

②一般项目　混凝土垫层不得有石子外露、脱皮、裂缝、蜂窝麻面等现象。

③允许偏差项目　混凝土垫层允许偏差应符合表6-14的规定。

表 6-14 混凝土垫层允许偏差

序号	项目	允许偏差(mm)	检验频率		检验频率
			范围(m^2)	点数	
1	厚度	±10	100	2	尺量
2	平整度	10	100	2	靠尺、塞尺
3	高程	±10	100	2	水准仪测量

6.6.2.3 主体工程

(1)混凝土浇筑

①主控项目 混凝土及钢筋混凝土结构池壁面、池底面严禁有裂缝，不得有蜂窝露筋等现象。预制构件安装，必须位置准确、平稳、缝隙必须嵌实，不得有渗漏现象。混凝土底和池壁浇筑必须一次连续浇筑完毕，不留施工缝。设计无要求时，底壁结合处的施工缝必须留成凹槽或加止水材料，施工缝高度应在池底上 20cm 处。

混凝土抗压强度必须符合表 6-15 的规定。

表 6-15 混凝土抗压强度

项目	允许偏差(mm)	检验频率		检验频率
		范围(m^2)	点数	
混凝土抗压强度	必须符合设计规定	每台班	1 组	必须符合设计规定

②一般项目 池壁和拱圈的伸缩缝与池底板的伸缩缝应对正。水池及水渠底部不得有建筑垃圾、砂浆、石子等杂物。固定模板用的铁丝和螺栓不宜直接穿过池壁，否则应采取止水措施。壁底结合的转角处，应抹成八字角。水泥品种应选用普通硅酸盐水泥，不宜选用火山灰质硅酸盐水泥和粉煤灰硅酸盐水泥。石子粒径不宜大于 40cm，吸水率不大于 1.5%。混凝土养护期不得低于 14d。

③检验方法 观察、检查产品合格证及检测报告。

④混凝土及钢筋混凝土池渠主体允许偏差 应符合表 6-16 的规定。

表 6-16 混凝土及钢筋混凝土池渠主体允许偏差

序号	项目	允许偏差(mm)	检验频率		检验方法及频率
			范围(m^2)	点数	
1	池、渠底高程	±10	20	1	用水准仪测量
2	拱圈断面尺寸	不小于设计规定	20	2	用尺量；宽、厚各计 1 点
3	盖板断面尺寸	不小于设计规定	20	2	用尺量；宽、厚各计 1 点
4	池壁高	±20	20	2	用尺量；每侧计 1 点
5	池、渠底边线每侧宽度	±10	20	2	用尺量；每侧计 1 点
6	池壁垂直度	15	20	2	用垂线检验；每侧计 1 点
7	池壁平整度	10	10	2	用 2m 直尺或小线量取最大值；每侧计 1 点
8	池壁厚度	±10	10	2	用尺量；每侧计 1 点

(2)石砌结构水池、人工湖工程

①主控项目 池壁面应垂直，砂浆必须饱满，嵌缝密实，勾缝整齐，不得有通缝、裂缝等现象。砂浆抗压强度必须符合表 6-17 的规定。

②一般项目 池壁和拱圈的伸缩缝与底板伸缩缝应对应；池、渠底不得有建筑垃圾、砂浆、石块等杂物。浆砌块石缝宽不得大于 3cm。

表 6-17 砂浆抗压强度

项目	允许偏差(mm)	检验频率		检验方法
		范围(m^2)	点数	
砂浆抗压强度	必须符合本表规定	100	1组	必须符合本表规定

注：砂浆强度检验必须符合下列规定：每个构筑物或每500砌体中制作一组试块(6块)，如砂浆配合比变更，也应制作试块；同标号砂浆的各组试块的平均强度不低于设计规定；任意一组试块的强度最低值不得低于设计规定的85%。

③检验方法　观察、尺量检查。

④石砌结构水池、人工湖工程允许偏差　应符合表6-18的规定。

表 6-18 石砌结构水池、人工湖渠工程允许偏差项目

序号	项目		允许偏差(mm)	检验频率		检验方法
				范围(m^2)	点数	
1	池、渠底高程	混凝土	±10	20	1	用水准仪测量
		石	±10			
2	拱圈断面尺寸		不小于设计规定	10	2	用尺量宽、厚各计1点
3	池壁高		±20	10	2	用尺量，每侧计1点
4	池、渠底边线	料石、混凝土	±10	20	2	用尺量，每侧计1点
	每侧宽度	块石	±20			
5	池壁垂直度		15	10	2	用垂线检验每侧计1点
6	池、渠壁平整度	料石	20	10	2	用2m直尺或小线量取最大值，每侧计1点
		块石	30			
7	壁厚		不小于设计厚度	10	2	用尺量，每侧计1点

注：水泥混凝土盖板的质量标准见水泥混凝土及钢筋混凝土渠质量检验评定标准。

(3)砖砌结构水池、人工湖工程

①主控项目　池渠壁应平整垂直，砂浆必须饱满，抹面压光，不得有空鼓裂缝等现象。砂浆抗压强度必须符合表6-19的规定。

表 6-19 砂浆抗压强度

项目	允许偏差(mm)	检验频率		检验方法
		范围(m^2)	点数	
砂浆抗压强度	必须符合设计规定	100	1组	必须符合设计规定

②一般项目　砖池渠壁和拱圈的伸缩缝与底板伸缩缝应对正，缝宽应符合设计要求，砖壁不得有通缝。池渠底不得有建筑垃圾、砂浆、砖块等。砖块强度不低于MU7.5。

③检验方法　观察、尺量。检查材料合格证及检测报告。

④允许偏差　见表6-20所列。

表 6-20　砖池渠允许偏差

序号	项目	允许偏差(mm)	检验频率		检验方法
			范围(m^2)	点数	
1	池、渠底高程	±10	20	1	用水准仪测量
2	拱圈断面尺寸	不小于设计规定	10	2	用尺量；宽、厚各计 1 点
3	池壁高	±20	10	2	用尺量；每侧计 1 点
4	池、渠底边线宽度	±10	20	2	用尺量；每侧计 1 点
5	池、渠壁垂直度	15	10	2	用垂线检验；每侧计 1 点
6	池、渠壁平整度	10	10	2	用 2m 直尺或小线量取最大值；每侧计 1 点

(4)装修工程

水池压顶按以下方法检测：

①主控项目　压顶材料的品种、规格和质量应符合设计要求。

检验数量：全数检查。

检验方法：出厂合格证，现场观察。

②一般项目　整形压顶主材料应大小一致，色泽均匀。不得有裂纹、掉角、缺棱；自然形压顶石应色彩协调，造型自然。压顶材料与池壁结合应牢固、安全。勾缝应大小深浅一致，整形压顶石表面应水平和顺。相邻板块接缝平顺。

检验方法：观察、尺量检查。

③允许偏差　见表 6-21 所列。

表 6-21　水池压顶允许偏差项目

序号	项目	允许偏差(mm)	检验频率		检验方法
			范围(m^2)	点数	
1	水平度	4	5	2	水准仪
2	相邻板块高差	1	5	2	尺量观察
3	边线和顺度	1.5	5	2	尺量
4	接缝宽度	1	10	2	尺量

(5)水池附属设施及试水

①附属设施　一般规定本项目适用于水池的给水管、排水管、溢水管、穿线管等与水池连接部分的施工验收，检查井项目的验收执行本规范“给水喷灌工程”中的规定。

②主控项目　各种附属连接管道的材质符合设计要求。溢水管内接头标高必须与水池设计水位一致。

③一般项目　管道与水池的连接应牢固、不渗水。管道与混凝土水池连接应将管道与水池钢筋焊在一起。金属管道连接段应做防腐处理。水中放置的卵石铺底应干净、无尘土，覆盖底层应完整。

④检验方法　观察。

⑤试水　水池施工完毕后应进行试水试验。灌水到设计标高后，停 1d，进行外观检查，做好水面高度标记，连续观察 7d，外表应无渗漏及水位无明显降落。

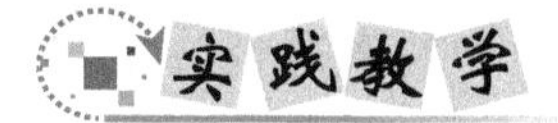

实训6-1　水池施工

一、实训目的

掌握硬质结构水池施工的方法及技术要点，能够完成一般水池的施工操作。

二、材料及用具

水池施工图一套(包括平面图、立面图、剖面图、结构大样图等)、水泥砖、砌筑砂浆、防水塑料布、卵石；砌筑工具、测量放线工具等。

三、方法及步骤

1. 根据水池施工图在实训场地进行施工放线，将水池准确放样到施工区域。

2. 根据水池结构图开挖基础，开挖区域要大于水池边缘20cm。

3. 基底处理，将水池底部平整后压实，在实训操作时可不用完全按照施工图中做法施工，池底的垫层可以用砖将池底摆平。然后铺防水塑料布做防渗处理。

4. 根据施工图砌筑水池驳岸，完成后将防水塑料布外缘卷回，将驳岸包裹，做好防水。

5. 修整完成后将水池底面铺设卵石，卵石要摆放平整。

6. 水池蓄水。

四、考核评估

序号	考核项目	评价标准				等级分值			
		A	B	C	D	A	B	C	D
1	施工放线精准度	优秀	良好	一般	较差	10	8	6	4
2	水池底部平整度	优秀	良好	一般	较差	60	55	50	40
3	施工过程规范	优秀	良好	一般	较差	20	18	16	14
4	水池防水	优秀	良好	一般	较差	10	8	6	4
考核成绩(总分)									

五、作业

根据给定的水池施工图完成水池施工。

实训6-2　溪流施工

一、实训目的

掌握自然式溪流施工流程及技术要点，能够完成一般溪流工程施工。

二、材料及用具

溪流施工图一套(包括平面图、剖面图、结构大样图等)、防水塑料布、卵石、景石(ϕ20~30cm)；铁锹、测量放线工具等。

三、方法及步骤

1. 根据施工图将溪流放样到施工场地，放样要准确，用木桩标记好控制点。

2. 基础施工，根据放样结果与施工图所示开挖溪流基础，并将其压实平整。

3. 在做好的基础上铺设防水材料(防水塑料布)，在与地面相接的边缘部位做好处理，避免缝隙，铺设时要注意操作，不得将防水材料撕裂、开孔，避免漏水。

4. 在溪流底部铺设卵石，然后在护坡处进行修整，放置景石。

5. 灌水检查。

四、考核评估

序号	考核项目	评价标准				等级分值			
		A	B	C	D	A	B	C	D
1	施工放样精准度	优秀	良好	一般	较差	10	8	6	4
2	溪流基础面平整度	优秀	良好	一般	较差	60	55	50	40
3	防水性能	优秀	良好	一般	较差	20	18	16	14
4	施工过程规范	优秀	良好	一般	较差	10	8	6	4
考核成绩(总分)									

五、作业

根据给定的溪流施工图完成溪流施工。

实训6-3 喷泉施工

一、实训目的

掌握喷泉施工流程及技术要点，能完成简单喷泉施工操作。

二、材料及用具

喷泉施工图(包括平面图、剖面图、结构大样图等)、PP-R水管、管件、喷头、手动截止阀、小水泵；热熔器、切割工具、测量工具、电源等。

三、方法及步骤

1. 根据施工图选择合适的管材、管件、喷头。

2. 根据施工图切割准确长度的管材，使用热熔器进行连接。

3. 将管材、管件熔接完毕后选择喷头进行安装。

4. 将整套系统连接水泵，通水检查喷泉效果。

四、考核评估

序号	考核项目	评价标准				等级分值			
		A	B	C	D	A	B	C	D
1	施工材料准备	优秀	良好	一般	较差	10	8	6	4
2	管材处理	优秀	良好	一般	较差	60	55	50	40
3	喷头安装	优秀	良好	一般	较差	20	18	16	14
4	喷泉出水效果	优秀	良好	一般	较差	10	8	6	4
考核成绩(总分)									

五、作业

根据给定喷泉施工图完成喷泉施工。

单元小结

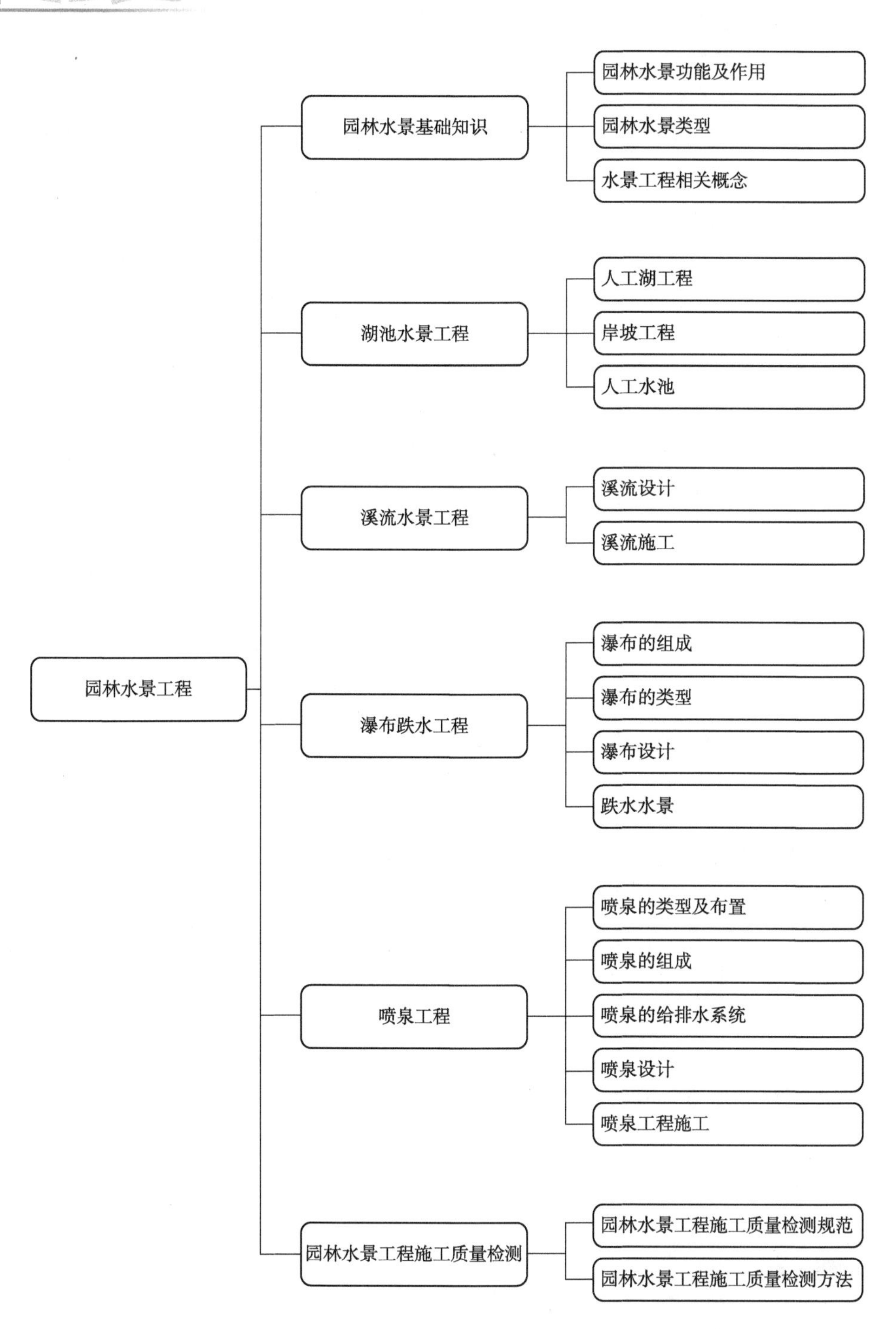

知识拓展

常用防水材料

防水材料品种繁多，按其主要原料分为4类：

1. 沥青类防水材料

以天然沥青、石油沥青和煤沥青为主要原材料，可制成的沥青油毡、纸胎沥青油毡、溶剂型和水乳型沥青类或沥青橡胶类涂料、油膏，具有良好的黏结性、塑性、抗水性、防腐性和耐久性。

2. 橡胶塑料类防水材料

以氯丁橡胶、丁基橡胶、三元乙丙橡胶、聚氯乙烯、聚异丁烯和聚氨酯等原材料，可制成弹性无胎防水卷材、防水薄膜、防水涂料、涂膜材料及油膏、胶泥、止水带等密封材料，具有抗拉强度高，弹性和延伸率大，黏结性、抗水性和耐气候性好等特点，可以冷用，使用年限较长。

3. 水泥类防水材料

对水泥有促凝密实作用的外加剂，如防水剂、加气剂和膨胀剂等，可增强水泥砂浆和混凝土的憎水性和抗渗性；以水泥和硅酸钠为基料配置的促凝灰浆，可用于地下工程的堵漏防水。

4. 金属类防水材料

薄钢板、镀锌钢板、压型钢板、涂层钢板等可直接作为屋面板，用以防水。薄钢板用于地下室或地下构筑物的金属防水层；薄铜板、薄铝板、不锈钢板可制成建筑物变形缝的止水带。金属防水层的连接处要焊接，并涂刷防锈保护漆。

自主学习资源库

1. 生态水景观设计．潘召南．西南大学出版社，2008.
2. 城市绿地节水技术．刘洪禄，吴文勇，郝仲勇等．中国水利水电出版社，2006.
3. 山水景观工程图解与施工．陈祺．化学工业出版社，2008.
4. 中外园林景观赏析．王玉晶，刘延江，王洪力．中国农业出版社，2003.
5. 城市空间环境设计．白德懋．中国建筑工业出版社，2002.
6. 景观与景园建筑工程规划设计．吴为廉．中国建筑工业出版社，2005.
7. 风景园林工程．梁伊任，瞿志，王沛永．中国林业出版社，2010.
8. 生态园林的理论与实践．程绪珂，胡运骅．中国林业出版社，2006.
9. 园林工程设计．徐辉，潘福荣．机械工业出版社，2008.
10. 环境景观与水土保持工程手册．甘立成．中国建筑工业出版社，2001.

自测题

1. 简述人工水池施工程序和施工要点。

2. 喷水池有多种管路，如供水管、溢水管等，这些管网有何特点？安装时有何要求？

3. 常见驳岸及护坡有哪几类？施工要点有哪些？

4. 简述人工湖湖底常见做法及施工要点。

5. 简述石砌驳岸的结构形式。

6. 水景的施工质量检验要求有哪些？

7. 喷泉供水形式的种类有哪些？

8. 池壁穿管的做法有哪些？

9. 人工瀑布由哪些部分组成？瀑布的施工要点有哪些？

10. 由老师提供某类水景设计图（初步设计与施工设计），拟出该水景施工主要施工流程，写出各节点施工技术要点，用表格形式制定各施工要素施工技术检测标准。

11. 自行设计一个临时水景（最好是小型跌水瀑布），绘出施工简图，完成以下任务：

(1)编制施工流程图（含配光）；

(2)列出主要施工材料及施工用具（表格形式）；

(3)写出施工步骤及流程；

(4)讨论临时水景可能出现的技术问题，提出解决方法。

单元 7　园路铺装工程

知识目标

(1) 了解园路铺装的功能、分类及园路的布局形式；
(2) 掌握常用园路工程材料的类型与特点；
(3) 掌握园路铺装施工图设计的方法；
(4) 掌握园路铺装施工工艺流程；
(5) 掌握园路铺装检验规范与标准。

技能目标

(1) 能读懂园路工程施工图；
(2) 能绘制园路施工图；
(3) 能按照要求制订园路施工流程并组织施工；
(4) 能进行园路施工质量检测。

素质目标

(1) 通过园路铺装教学，培养学生系统性思维；
(2) 在园路铺装施工图设计和施工工艺教学过程中，培养学生严谨细致的工作态度；
(3) 在园路铺装施工过程中，培养学生精益求精的工匠精神。

7.1　园路铺装工程基础知识

园林空间是园林观赏性与艺术性的统一，空间的变化与连续性通过园路来组织与实现。园路是贯穿全园的交通网络，同时也是构成园林景观的重要组成部分，起着组织空间、引导游览、交通联系并提供散步休息场所的作用。它像脉络一样，把园林的各个空间连成整体。

狭义上的园路是城市道路的延续，指绿地中的道路，是贯穿全园的交通网络，是连接每处景区、景点的纽带。从广义上讲园路还包括广场铺装场地、步石、汀步、园桥、台阶、坡道、礓礤、栈台、嵌草铺装等。图 7-1 为各类园路铺装实例。

图 7-1 园路铺装实例

7.1.1 园路的功能及类型

7.1.1.1 园路的功能

园路是园林中重要的组成部分，贯穿于整个园林，是园林布局的重要因素。园路的形式与设置往往反映了不同的园林风格。

(1)组织交通

园路与市政道路相连接，起到集散人流、车流的作用，满足日常通行、园林养护管理的交通要求。

(2)联系空间、引导游览

园路起到联系空间的作用，通过园路把各个景区、景点有序联系在一起，引导游人在园中游览观赏。园路规划决定了全园的整体布局。各景区、景点以园路为纽带，通过有意识的布局，有层次、有节奏地展开，使游人感受园林艺术之美。

(3)构成园景

园路引导游人通往各景区，沿路设置休憩设施供人休息观景，其本身也是园林景观的一部分，通过各种形式与材料、颜色的组合，形成了丰富图案形象，并包含了美好的寓意，给人以美的感受。

(4)渲染气氛，创造意境

意境不是某一独立的艺术形象或造园要素的单独存在所能创造的，它还必须有一个能使人深受感染的环境共同渲染这一气氛。中国古典园林中的园路铺装花纹、材料与意境相结合，有其独特的风格与表达方式。

(5)参与造景

通过园路的引导，不同角度、不同方向的园林景观表现出不同的观赏效果，形成一系列动态的画面，此时园路参与风景的造景构图；园路本身的曲线、材质、色彩、纹样、图案、尺度都与周围环境协调统一，构成丰富的园林景观。

(6)影响空间感受

园路铺装的图案、纹理与园路的比例大小，能够给人不同的空间感受。面积大的图案、体块与园路构成了较大的空间感，而细小的材料、图案则给人以紧缩的空间感。

园路铺装材料的选择不同，能够形成细腻、粗犷、亲切、冷峻等感觉，丰富视觉趣味，增强空间的独特性。

(7)综合功能

园林道路是影响水电管网的重要布置因素，并且直接影响园林给排水和供电的布局设置。

7.1.1.2 园路类型

(1)按构造形式分

园路按构造形式，分为路堑型、路堤型和特殊型3种基本类型。图7-2至图7-4为3种园路铺装示例。

①路堑型　道牙位于道路边缘，通常为立道牙，路面低于两侧地面，利用道路排水，通常为挖方工程。

②路堤型　道牙位于道路靠近边缘处，通常为平道牙，路面高于两侧地面，利用明沟排水。

③特殊型　包括步石、汀步、磴道、攀梯等，如图7-4所示。

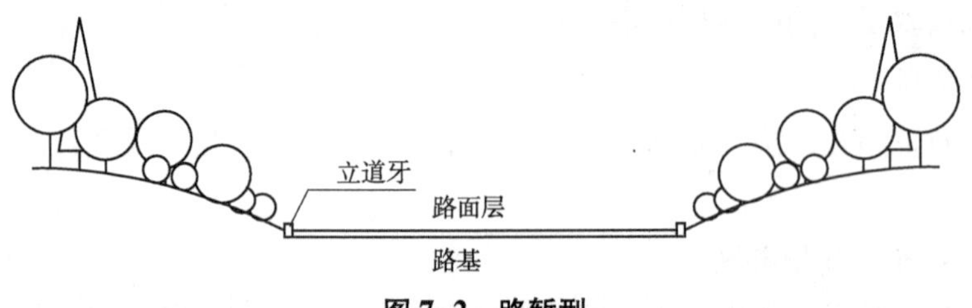

图7-2　路堑型

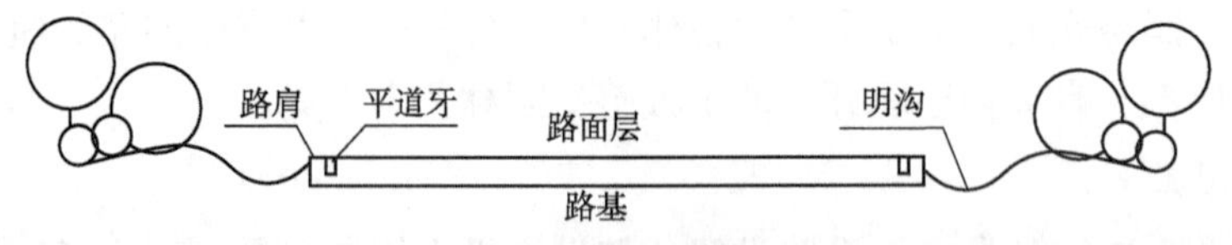

图7-3　路堤型

图7-4　特殊型

A. 汀步　B. 步石　C. 栈道

(2)按使用功能分

园路按使用功能的不同，可以划分为主干道、次干道、游步道等(图7-5)。

①主干道　联系园林主要出入口、园内各景区、主要风景点和活动设施的路，是全园道路系统的骨架，多呈环形布置。

②次干道　主干路的分支，贯穿各景区，是各景区内部的骨架，联系着各景点和活动场所。

③游步道　各景区内连接各个景点，主要供散步休息、引导游人深入各个角落，如山上、水边、林中、花丛等处的游览小路，多曲折且自由布置。

④小径　园林中园路系统的末梢，是联系园景的捷径，最能体现艺术性，它以优美婉转的曲线构图成景，与周围的景物相互渗透、吻合，极尽自然变化之妙。

A

B

C

图7-5　各种使用功能的道路

A. 主干道　B. 次干道　C. 小径

(3)按面层材料

园路按照使用面层材料的特点，可以分为整体路面、块料路面、碎料路面和简易路面。

①整体路面　最具代表性的有现浇水泥混凝土路面和沥青混凝土路面，如图7-6、图7-7所示。其特点是平整、耐压、耐磨，适用于通行车辆或人流集中的公园主路和出入口。

图7-6　水泥混凝土路面

图7-7　沥青混凝土路面

水泥混凝土路面：用水泥、粗细骨料(碎石、卵石、砂等)、水按一定的配合比搅拌均匀后现场铺筑的路面。整体性好，耐压强度高，养护简单，便于清扫。初凝之前，还可以在表面进行纹样加工。为增加色彩变化，也可以添加一些不溶于水的无机矿物颜料，形成彩色混凝土。在力学性能上呈现出较大的刚性，行走在上面的脚感相对较差。

沥青混凝土路面：用热沥青、碎石和砂的拌合物现场铺筑的路面。颜色深，反光小，易于与深色的植被协调，彩色沥青混凝土在实践中也越来越多地运用。在力学性能上呈现出柔性的特点，行走在上面的脚感相对较好，但耐压强度和使用寿命低于水泥混凝土路面。

②块料路面　包括各种石材、砖、陶瓷材料及各种预制混凝土块料等铺装的路面。块料路面坚固、平稳，图案纹样和色彩丰富，适用于广场、游步道和通行轻型车辆的路段。如图 7-8、图 7-9 所示。

图 7-8　块料路面(砖铺装)

图 7-9　块料路面(石铺装)

砖铺地：指用砖块料作为面层材料铺装而成的园路。常用砖块料主要包括机制标准砖和水泥渗水砖，机制标准砖的标准规格是 240mm×115mm×53mm，有红砖和青砖之分，园林铺装多用青砖，适用于庭院和古建筑物附近。标准砖耐磨性差，容易吸水，适用于冰冻不严重或排水良好的地方，而坡度较大和阴湿地段由于容易产生苔滑而不宜采用。渗水砖也叫透水砖、荷兰砖，原材料多采用水泥、砂、矿渣、粉煤灰等材料为主经高压成型，具有透气透水性好、外表光滑、边角清晰、线条整齐、色彩丰富耐久、规格形式多样等特点，园路上常用的规格为 200mm×100mm×60mm，对减少路面积水、调节温度和湿度、吸收噪声具有一定的作用。砖块料风格朴素典雅、施工方便，可以铺装成各种图案纹样。

石铺地：主要指用天然或人造石材作为面层材料铺装而成的园路。常用的石材块料主要有花岗岩板、青石板、条石等。

③碎料路面　用各种石片、砖瓦片、卵石、碎瓷砖等不规整材料拼成的路面，特点是图案精美，表现内容丰富、做工细致，主要用于各种小游步道(图 7-10)。

④简易路面　主要指由煤屑、三合土等组成的路面，多用于临时性或过渡性园路。

A

B

C

图 7-10　碎料路面示意

A. 砖瓦片　B. 卵石　C. 碎瓷砖

7.1.2 常用园路铺装材料

园路的铺装材料根据不同质地可以分为以下几种类型：

7.1.2.1 石材类

(1)花岗石铺地

这是一种高级的装饰性地面铺装。花岗石可采用红色、青色、灰绿色等多种，要先加工成正方形、长方形的薄片状，然后用来铺贴地面。其加工的规格大小，可根据设计而定，一般采取500mm×500mm、700mm×500mm、700mm×700mm、600mm×900mm等尺寸，大理石铺地与花岗石相同。

(2)石片碎拼铺地

大理石、花岗岩的碎片，价格较便宜，用来铺地很经济，既装饰了路面，又可减少铺路经费。形状不规则的石片在地面铺贴出的纹理，多数是冰裂纹，使路面显得比较别致。

(3)石板

一般被加工成497mm×497mm×50mm、687mm×497mm×60mm、997mm×697mm×70mm等规格，其下直接铺30~50mm的砂土作找平的垫层，可不做基层。或者以砂土层作为基层，在其下设置80~100mm厚的碎(砾)石层作基层。石板下不用砂石垫层，而用1∶3水泥砂浆作结合层，可以保证面层更坚固和稳定。

7.1.2.2 地砖类

(1)黏土砖铺地

用于铺地的黏土砖规格很多，有方砖，也有长方砖。方砖参考尺寸：尺二方砖400mm×400mm×600mm，尺四方砖470mm×470mm×60mm，尺七方砖570mm×570mm×60mm，二尺方砖640mm×640mm×96mm，二尺四方砖768mm×768mm×144mm。长方砖如大城砖480mm×240mm×130mm，二城砖440mm×220mm×110mm，地趴砖420mm×210mm×85mm。方砖墁地一般采取平铺方式，有错缝平铺和顺缝平铺两种做法。铺地的砖纹，在古代建筑庭园中有多种样式。在古代，工艺精良的方砖价格昂贵，用于高等级建筑室内铺地，被称为“金砖墁地”。庭院地面满铺青砖的做法则称为“海漫地面”。

(2)砌块铺地

用凿打整形的石块或用预制的混凝土砌块铺地，也是作为园路面层使用。混凝土砌块有各种形状、各种颜色和各种规格尺寸，还可以结合路面不同图纹和不同装饰色块。

7.1.2.3 混凝土类

(1)混凝土方砖

正方形，常见规格有297mm×297mm×60mm、397mm×397mm×60mm等，表面经翻模加工为方格或其他图纹，用30mm厚细砂土作找平垫层铺砌。

(2)预制混凝土板

常见有497mm×497mm、697mm×697mm等规格，铺砌方法同石板一样。不加钢筋的混凝土板，其厚度不要小于80mm加钢筋的混凝土板，最小厚度可仅60mm，所加钢筋一般用直径6~8mm，间距200~250mm，双向布筋。预制混凝土铺砌的顶面，常加工成光面、彩色水磨石面或露骨料面。

(3)预制混凝土砌块和草皮相间铺装路面，能够很好地透水透气

绿色草皮呈点状或线状有规律地分布，在路面形成美观的绿色纹理美化了路面。砌块嵌草铺装的路面，主要用在人流量不太大的公园散步道、小游园道路、草坪道路或庭院内道路等处，一些铺装场地如停车场等，也可采用这种路面。

预制混凝土砌块按照设计可多种形状，大小规格也有很多种，也可做成各种彩色的砌块，但其厚度都不小于800mm。一般厚度都设计为100~150mm，砌块的形状基本可分为实心的和空心的两类。

由于砌块是在相互分离状态下构成路面，使得路面特别是在边缘部分容易发生歪斜、散落。因此，在砌块嵌草路面的边缘。最好设置道牙加以规范和保护路面。另外，也可用板材铺砌作为边带，使整个路面更加稳定，不易损坏。

7.2 园路工程设计

7.2.1 园路平面线形设计

园路平面线形设计应充分考虑造景的需要，以达到曲折变化、蜿蜒起伏的效果；在设计中与地形、水体、植物、构筑物及其他园林设施相结合，形成完整的风景构图，创造连续空间变化，形成步移景异的景观效果。在设计中应尽可能利用原有地形，保证路基的稳定性并减少土方工程量。

7.2.1.1 园路宽度设计

在进行园路的设计时，首先要确定园林的宽度，设计时要考虑游人容量、流量、功能，并排通行人数、车道数及车身宽度，如图7-11所示。

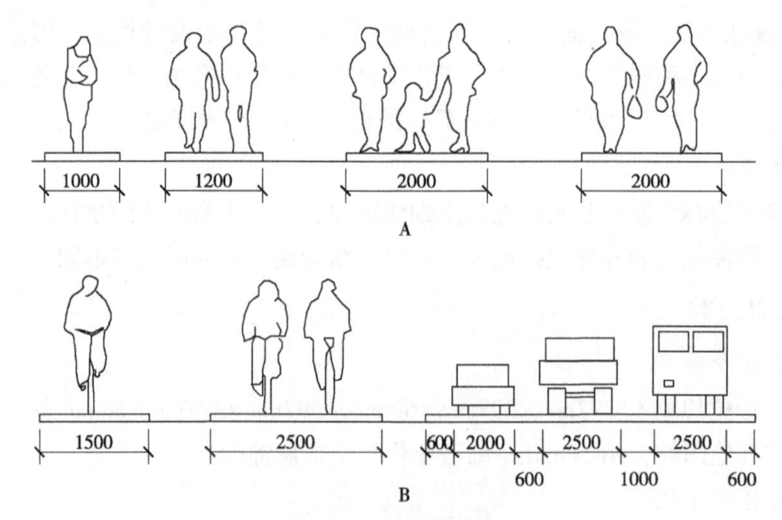

图7-11 园路宽度确定

A. 人行道宽度确定 B. 主园路宽度确定

通常情况下，园路宽度的参考值如下：

①主路　是园林内大量游人行进的路线，必要时可通行少量管理用车，应考虑能通行卡车、大型客车，宽度通常为4~6m，一般最宽不宜超过6m。

②次路　考虑到园务交通的需要，应也能通行小型服务用车。对重点文物保护区的主要建筑物四周的道路，应能通行消防车，其路面宽度通常为2~4m。

③支路　通常情况下考虑两人并排通行，其宽度一般为1.2~2.5m，由于游览的特殊需要，游步道宽度的上下限均可灵活些。

④小路　一般为1m左右，通常只考虑一人通行。

《公园设计规范》(GB 51192—2016)中规定的园路宽度见表7-1所列：

表7-1　园路宽度　　m

园路级别	公园总面积 A(hm²)			
	$A<2$	$2\leq A<10$	$10\leq A<50$	$A\geq 50$
主路	2.0~4.0	2.5~4.5	4.0~5.0	4.0~7.0
次路	—	—	3.0~4.0	3.0~4.0
支路	1.2~2.0	2.0~2.5	2.0~3.0	2.0~3.0
小路	0.9~1.2	0.9~2.0	1.2~2.0	1.2~2.0

7.2.1.2　平曲线设计

(1)平面线形

平面线形就是园路中心线的水平投影形态。园路的线形种类大致可以分为直线、自由曲线和圆弧曲线几类。直线多见于规则式园林，自由曲线多见于自然式园林。

园路的线形设计应主次分明、组织交通和游览、疏密有致、曲折有序。为了组织风景，延长旅游路线，扩大空间，园路在空间上应有适当的曲折。

园路平面线形设计应符合下列规定：

①园路应与地形、水体、植物、建筑物、铺装场地及其他设施结合，满足交通和游览需要并形成完整的风景构图。

②园路应创造有序展示园林景观空间的路线或欣赏前方景物的透视线。

③园路的转折、衔接应通顺。

④通行机动车的主路，其最小平曲线半径应大于12m。

(2)平曲线半径的选择

当道路由一段直线转到另一段直线上去时，其转角的连接部分均采用圆弧形曲线，这种圆弧的半径称为平曲线半径，如图7-12所示。

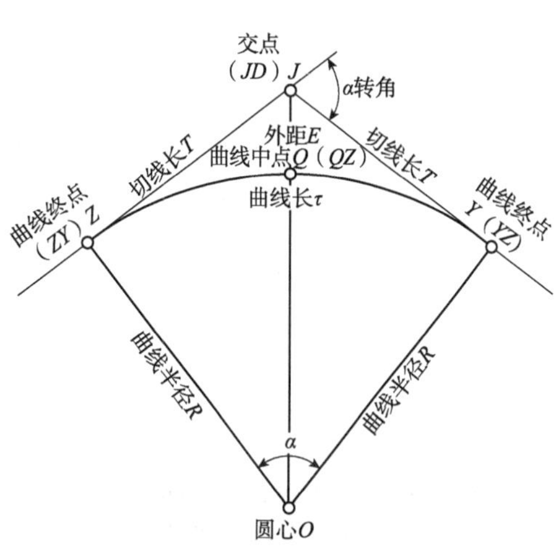

图7-12　平曲线半径示意

自然式园路曲折迂回，在平曲线变化时主要由下列因素决定：

①园林造景的需要。

②当地地物、地形条件的要求。

③在通行机动车的地段上，要注意行车安全。在条件困难的个别地段上，在园内可以不考虑行车速度，适当减小半径，但不得小于汽车本身的最小转弯半径，如小汽车 $R=6$m，普通消防车 $R=9$m。

(3) 曲线加宽

汽车在弯道上行驶，由于前后轮的轮迹不同，前轮的转弯半径大，后轮的转弯半径小，因此，弯道内侧的路面要适当加宽，如图 7-13 所示。

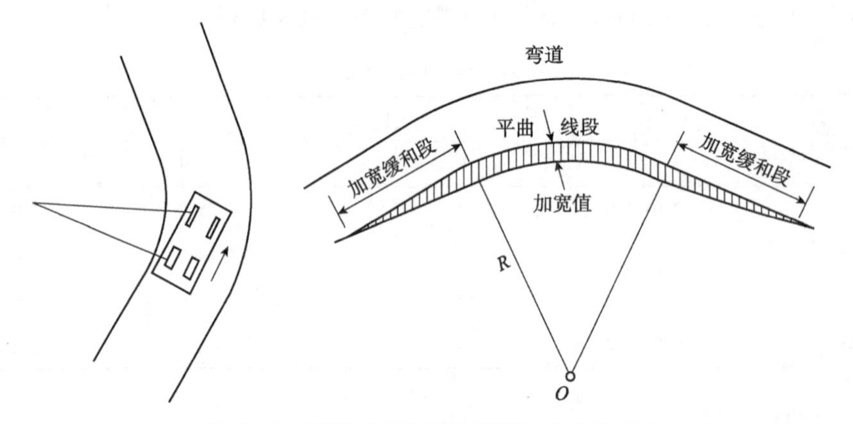

图 7-13 弯道行车道后轮轮迹与曲线加宽图

在设计曲线加宽的时候，要注意以下几点：

①园路的曲线加宽值与车体长度的平方成正比，与弯道半径成反比。

②当弯道中心线平曲线半径>200m 时，可不必加宽。

③为了使直线路段上的宽度逐渐过渡到弯道上的加宽值，需设置加宽缓和段。

④为了通行方便，园路的分支和交汇处应加宽其曲线部分，使其线形圆润、流畅，形成优美的视角。

(4) 交叉口的处理

在园路系统中，不可避免地涉及不同园路的交叉，在设计过程中，对交叉口的处理要注意以下几点：

①尽量避免多条道路交叉在一起。如在一起，应采取补救措施。主环路不穿越建筑物、不与建筑物斜交或走死胡同。

②两路交叉时，在交叉处设中心花坛、广场等可有缓冲作用，绿岛也可起缓冲作用。

③在视线所及的范围内不应有两个以上的交叉路口。

④道路应在弧外交叉，最好为直角或钝角相接。

⑤交叉口要根据园路的类型，做到主次分明。

7.2.2 园路竖向设计

园路竖向设计包括道路的纵横坡度、弯道、超高等。园路除交通功能外，还具有造景、导游等功能，因此园路竖向设计要根据地形要求及景点的分布等因素综合考虑进行设置。

7.2.2.1 纵断面设计

(1)纵断面设计主要内容

①确定路线合适的标高。

②设计各路段的纵坡及坡长。

③保证视距要求，选择竖曲线半径，配置曲线，计算施工高度等。

(2)设计要求

①园路一般应根据造景的需要，随地形的起伏变化而变化。

②在满足造景艺术的要求下，尽量利用原地形，保证路基的稳定，并减少土方量。

③园路与相连的城市道路在高程上应有合理的衔接。

④园路应配合组织园内地面水的排除，并与各地下管线密切配合，共同达到经济合理的要求。

⑤纵断面控制点应与平面控制点一并考虑，使平竖曲线尽量错开。

⑥满足常见机动车辆线形尺寸对竖曲线半径及会车安全的要求。

(3)园路的纵横坡度

一般路面应有8%以下的纵坡和1%~4%的横坡，以保证路面水的排除。不同材料路面的排水能力不同，因此，各类型路面对纵横坡度的要求也不同。各类型路面的纵横坡度见表7-2所列：

表7-2 各类型路面的纵横坡度表

类型 / 路面	纵坡(%)				横坡(%)	
	最小	最大		特殊	最小	最大
		游览大道	园路			
水泥混凝土路面	0.3	6	7	10	1.5	2.5
沥青混凝土路面	0.3	5	6	10	1.5	2.5
块石、砾石路面	0.4	6	8	11	2	3
拳石、卵石路面	0.5	7	8	7	3	4
粒料路面	0.5	6	8	8	2.5	3.5
改善土路面	0.5	6	6	8	2.5	4
游览小道	0.3	—	8	—	1.5	3
自行车道	0.3	3	—	—	1.5	2
广场、停车场	0.3	6	7	10	1.5	2.5
特别停车场	0.3	6	7	10	0.5	1

当车行路的纵坡在1%以下时，方可用最大横坡。

在游步道上，道路的起伏可以更大一些，一般在12°以下为舒适的坡道。超过12°时行走较费力。一般地形坡度超过15°时，应设置台阶。山体坡度大于6%~8%时，应设登山道，并与等高线斜交。

(4)竖曲线

一条道路总是上下起伏的，在起伏转折的地方，由一条圆弧连接，这种圆弧是竖向的，工程上把这样的弧线叫竖曲线，如图 7-14 所示。竖曲线设计应考虑会车安全。

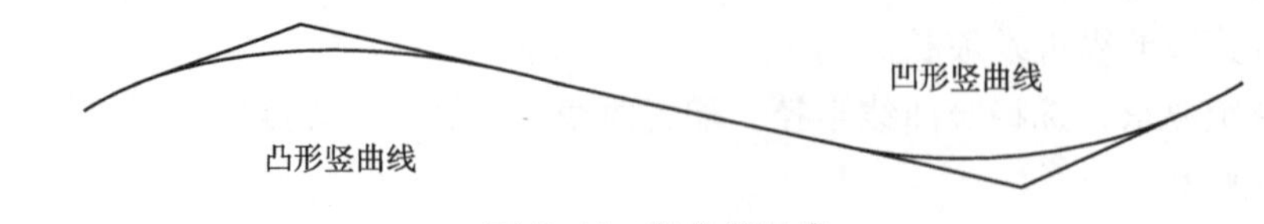

图 7-14 竖曲线示意

(5)弯道与超高

当汽车在弯道上行驶时，产生横向推力叫离心力。这种离心力的大小，与行车速度的平方成正比，与平曲线半径成反比。为了防止车辆向外侧滑移，抵消离心力的作用，就要把路的外侧抬高，如图 7-15 所示。在设计游览性公路时，还要考虑路面视距与会车视距，如图 7-16 所示。

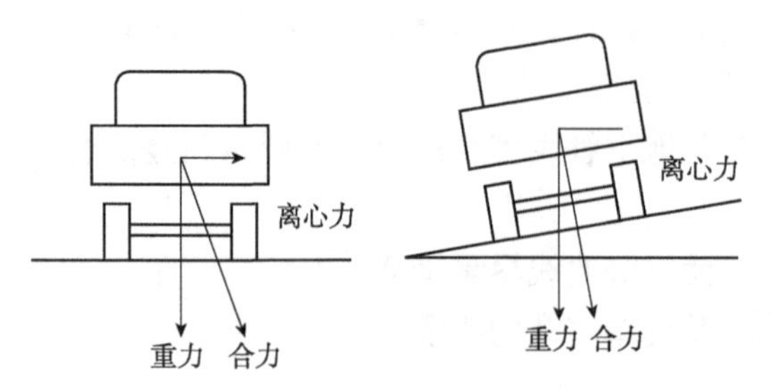

图 7-15 汽车在弯道上行驶受力分析图

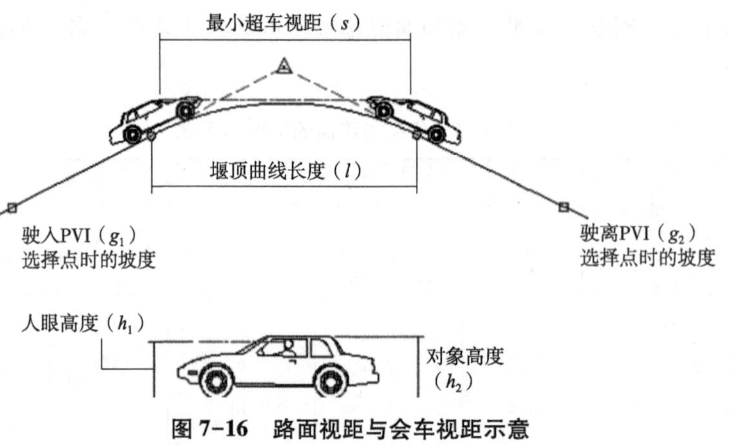

图 7-16 路面视距与会车视距示意

7.2.2.2 公园园路纵断面设计相关规定

①主路不应设台阶。

②主路、次路纵坡宜小于 8%，同一纵坡坡长不宜大于 200m；山地区域的主路、次路纵坡应小于 12%，超过 12%应做防滑处理；积雪或冰冻地区道路纵坡不应大于 6%。

③支路和小路，纵坡宜小于 18%；纵坡超过 15%路段，路面应做防滑处理；纵坡超过 18%，宜设计为梯道。

④与广场相连接的纵坡较大的道路，连接处应设置纵坡小于或等于 2.0%的缓坡段。

⑤自行车专用道的坡度宜小于 2.5%；当大于或等于 2.5%时，纵坡最大坡长应符合现行行业标准《城市道路工程设计规范》(CJJ 37—2012)的有关规定。

⑥园路横坡以 1.0%~2.0%为宜，最大不应超过 4.0%。降雨量大的地区，宜采用 1.5%~2.0%。积雪或冰冻地区园路、透水路面横坡以 1.0%~1.5%为宜。纵、横坡坡度不

应同时为零。

⑦无障碍园路设计要求

• 路面宽度不宜小于 1.2m，回车路段路面宽度不宜小于 2.5m。

• 道路纵坡一般不宜超过 4%，且坡长不宜过长，在适当距离应设水平路段，不应有阶梯。

• 应尽可能减小横坡。

• 坡道坡度为 1/20~1/15 时，其坡长一般不宜超过 9m；每逢转弯处，应设置不小于 1.8m 的休息平台。

• 园路一侧为陡坡时，为防止轮椅从边侧滑落，应设 10cm 高以上的挡石，并设扶手栏杆。

• 排水沟箅子等，不得突出路面，并注意不得卡住轮椅的车轮和盲人的拐杖。

具体做法参照相应的无障碍设计规范。

7.2.3 园路结构设计

7.2.3.1 园路的结构

园路的结构形式同城市道路一样具有多样性，但由于园林中通行车辆较少，园路的荷载较小，因此其路面结构比城市道路简单。园路一般由路面结构层、路基和附属工程三部分组成，其中路面结构层自上而下分别为面层和基层，对块料路面来说，面层和基层之间通常会有一个结合层。园路路面结构层各层间结合必须紧密稳定，以保证结构的整体性和应力传递的连续性。荷载和自然因素对园路各结构层的影响随深度的增减而逐渐减弱，因而对各层材料的相关要求也随深度的增加而逐渐降低。块料园路的典型路面结构如图 7-17 所示。

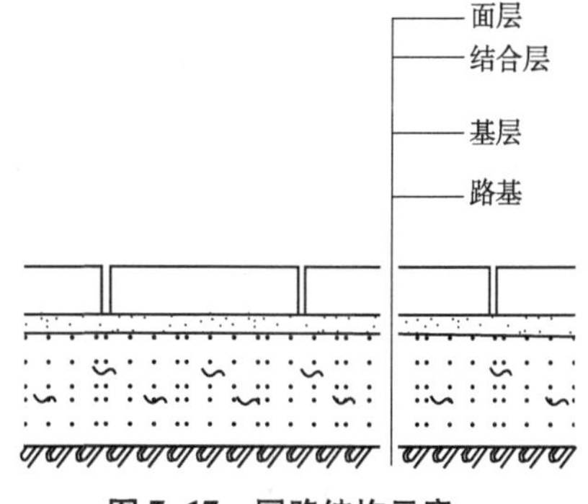

图 7-17 园路结构示意

7.2.3.2 园路结构的设计原则

(1)就地取材

园路修建的经费，在整个园林建设投资中，占有很大的比例。为了节省资金，在园路设计时，应该尽量使用当地的材料、建筑废料、工业废渣等。

(2)薄面、强基、稳基土

在设计园路时，往往有对路基的强度重视不够的情况。在公园里常看到一条装饰性很好的路面，没有使用多久，就变得坎坷不平，破破烂烂了。其主要原因：一是园林地形多经过整理，其基土不够坚实，修路时又没有充分夯实。二是园路的基层强度不够，在车辆通过时路面被压碎。

为了节省水泥石板等建筑材料，降低造价，提高路面质量，应尽量采用薄面、强基、稳基土。使园路结构经济、合理和美观。

7.2.3.3 路基设计

路基是路面的基础，它不仅为路面提供一个平整的基面，承受路面传递下来的荷载，也是保证路面强度和稳定性的重要条件之一。路基应稳定、密实、均质，对路面结构提供均匀的支承，即路基在环境和荷载作用下不产生不均匀变形。

路基根据材料不同，路基可以分为土方路基、石方路基、特殊土路基。根据断面形式不同，可以分为挖方路基、填方路基及半挖半填路基。

对于挖方路基，一般黏土或砂性土开挖夯实后，就可以直接作为路基。对于填方路基，建筑垃圾和有机质含量较高的腐殖土不能用作路基填料。

地下水位高时，应提高路基顶面标高，当设计标高受限时，应选用粗粒土或低剂量石灰稳定土、水泥稳定土作路基填料，同时应采取设置排水渗沟等降低地下水位的措施。在严寒地区，严重的过湿冻胀土或湿软的橡胶土，必须进行路基加固，通常采用1∶9或2∶8的灰土进行加固改善，厚度一般为150mm。

岩石或填石路基顶面应铺设整平层。整平层可采用未筛分碎石和石屑或低剂量水泥稳定粒料，其厚度视路基顶面不平整程度而定，一般为100~150mm。

7.2.3.4 路面结构层设计

(1)基层

基层位于路基之上，是路面结构中的承重层，主要承受面层传递的荷载，并把面层下传的应力扩散到路基，还可以控制或减少路基不均匀冻胀或沉降对面层产生的不利影响。基层为面层施工提供了稳定而坚实的工作面。基层应有足够的水稳定性，并要求具有较好的不透水性，以防止基层湿软后变形大，导致面层破坏。

基层不直接接受车辆和气候因素的作用，对材料的要求比面层低，一般为碎石、灰土或各种工业废渣。常用的基层材料主要分为以下几种：

①无机结合料　稳定粒料，如石灰稳定土、水泥稳定土、石灰粉煤灰稳定砂等，这类基层属于半刚性基层。

②嵌锁型和级配型材料　如级配砂砾、级配碎(砾)石等，这类属于柔性基层。

③水泥混凝土基层　在园路中的应用也较为常见，但对强度等级有一定的要求，它属于刚性基层。

(2)面层

面层是路面最上面的一层，它直接承受人流、车辆和大气因素如烈日、严冬、风、雨、雪等的破坏。如果面层选择不好，就会导致“无风三尺土、有雨一脚泥”或给游人造成反光、刺眼、脚感不佳等不利影响。因此，要求面层坚固、平稳、耐磨、具有一定的粗糙度、少尘埃、便于清扫。

更为重要的是，对于园路来讲，其本身还是一个非常重要的造景要素，而这种景观功能的主要表现载体就在于面层，因此，面层在材料和铺装形式的选择上，要与周围的景观氛围和谐统一，形成美的景观体验。

(3)结合层

在采用块料铺装面层时，在面层和基层之间，为了结合和找平而设置的一层。一般用30~50mm厚的粗砂或干硬性水泥砂浆作为结合层。常见结合层如下：

①白灰干砂　施工时操作简单，遇水后会自动凝结，由于白灰体积膨胀，密实性好。

②干净粗砂　施工简便，造价低。经常遇水会使砂子流失，造成结合层不平整。

③混合砂浆　由水泥、白灰、砂组成，整体性好，强度高，黏结力强。适用于铺装块料路面。造价较高。

④干硬性水泥砂浆　塌落度比较低的水泥砂浆，即拌合时加的水比较少，1m 高松手自由落在地上就散开呈散粒，“手握成团，落地开花”，一般按水泥：砂=1：3 进行配制。由于水灰比较小，砂浆收缩变形小，砂与水泥颗粒之间的固结时间短，常用来铺装石材。

7.2.3.5　附属工程设计

(1)道牙

道牙也称路缘石，设置在路面的两侧，使路面与路肩在高程上起衔接作用，并能保护路面、便于排水、标志行车道、防止路面横向伸展。道牙一般采用砖、花岗岩等石材、预制混凝土块等材料，园林中有时也会用木材、金属、瓦等作为道牙材料。

道牙一般分为立道牙和平道牙两种形式，其构造如图 7-18 和图 7-19 所示。

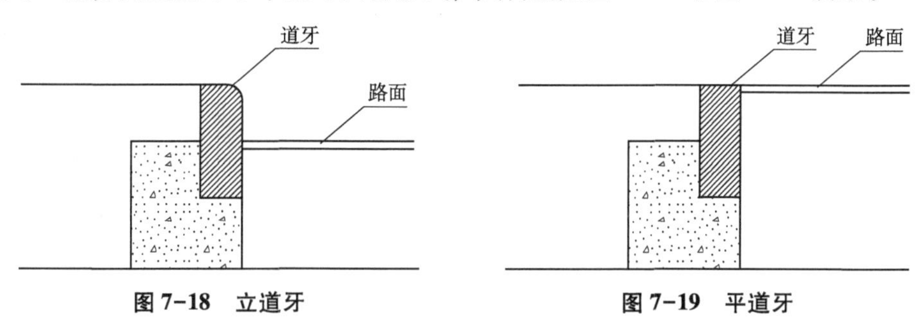

图 7-18　立道牙　　**图 7-19　平道牙**

(2)明沟和雨水井

明沟和雨水井是为了收集路面雨水而建的构筑物(图 7-20)。在园林中，明沟通常由砖、石等砌筑而成，雨水井通常为砖砌，玻璃钢等成品雨水井在实践中也有应用。

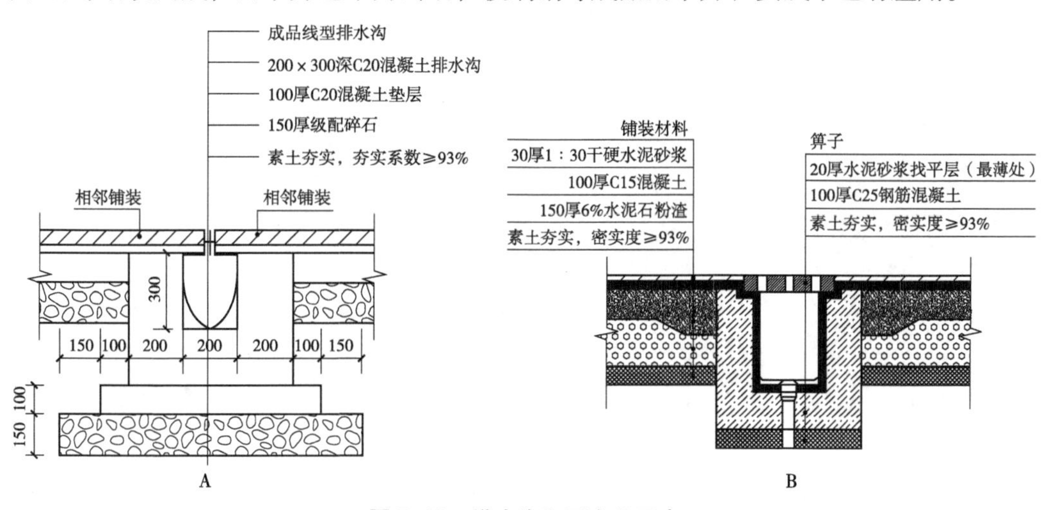

图 7-20　排水沟和雨水井示意

A. 线性排水沟做法　B. 雨水井做法

(3)台阶、礓礤、磴道

①台阶　当路面坡度超过一定范围时，为了便于行走，在不通行车辆的路段上，可设

台阶。一般情况下台阶不宜连续使用，在地形许可的情况下，每隔一段应设置平台，使游人能够恢复体力。在园林中，根据造景的需要，台阶可以用天然石材、混凝土仿木纹板等各种形式装饰园景。

②礓礤　在坡度较大的地段上，本应设置台阶，但为了能通行车辆，将斜面做成锯齿形坡道成为礓礤。

③磴道　在地形陡峭的路段，可结合地形或利用露岩设置磴道。当纵坡过大时，还要做防护处理，并设置扶手栏杆。

7.2.4　园路铺装设计

7.2.4.1　园路铺装的设计要求

(1)园路路面应具有装饰性，或称地面景观作用，它以多种多样的形态、花纹来衬托景色、美化环境。在进行铺装图案设计时，应与景区的意境相结合，根据园路所在环境，选择路面的材料、质感、形式、尺度与研究路面图案的寓意、趣味，使路面更好地成为园景的组成部分。

(2)园路路面应有柔和的光线和色彩，减少反光、刺眼的感觉。

(3)路面应与地形、植物、山石等配合。

在进行铺装设计时，应与地形、置石等很好地配合，共同构成景色。园路与植物的配合，不仅能丰富景色，使路面变得生机勃勃，而且嵌草的路面可以改变土壤的水分和通气的状态，为广场的绿化创造有利的条件，并能降低地表温度，对改善局部小气候有利。

7.2.4.2　园路铺装的形式

(1)花街铺地

花街铺地源于我国传统古典园林的江南园林中，指的是以两种以上的卵石和青石板、黄石、碎瓷片等碎料拼合而成的路面。它精美的视觉景观和独特的意境含蕴丰富着古典园林的内涵，如图 7-21 所示。

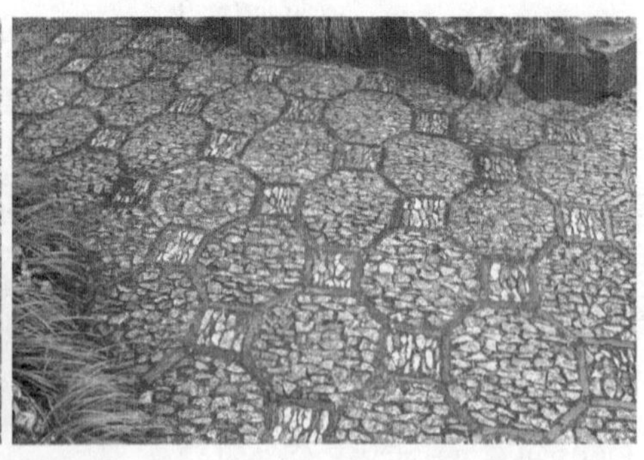

图 7-21　花街铺地

“各式方圆，随宜铺砌，磨归瓦作，杂用钩儿”，是《园冶》中对花街铺地利用碎料进行用工分工讲究的描述，保证简单用材的碎料铺地，经无数人踩踏仍基本完好便说明了花街铺地的精细工艺。

花街铺地十分讲究铺装用材与环境的协调，它所用的材料体量小，多为碎料，属于碎料铺装，所处的环境尺度也小，在林中的窄路最好铺石，厅堂周围铺砖，庭院内小路用小乱石铺地，卵石则用在不常走的地方。如古典园林中，拙政园的海棠春坞的海棠铺地，狮子林问梅阁的梅花铺地，都强调花街铺地与环境的融合。

(2)卵石铺地

卵石指的是风化岩石经水流长期搬运而成的粒径为60~200mm的无棱角的天然粒料；大于200mm则称漂石。以各色卵石为主嵌成的园路地称为卵石路面。它借助卵石的色彩、大小、形状和排列的变化可以组成各种图案，具有很强的装饰性，能起到增强景区特色、深化意境的作用，人行走于其中，会感到非常舒适。这种铺地耐磨性好，防滑，富有铺地的传统特点，但清扫困难，且卵石容易脱落，多用于水旁亭榭周围。

(3)雕砖卵石路面

雕砖卵石路面又被誉为“石子画”，是选用精雕的砖、细磨的瓦和经过严格挑选的各色卵石拼凑成的路面(图7-22)。其图案内容丰富，如以寓言、故事、盆景、花鸟鱼虫、传统民间图案等为题材进行铺砌加以表现。多用于古典园林中的道路，如故宫御花园甬路，精雕细刻，精美绝伦，不失为我国传统园林艺术的杰作。

图7-22 雕砖卵石路面

(4)嵌草路面

嵌草路面属于透水透气性铺地的一种(图7-23)。它分为两种类型，一种为在块料路面铺装时，在块料与块料之间，留有3~5cm的缝隙，在其间填入培养土，然后种草，如冰裂纹嵌草路、空心砖纹嵌草路、人字纹嵌草路等；另一种是制作成可以种草的各种纹样的混凝土路面。

图7-23 嵌草路面

(5)块料路面

块料路面指用各种不同形状和尺寸的块状材料铺成的路面。所用材料有砖块、石块、木块、橡胶块、金属块、水泥混凝土预制块等。这类铺地一般用于宽度和荷载较小的一般游览步道，而用于车行道、停车场和较大面积铺装时需要采用较厚的块料，并加大基层的厚度。

(6)整体路面

①沥青混凝土作为面层使用的整体路面根据骨料粒径大小，有细粒式、中粒式、粗粒式之分，根据颜色和性能，有传统和彩色、透水和不透水之分。

②黑色沥青混凝土一般不用其他方法对路面进行装饰处理。

③彩色沥青路一般用于公园和风景区的行车主路。由于彩色沥青混凝土具有一定的弹性，也适用于运动场所及一些儿童和老人活动的地方。

④水泥混凝土对路面的装饰有3种途径，在混凝土表面直接处理形成各种变化；在混凝土表面增加抹灰处理；用各种贴面材料进行装饰。水泥混凝土表面处理的方式通常有抹光、拉毛、水刷以及通过压纹实现仿砖、仿木、仿石等。

(7)步石

步石是在绿地上放置一块至数块天然石或预制成圆形、树桩形、木纹板形等铺块。

①材料的选择　自然石的选择，以呈平圆形的花岗岩最为普遍。人工石是指水泥砖、混凝土制平板或砖块等，通常形状工整一致。木质的包括粗树干横切成有轮纹的木桩、竹竿或平摆的枕木类等。

②步石的基本要求　面要平坦、不滑，不易磨损或断裂，一组步石的每块石板在形色上要类似且调和，不可差距太大。30cm直径的小型到50cm直径的大块均可，厚度在6cm以上为佳。一般成人的脚步间隔平均是45~55cm，石块与石块间的间距则保持在10cm左右。

(8)汀石

汀石是设置在水中的步石，且适用于浅而窄的水面，如小溪、滩地等。水中汀步应尽量亲近水面，营造仿佛浮于水上的效果，尽量避免汀步基座外露。

为了游人的安全，石墩不宜过小，距离不宜过大，数量也不宜过多。汀步直径2m范围内的水深不得大于0.5m。

7.3 园路铺装工程施工

7.3.1 园路铺装工程施工准备

7.3.1.1 熟悉图纸资料

认真阅读施工图纸对施工图中出现的差错、疑问，应提出书面建议；熟悉工程合同以及与工程有关的现行技术标准、规范；全面了解施工现场的供水、供电、地下管线、地上交通等有关因素。

7.3.1.2　施工机械及工具

根据施工工艺需要，合理选择施工机械及工器具，如土方机械、压实机械、摊铺机械等，所有进场机械均需调试合格。准备好必备的施工器具，如木桩、皮尺、绳子、模板、夯、铁锹等。

7.3.1.3　材料准备

根据设计要求，结合施工工艺流程和现场条件，合理安排材料的种类、数量和堆放地点，尽量减少二次搬运的发生。

7.3.1.4　铺设试验段

如果确有必要，在正式施工之前，可铺设试验段。通过试验段的施工，确定集料配合比例、每一作业段的合适长度、每一次铺设的合适厚度、材料的松铺系数、标准施工方法等内容。

7.3.2　园路铺装工程施工

7.3.2.1　园路铺装施工流程

园路施工流程如图7-24所示。

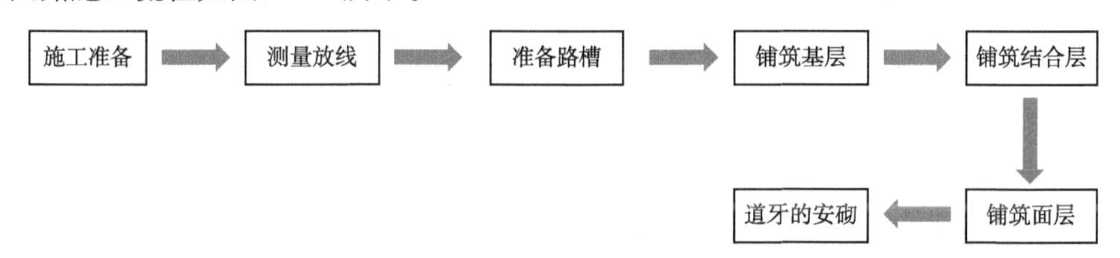

图7-24　园路施工流程

7.3.2.2　园路铺装施工

(1)放线

按路面设计的中线，在地面上每20~50m放一中心桩，在弯道的曲线上应在曲头、曲中、曲尾各放一个中心桩，并在各中心桩上写明桩号，再以中心桩为准，根据路面宽度定边桩，最后放出路面的平曲线。

(2)准备路槽

按设计路面的宽度，每侧放出20cm挖槽，路槽的深度应等于路面的厚度，槽底应有2%~3%的横坡度。路槽做好后，在槽底洒水，使它潮湿，然后用蛙式打夯机夯2~3遍，路槽平整度允许误差不大于2cm。

(3)铺筑基层

根据设计要求准备铺筑的材料，在铺筑时应注意对于灰土基层，一般实厚为15cm，虚铺厚度，由于土壤情况的不同而为21~24cm。对于炉灰土，虚铺厚度为压实厚度的160%，即压实15cm，虚铺厚度为24cm。

(4)铺筑结合层

一般用水泥、白灰、砂混合砂浆或1：3白灰砂浆。砂浆摊铺宽度应大于铺装面层5~

10cm，已拌好的砂浆应当日用完。也可以用3~5cm厚的粗砂均匀摊铺而成。

(5)铺筑面层

面层铺筑时铺砖应轻轻放平，用橡胶锤敲打稳定，不得损伤砖的边角；如发现结合层不平，应拿起铺砖重新用砂浆找齐，严禁向砖底填塞砂浆或支垫碎砖块等。采用橡胶带做伸缩缝时，应将橡胶带平正直顺紧靠方砖。铺好砖后应沿线检查平整度，发现方砖有移动现象时，应及时修整，最后用干砂掺入1∶10的水泥，拌合均匀，将砖缝灌注饱满，并在砖面泼水，使砂灰混合料下沉填实。

铺卵石路一般分预制和现浇两种，现场浇筑方法是先垫水泥砂浆厚3cm，再铺水泥素浆2cm，待素浆稍凝，即用备好的卵石，一个个插入素浆内，用抹子压平，卵石要扁、圆、长、尖，大小搭配。根据设计要求，将各色石子插出各种花卉、鸟兽图案，然后用清水将石子表面的水泥刷洗干净，第二天可再以水重的30%掺入草酸液体，洗刷表面，则石子颜色鲜明。

铺砖的养生期不得少于3d，在此期间内应严禁行人、车辆等走动和碰撞。

(6)道牙的安砌

道牙基础宜与路床同时挖填碾压，以保证有整体的均匀密实度。结合层用1∶3白灰砂浆2cm。安道牙要平稳牢固，后用水泥砂浆勾缝，道牙背后应用白灰土夯实，其宽度50cm，厚度15cm，密实度在90%以上即可。

7.3.3 各类园路铺装施工技术

7.3.3.1 小青砖园路

小青砖园路铺装前，应按设计图纸的要求选好小青砖的尺寸、规格。先将有缺边、掉角、裂纹和局部污染变色的小青砖挑选出来，完好地进行套方检查，规格尺寸有偏差，应磨边修正。在小青砖铺设前，应先弹线，然后按设计图纸的要求铺装样板段，特别是铺装成席纹、人字纹、斜柳叶、十字绣、八卦锦、龟背锦等各种面层形式的园路，更应预先铺设一段，看一看面层形式是否符合要求，然后再大面积地进行铺装。

操作步骤：

①基层、垫层　基层做法一般为：素土夯实→碎石垫层→素混凝土垫层→砂浆结合层。

在垫层施工中，应做好标高控制工作，碎石和素混凝土垫层的厚度应按施工图纸的要求，砂石垫层一般较薄。

②弹线预铺　在素混凝土垫层上弹出定位十字中线，按施工图标注的面层形式预铺一段，符合要求后，再大面积铺装。

③做园路两边的“子牙砖”，相当于现代道路的侧石。先进行铺筑，用水泥砂浆作为垫石，并加固。

④小青砖与小青砖之间应挤压密实，铺装完成后，用细灰扫缝。

7.3.3.2 水泥砖园路

园林工程施工中常见的水泥面砖是以优质色彩水泥、砂，经过机械拌合成型，充分养护而成，其强度高、耐磨、色泽鲜艳、品种多。水泥面砖表面还可以做成凸纹和圆凸纹等多种形状。水泥面砖园路的铺装与花岗石园路的铺装方法大致相同。水泥面砖由于是机制砖，色彩品种要比花岗石多，因此在铺装前应按照颜色和花纹分类，有裂缝、掉角，表面有缺陷的面砖，应剔除。

具体操作步骤如下：

①基层清理　在清理好的地面上，找到规矩和泛水，扫好水泥浆，再按地面标高留出水泥面砖厚度做灰饼，用 1∶3 干硬砂浆冲筋、刮平，厚度约为 20mm，刮平时砂浆要拍实、刮毛并浇水养护。

②弹线预铺　在找平层上弹出定位十字中线，按设计图案预铺设花砖，砖缝顶预留 2mm，按预铺设的位置用墨线弹出水泥面砖四边边线，再在边线上画出每行砖的分界点。

③浸水湿润　铺贴前，应先将面砖浸水 2~3h，再取出阴干后使用。

④水泥面砖的铺贴工作，应在砂浆凝结前完成。铺贴时，要求面砖平整、镶嵌正确。施工间歇后继续铺贴前，应将已铺贴的花砖挤出的水泥混合砂浆予以清除。

⑤铺砖石，地面黏接层的水泥混合砂浆，拍实搓平。水泥面砖背面要清扫干净，先刷出一层水泥石灰浆，随刷随铺，就位后用小木槌凿实。注意控制黏结层砂浆厚度，尽量减少敲击。在铺贴施工过程中，如出现非整砖时用石材切割机切割。

⑥水泥面砖在铺贴 1~2d 后，用 1∶1 稀水泥砂浆填缝。面层上溢出的水泥砂浆在凝结前予以清除，待缝隙内的水泥砂浆凝结，再将面层清洗干净。完成 24h 浇水养护，完工 3~4d 内不得上人踩踏。

7.3.3.3　木铺地园路

木铺地园路是采用木材铺装的园路。在园林工程中，木铺地园路是室外的人行道，面层木材一般是采用耐磨、耐腐、纹理清晰、强度高、不易开裂、不易变形的优质木材。

一般木铺地园路做法是：素土夯实→碎石垫层→素混凝土垫层→砖墩→木格栅→面层木板。从这个顺序可以看出，木铺地园路与一般块石园路的基层做法基本相同，所不同的是增加了砖墩及木格栅。

木板和木格栅的木材含水率应小于 12%。木材在铺装前还应做防火、防腐、防蛀等的处理。

(1) 砖墩

一般采用标准砖、水泥砂浆砌筑，砌筑高度应根据木铺地架空高度及使用条件而确定。砖墩与砖墩之间的距离一般不宜大于 2m，否则会造成木格栅的端面尺寸加大。砖墩的布置一般与木格栅的布置一致，如木格栅间距为 50cm，那么砖墩的间距也应为 50cm，砖墩的标高应符合设计要求，必要时可以在其顶面抹水泥砂浆或细石混凝土找平。

(2) 木格栅

木格栅的作用主要是固定与承托面层。如果从受力状态分析，它可以说是一根小梁。木格栅断面的选择，应根据砖墩的间距大小而有所区别。间距大，木格栅的跨度大，断面尺寸相应也要大些。木格栅铺筑时，要进行找平。木格栅安装要牢固，并保持平直。在木格栅之间要设置剪刀撑。设置剪刀撑主要是增加木格栅的侧向稳定性，将一根根单独的格栅连成一体，增加了木铺地园路的刚度。另外，设置剪刀撑，对于木格栅本身的翘曲变形也起到了一定的约束作用。所以，在架空木基层中，格栅与格栅之间设置剪刀撑，是保证质量的构造措施。剪刀撑布置于木格栅两侧面，用铁钉固定于木格栅上，间距应按设计要求布置。

(3)面层木板的铺设

面层木板的铺装主要采用铁钉固定，即用铁钉将面层板条固定在木格栅上。板条的拼缝一般采用平口、错口。木板条的铺设方向一般垂直于人们行走的方向，也可以顺着人们行走的方向，这应按照施工图纸的要求进行铺设。铁钉钉入木板前，也可以顺着人们行走的方向，这应按照施工图纸要求进行铺设。铁钉钉入木板前，应先将钉帽砸扁，然后再钉入木板内。用工具把铁钉钉帽捅入木板内3~5mm。木铺地园路的木板铺装好后，应用手提刨将表面刨光，然后由漆工师傅进行砂、嵌、批、涂刷等油漆的涂装工作。

7.3.3.4 植草砖铺地

植草砖铺地是在砖的孔洞或砖的缝隙间种植青草的一种铺地。如果青草茂盛，这种铺地看上去是一片青草地，且平整、地面坚硬。有些是作为停车场的地坪。

植草砖铺地的基层做法是：素土夯实→碎石垫层→素混凝土垫层→细砂层→砖块及种植土、草籽。

也有些植草砖铺地的基层做法是：素土夯实→碎石垫层→细砂层→砖块及种植土、草籽。

从以上种植草砖铺地的基层做法中也可以看出，素土夯实、碎石垫层、混凝土垫层，与一般的花岗石道路的基层做法相同，不同的是在种植草砖铺地中，有细砂层，还有就是面层材料不同。因此，植草砖铺地做法的关键是在于面层植草砖的铺装。应按设计图纸的要求选用植草砖，目前常用的植草砖有水泥制品的二孔砖，也有无孔的水泥小方砖。植草砖铺筑时，砖与砖之间留有间距，一般为50mm左右，此间距中，撒入种植土，再拨入草籽。目前也有一种植草砖格栅，是一种有一定强度的塑料制成的格栅，成品是500mm×500mm的一块格栅，将它直接铺设在地面上，再撒上种植土，种植青草后，就成了植草砖铺地。

7.3.3.5 透水砖铺地

随着园林绿化事业的发展，有许多新的材料应用在园林绿地和公园建筑中，透水砖铺地就是一种新颖的砖块。透水砖的功能和特点如下：

①所有原料为各种废陶瓷、石英砂等。广场砖的废次品用来做透水砖的面料，底料多是陶瓷废次品。

②透水砖的透水性、保水性非常强，透水速率可以达到5mm/s以上，其保水性达到12L/m^2以上。由于其良好的透水性、保水性，下雨时雨水会自动渗透到砖底下直到地表，部分水保留在砖里面。雨水不会像在水泥路面上一样四处横流，最后通过地下水道完全流入江河。天晴时，渗入砖底下或保留在砖里面的水会蒸发到大气中，起到调节空气湿度、降低大气温度、清除城市“热岛”作用。

其优异的透水性及保水性来源于该产品20%左右的气孔率。该产品强度可以满足行驶载重为10t以上的汽车。国外，比如日本，城市人行道、步行街、公寓停车场等地铺筑透水砖。

透水砖的基层做法是：素土夯实→碎石垫层→砾石砂垫层→反渗土工布→1∶3干拌黄沙→透水砖面层。

从透水砖的基层做法中可以看出基层中增加了一道反渗土工布，使透水砖的透水、保水性能能够充分地发挥显示出来。

土工布的铺设方法可以参照产品说明书的要求进行操作。

透水砖的铺筑方法，同花岗石块的铺筑方法，由于其底下是干拌黄沙，因此比花岗石铺筑更方便些。

7.3.3.6 鹅卵石园路

鹅卵石是指10~40mm形状圆滑的河川冲刷石。用鹅卵石铺装的园路看起来稳重而又实用，且具有江南园林风格。这种园路也常作为人们的健身径。完全使用鹅卵石铺成的园路往往会稍显单调，若干鹅卵石间加几块自然扁平的切石，或少量的色彩鹅卵石，就会出色许多。铺装鹅卵石路时，要注意卵石的形状、大小、色彩是否调和。特别在与切石板配置时，相互交错形成的图案要自然，切石与卵石的石质及颜色最好避免完全相同，才能显出路面变化的美感。

施工时，因卵石的大小、高低完全不同，为使铺出的路面平坦，必须在路基上下功夫。先将未干的砂浆填入，再把卵石及切石一一填下，鹅卵石呈蛋形，应选择光滑圆润的一面向上，在作为庭院或园路使用时一般横向埋入砂浆中，在作为健身径使用时一般竖向埋入砂浆中，埋入量约为卵石的2/3，这样比较牢固。埋入砂浆的部分因使路面整齐，高度一致。切忌将卵石最薄一面平放在砂浆中，这将极易脱落。摆完卵石后，在卵石之间填入稀砂浆，填充实后就算完成了。卵石排列间隙的线条要呈不规则的形状，千万不要弄成十字形或直线形。此外，卵石的疏密也应保持均衡，不可部分拥挤、部分疏松。如果要做成花纹则要先进行排版放样再进行铺设。

鹅卵石地面铺设完毕应立即用湿抹布轻轻擦拭其表面的灰泥，使鹅卵石保持干净，并注意施工现场的成品保护。

鹅卵石园路的路基做法一般也是素土夯实→碎石垫层→素混凝土垫层→砂浆结合层→卵石面层。这种基层的做法与一般园路基层做法相同，但是因为其表面是鹅卵石，黏结性和整体性较差，如果基层不够稳定则卵石面层很可能松动剥落或开裂，所以整个鹅卵石园路施工中基层施工也是非常关键的一步。

7.3.3.7 彩色混凝土压模园路

彩色混凝土压模园路是一种面层为混凝土地面采用水泥耐磨材料铺装而成，它是以硅酸盐水泥或普通硅酸盐水泥、耐磨骨料为基料，加入适量添加剂组成的干混材料。

具体工艺流程如下：地面处理→铺设混凝土→振动压实抹平混凝土表面→覆盖第一层彩色强化粉→压实抹平彩色表面→洒脱模粉→压模成型→养护→水洗施工面→干燥养护→上密封剂→交付使用。

基层做法与一般园路基层的做法相比，关键是彩色混凝土压模园路的面层做法，它的好坏直接影响到园路的最终质量。初期彩色混凝土一般采用现场搅拌、现场浇捣的方法，平板式振捣机进行振捣，直接找平，木蟹打光。在混凝土即将终凝前，用专用模具压出花纹。目前也可使用商品混凝土地面用水泥基耐磨材料。彩色混凝土应一次配料、一次浇捣，避免多次配料而产生色差。彩色混凝土压模园路的花纹是根据模具而成型的，因此模具应按施工图的要求而定制，或向有关专业单位采购适合的模具。

7.3.4 特殊地质及气候条件下的园路施工

一般情况下园路施工是在温暖干爽的季节进行，理想的路基应当是砂性土和砂质土，但有时施工活动无法避免冬雨季，路基土壤也可能是软土、杂填土或膨胀土等不良地质条件，在施工时应采取适当措施以保证工程质量。

7.3.4.1 不良土质路基施工

(1)软土路基

先将泥炭、软土全部挖除，使路基筑于基地或尽量换填渗水性材料，也可采用抛石挤淤法、砂垫层法等对地基进行加固。

(2)杂填土路基

可采用片石表面挤实法、重锤夯实法、振动压实法等方法使路基达到相应的密实度。

(3)膨胀土路基

膨胀土是一种易吸水膨胀、失水收缩变形的高液性黏土。这种路基应当尽量避免在雨季施工，挖方路段先做好路堑堑顶排水设施，并保证在施工期内不得沿坡面排水；其次要注意压实质量，宜用重型压路机在最佳含水量条件下碾压。

(4)湿陷性黄土路基

此种土含有易溶解盐类，遇水易冲蚀、崩解、塌陷。施工中关键是做好排水工作，对地表水应遵循拦截、分散、防冲刷、防渗、远接远送的原则，将水引离路基，防止黄土受到水浸湿陷；路堤要边坡要整平拍实；基底用重型机械碾压、重锤夯实、石灰桩挤密加固或换填土等，提高路基的承载力和稳定性。

7.3.4.2 特殊气候条件下园路施工

(1)雨季施工

①雨季路槽施工　先在路基外侧设排水设施(如明沟或辅以水泵抽水)及时排除积水。下雨前选择因雨水易翻浆处或低洼处等不利地段先行施工，注意雨后重点段拱和边坡的排水情况、路基渗水与路床积水情况，及时疏通被阻塞、溢满的排水设施，防止积水倒流。路基因雨水造成翻浆时，要立即挖出或填石灰土、沙石等，刨挖翻浆要彻底干净，不留隐患。所处理的地段最好在雨前做到“挖完、填完、压完”。

②雨季基层施工　当基层材料为石灰土时，降水对基层施工影响最大。施工时，应先注意天气情况，做到“随拌、随铺、随压”；其次应注意保护石灰，避免被水浸湿，对于被水泡过的石灰土在找平前应检查含水量，如含水量过大，应翻拌晾晒达到最佳含水量后才能继续施工。

③雨季面层施工　水泥混凝土路面施工应注意水泥的防雨防潮，已铺筑的混凝土严禁雨淋，施工现场应预备轻便易于挪动的工作台雨棚；对雨淋过的混凝土要及时补救处理。此外要注意排水设施的畅通。如为沥青路面，要特别注意天气情况，尽量缩短施工路段，各工序紧凑衔接，下雨或面层的下层潮湿时均不得摊铺沥青混合料。对未经压实即遭雨淋的沥青混合料必须全部清除，更换新料。

(2)冬季施工

①冬季路槽施工　应在冰冻前进行现场放样，做好标记；将路基范围内的树根、杂草等全部清除。如有积雪，在修整路槽时先清除地面积雪、冰块，并根据工程需要与设计要求决定是否刨去冰层。严禁用冰土填筑，且最大松铺厚度不得超过 30cm，压实度不得低于正常施工时的要求，当天填方的土务必当天碾压完毕。

②冬季面层施工　沥青类路面不宜在 5℃ 以下的环境施工，否则要采取以下工程措施：

- 运输沥青混合料的工具须配有严密覆盖设备以保温。
- 卸料后应用苫布等及时覆盖。
- 摊铺时间宜于 9：00～16：00 进行，做到“三快两及时”(快卸料、快摊铺、快搂平，及时找细、及时碾压)。
- 施工做到定量定时，集中供料，避免接缝过多。

水泥混凝土路面，或以水泥砂浆做结合层的块料路面在冬季施工时应注意提高混凝土(或砂浆)的拌合温度(可用加热水、加热石料的方法)，并注意采取路面保温措施，如选用合适的保温材料覆盖路面。此外应请注意减少单位用水量，控制水灰比在 0.54 以下，混料中加入合适的速凝剂；混凝土搅拌要搭设工棚，最后可延长养护和拆模时间。

7.3.5　园路常见病害及原因

园路的“病害”是指园路破坏的现象。一般常见的病害有裂缝、凹陷、啃边、翻浆等。现就造成各种病因的原因分析如下。

7.3.5.1　裂缝与凹陷

造成这种病害的主要原因是基土过于湿软或基层厚度不够，强度不足，在路面荷载超过土基的承载力时造成的。

7.3.5.2　啃边

路肩和道牙直接支撑路面，使之横向保持稳定。因此，路肩与基土必须紧密结实，并有一定的坡度。否则由于雨水的侵蚀和车辆行驶时对路面的边缘啃蚀，会使之损坏，并从边缘起向中心发展，这种破坏现象称为啃边。

7.3.5.3　翻浆

在季节性冰冻地区，地下水位高，特别是对于粉砂性土基，由于毛细管的作用，水分上升到路面以下，冬季气温下降，水分在路面下形成冰粒，体积增大，路面就会出现隆起现象，到春季上层冻土融化，而下层尚未融化，这样使冰冻线土基变成湿软的橡皮状，路面承受力下降，这时如果车辆通过，路面下陷，邻近部分隆起，并将泥土从裂缝中挤出来，使路面破坏，这种现象称为翻浆。

7.4 园路铺装工程质量检测

7.4.1 路面铺装工程检测规范

7.4.1.1 混凝土路面工程

①混凝土面层不得有裂缝，并不得有石子外露和浮浆、脱皮、印痕、积水等现象。

②伸缩缝必须垂直，缝内不得有杂物，伸缩缝必须完全贯通。

③切缝直线段线直，曲线段应弯顺，不得有夹缝，灌缝不漏缝。

④混凝土路面工程偏差应符合表 7-3 规定。

表 7-3 混凝土路面允许偏差项目

序号	项目	允许偏差(mm)	检验频率		检验方法
			范围	点数	
1	厚度	不得小于设计值	每块	2	用尺量
2	相邻板高差	3	缝	1	用尺量
3	平整度	5	块	1	用 3m 直尺量取最大值
4	横坡	±10 且不大于±0.3%	20m	1	用水准仪具测量
5	纵缝直顺	10	100m 缝长	1	拉 20m 小线量取最大值
6	横缝直顺	10	40m	1	沿路宽拉线量取最大值
7	井框与路面高差	3	每座	1	用尺量取最大值

7.4.1.2 路沿石安装工程

①路沿石应边角齐全、外形完好、表面平整，可视面宜有倒角。除斜面、圆弧面、边削角面构成的角之外，其他所有角宜为直角。路沿石(料)面层厚度，包括全角的表面任何一部位的厚度，应不小于 4mm。

②路沿石铺装必须稳固，并应线直、弯顺、无折角，顶面应平整无错牙，路沿石不得阻水。

③路沿石回填必须密实。

④路沿石安装允许偏差应符合表 7-4 规定。

表 7-4 路沿石允许偏差项目

序号	项目	材质类型	允许偏差(mm)	检验频率		检验方法
				范围(m)	点数	
1	直顺度	水泥混凝土	10	100	1	按 20mm 小线量取最大值
		花岗岩	5			
2	相邻块高差	混凝土	2	20	1	用尺量
		石材	1			
3	缝宽	混凝土	±2	20	1	用尺量

7.4.2 块料路面施工质量检测规范

①各层的坡度、厚度、平整度和密实度等符合设计要求，且上下层结合牢固。变形缝的位置与宽度、填充材料质量及块料间隙大小合乎要求。

②不同类型面层的结合及图案正确。各层表面与水平面或与设计坡度的偏差不得大于30mm。

③水泥混凝土、水泥砂浆、水磨石等整体面层和铺在水泥砂浆上的块状层与基层结合良好，无空鼓。面层不得有裂纹、脱皮、麻面和起砂等现象。

④各层的厚度与设计厚度的偏差，不宜超过该层厚度的10%。

⑤各层的表面平整度应达到检测要求，如水泥混凝土面层允许偏差不宜超过4mm，大理石、花岗岩面层允许偏差不超过1mm，用2m直尺检查。铺装的石材不能有断齿的地方，铺装缝隙一致，石材表面颜色一致，石材之间对缝整齐。

7.4.3 嵌草砖铺地施工质量检测

①所有材料品种、规格、质量必须符合设计要求。

②用于停车场的嵌草砖单块抗压强度不得小于50MPa，厚度不得小于80mm。检验方法：尺量，检查合格证及检测报告。

③铺砌必须平整稳定，灌缝应饱满，不得有翘动现象。

④块料无裂纹、无缺棱、掉角等缺陷，接缝均匀，表面较清洁，块之间均为种植土，嵌草到位平整。

⑤无积水现象。

⑥允许偏差项目应符合表7-5规定。

表7-5 嵌草砖允许偏差项目

序号	项目	允许偏差(mm)	检验方法
1	平整度	5	用2m靠尺和楔形塞尺检查
2	缝格平直	5	拉5m线用钢尺检查
3	相邻块高差	3	用钢尺和楔形塞尺检查
4	缝隙宽度	2	用钢尺检查

注：检查数量为每$20m^2$取2点。

7.4.4 广场铺地施工质量检测规范

①铺砌必须平整稳定，灌缝应饱满，不得有翘动现象，面层与其他构筑物应接顺，不得有积水现象。

②大小方砖表面平整，不得有蜂窝、脱皮、裂缝，色彩均匀、棱角整齐。

③广场砖和大理石板铺装偏差应符合表7-6规定。

④广场砖和大理石板外观规格偏差应符合表7-7规定。

表 7-6　广场砖和大理石板铺装项目

序号	项目	材质类型	允许偏差（mm）	检验频率	检验方法
1	平整度	贝斯特砖	<5	每桩号 1 点	用水平尺量
		大理石板	<3		
2	相邻块高差	贝斯特砖	±2	40m	用尺量
		大理石板	±1		
3	横坡	—	±0. 3%	每桩号 1 点	用坡度尺量
4	纵缝直顺	贝斯特砖	≤10	20m	用尺量
		大理石板	≤5		
5	横缝直顺	贝斯特砖	≤10	20m	
		大理石板	≤2		
6	缝宽	贝斯特砖	≤3	10m	用尺量
		大理石板	≤2		
7	井框与路面高差	≤3		每座	用尺量

表 7-7　广场砖和大理石板外观规格偏差项目

序号	实测项目	材质类型	允许偏差(mm)	检验频率	检验方法
1	混凝土抗压强度	—	不小于设计规定	台班	检查试块试压报告
2	对角线	—	3	每 100 块抽检 10 块	用尺量
3	厚度	—	±3		用尺量
4	外露面缺边掉角	贝斯特	<不得多于一处		观察
		大理石	不得有损坏		
5	边长	—	±3		用尺量
6	外露面平整度	—	1		用水平尺、横塞尺量

7. 4. 5　特殊园路施工质量检测规范

7. 4. 5. 1　踏步的检测

园路设置踏步时不应少于 2 步并符合以下要求：

①踏步宽一般为 30~60cm，高度以 10~15cm 为宜，特殊地段高度不得大于 25cm。

②踏步面应有 1%~2%的向下坡度，以防积水和冬季结冰。

③踏步铺设要求底层塞实、稳固、周边平直，棱角完整，接缝在 5mm 以下，缝隙用石屑扫实。石料的强度、色彩、加工精度，应符合设计要求。

④踏步的邻接部位，其叠压尺寸应不少于 15mm。

7.4.5.2 自然石及汀步石检测

①所用材料品种、规格、质量必须符合设计要求。

②面层与下一层应结合牢固、无空鼓。

③大小搭配均匀，摆放自然，铺同一块地面时，宜选用同一产地或统一质地的石块。

④表面平整，不滑，不易磨损或断裂。排列应整齐，安放牢固，不得晃动。布局美观。相邻步石中心间距应保持55~65cm，宽度应为30~40cm。

⑤步石平面放线位置应符合设计要求，自然顺接。

⑥允许偏差项目：外露高度宜为3~6cm，步石厚度应≥6cm。检验方法：观察，尺量。

7.4.5.3 道牙及收水井工程

①侧石、道牙安装必须稳固，不得阻水。

②侧石背后回填必须密实。

③自然形园林道路的边界线应自然弯顺，侧石、道牙衔接应无折角。

④园路广场的边界线应直。

⑤顶面应平整无错牙，侧石勾缝应严密。

⑥允许偏差项目：侧石、道牙允许偏差项目应符合表7-8规定。

表7-8 侧石、道牙允许偏差项目

序号	项目	允许偏差(mm)	检验方法
1	直顺度	10	拉10m小线量取最大值
2	相邻块高差	3	用尺量
3	缝隙宽度	±3	
4	侧石顶面高程	±10	用水准仪具测量

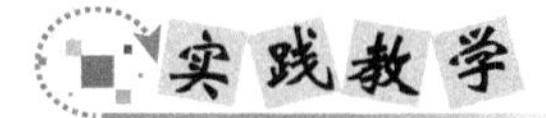

实训7-1 园路施工图绘制

一、实训目的

1. 掌握园路线形设计；
2. 掌握园路结构设计与铺装装饰设计；
3. 具备绘制园路施工图能力。

二、材料及用具

手工绘图：画板、A3绘图纸、绘图铅笔、墨线笔、直尺、比例尺、三角板、弧线板等。

计算机绘图：计算机、CAD软件。

三、方法及步骤

1. 在给定的绿地平面图上绘制园路平面图；

2. 绘制园路面层施工大样图；
3. 绘制园路结构施工大样图；
4. 添加注释、说明，完成整套施工图。

四、考核评估

序号	考核项目	评价标准				等级分值			
		A	B	C	D	A	B	C	D
1	园路设计合理	优秀	良好	一般	较差	20	16	12	8
2	铺装面层美观	优秀	良好	一般	较差	20	16	12	8
3	园路结构合理	优秀	良好	一般	较差	20	16	12	8
4	绘图符合规范、图面美观	优秀	良好	一般	较差	20	16	12	8
5	图纸内容完整、详细，能指导施工	优秀	良好	一般	较差	20	16	12	8
考核成绩(总分)									

五、作业

根据要求完成某绿地的园路设计，包括平面图、施工断面图、施工放样图及施工说明。

实训 7-2　园路施工

一、实训目的

1. 掌握园路结构；
2. 掌握园路施工流程及工艺；
3. 掌握园路施工及质量检测方法。

二、材料及用具

1. 材料：园路施工图、面包砖、粒径 20~30mm 碎石、砂、水、水泥等。
2. 用具：切割机、投线仪、水平尺、水桶、笤帚、平锹、筛子、手推车、橡皮锤等。

三、方法及步骤

1. 按照施工图要求进行定点放线；
2. 完成路槽开挖、路基夯实、修整；
3. 铺筑基层；
4. 铺筑面层；
5. 检验面层施工质量。

四、考核评估

序号	考核项目	评价标准				等级分值			
		A	B	C	D	A	B	C	D
1	施工准备工作有序	优秀	良好	一般	较差	10	8	6	4
2	施工流程正确	优秀	良好	一般	较差	20	16	12	8
3	施工方法合理	优秀	良好	一般	较差	20	16	12	8

（续）

序号	考核项目	评价标准				等级分值			
		A	B	C	D	A	B	C	D
4	施工分工明确，组织合理，按时完成	优秀	良好	一般	较差	30	18	14	4
5	施工质量	优秀	良好	一般	较差	20	16	12	8
考核成绩（总分）									

五、作业

根据施工图完成园路施工并进行施工质量检测。

单元小结

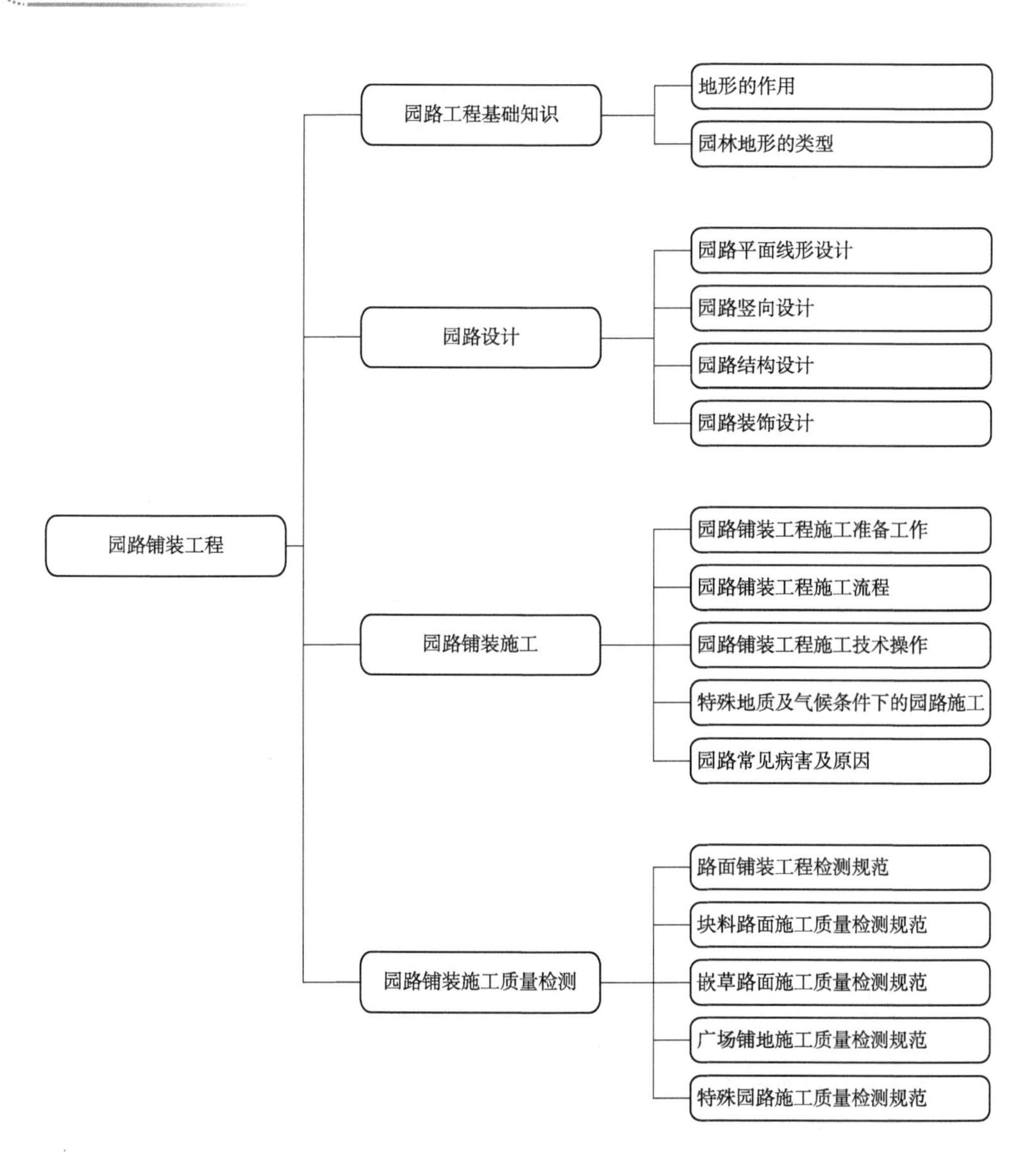

知识拓展

计成《园冶》卷三，铺地篇

大凡砌地铺街，小异花园住宅。惟厅堂广厦中铺，一概磨砖，如路径盘蹊，长砌多般乱石，中庭或宜叠胜，近砌亦可回文。八角嵌方，选鹅子铺成蜀锦；层楼出步，就花梢琢拟秦台。锦线瓦条，台全石版，吟花席地，醉月铺毡。废瓦片也有行时，当湖石削铺，波纹汹涌；破方砖可留大用，绕梅花磨斗，冰裂纷纭。路径寻常，阶除脱俗。莲生袜底，步出个中来；翠拾林深，春从何处是。花环窄路偏宜石，堂迥空庭须用砖。各式方圆，随宜铺砌，磨归瓦作，杂用钩儿。

(1)乱石路

园林砌路，做小乱石砌如榴子者，坚固而雅致，曲折高卑，从山摄壑，惟斯如一。有用鹅子石间花纹砌路，尚且不坚易俗。

(2)鹅子地

鹅子石，宜铺于不常走处，大小间砌者佳；恐匠之不能也。或砖或瓦，嵌成诸锦犹可。如嵌鹤、鹿、狮球，犹类狗者可笑。

(3)冰裂地

乱青版石，斗冰裂纹，宜于山堂、水坡、台端、亭际，见前风窗式，意随人活，砌法似无拘格，破方砖磨铺犹佳。

(4)诸砖地

诸砖砌地，屋内、或磨、扁铺；庭下，宜仄砌。方胜、叠胜、步步胜者，古之常套也。今之人字、席纹、斗纹，量砖长短合宜可也。有式。

自主学习资源库

1. 园路与广场工程图解与施工．赵建民，陈祺，张淑英．化学工业出版社，2012.
2. 园林工程图析．克里斯托夫・布里克尔．江苏凤凰美术出版社，2019.
3. 园林工程从新手到高手系列：园路、园桥、广场工程．孙超．机械工业出版社，2015.
4. 庭院小品与园路．李保华．中国电力出版社，2015.
5. 水景 园路铺装 景墙．言华．中国电力出版社，2014.
6. 园林园路铺装专辑．骁毅文化．化学工业出版社，2010.
7. 园路铺装与屋顶花园．刘爱华．机械工业出版社，2012.
8. 雄安新区园路铺装施工工艺工法．王沛永．中国建筑工业出版社，2021.

自测题

1. 园路在园林中的功能作用有哪些？
2. 园路的线形设计应注意哪些方面？

3. 绘制园路的基本结构图。
4. 按照面层材料园路分为哪些类型?
5. 园路结构设计中应注意哪些问题?
6. 简述园路的施工准备与施工流程。
7. 块料路面铺装的施工工艺流程、施工要求及相应的注意事项有哪些?
8. 绘制面包砖施工图并标明各材料。
9. 不良地质情况下园路施工应当如何处理?
10. 雨季施工时应当注意哪些问题?
11. 如何进行园路工程施工的质量检测?

单元 8 山石景观工程

知识目标

(1)了解园林中假山、景石的功能作用与材料;
(2)掌握假山、景石所用的材料和特点;
(3)掌握掇山原则与施工工艺;
(4)掌握塑山、塑石的材料及施工工艺。

技能目标

(1)能识别及理解园林假山施工图纸;
(2)能够根据假山设计要求合理组织施工;
(3)能进行假山工程施工质量检测。

素质目标

(1)通过山石景观工程学习,提高学生对山石"美"的正确认识;
(2)培养学生实事求是的学风和创新意识;
(3)培养学生精益求精的工匠精神。

8.1 山石景观工程基础知识

叠石造园在我国园林中具有悠久的历史,叠石、理水、建筑、植物,称为中国古典园林造园四大要素。假山是具有中国园林特色的人造景观,作为中国自然山水园的基本骨架,对园林景观的组成、园林空间的划分具有十分重要的作用。假山工程是园林建设中的专业工程,研究假山的功能作用、规划布局设计、造型与结构,掌握假山工程的施工工艺及技法是园林工程的一项重要任务(图 8-1)。

图8-1 环秀山庄假山

8.1.1 山石景观的类型

(1)假山

假山是以造景游览为主要目的，充分地结合其他多方面的功能作用，以土、石等为材料，以自然山水为蓝本并加以艺术的提炼和夸张，用人工再造的山水景物的通称。假山的体量大而集中，可观可游，使人有置身于自然山林之感。

(2)置石

置石是以山石为材料做独立性或附属性的造景布置，主要表现山石的个体美或局部组合而具备完整的山形。置石主要以观赏为主，结合一些功能方面的作用，体量较小而分散。

(3)塑山

塑山是用现代材料及工艺仿自然山石塑造出来的假山或置石。

8.1.2 山石景观的功能作用

(1)作为自然山水园的主景和地形骨架

以山为主景或为山石为驳岸的水池做主景，整个园子的地形骨架、起伏、曲折皆以此为基础进行变化。我国的大部分山水园在不同程度上采取了这种形式，如江南私家园林中的各名园，突出的代表为扬州个园(图8-2)、苏州狮子林、环秀山庄等。

(2)作为园林划分空间和组织空间的手段

园林空间划分与组织有多种手法，利用假山分隔、组织空间则更具有自然、灵动的特点。特别是用山水结合的方式组织空间，其变化形式更为丰富，能够创造出更为理想的园林景观变化。在组织空间时可以结合障景、对景、背景、框景、夹景等手法灵活运用，通过山石景观来转换建筑空间轴线，也可在两个不同类型的空间之间运用假山实现自然过渡(图8-3)。

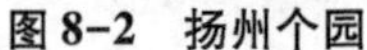

图 8-2 扬州个园

图 8-3 留园假山

(3)运用山石小品作为点缀园林空间和陪衬建筑、植物的手段

园林空间变化多样，对于一些平淡的空间，用山石加以点缀，可以起到画龙点睛的作用，如苏州留园东部庭院的空间利用山石和植物进行装点，有的以山石作花台，或以石峰凌空，或置于粉墙前，或与植物结合成为廊间转折的小空间和窗外的对景。运用山石陪衬植物在园林中得到广泛运用，如扬州个园内山石与植物互为陪衬，形成了春、夏、秋、冬四景。

(4)用山石做驳岸、挡土墙、护坡和花台等

规整的驳岸、挡土墙、护坡和花台，其人工制作痕迹过于明显，不易与自然山水环境相协调。可利用自然山石作挡土墙，其功能与整形挡土墙相同，而在外观则表现出山石的纹理、自然的起伏、曲折、凹凸，与自然环境更为协调(图 8-4)。在人工挖湖堆山时，在坡度较陡的土山坡散置山石作为护坡，可分散、阻挡地表径流，减少水土流失。在坡度陡峭的山上开辟自然式的台地，在山体内侧形成垂直土面，多采用山石做挡土墙。如颐和园圆朗斋、写秋轩，北海公园的酣古堂、亩鉴室，周围都是自然山石挡土墙的佳品。在用地面积的情况下堆起较高的土山，常利用山石作山脚的藩篱，通过这种方法既可以缩小土山所占面积，又具有相当的高度与体量。如颐和园仁寿殿西面的土山、无锡寄畅园西岸的土山都

图 8-4 山石花台

是采用此种做法。

江南私家园林中还广泛地利用山石作花台种植牡丹、芍药及其他观赏植物，并利用其组织庭院中游览线路，或与墙壁、驳岸结合，在规整的建筑范围中创造出自然、曲折的变化。

假山与景石的功能与作用都和造景密切相关，并与园林其他造园要素组成各式各样的园景，使人工建筑和构筑物与自然环境相融合，减少人工痕迹，创建自然、和谐的园景。

8.1.3 山石材料

8.1.3.1 山石材料分类

我国幅员辽阔、地质变化复杂、石质种类繁多，丰富的石材为园林假山的制作提供了优良的物质条件保证。按照掇山功能和用途将假山石料分为以下几类：

(1)*峰石*

一般选用形状奇峻、特点明显的石料，用于建筑物前景石或假山收顶。

(2)*叠石(腰石)*

要求质量好，形态特征适宜，主要用于山体外层堆叠，常用湖石、黄石、青石等。

(3)*腹石*

主要用于填充山体内部，石质要硬，在形态上没有特别要求，一般可就地取材。

(4)*基石*

假山底部的山石，多选用巨型块石，对形态要求不高，但需石质坚硬、耐压、较平坦。

8.1.3.2 常用假山石料

园林中用于堆山、置石的山石品类极其繁多，而且产石之所也分布极广。古代有关文献及许多“石谱”著作对山石的产地、形态、色泽、质地做了比较详尽的记载。如宋代的《云林石谱》《宣和石谱》《太湖石志》，明代的《素园石谱》以及《园冶》《长物志》等，还有一些文学作品如白居易的《太湖石记》等。在这些文献中对山石多以产地(如太湖石)、色彩(如青石、黄石)或形象(如象皮石)等来命名，并以文学语言来描述其特点。现将堆山、置石的常用山石品类介绍如下：

(1)*湖石类*

①太湖石(又称南太湖石)　太湖石是一种石灰岩的石块，古代因主产于太湖而得名(图8-5)。好的湖石有大小不同、变化丰富的窝或洞，有时窝洞相套，疏密相通，石面上还形成沟缝坳坎，纹理纵横。湖石在水中和土中皆有所产，尤其是水中所产者，经浪雕水刻，形成玲珑剔透、瘦骨突兀、纤巧秀润的风姿，常被用作特置石峰以体现秀奇险怪之势。“太湖石”一词最早见于唐代。唐代吴融在《太湖石歌》中记载了它的生成和采集：“洞庭山下湖波碧，波中万古生幽石。铁索千寻取得来，奇形怪状谁得识。”白居易在《太湖石记》中有“石有聚族，太湖为甲”。可见唐代对湖石之美，已有相当的领悟。至宋徽宗时，玩石丧国、把一块高4m的“艮岳”太湖石封为盘固侯。赵佶搜集名花异石，“花石纲运动”的兴起使太湖石身价更高。世人对湖石的赏识与日俱增。玩赏太湖石已成为一种爱好。

图 8-5　太湖石(留园冠云峰)

②房山石(北太湖石)　房山石属砾岩，因产于北京房山县而得名(图 8-6)。又因其某些方面像太湖石，因此也称北太湖石。这种石块的表面多有蜂窝状的大小不等的环洞，质地坚硬、有韧性，多产于土中，色为淡黄或略带粉红色，它虽不像南太湖石那样玲珑剔透，但端庄深厚典雅，别有一番风采。年久的石块，在空气中经风吹日晒，变为深灰色后更有俊逸、清幽之感。

(2) 英德石

英德石属石灰岩，产于广东英德县含光、真阳两地，因此得名。粤北、桂西南也有。英德石一般为青灰色，称灰英。也有白英、黑英、浅绿英等数种，但均罕见。英德石形状瘦骨铮铮，嶙峋剔透，多皱折的棱角，清奇俏丽。石体多皴皱，少窝洞，质稍润，坚而脆，叩之有声，也称音石。在园林中多用作山石小景(图 8-7)。

图 8-6　房山石

图 8-7　英德石

(3) 灵璧石

石灰岩，产于安徽灵璧县磬山，石产于土中，被赤泥渍满。用铁刀刮洗方显本色。石中灰色，清润，叩之铿锵有声。石面有坳坎变化。灵璧石质地细腻温润，滑如凝脂，石纹褶皱缠结、肌理缜密，石表起伏跌宕、沟壑交错，造型粗犷峥嵘、气韵苍古。可顿置几案，也可掇成小景。灵璧石掇成的山石小品，峙岩透空，多有婉转之势(图8-8)。

(4)宣石

因产于安徽省宣城市辖区的宁国市而得名“宣石”，又称“宁国宣石”(图8-9)。宣石质地细致坚硬、性脆，摩氏硬度6~7度；颜色有白、黄、灰黑等，以色白如玉为主。稍带锈黄色；多呈结晶状，稍有光泽，石表面棱角非常明显，有沟纹，皱纹细致多变；体态古朴，以山形见长，又间以杂色，貌如积雪覆于石上；最适宜作表现雪景的假山，也可做盆景的配石。古时宣石多用于制作园林山景或于山水盆景，少量作为清供观赏。

图8-8 灵璧石

图8-9 宣石(扬州个园冬山)

(5)黄石与青石

黄石与青石皆墩状，形体顽夯，见棱见角，节理面近乎垂直。色橙黄者称黄石，色青灰者称青石，系砂岩或变质岩等。与湖石相比、黄石堆成的假山浑厚挺括、雄奇壮观，棱角分明，粗旷而富有力感。所叠之山有如黄子久的画，有所谓鬼斧神工之势(图8-10)。

(6)青云片

青云片是一种灰色的变质岩，具有片状或极薄的层状构造。在园林假山工程中，横纹使用时称青云片，多用于表现流云式叠山。变质岩还可以竖纹使用如作剑石，假山工程中有青剑、慧剑等。

(7)象皮石

属石灰岩，在我国南北广为分布。石块青灰色，常夹杂着白色细纹，表面有细细的粗糙皱纹，很像大象的皮肤，因之得名。一般没有什么透、漏、环窝，但整体有变化。

(8)石笋和剑石

这类山石产地颇广。主要以沉积岩为主，采出后宜于直立使用形成山石小景(图8-11)。园林中常见的有：

①子母剑或白果笋　这是一种角砾岩。在青色的细砂岩中，沉积了一些白色的角砾石，因此称子母石。在园林中作剑石又称“子母剑”。又因此石沉积的白色角砾岩很像白果(银杏的果)，因此也称白果笋。

②慧剑　色黑如炭或青灰色、片状形似宝剑，称“慧剑”。

③钟乳石笋　将石灰岩经溶融形成的钟乳石用作石笋以点缀园景。北京故宫御花园中有用这种石笋作特置小品的。

图 8-10　黄石假山(扬州个园)

图 8-11　石笋(扬州个园)

(9)木化石

地质学上称硅化木。木化石是古代树木的化石。亿万年前，被火山灰包埋，因隔绝空气，未及燃烧而整株、整段地保留下来。再由含有硅质、钙质的地下水淋滤、渗透，矿物取代了植物体内的有机物，木头变成了石头。

8.1.4　山石选择要点

(1)熟知石性

岩石由于地理环境、地质、气候等条件的不同，其化学成分及结构类型大为不同，岩石肌理、色彩、形态上有很大差异。不同的假山造型，须选择适合于自然环境的山石材料。选石内容包括岩石的强度、吸水性、色泽、纹理等。李渔在选石方面有论述："石纹石色，取其相同者，如粗纹与粗纹，当并一处；细纹与细纹，宜在一方，紫碧青红，各以类聚是也。然分别太甚，至其相悬，接壤处反觉异同，不若随取随得，变化从心之为便。至于石性，则不可不依，拂其性而用之，非止不耐观，且难持久。石性为何？斜正纵横之理是也。"

(2)根据石形与纹理走向与造型的关系选择

如果要表现山峰的挺拔、险峻，应择竖向石型。斜向石型有动势和倾斜平衡感觉，较适于表现危岩与山体的高远效果。不规则曲线纹理石型最适于表现水景、叠瀑等具有动态美的效果。横向石型具有稳定的静态美，适于围挡、庭院造型。叠山造型表现技法多样，各有所长，须综合运用。

(3)根据石的色泽与叠山环境的关系选择

山石的色彩、质地变化多样，其色、质对人的心理和生理的感觉有重要的影响。自然环境的大色调与叠山造型的小色调之间，其色彩、光影的变化需要进行和谐的处理。如竹林、花圃间的叠山造型常为偏白色调，体现色彩对比又整体协调。传统园林中的粉壁置石则是类似于水墨画的色彩处理手法。

(4)特殊环境下石料的选择

在重要场所、豪华宾馆等环境中，山石应选择观赏价值高、质地优良的名贵赏石作点缀，以符合其环境氛围。如汉白玉、玉石、木化石等。

(5)依据山体部位合理选择假山石料

假山造型依据部分分为峰石、叠石、腹石、基石，在选石时应加以区分，区别对待。

选择形态自然、脉络、纹理清晰、符合表现主题的石料作为主体材料，并选择最精华的石料作为主峰、结顶之用；难以修整的石料可选择角度，将其较好的观赏面朝外作围基用；最后将形态不佳的石料作山体填充。

8.2 山石造景设计

8.2.1 景石布局设计与造景

景石是以山石为材料作独立性造景或作附属性的配置造景布置，表现山石的个体美或组合美，不具备完整的山形。园林中的景石主要以观赏为主，结合一些功能方面的作用，体量较小而分散。根据造景作用和观赏效果方面的差异，有特置、对置、散置、群置和作为器设小品等。

8.2.1.1 特置

特置指将体量较大、形态奇特，具有较高观赏价值的峰石单独布置成景的一种置石方式，也称单点、孤置山石。如杭州的绉云峰、苏州留园的三峰(冠云峰、瑞云峰、岫云峰)、上海豫园的玉玲珑(图 8-12)、北京颐和园的青芝岫、广州海幢公园的猛虎回头、广州海珠花园的飞鹏展翅、苏州狮子林的嬉狮石等都是特置山石名品。

图 8-12 上海豫园玉玲珑

(1)选石

特置石品应选体量巨大、轮廓线突出、姿态多变、色彩突出，具备独特的观赏价值，并不是任何山石都适于特置。

特置石尽可能做到多方位皆可景观，但一块山石很难面面俱到。选择特置石时要相石择面，保证主要观赏面。如冠云峰正对入口的南侧观赏价值最高，东西两侧皆可，背面平淡则朝向北方。

特置石不一定都是整块的立峰，也可以小拼大。在其体量或形体不佳时，可拼零为

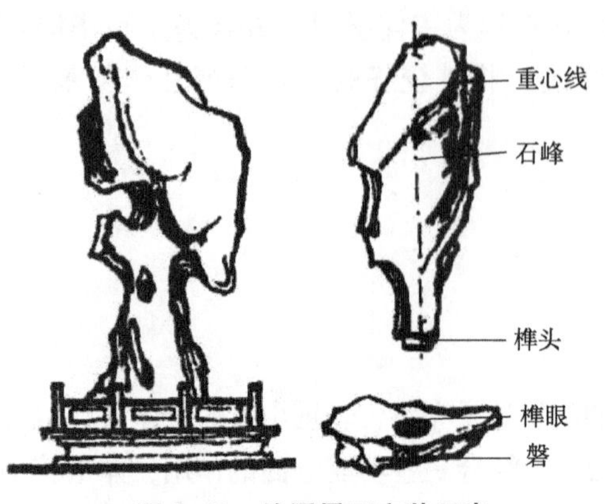

图 8-13 特置景石安装示意

整。拼石要因形而先，大小恰到好处，结合显得天衣无缝、浑然一体。如颐和园东宫门内的太湖石，高 4m 左右，是有数块拼合而成的。

(2)基座设置

单峰石必须固定在基座上，由基座进行支承，对其进行突出表现。

基座可由砖石砌筑成规则形状，常采取须弥座的形式。基座也可以采用稳重的墩状自然座石做成，称为“磐”(图 8-13)。峰石要稳定、耐久，关键在于结构合理。传统立峰一般用石榫头固定，《园冶》有“峰石一块者，相形何状，选合峰纹石，令匠凿眼为座……”就是指这种做法。石榫头必须正好在峰石的重心线上，并且榫头周边与基磐接触以受力，榫头只定位，并不受力。安装峰石时，在榫眼中浇灌少量黏合材料即可。

(3)形象处理

峰石的布置状态一般应处理为上大下小，置石显得生动。有的峰石适宜斜立，就要在保证稳定安全的前提下布置成斜立状态。对有些单峰石精品，将石面涂成灰黑色或古铜色，并且在外表涂上透明的聚氨酯作保护层。对峰石上美中不足的平淡部分，可以镌刻著名的书法作品或名言警句。

8.2.1.2 对置

两个置石布置在相对的位置上，呈对称或者对立、对应状态，这种置石方式即是对置(图 8-14)。对置强调山石间的对称、呼应、协调，有交流、对话之趣。形体只是形象的一个方面，还要从石质、姿态、颜色、纹理等多方面寻求关系。

图 8-14 对置

8.2.1.3 散置

图8-15 散置

散置是模拟自然山石分布之状，施行点置的一种手法(图8-15)。散置的主要目的是固定土壤，防止径流对土壤的冲刷，使山体与水体、建筑与自然间协调地过渡，有宛若自然之相貌，为游人提供临时休息场所，常用于布置内庭山坡上，采取“攒三聚五”“散漫理之”的布局形式。常用于园门两侧、廊间、粉墙前、山坡上、小岛上、水池中或与其他景物结合造景。它的布置要点在于有聚有散、有断有续、主次分明、高低曲折、顾盼呼应、疏密有致、层次丰富。明代画家龚贤所著《画诀》说：“石必一丛数块，大石间小石，然后联络。面宜一向，即不一向亦宜大小顾盼。石小宜平，或在水中，或从土面，要有着落。”

散置石景有生长之势，犹如滚落之石，风吹日晒，覆土冲蚀而又长出地面的形状，固定埋石时，土不掩脖，石不露脚。施工要防止滚滑，翻倒，埋入地下5cm以上，上面比较平，不可有利刃，便于坐歇。

(1)子母石的布置

应使主石绝对突出，母石在中间，子石围绕在周围。石块的平面应按不等边三角形法则处理，有聚有散，疏密结合。立面上，高低错落，以母石最高。母石应有一定的姿态造型，要在单个石块的静势中体现全体石块共同的生动性。子石要以其方向性、倾向性和母石紧密联系，互相呼应。

图8-16 群置

(2)散兵石布置

布置成分散状态，石块的密度不能大，各个山石相互独立最好。石块与石块之间的关系仍然应按不等边三角形处理。

8.2.1.4 群置

山石成群布置，作为一个整体来体现，称为群置，即用数块山石相互搭配点置。群置用石与散置基本相同，不同在于群置所处空间较大，堆数多、石块多(图8-16)。

8.2.1.5 山石器设

用山石作室内外的家具或器设也是我国园林中的传统做法。李渔在《一家言》中讲：“若谓如拳之石，亦需钱买，则此物亦能效用于人。使其斜而可依，则与栏杆并力。使其肩背稍平，可置香炉茗具，则又可代几案。花前月下有此待人，又不妨于露处，则省他物运动之劳，使得久而不坏。名虽石也，而实则器也。”山石器设一般有以下几种：仙人床、石桌、石凳、石室、石门、石屏、名牌、花台、踏跺(台阶)。以自然山石代替建筑的台阶，随形而做，自然活泼(图8-17)。

图 8-17　山石器设

8.2.1.6　山石花台

山石花台即用自然山石叠砌的挡土墙，其内种花植树。山石花台的作用有 3 个方面：一是降低底下水位，为植物的生长创造适宜的生态条件，如牡丹、芍药要求排水良好的条件；二是取得合适的观赏高度，免去躬身弯腰之苦，便于观赏；三是通过山石花台的布置组织游览路线，增加层次，丰富园景。

花台的布置讲究平面上的曲折有致和立面上的起伏变化，就花台的个体轮廓而言，应有曲折、进出的变化。要有大弯兼小弯的凹凸面，弯的深浅和间距都要自然多变。在庭院中布置山石花台时，应占边、把角、让心，即采用周边式布置，让出中心，留有余地。山石花台在竖向上应有高低的变化，对比要强烈，效果要显著，切忌把花台做成“一码平”。一般是结合立峰来处理，但要避免体量过大。花台中可少量点缀一些山石，花台外也可埋置一些山石，似余脉延伸，变化自然。

8.2.1.7　园林建筑与置石

(1) 山石踏跺与蹲配

《长物志》中“映阶旁砌以太湖石垒成者曰涩浪”所指的山石布置即为此种。山石踏跺和蹲配常用于丰富建筑立面、强调建筑入口。中国建筑多建于台基之上，这样出入口的部位就需要有台阶作为室内上下的衔接。若采用自然山石做成踏跺，不仅具有台阶的功能，而且有助于处理从人工建筑到自然建筑之间的过渡，北京的假山师傅也将其称为“如意踏跺”。踏跺的石材宜选用扁平状的。踏跺每级的高度和宽度不一，随形就势、灵活多变。台阶上面一级可与台基地面同高，体量稍大些，使人在下台阶前有个准备。石级每一级都向下坡方向有 2%的坡度以利排水。石级断面不能有“兜脚”现象，即要上挑下收，以免人们上台阶时脚尖碰到石级上沿。用小块山石拼合的石级，拼缝要上下交错，上石压下缝。山石踏跺有石级平列的，也有互相错列的；有径直而入的，也有偏径斜上的。

蹲配是常和如意踏跺配合使用的一种置石方式。从实用功能上来分析，它可兼备垂带和门口对置的石狮、石鼓之类装饰品的作用，但又不像垂带和石鼓那样呆板。它一方面作为石级两端支撑的梯形基座，也可以由踏跺本身层层叠上而用蹲配遮挡两端不易处理的侧面。在保证这些实用功能的前提下，蹲配在空间造型上则可利用山石的形态极尽自然变化。所谓“蹲配”，以体量大而高者为“蹲”，体量小而低者为配。实际上除了“蹲”以外，也可“立”“卧”，以求组合上的变化。但务必使蹲配在建筑轴线两旁有均衡的构图关系(图8-18)。

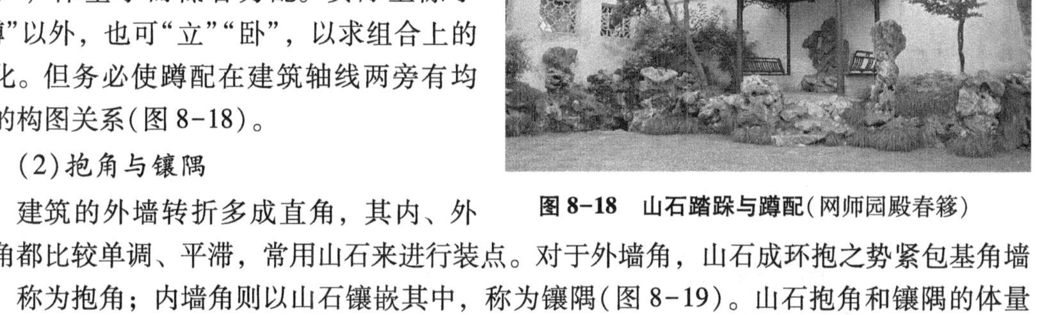

图8-18　山石踏跺与蹲配(网师园殿春簃)

(2)抱角与镶隅

建筑的外墙转折多成直角，其内、外墙角都比较单调、平滞，常用山石来进行装点。对于外墙角，山石成环抱之势紧包基角墙面，称为抱角；内墙角则以山石镶嵌其中，称为镶隅(图8-19)。山石抱角和镶隅的体量均须与墙体所在的空间取得协调。一般园林建筑体量不大时，无须做过于臃肿的抱角。当然，也可以采用以小衬大的手法，即用小巧的山石衬托宏伟、精致的园林建筑，如颐和园万寿山上的园院廊斋等建筑均采用此法且效果甚佳。山石抱角的选材应考虑如何使山石与墙接触的部位，特别是可见的部位融合起来。

图8-19　抱角与镶隅

(3)粉壁置石

粉壁置石即以墙作为背景，在面对建筑的墙面、建筑山墙或相当于建筑墙面前基础种植的部位做石景或山景布置，因此也有称“壁山”的(图8-20)。粉壁置石也是传统的园林手法。在江南园林的庭院中，这种布置随处可见。有的结合花台、特置和各种植物布置，式样多变。苏州网师园南端琴室所在的院落中。于粉壁前置石，石的姿态有立、蹲、卧的变化。加以植物和院中台景的层次变化，使整个墙面变成一个丰富多彩的风景画面。苏州留园“鹤所”墙前以山石作基础布置，高低错落，疏密相间，并用小石峰点缀建筑立面，白粉墙和暗色的漏窗、门洞的空处都形成衬托山石的背景，竹、石的轮廓非常清晰。粉壁置石在工程上需注意两点：一是石头本身必须直立，不可倚墙；二是注意排水。

图 8-20　粉壁置石

图 8-21　廊间山石小品

图 8-22　尺幅窗

(4)廊间山石小品

园林中的廊子为了争取空间的变化或使游人从不同的角度去观赏景物，在平面上往往做成曲折回环的半壁廊。这样便会在廊与墙之间形成一些大小不一、形体各异的小天井空隙地。这是可以用山石小品“补白”的地方，使之在很小的空间里也有层次和深度的变化。同时可以诱导游人按设计的游览序列出游，丰富沿途的景色，使建筑空间小中见大，活泼无拘(图 8-21)。

(5)“尺幅窗”和“无心画”

为了使室内外景色互相渗透，常用漏窗透石景，这种手法是清代李渔首创的。他把内墙上原来挂山水画的位置开成漏窗，然后在窗外布置竹石小品之类，使景入画，这样便以真景入画，较之画幅生动百倍，称为“无心画”。以“尺幅窗”透取“无心画”是从暗处看明处，窗花有剪影的效果，加以石景以粉墙为背景，从早到晚，窗景依时而变(图 8-22)。

(6)云梯

云梯即以山石掇成的室外楼梯。既可节约使用室内建筑面积，又可以成为自然石景。如果只能在功能上作为楼梯而不能成景则不是上品。最容易出现的问题是山石楼梯暴露无遗，和周围的景物缺乏联系和呼应，而做得好的云梯往往组合丰富，变化自如(图 8-23)。

8.2.2　假山造景设计

8.2.2.1　假山类型

假山是以土、石等为材料，以自然山水为蓝本并加以艺术的提炼和夸张，用人工再造的山水景物的通称。不论是土山还是石山，只要是人工堆成的，均可称为假山。作为我国自然山水园林组成部分，假山是一种具有高度艺术性的建设项目之一，对于我国园林民族特色的形成有重要的作用。

假山根据使用材料、环境、规模大小可以分为以下类别：

图 8-23 云梯

(1)按掇山材料的不同分类

①土山 堆假山的材料全部或绝对大的量为土。此类假山造型比较平缓，可形成土丘与丘陵，占地面积较大。土山利于植物生长，能形成自然山林的景象，极富野趣，所以在现代城市园林中应用较多，并在地形设计中加以专门研究，这种类型的假山占地面积往往比较大，是构成园林基本地形和基本景观背景的重要内容。

②石山 掇山的材料全部或几乎全部为石。此类假山一般体型比较小，李渔所说的“小山用石，大山用土”就是个道理。石山堆山材料主要是自然山石，多在间隙处设置种植坑或种植带以配种植物。这种假山一般造价高，花费的人工多，但占地面积可较少，故规模也比较小，常用于庭园、水池等空间比较闭合的环境中，或作为瀑布、跌水的山体。

③石土混合山 由土石共同组成，有石多土少和石少土多之分。

带石土山又称“土包土”，是指土多石少的山。其主要堆砌材料为泥土，或者在山的内部使用建筑垃圾等物而表面覆土，仅在土山的山坡、山脚点缀山石，在陡坎或山顶部分用自然石堆砌成悬崖绝壁之类的石景，或用山石构成云梯磴道等。带石土山可以做得山体比较高，但其占用的地面面积可以较少。所以此种假山一般用于较大的庭园中。

带土石山又称“石包土”，是表面石多土少的山。山体内部由泥土或建筑垃圾等物堆成，山的表面都用山石置景处理，所以从外观看山体主要由山石组成。这种土石结合而露石不露土的假山，占地面积较小，但山的特征容易形成，方便于构筑奇峰悬崖、深峡峻岭等多种山地景观，是一种简单经济、适宜多样构景的假山。

④塑山 水泥等塑的景观石和假山，成为假山工程一种新的专门工艺，能减轻山石景物重量，且能随意造型。

(2)按山体数量多少分类

①群山 在较大的园林中，山体数量较多，以近及远，有近山、次山、远山，岗阜相连，重叠翻覆，即为群山。

②独山 即一个假山单独成景。多出现在较小的园林空间或庭院中，占地面积小。

(3)按假山规模大小分类

①大假山　占地范围较广，形体高大而陡峭崎岖，是园林中的主景或园林的骨架，并常有溪流、瀑布、洞窟等景观。

②小假山　低而范围小的山，山体虽小，也具有自然山体峭壁悬崖、洞穴涧壑之趣。

③小品山　用较少的山石勾勒出山景的轮廓，不具备山体的完整结构，常作为一些建筑空间或平缓草坪地的点缀品。

(4)按假山在园林的位置不同分类

分园山、庭山、池山、楼山、壁山、厅山等。

(5)按施工方式不同分类

分堆山、掇山、凿山和塑山。

堆山也称筑山，指篑土筑山；掇山指用山石掇叠成山；凿山指开凿自然岩石，所余之物成山；塑山指用石灰浆、水泥、砖、钢丝网、玻璃钢等材料塑成假山。

8.2.2.2　假山平面设计

(1)假山平面布局

假山布置应遵循因地制宜的设计原则，处理好假山与环境的关系、假山的观赏关系、假山与游人活动的关系和假山造型形象方面的关系等。

①山景布局与环境处理　假山的风景效果应当具有多样性，不但有峰、谷、山脚景观，还要有悬崖、峭壁、幽洞、怪石、瀑布等多种景观形式，通过配置一定园林植物进一步烘托假山气氛。利用对比手法、按比例缩小景物、增加山景层次、逼真的造型、小型植物衬托等方法，在有限的空间中创造无限的山岳意境，形成小中见大的景观效果。在山路安排时增加路线的曲折、起伏变化和路旁景物的布置，形成“步移景异”的空间景观变化。在布局中调整好假山的方向，将假山的最好一面朝向视线最集中的方向。如在湖边的假山，其正面应朝向湖对岸；在风景林边缘的假山其正面应朝向林外，背面朝向林内。确定假山朝向时，还应考虑山形轮廓，要以轮廓最好的一面向视线最集中的方向。假山的观赏视距要根据设计的效果考虑。需要突出假山的高耸和雄伟，视距应在山高的1~2倍距离，使山顶成为仰视的风景；需要突出假山优美的立面形象时应采取假山高度的3倍以上距离，使人能够看到假山全貌。

②造景并兼顾其他功能　假山一方面为园林增添重要的山地景观，另一方面在假山上合理布置台、亭、廊、轩等设施，能够为观赏提供良好条件，使假山造景与观景两者兼顾。此外在布局上还要充分利用假山的组织空间作用，创造良好的生态环境和实用小品，满足多方面造景的需求。

(2)假山平面形状设计

假山的平面形状设计就是对由山脚线所围合成的平面轮廓线的设计，是对山脚线的线形、位置、方向的设计。山脚轮廓线形设计，在造山实践中叫作“布脚”。在布脚时，应当按照下述的方法和要点进行。

①山脚线应当设计为回转自如的曲线形状，要尽量避免成为直线。曲线向外凸，假山的山脚也随之向外凸出；向外凸出达到比较远的时候就可形成山的一条余脉。曲线若是向

里凹进，就可能形成一个回弯或山坳；如果凹进很深则会形成一条山谷。

②山脚曲线凸出或凹进的程度，根据山脚的材料而定。土山山脚曲线的凹凸程度应小一些，石山山脚曲线的凹凸程度则可加大。从曲线的弯曲程度来考虑，土山山脚曲线的半径一般不要小于2m，石山山脚曲线的半径则不受限制，可以小到几十厘米。在确定山脚曲线半径时，还要考虑山脚坡度的大小。在陡坡处山脚曲线半径可适当缩小，在坡度平缓处曲线半径应大一些。

③要注意由山脚线所围合成的假山基底平面形状及地面面积大小的变化情况。其形状要随弯就势，宽窄变化仿若自然。充分考虑假山基底面积大小的变化；基底面积越大，则假山工程量越大，假山的造价也相应会增大。所以必须要控制好山脚线的位置和走向，使假山只占用有限的地面面积，就能造出具有分量感的山体。

④设计石山的平面形状要注意为山体结构的稳定提供条件，石山平面形状成直线式条状，山体的稳定性最差，并导致石山成为一道平整的石墙，整体显得单薄，整体景观特征被削弱。当石山平面形状是转折的条状或是向前向后伸出山体余脉的形状时，山体能够获得最好的稳定性，而且使山的立面有凸有凹，有深有浅，山体看起来结实厚重，山的形象更为显著。

(3)假山平面的变化手法

假山平面设计是假山立面造型的基础和前提。假山平面必须结合场地的地形条件进行变化，才能使假山与环境充分协调。在假山设计中，通过转折、错落、断续、延伸、环抱等变化手法进一步丰富假山的造型(图8-24)。

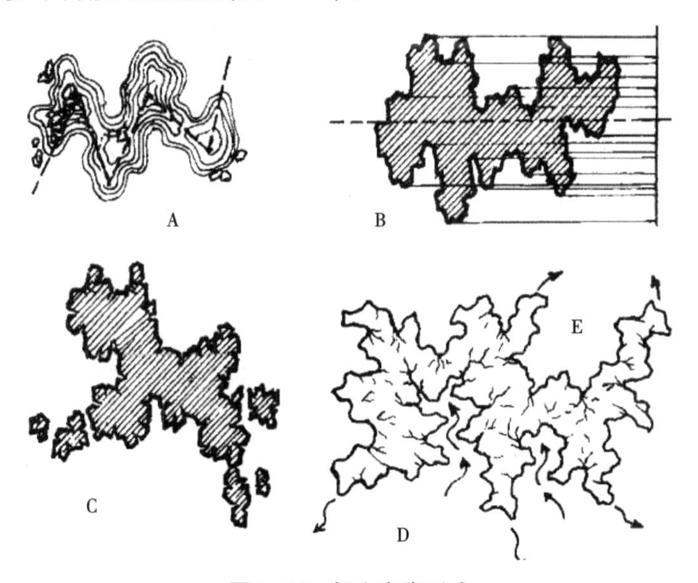

图8-24 假山布脚形式

A. 转折 B. 错落 C. 断续 D. 延伸 E. 环抱

8.2.2.3 假山立面设计

假山立面设计主要是解决假山的整体造型问题，根据园林环境设计具有趣味性、内涵性的假山造型。

(1)假山立面造型

假山的立面造型主要解决假山山形轮廓、立面形态和山体各局部之间的比例、尺度等关系。假山造型设计可以遵循以下规律:

①变化与统一　假山造型中的变化是假山获得自然效果的首要条件。假山没有变化,山石拼叠则规则划一,如同石墙,无自然之美感。变化不遵循一定的章法,则假山胡乱堆叠如同乱石堆,无法创造出令人愉悦的自然效果。假山的变化要随形就势,仿自然山体之形态,在假山立面造型中运用山石的大小、形状,合理设计山体的形与势。在造型上可采取高低、深浅变化,增加山体的层次与意味,在山石的材质上同一假山要采用颜色相近、纹理一致的石料,假山所反映的地质现象与地貌特征也需统一。在设计假山立面形象时,一方面要突出其山形的多样变化,另一方面则突出其质感、纹理的统一和协调,在变化中求得统一,在统一中有不同变化,这样才能模拟自然山体的真实形象。

②动静结合　假山、石景的造型是否生动自然还和其形状、姿态等外观视觉形象与其相应的气势等内在的视觉感受相关。在形态、气势方面处理好的假山,才能真正做到生动自然,让人从其外观形象感受到山形的意象与趣味。山石造型中,使景物保持低重心、姿态平正、轮廓与皴纹线条平行的状态,都形成静势。造成动势的方法包括:将山石的形态姿势处理成有明显方向性的倾斜状,将外观重心布置在较高处,使山石形体向外悬出等。叠石与造山中,山石的静势与动势要结合起来,形成动静对比,创建良好的景观效果。

③虚实相生　假山造型在藏露结合中尽量扩大假山的景观容量。藏景的做法是将景物的部分进行遮挡,通过外露的部分引人联想,在意象中扩大风景内容。假山造景常用的方法包括:以前山掩藏部分后山,而使后山有远望之感;以植物掩蔽山体、山洞,增加假山的深度;通过山路曲折蜿蜒,增加空间的变化,以不规则山石分隔、掩藏山内空间等。经过藏景处理的假山,虚实相间,由实景引人注意,由虚景引人联想。

④意境交融　假山意境的形成是综合应用多种艺术手法的结果。第一,将假山造型制作得形象逼真,使人体会到自然山体的真实感,就容易产生关于真山的联想与意境;第二,景物处理含蓄有度,如同国画处理的"留白",能够给人留下想象的余地;第三,要强化山石景物的姿态表现,提炼出高于自然的假山形象;第四,在山景中融入人文元素,通过诗词、牌匾、楹联、建筑、小品等元素增加假山的文化气息,深化意境。

(2)假山立面设计方法

①明确设计意图　在开始设计前要确定假山的功能,控制其高度、宽度及大致的工程量,确定假山所用石材和假山的基本造型方向。

②构建轮廓　根据假山设计平面图,在预定的山体高度与宽度条件下给出假山的立面轮廓。轮廓线的形状要照顾到预定的假山石材轮廓特征。假山轮廓线与石材轮廓线基本保持一致,则便于施工,且造出的假山能够与图纸上所表现的形象相吻合。在设计中为使假山立面形象更加自然生动,可适当突出山体外轮廓线较大幅度的起伏曲折变化。

③反复推敲,确定构图　初步构成的立面轮廓要不断推敲并反复修改,才能得到比较令人满意的轮廓图形。在推敲、研究、修改过程中要特别研究轮廓的悬挑、下垂部分和山洞洞顶部位的结构,考虑施工是否能够完成,保证不发生坍塌,根据力学方面进行

计算与考虑，保证足够的安全系数。对于跨度较大的部位要准确确定其跨度，然后衡量能否做到结构安全，如在悬崖部分前面的轮廓悬出，则后部应坚实稳固，不再悬出。假山立面轮廓的修改必须照顾到施工的便利性与安全性，考虑现有技术条件下能够完成的可行性。

④构建皴纹　在立面的各处轮廓确定后，要添加皴纹线表明山石表现的凹凸、褶皱、纹理形态。

⑤添加配景　在立面适当部分添加人物、植物等配景，表现山体的形态特征与大小比例；在假山上种植植物的，要绘制出假山种植植物的位置；如果假山上还设计有观景平台、山路、亭廊等，按照比例关系绘制到立面图上。

⑥绘制侧立面　主立面确定后，根据对应关系和平面图所示的前后位置，参照前述方法绘制假山的重要侧立面。

⑦完成设计　完成各立面图后，将立面图与平面图相互对照，检查其形状的对应关系。如有不能对应处，则需修改平面或立面，完成后即可定稿。最后在图纸上添加相关尺寸数据、材料说明等内容。

8.2.2.4 假山结构设计

(1)假山基础设计

假山基础的设计要根据假山类型和假山工程规模而定。人造土山和低矮的石山一般不需要基础，山体直接在地面上堆砌。高度在3m以上的石山，就需要考虑设置适宜的基础。一般情况下高大、沉重的大型石山选用混凝土基础或块石浆砌基础；高度和重量适中的石山可用灰土基础或桩基础(图8-25)。

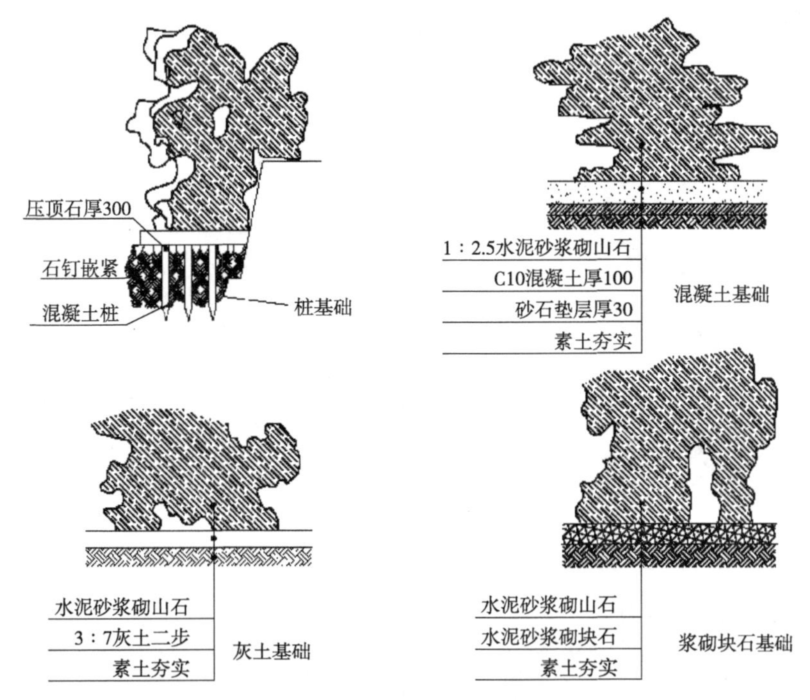

图8-25　假山基础类型示意

①混凝土基础　混凝土基础坐下至上的构造层次及其材料做法如下：最下层是素土地基夯实；夯实层上做砂石垫层，根据假山的体量厚度为 30~70cm；垫层上即为混凝土基础层。混凝土层的厚度与强度要求：陆地上选用不低于 C10 的混凝土，水中采用 C15 水泥砂浆浆砌块石，混凝土的厚度陆地上 10~20cm，水中基础 50cm。水泥、砂和碎石配合的重量比约为 1∶2∶4~1∶2∶6。如假山体量大则酌情增加基础厚度或采用钢筋混凝土替代砂浆混凝土。毛石应选用未风化的石料，用 150 号水泥砂浆浆砌，砂浆必须填满空隙，不得出现空洞和缝隙。如果基础是较为软的土层要对基土进行特殊处理。

②浆砌块石基础　假山基础可用 1∶2.5 或 1∶3 水泥砂浆砌一层块石，厚度为 300mm；水下砌筑所用水泥砂浆的比例则应为 1∶2，块石基础层下可铺 300mm 厚粗砂作为找平层，地基应作夯实处理。

③灰土基础　基础的材料主要是用石灰和素土按 3∶7 的比例混合而成。灰土每铺一层厚度为 30cm，夯实到 15cm 厚时，则称为一步灰土。设计灰土基础时，要根据假山高度和体量大小来确定采用几步灰土。一般高度在 2m 以上的假山，其灰土基础可设计为一步素土加两步灰土。2m 以下的假山，则可按一步素土加一步灰土设计。

④桩基础　古代多用直径 10~15cm、长 1~2m 的杉木桩或柏木桩做桩基，木桩下端为尖头状。现代假山的基础已基本不用木桩桩基，只有地基土质松软时偶尔采用混凝土桩基加强地下结构强度。做混凝土桩基先要设计并预制混凝土桩，其下端仍为尖头状。直径可比木桩基大一些，长度可与木桩基相近，打桩方式参考木桩基。

(2)假山山脚设计

山脚是假山与地面相接的部分，根据不同的设计方式可以分为如下几种(图 8-26)：

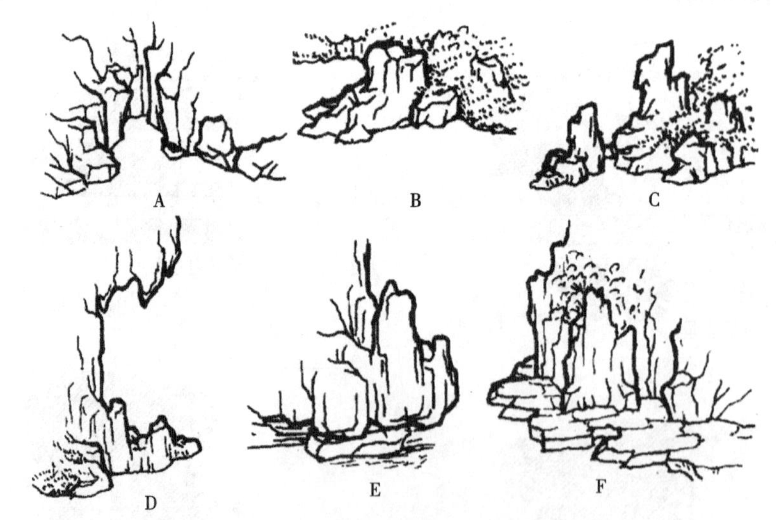

图 8-26　假山山脚设计类型示意

A. 凹进脚　B. 凸出脚　C. 断连脚　D. 承上脚　E. 悬底脚　F. 平板脚

(3)假山山体结构设计

①环透式结构　是指采用不规则孔洞和孔穴的山石，组砌堆叠成具有曲折环行通道或通透空洞的山体。一般使用太湖石和石灰岩风化后的景石堆叠(图 8-27)。

②层叠式结构　是指采用片状的山石组砌堆叠有层次感的山体。层叠式结构依层次的

图 8-27　环透式结构(狮子林)

走势不同分为水平层叠和斜面层叠两种。

水平层叠的山体，假山主面上的主导线条呈水平，山石向近似水平向伸展，故山石须水平设置组砌(图 8-28)。斜面层叠的山体，假山主面上的主导线与水平成一定的夹角，一般为 10°~30°，最大不应超过 45°，故山石需倾斜组砌成斜卧或斜升状。

图 8-28　层叠式结构假山

③竖立式结构　是指采用直立状组砌堆叠山石的山体。这种结构的假山，从立面上看，山体内外的沟槽及山体表面的主导线条，都呈竖向布局，从而整个山势有一种向上伸展的动态(图 8-29)。

竖立式山体又可分为直立结构与斜立结构两种。直立结构中的山石，全部呈直立状态组砌，山体表面线条基本平行，并垂直于地平线。斜立结构中的山石，大部分以斜向组砌，其斜向夹角为 45°~90°。竖立式结构的山体，一般使用条状或长片状的山石。为了加强山石侧面之间的砌筑砂浆黏结力，石材质地以粗糙或表面小孔密布者为佳。

④填充式结构　是指内部由泥土、废砖石、碎混凝土块等建筑垃圾填起来的山体。有时为了减少山石的用量或加强山体的整体性，在山体的内部直接浇筑 C10、C15 的混凝土，

图 8-29 竖立式结构假山

就能堆叠起外形奇特或高度较大的山体。

填充式结构的假山，一般造价比较低，体量可以做得比较大。但是，必须注意填入物的沉降不均、地下水被污染等问题。

(4)假山山洞结构设计

根据受力结构不同，假山山洞的结构形式主要有梁柱式结构、挑梁式结构、券拱式结构 3 种(图 8-30)。假山山洞的结构根据所制作的假山体量或者需要而定。一般情况下，黄石、青石等成墩块状的山石宜采用梁柱式结构，天然的黄石山洞也是沿其相互垂直的节理面崩落、坍陷而成；湖石类假山山洞宜采用券拱式结构，长条状、薄片状的山石可作挑梁式结构。假山山洞结构要防垮塌、防渗漏。

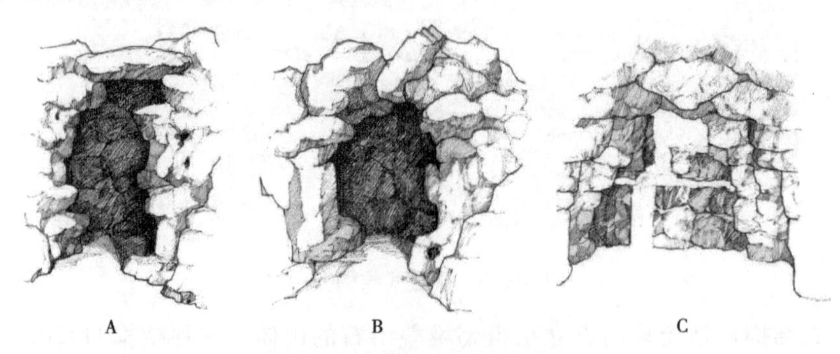

图 8-30 假山山洞结构形式

A. 梁柱式 B. 挑梁式 C. 券拱式

假山山洞要形象自然，可从以下几方面着手：

①假山山洞的布置 布置假山山洞时应清楚如何使洞口的位置相互错开，由洞外观洞内，是洞中有洞。洞口要宽大，洞口以内的洞顶与洞壁要有高低和宽窄变化，洞口的形状既要不违反所用石材的石性，又要使其具有生动自然的变化性。假山山洞的通道布置在平面上要有曲折变化，做到宽窄相继，开合相接。

②洞壁的设计 洞壁设计在于处理好壁墙和洞柱之间的关系。如墙式洞壁的构成，要

根据假山山体所采用的结构形式来设计。如果整个假山山体是采用层叠式结构，那么山洞洞壁石墙也应采用这种结构。山石一层一层不规则层叠砌筑，直到预定的洞顶高度，这样就形成了墙式洞壁。墙柱式洞壁的设计关系到洞柱和柱间石山墙两种结构部分。

③洞底设计　洞底可铺设不规则石片作为路面，在上坡和下坡处则设置块石阶梯。洞内路面宜有起伏但不可过大。洞内宽敞处可设置一些石笋、石球、石柱以丰富洞内景观。如果山洞是按水洞形式设计，则应在适当地点挖出浅池或浅沟，用小块山石铺砌成石泉池或石涧。石涧一般应布置在洞底一侧边缘，平面形状宜蜿蜒曲折。

④洞顶设计　一般条形假山石的长度有限，多数条石的长度在1~2m。如果山洞设计为2m左右的宽度，则条石的长度不足以直接用作洞顶石梁，这样就要求采用特殊的方法才能做出洞顶。常见做法有盖梁、挑梁与券拱3种结构形式。

(5)假山山顶结构设计

假山山顶的设计直接关系到整个假山的艺术形象，是假山立面最突出、最集中视线的部位。根据假山山顶形象特征，可将假山顶部的基本造型分为峰顶、峦顶、崖顶和平顶几种类型。

①峰顶　又可分为剑立式，上小下大，竖直而立，挺拔高矗；斧立式，上大下小，形如斧头侧立，稳重而又有险意；流云式，峰顶横向挑伸，形如奇云横空，参差高低；斜立式，势如倾斜山岩，斜插如削，有明显的动势；分峰式，一座山体上用两个以上的峰头收顶；合峰式，峰顶为一主峰，其他次峰、小峰的顶部融合在主峰的边部，成为主峰的肩部等(图8-31)。

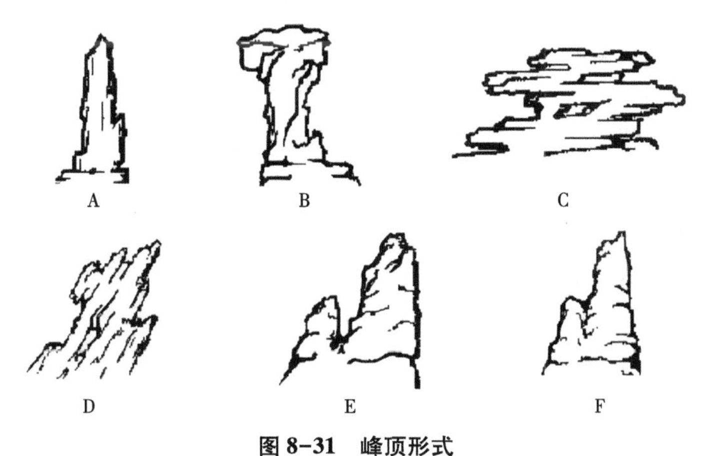

图8-31　峰顶形式

A. 剑立式　B. 斧立式　C. 流云式　D. 斜立式　E. 分峰式　F. 合峰式

②峦顶　可以分为圆丘式峦顶，顶部为不规则的圆丘状隆起，像低山丘陵，此顶由于观赏性差，一般主山和重要客山多不采用，个别小山偶尔可以采用；梯台式峦顶，形状为不规则的梯台状，常用板状大块山石平伏压顶而形成；玲珑式峦顶，山顶有含有许多洞眼的玲珑型山石堆叠而成；灌丛式峦顶，在隆起的山峦上普遍栽植耐旱的灌木丛，山顶轮廓由灌丛顶部构成。

③崖顶　山崖是山体陡峭的边缘部分，既可以作为重要的山景部分，又可以作为登高望远的观景点。山崖主要可以分为平顶式崖顶，崖壁直立，崖顶平伏；斜坡式崖顶，崖壁

A

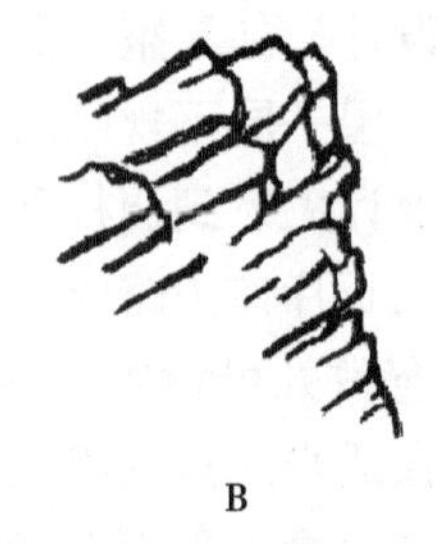
B

C

图 8-32　崖顶形式

A. 平顶式　B. 斜坡式　C. 悬垂式

陡立，崖顶在山体堆砌过程中顺势收结为斜坡；悬垂式崖顶，崖顶石向前悬出并有所下垂，致使崖壁下部向里凹进(图 8-32)。

④平顶　园林中，为了使假山具有可游、可想的特点，有时将山顶收成平顶。其主要类型有平台式山顶、亭台式山顶和草坪式山顶。

所有收顶的方式都在自然地貌中有本可寻。收顶往往是在逐渐合凑的中层山石顶面加以重力的镇压，使重力均匀地分层传递下去。往往用一块收顶的山石同时镇压下面几块山石，如果收顶面积大而石材不够，就要采取“拼凑”的手法，并用小石镶缝使之成一体。

8.3 假山工程施工

8.3.1 施工准备

假山施工前，应根据假山的设计，确定石料，并运抵施工现场，根据山石的尺度、石形、山石皱纹、石态、石质、颜色选择石料，同时准备好水泥、石灰、砂石、钢丝、铁爬钉、银锭扣等辅助材料以及倒链、支架、铁吊架、铁扁担、桅杆、撬棒、卷扬机、起重机、绳索等施工工具，并应注意检查起重用具的安全性能，以确保山石吊运和施工人员安全。

(1)分析施工图纸，熟悉施工环境

①施工前应由设计单位提供完整的假山叠石工程施工图及必要的文字说明，进行设计交底。

②施工人员必须熟悉设计，明确要求，必要时应根据需要制作一定比例的假山模型小样，并审定确认。

(2)落实施工机具

根据施工条件备好吊装机具，做好堆料及搬运场地、道路的准备。吊具一般应配有吊车、叉车、吊链、绳索、卡具、撬棍、手推车、振捣器、搅拌机、灰浆桶、水桶、铁锹、水管、大小锤子、凿子、抹子、柳叶抹、鸭嘴抹、笤帚等。

绳索是绑扎石料的工具，也是假山施工中的基本工具。常用黄麻绳和棕绳，因其质地柔软，便于打结与解扣，可使用次数较多，并具有防滑作用。为了解扣方便，绳索必须打成活结，并保证起吊就位后能顺利将绳索抽出，避免被山石卡压。捆绑山石时，应选择石块的重心位置或稍上处，以使起吊平稳。绳索打结必须牢固，以防因滑落造成事故。山石

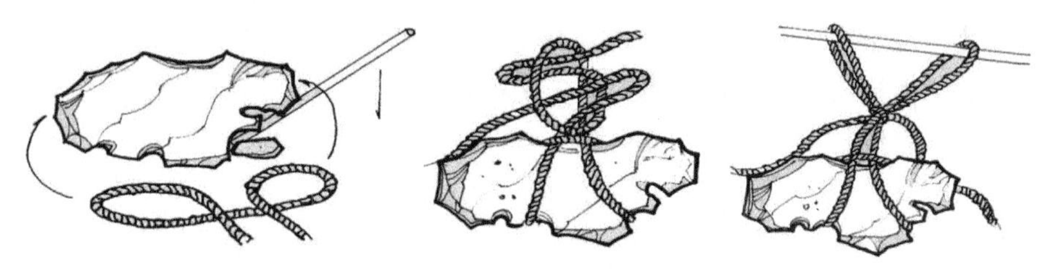

图 8-33 元宝扣结法

的捆绑常用"元宝扣"式(图 8-33)，此法使用方便，结活扣后靠山石自重将绳索压紧，绳的长度可自行调整。

杠棒是抬运石料的原始工具，因其简单灵活，在机械化程度不高的施工现场仍有应用。杠棒材料在南方多用毛竹，在北方可用榆木和柞木，长度(L)为 8m 左右。严禁使用腐朽材，以免发生事故。

撬棍是用来撬拨移动山石的手工工具，常用六角钢制作，长为 1.0~1.6m，两端锻打成楔形，便于插入石下。

榔头用于击开大块石料，铁锤用于修劈凿击山石。石块间的缝口需要嵌缝时，一般用小抹子将水泥砂浆嵌抹在缝口处，因其小巧灵活，俗称柳叶抹。

对于嵌好的灰缝，在外观上为了使之与山石协调，除了在水泥砂浆中加入颜色外，还可用刷子刷去砂浆的毛渍处。一般用毛刷(油漆用)蘸水，待水泥初凝后进行刷洗。也可用竹刷进行扫除，除去水泥光面，显得柔和自然。

对于大型假山，为了便于施工，一般需搭设脚手架铺设跳板。脚手架的材料一般有毛竹、原条、铸铁管等，分为木竹脚手架和扣件式钢管脚手架。脚手架可根据假山体量做成条凳式或架式，以利于施工为原则。跳板多用毛竹制成，也可直接用木板制作。

(3)清楚施工用石质量要求

①根据设计构思和造景要求对山石的质地、纹理、石色进行挑选，山石的块径、大小、色泽应符合设计要求和叠山需要。湖石形态宜"透、漏、皱、瘦"，其他种类山石形态宜"平、正、角、皱"。各种山石必须坚实，无损伤、裂痕，表面无剥落。特殊用途的山石可用墨笔编号标记。

②假山叠石工程常用的自然山石，如太湖石、黄石、英石、斧劈石、石笋石及其他各类山石的块面、大小、色泽应符合设计要求。

③孤赏石、峰石的造型和姿态，必须达到设计构思和艺术要求。

④选用的假山石必须坚实、无损伤、无裂痕，表面无剥落。

(4)认真做好山石的开采

山石开采因山石种类和施工条件不同而有不同的采运形式。对半埋在山土中的山石采用掘取的方法，挖掘时要沿四周慢慢掘起，这样可以保持山石的完整性又不致太费工力。济南附近所产的一种灰色湖石和安徽灵璧县所产的灵璧石都分别浅埋于土中，有的甚至是天然裸露的单体山石，稍加开掘即可得。但整体的岩系不可能挖掘取出。有经验的假山师傅只需用手或铁器轻击山石，便可从声音大致判断山石埋的深浅，以便决定取舍。

对于整体的湖石，特别是形态奇特的山石，最好用凿取的方法开采，把它从整体中分离出来。开凿时力求缩小分离的剖面以减少人工开凿的痕迹。湖石质地清脆，开凿时要避免因过大的震动而损伤非开凿部分的石体。湖石开采以后，对其中玲珑嵌空易于损坏的好材料应用木板或其他材料作保护性的包装，以保证在运输途中不致损坏。

对于黄石、青石一类带棱角的山石材料，采用爆破的方法不仅可以提高工效，还可以得到合乎理想的石形。一般凿眼，上孔直径为5cm，孔深25cm。如果下孔直径放大一些使爆孔呈瓶形，则爆破效力要增大0.5~1倍。一般炸成500~1000kg一块，少量可更大一些。炸得太碎则破坏了山石的观赏价值，也给施工带来很多困难。

山石开采后，首先应对开采的山石进行挑选，将可以使用的或观赏价值高的放置一边，然后做安全性保护，用小型起吊机械进行吊装，通常钢丝网或钢丝绳将石料起吊至车中，车厢内可预先铺设一层软质材料，如砂子、泥土、草等，并将观赏面差的一面向下，加以固定，防止晃动碰撞损坏。应特别注意石料运输的各个环节，宁可慢一些，多费一些人力、物力，也要尽力想办法保护好石料。

(5) 重视假山石运输工作

①假山石在装运过程中，应轻装、轻卸。在运输车中放置黄沙或虚土，高约20cm，而后将峰石仰卧于砂土之上，这样可以保证峰石的安全。

②特殊用途的假山石，如孤赏石、峰石、斧劈石、石笋等，要轻吊、轻卸；在运输时，应用草包、草绳绑扎，防止损坏。

③假山石运到施工现场后，应进行检查，有损伤或裂缝的假山石不得作面掌石使用。

(6) 注意假山石选石与清洗

施工前，应进行选石，对山石的质地、纹理、石色按同类集中的原则进行清理、挑选、堆放，不宜混用。必须对施工现场的假山石进行清洗，除去山石表面积土、尘埃和杂物。

(7) 假山定位与放样

审阅图纸假山定位放样前要将假山工程设计图的意图看懂摸透，掌握山体形式和基础的结构。为了便于放样，要在平面图上按一定的比例尺寸，依工程大小或平面布置复杂程度，采用2m×2m、5m×5m或10m×10m的尺寸画出方格网，以其方格与山脚轮廓线的交点作为地面放样的依据。

实地放样在设计图方格网上，选择一个与地面有参照的可靠固定点，作为放样定位点，然后以此点为基点，按实际尺寸在地面上出方格网；对应图纸上的方格和山脚轮廓线的位置，放出地面上相应的白灰轮廓线。

为了便于基础和土方的施工，应在不影响堆土和施工的范围内，选择便于检查基础尺寸的有关部位，如假山平面的纵横中心线、纵横方向的边端线、主要部位的控制线等位置的两端，设置龙门桩或埋地木桩，以便在挖土或施工时的放样白线被挖掉后，作为测量尺寸或再次放样的基本依据。

8.3.2 掇山施工

掇山的根本法则在与“因地制宜，有真有假，作假成真”，其石块位置并非随意摆放，而是掺进人们的意识，通过设计人员的主观思维活动，对自然山水的素材进行去粗取精的艺术加工，加以艺术的提炼，使之呈现更打动人心的表达。

8.3.2.1 工艺流程

施工应自后向前、由主及次、自下而上分层作业。每层高度在0.3~0.8m，各工作面叠石务必在胶结料未凝之前或凝结之后继续施工。一般管线水路孔洞应预埋、预留，切忌事后穿凿，松动石体。对于结构承重受力用石必须有足够强度。

掇山始终应注意安全，用石必查虚实。掇山完毕应重新复检设计(模型)，检查各道工序，进行必要的调整补漏，冲洗石面，清理场地。有水景的地方应开阀试水，检查水路、池塘等是否漏水。有种植条件的地方应填土施底肥、种树、植草(图8-34)。

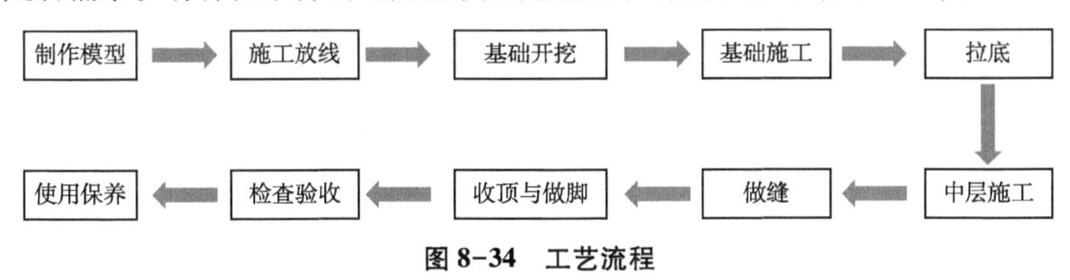

图8-34 工艺流程

8.3.2.2 施工步骤

(1)制作假山模型

①熟悉图纸 包括假山底层平面图、顶层平面图、立面图、剖面图、洞穴、结顶大样图等。

②按1：20~1：50的比例放大底层平面图，确定假山范围及各山景位置。

③选择、准备模型材料 可用石膏、水泥砂浆、泡沫塑料、黏土等可塑材料。

④制作模型 根据假山图纸尺寸，结合山体布局、山体形态、峰谷设置制作假山模型，要尽量做到体量适宜、比例精确，能充分体现设计意图，为掇山施工提供参考。

(2)施工放线

根据设计图纸在施工场地放出假山的外形轮廓。假山基础比假山本身外形要宽大，放线时可根据设计适当加宽。假山有较大幅度外挑时要根据假山的重心位置来确定基础的大小。

(3)基础开挖

根据基础的深度与大小进行土方挖掘。南北方假山的堆叠方式各有差异，北方假山一般采用满拉底的方式，基础范围覆盖整个假山底面；南方一般沿假山外形及山洞位置设置基础，山体内多填石，对基础的承重要求相对较低。因此基础开挖的范围与深度需要根据设计图纸要求进行确定。

(4)基础施工

①基础类型 基础是假山施工的前提，其质量优劣直接影响假山的稳定性与艺术造型。最理想的假山基础是天然基岩，否则就需人工立基。基础的做法有以下几种。

灰土基础：北方园林中位于陆地上的假山多采用灰土基础。石灰为气硬性胶结材料。灰土凝固后不透水，可有效防止土壤冻胀现象。灰土基础的宽度要比假山底面宽出500mm左右，即“宽打窄”。气灰土比例常用3：7，厚度据假山高度确定，一般2m以下一步灰土，以后每增加 2m 基础增加一步。灰土基础埋置深度一般为 500~600mm。

毛石或混凝土基础：陆地上选用不低于 C10 的混凝土或采用 M10 水泥砂浆砌筑毛石；水中采用不低于 C15 的混凝土或采用 M15 水泥浆砌筑毛石。毛石基础的厚度陆地上为 300mm 左右，水中为 600mm 左右；混凝土基础的厚度陆地上为 200mm 左右，水中为 400~500mm。如遇高大的假山应通过计算加厚基础的厚度，或采用钢筋混凝土基础。如果基础下的基地土层力学性能较差，应进行相应的加固构造措施，如采用换土、加铺垫石等。

桩基：这是一种古老的基础做法，至今仍有实用价值，特别是在水中的假山和假山石驳岸。

②基础浇注　确定了主山体的位置和大致的占地范围，就可以根据主山体的规模和土质情况进行钢筋混凝土基础的浇注。

浇注基础的方法很多，首先是根据山体的占地范围挖出基槽，或用块石横竖排立，于石块之间注进水泥砂浆，或用混凝土与钢筋扎成的块状网浇注成整块基础。在基土坚实的情况下可利用素土槽浇注。陆地上选用不低于 C10 的混凝土，水中采用 C15 水泥砂浆浆砌块石，混凝土的厚度陆地上 10~20cm，水中基础约为 50cm。水泥、砂和碎石配合重量比为 1∶2∶4~1∶2∶6。如遇高大的假山酌情加厚或采用钢筋混凝土替代砂浆混凝土。毛石应选未经风化的石料，用 150 号水泥砂浆浆砌，砂浆必须填满空隙，不得出现空洞和缝隙。如果基础为较软弱的土层，要对基土进行特殊处理。做法是先将基槽夯实，在素土层上铺钉石 20cm 厚，尖头向下夯入土中 6cm 左右，其上再铺设混凝土或砌毛石基础。至于砂石与水泥的混合比例、混凝土的基础厚度、所用钢筋的直径粗细等，则要根据山体的高度、体积以及重量和土层情况而定。叠石造山浇注基础时应注意以下事项：

调查了解山址的土壤立地条件，地下是否有阴沟、基窟、管线等。

叠石造山如系以石山为主配植较大植物的造型，预留空自要确定准确。仅靠山石中的回填土常常无法保证足够的土壤供植物生长需要，加上满浇混凝土基础，就形成了土层的人为隔断，不接地气也不易排水，使得植物不易成活和生长不良。因此，在准备栽植植物的地方要根据植物大小预留一块不浇混凝土的空白处，即留白。

从水中堆叠出来的假山，主山体的基础应与水池的底面混凝土同时浇注形成整体。如先浇主山体基础，待主山体基础完成再做水池池底，则池底与主山体基础之间的接头处容易出现裂缝，产生漏水，而且日后处理极难。

如果山体是在平地上堆叠，则基础一般低于地平面至少 2m。山体堆叠成形后再回填土，同时沿山体边缘栽种花草，使山体与地面的过渡更加自然生动。

(5)拉底

拉底即在基础上铺置最底层的自然山石，古代匠师把“拉底”看成叠山之本，因为拉底山石虽大部分在地面或水面以下，但仍有一小部分露出，为山景的一部分。而且假山空间的变化都立足于这一层，如果底层未打破整形的格局，则中层叠石也难于变化。

拉底山石不需形态特别好，但要求耐压、有足够的强度。通常用大块山石拉底，避免使用过度风化的山石。

①拉底的方式

满拉底：将山脚线范围内用山石满铺一层。适用于规模较小、山底面积不大的假山，或者有冻胀破坏的北方地区及有震动破坏的地区。

线拉底：按山脚线的周边铺砌山石，内空部分用乱石、碎砖、泥土等填补筑实。适用于底面积较大的假山。

拉底时主要注意以下几个方面。

统筹向背：根据造景的立地条件，特别是游览路线和风景透视线的关系，确定假山的主次关系，再根据主次关系安排假山的组合单元，从假山组合单元的要求来确定底石的位置和发展的走向。要精于处理主要视线方向的画面以作为主要朝向，然后再照顾到次要的朝向，简化处理那些视线不可及的部分。

曲折错落：假山底脚的轮廓线要破平直为曲折，变规则为错落。在平面上要形成具有不同间距、不同转折半径、不同宽度、不同角度和不同支脉走向的变化，或为斜“八”字形，或为“5”形，或为各式曲尺形，为假山的虚实、明暗变化创造条件。

断续相间：假山底石所构成的外观不是连绵不断的，要为中层做出“一脉既毕，余脉又起”的自然变化做准备。因此，在选材和用材方面要灵活运用，或因需要选材，或因材施用。用石之大小和方向要严格地按照续纹的延展来决定。大小石材成不规则的相间关系安置，或小头向下渐向外挑，或相邻山石小头向上预留空当以便往上卡接，或从外观上做出“下断上连”“此断彼连”等各种变化。

密接互咬：外观上做出断续的变化，但结构上却必须一块紧连一块，接口力求紧密，最好能互相咬合。尽量做到“严丝合缝”，因为假山的结构是“集零为整”，结构上的整体性最为重要，它是影响假山稳定性的又一重要因素。假山外观所有的变化都必须建立在结构重心稳定、整体性强的基础上。在实际中山石间是很难完全自然地紧密结合，可借助于小块的石皮填入石间的空隙部分，使其互相咬合，再填充以水泥砂浆使之连成整体。

找平稳固：拉底施工时，通常要求基石以大而平坦的面向上，以便于后续施工，向上垒接。通常为了保持山石平稳，要在石之底部用“刹片”垫平以保持重心稳定、上面水平。北方掇山多采用满拉底石的办法，即在假山的基础上满铺一层，形成一整体石底，而南方则常采用先拉周边底石再填心的办法。

②技术要点　底脚石应选用硬质坚硬、不易风化的山石。每块山脚石必须垫平垫实，用水泥砂浆将底脚空隙灌实，不得有丝毫摇动感。各山石之间要紧密啮合，互相连接形成整体，以承托上面山体的荷载分布。拉底的边缘要错落变化，避免做成平直和浑圆形状的脚线。

(6) 中层施工

中层即底石以上、顶层以下的部分。由于这部分体量最大、用材广泛、单元组合和结构变化多端，因此是假山造型的主要部分。其变化丰富与上、下层叠石乃至山体结顶的艺术效果关联密切，是决定假山整体造型的关键层段。

叠石造山无论其规模大小，都是由一块块形态、大小不同的山石拼叠起来的。对假山师傅来说，造型技艺就是相石拼叠的技艺。“相石”就是假山师傅对山石材料的目视心记。相石拼叠的过程依次是：相石选石—想象拼叠—实际拼叠—造型相形，而后再从造型后的相形回到上述相石拼叠的过程。每一块山石的拼叠施工过程都是这样，都需要把这一块山石的形态、纹理与整个假山的造型要求和纹理脉络变化联系起来。如此反复循环下去，直到整体的山体完成为止。

①技术要点

接石压茬：山石上下的衔接要求石石相接、严丝合缝，避免在下层石上面显露一些很破碎的石面，这是皱纹不顺的一种反映，会使山体失去自然气氛而流露出人工的痕迹。如果是为了做出某种变化，故意预留石茬，则另当别论。

偏侧错安：在下层石面之上，再行叠放，应放于一侧，破除对称的形体，避免成四方、长方、等边(正品形)、等腰三角等形体。因偏得致，错综成美。掌握每个方向呈不规则的三角形变化，以便为各个方向的延伸发展创造基本的形体条件。

仄立避“闸”：将板状山石直立或起撑托过河者，称为“闸”。山石可立、可蹲、可卧，但是不宜像闸门板一样仄立。仄立的山石很难和一般布置的山石相协调，显得呆板、生硬，而且向上接山石时接触面较小，影响稳定。但事情也不是绝对的，自然界中也有仄立如闸的山石，特别是作为余脉的卧石处理等，但要求用得很巧。有时为了节省石材而又能有一定高度，可以在视线不可及之处以仄立山石空架上层山石。

等分平衡：掇山到中层以后，平衡的问题就很突出了。《园冶》中“等分平衡法和悬崖使其后坚”便是此法的要领。无论挑、挎、悬、垂等，凡有重心前移者，必须用数倍于“前沉”的重力稳压内侧，把前移的重心再拉回到假山的重心线上。

②技术措施　压“靠压不靠拓”是叠山的基本常识。山石拼叠，无论大小，都是靠山石本身重量相互挤压、咬合而稳固的，水泥砂浆只是一种补连和填缝的作用。

刹石虽小，却承担平衡和传递重力的重任，在结构上很重要，打“刹”也是衡量叠山技艺水平的标志之一。打刹一定要找准位置，尽可能用数量最少的刹片而求稳定，打刹后用手推试一下是否稳定，两石之间不着力的空隙要用石皮填充。假山外围每做好一层，最好即用块石和灰浆填充其中，称为“填肚”，凝固后便形成一个整体。

对边：叠山需要掌握山石的重心，应根据底边山石的中心来找上面山石的重心位置，并保持上、下山石的平衡。

搭角：是指石与石之间的相接，石与石之间只要能搭上角，便不会发生脱落倒塌的危险，搭角时应使两旁的山石稳固。

防断：对于较瘦长的石料应注意山石的裂缝，如是石料间有夹砂层或过于透漏，则容易断裂，这种山石在吊装过程中会发生危险，另外此类山石也不宜作为悬挑石用。

忌磨：“怕磨不怕压”是指叠石数层以后，其上再行叠石时如果位置没有放准确，需要就地移动一下，则必须把整块石料悬空起吊，不可将石块在山体上磨转移动来调整位置，否则会因带动下面石料同时移动，而造成山体倾斜倒塌。

勾缝和胶结：掇山之事虽在汉代已有明文记载，但宋代以前假山的胶结材料已难于考证。不过，在没有发明石灰以前，只可能是干砌或用素泥浆砌。从宋代李诚撰《营造法式》中可以看到用灰浆泥胶结假山，并用粗墨调色勾缝的记载，因为当时风行太湖石，宜用色泽相近的灰白色灰浆勾缝。此外，勾缝的做法还有用桐油石灰(或加纸筋)、石灰纸筋、明矾石灰、糯米浆拌石灰勾缝等多种。湖石勾缝再加青煤、黄石勾缝后刷铁屑盐卤等，使之与石色相协调。

现代掇山广泛使用1∶1水泥砂浆，勾缝用“柳叶抹”，有勾明缝和暗缝两种做法。一般是水平向缝都勾明缝，即在结构上连成一体，而外观上若有自然山石缝隙。勾明缝务必不要过宽，最好不要超过2cm，如缝过宽，可用随形之石块填后再勾浆。

(7)山体加固

①加固措施

刹：当安放的石块不稳固时，通常打入质地坚硬的楔形石片，使其垫牢，称“加刹”(图8-35)。

戗：为保证立石的稳固，沿石块力的方向的迎面，用石块支撑叫戗(图8-36)。

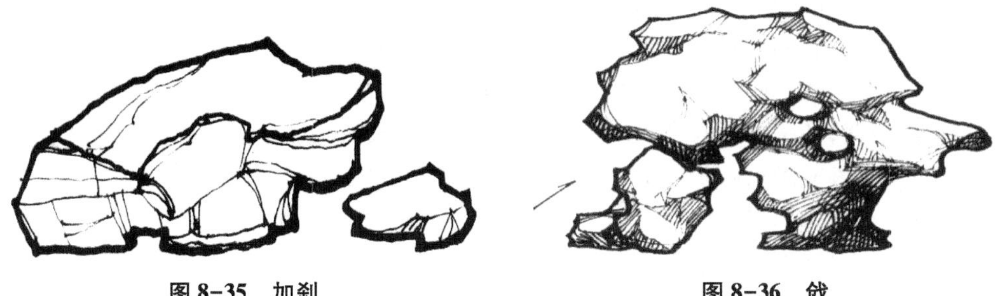

图8-35 加刹　　图8-36 戗

灌筑：每层山石安放稳定后，在其内部缝隙处，一般按1∶3∶6的水泥∶沙∶石子的配比灌筑、捣固混凝土，使其与山石结为一体。

铁活：假山工程中的铁活主要有铁吊链、铁过梁、铁爬钉、铁扁担等，其式样如图8-37所示(附铁件类型)。

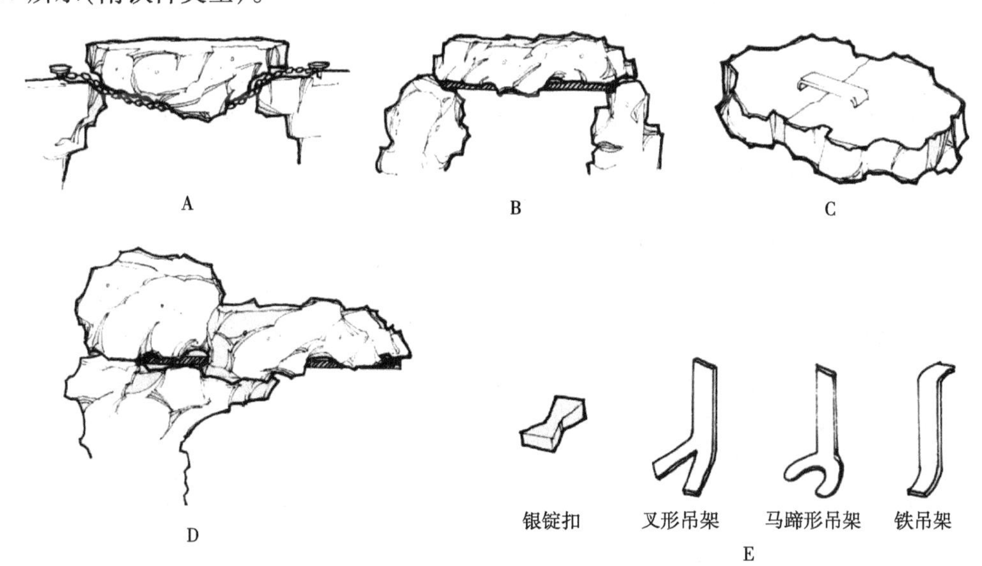

图8-37 铁活加固

A. 铁吊链 B. 铁过梁 C. 铁爬钉 D. 铁扁担 E. 铁件类型

铁制品在自然界中易锈蚀，因此这些铁活都埋于结构内部，而不外露，它们均系加固保护措施，而非受力结构。

②叠山的艺术处理　石料通过拼叠组合，或使小石变成大石，或使石形组成山形，这就需要进行一定的技术处理使石块之间浑然一体，做假成真。在叠山过程中要注意以下几方面：

同质：指掇山用石，其品种、质地、石性要一致。如果石料的质地不同，品种不一，必然与自然山川岩石构成不同，同时不同石料的石性特征不同，强行混在一起拼叠组合，必然是乱石一堆。

同色：即使是同一种石质，其色泽相差也很大，如湖石类中，有黑色、灰白色、褐黄色、发青色等。黄石有淡黄、暗红、灰白等色泽变化。所以，同质石料的拼叠在色泽上也应一致。

接形：将各种形状的山石外形互相组合拼叠起来，既有变化而又浑然一体，这就叫作“接形”。在叠石造山这门技艺中，造型的艺术性是第一位的，因此，用石不应一味地求得石块体形大，但块料小的山石拼叠费时费力，而且在观赏时易显得破碎，同样不可取。正确的接形除了石料的选择要有大有小、有长有短等变化外，石与石的拼叠面应力求形状相似，石形互接，讲究随形顺势。如向左则先用石造出左势，如向右则先用石造出右势；欲高先接高势，欲低先出低势。

合纹：纹是指山石表面的纹理脉络。当山石拼叠时，合纹不仅指山石原来的纹理脉络的衔接，而且还包括外轮廓的接缝处理。

过渡：山石的“拼整”操作，常常是在千百块石料的拼整组合过程中进行的，因此，即使是同一品质的石料也无法保证其色泽、纹理和形状上的统一，所以在色彩、外形、纹理等方面要有所过渡，这样才能使山体具有整体性。

(8) 做缝

将假山石块间的缝隙，用填充材料填实或修饰。这一工序是对假山形体的修饰。其做法是一般每堆2~3层，做缝一次。做缝前先用清水将石缝冲洗干净。如石块间缝隙较大，应先用小石块进行补形，再随形做缝。做缝时要尽力表现岩石的自然节理，增加山体的皴纹和真实感。做缝时砂浆的颜色应尽力与山石本身的颜色统一。做缝的材料传统上使用糯米汁加石灰或桐油加纸筋加石灰，捶打拌合而成，或者用明矾水与石灰捣成浆。如用于湖石加青煤，用于黄石加铁屑盐卤。现代通常用标号32.5的水泥加砂，其配比为3∶7，如堆高在3m以上则用标号42.5的水泥。做缝的形式也根据需要做成粗缝、光缝、细缝、毛缝等。

(9) 收顶

收顶即处理假山最顶层的山石，这是假山立面上最突出、最集中视线的部位，故顶部的设计和施工直接关系到整个假山的艺术形象。从结构上讲，收顶的山石要求体量大，以便紧凑收压。从外观上看，顶层的体量虽不如中层大，但有画龙点睛的作用，因此要选用轮廓和体态都富有特征的山石。收顶一般有峰顶、峦顶、崖顶和平顶4种类型(收顶的方式见假山山顶设计)。

(10) 做脚

做脚就是用山石堆叠山脚，它是在掇山施工大体完工以后，于紧贴拉底石外缘部分拼叠山脚，以弥补拉底造型的不足。做脚也要根据主山的上部造型来造型，既要表现出山体如从土中自然生长的效果，又要特别增强主山的气势和山形的完美。

①山脚的造型　假山山脚的造型应与山体造型结合起来考虑，施工中的做脚形式主要有凹进脚、凸出脚、断连脚、承上脚、悬底脚、平板脚等造型形式。当然，无论是哪一种造型形式，它在外观和结构上都应当是山体向下的延续部分，与山体是不可分割的

整体。即使采用断连脚、承上脚的造型，也还要“形断迹连，势断气连”，在气势上连成一体。

②做脚的方法　具体做脚时，可以采用点脚法、连脚法或块面脚法(图8-38)。

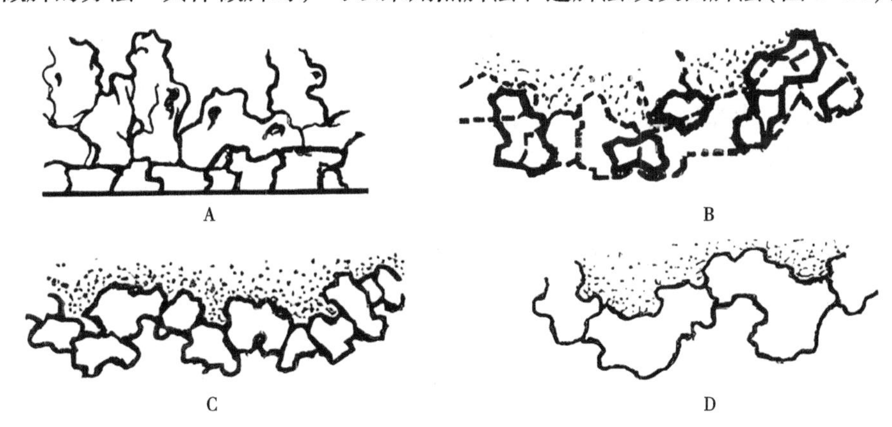

图8-38　做脚的几种方法

A. 点脚法立面示意　B. 点脚法平面示意　C. 连脚法平面示意　D. 块面脚法平面示意

点脚法：主要运用于具有空透型山体的山脚造型。所谓点脚，就是先在山脚线处用山石做成相隔一定距离的点，点与点之上再用片状石或条状石盖上，这样就可在山脚的一些局部造出小的空穴，加强假山的深厚感和灵秀感。如扬州个园的湖石山就是用点脚法做脚的。

连脚法：做山脚的山石依据山脚的外轮廓变化，成曲线状起伏连接，使山脚具有连续、弯曲的线形，同时以前错后移的方式呈现不规则的错落变化。

块面脚法：一般用于拉底厚实、造型雄伟的大型山体，如苏州的耦园主山山脚。这种山脚也是连续的，但与连脚法不同的是，做出的山脚线呈现大进大退的形象，山脚突出部分与凹陷部分各自的整体感都很强，而不是连脚法那样小幅度的曲折变化。

8.4　塑山、塑石工艺

塑山是用雕塑艺术的手法，以天然山岩为蓝本，人工塑造的假山或石块。采用现代的园林材料，用雕塑艺术的手法仿造自然山石。

这种工艺是在继承发扬岭南庭园的山石景艺术和灰塑传统工艺的基础上发展起来的，具有用真石掇山、置石同样的功能。

常见类型包括：砖石塑山，钢筋混凝土塑山，FRP塑山、塑石，GRC假山造景，CFRC塑石。

8.4.1　塑山的特点

与传统假山相比，塑山有如下特点：

8.4.1.1　优点

①施工灵活方便，不受地形、地物限制，在重量很大的巨型山石不宜进入的地方，如室内花园、屋顶花园等，仍可塑造出壳体结构的且自重较轻的巨型山石。

②可以塑造较理想的艺术形象——雄伟、磅礴富有力感的山石景，特别是能塑造难以

采运和堆叠的巨型奇石。

③艺术造型较能与现代建筑相协调。

④可通过仿造，表现黄蜡石、英石、太湖石等不同石材所具有的风格。

⑤可以在非产石地区布置山石景，可利用价格较低的材料，如砖、砂、水泥等进行造山。

⑥可以预留位置栽培植物，进行绿化。

⑦施工成本低。

8.4.1.2 缺点

①使用寿命短，表面涂刷颜料易褪色。

②单体效果差，表现自然方面往往受材质影响大；不能形象地表现自然山石的细节纹理。

③由于塑山材料自身的特性，使得塑山对自然环境的变化较为敏感。

④整体色调一致，立面色彩变化贫乏，不易表现山体层次。

8.4.2 各类塑山塑石工艺

8.4.2.1 砖石塑山

首先在拟塑山石土体外缘清除杂草和松散的土体，按设计要求修饰土体，沿土体外开沟做基础，其宽度和深度视基地土质和塑山高度而定；接着沿土体向上砌砖，要求与挡土墙相同，但砌砖时应根据山体造型的需要而变化，如表现山岩的断层、节理和岩石表面的凹凸变化等；再在表面抹水泥砂浆，进行面层修饰；最后着色。

塑山工艺中存在的主要问题，一是由于山的造型、皴纹等的表现要靠施工者手上功夫，因此对师傅的个人修养和技术的要求高；二是水泥砂浆表面易发生皲裂，影响强度和观瞻；三是易褪色。

8.4.2.2 钢筋混凝土塑山

(1)基础

根据基地土壤的承载能力和山体的重量，经过计算确定其尺寸大小。通常的做法是根据山体底面的轮廓线，每隔 4m 做一根钢筋混凝土桩基，如山体形状变化大，局部柱子加密，并在柱间做墙。

(2)立钢骨架

它包括浇注钢筋混凝土柱子，焊接钢骨架，捆扎造型钢筋，盖钢板网等。其中造型钢筋架和盖钢板网是塑山效果的关键之一，目的是为造型和挂泥之用。钢筋要根据山形做出自然凹凸的变化。盖钢板网时一定要与造型钢筋贴紧扎牢，不能有浮动现象。

(3)面层批塑

先打底，即在钢筋网上抹灰两遍，材料配比为水泥+黄泥+麻刀，其中水泥：沙为 1：2，黄泥为总重量的 10%，麻刀适量。水灰比 1：0.4，以后各层不加黄泥和麻刀。砂浆拌合必须均匀，随用随拌，存放时间不宜超过 1h，初凝后的砂浆不能继续使用。

(4)表面修饰

①皴纹和质感　修饰重点在山脚和山体中部。山脚应表现粗犷，有人为破坏、风化的

痕迹，并多有植物生长。山腰部分，一般在1.8~2.5m处，是修饰的重点，追求皴纹的真实，应做出不同的面，强化力感和棱角，以丰富造型。注意层次，色彩逼真。主要手法有印、拉、勒等。山顶，一般在2.5m以上，施工时不必做得太细致，可将山顶轮廓线渐收，同时色彩变浅，以增加山体的高大和真实感。

②着色　可直接用彩色配制，此法简单易行，但色彩呆板。另一种方法是选用不同颜色的矿物颜料加白水泥再加适量的107胶配制而成。颜色要仿真，可以有适当的艺术夸张，色彩要明快，着色要有空气感，如上部着色略浅，纹理凹陷部色彩要深。常用手法有洒、弹、倒、甩、刷的效果一般不好。

③光泽　可在石的表面涂过氧树脂或有机硅，重点部位还可打蜡。应注意青苔和滴水痕的表现，时间久了，还会自然地长出真的青苔。

④其他

种植池：种植池的大小应根据植物（含塑山施工现场土球）总重量决定其大小和配筋，并注意留排水孔。给排水管道最好塑山时预埋在混凝土中，做时一定要做防腐处理。在兽舍外塑山时，最好同时做水池，可便于兽舍降温和冲洗，并方便植物供水。

养护：在水泥初凝后开始养护，要用麻袋片、草帘等材料覆盖，避免阳光直射，并每隔2~3h洒水一次。洒水时要注意轻淋，不能冲射。养护期不少于半个月，在气温低于5℃时应停止洒水养护，采取防冻措施，如遮盖稻草、草帘、草包等。假山内部一切外露的金属均应涂防锈漆，并以后每年涂1次。

8.4.2.3　FRP塑山、塑石

FRP玻璃纤维强化塑胶（fiber glass reinforced plastics）的缩写，它是由不饱和聚酯树脂与玻璃纤维结合而成的一种重量轻、质地韧的复合材料。不饱和聚酯树脂由不饱和二元羧酸与一定量的饱和二元羧酸、多元醇缩聚而成。在缩聚反应结束后，趁热加入一定量的乙烯基单体配成黏稠的液体树脂，俗称玻璃钢。下面介绍191#聚酯树脂玻璃钢的胶液配方为：191#聚酯树脂70%；苯乙烯（交联剂）30%。加入过氧化环乙酮糊（引发剂），占胶液的4%；再加入环烷酸钴溶液（促进剂），占胶液的1%。先将树脂与苯乙烯混合，这时不发生反应，只有加入引发剂后，产生游离基才能激发交联固化，其中环烷酸钴溶液是促进引发剂的激发作用，达到加速固化的目的。

玻璃钢成型工艺有以下几种：

（1）席状层积法

利用树脂液、毡和数层玻璃纤维布，翻模制成。

（2）喷射法

利用压缩空气将树脂胶液、固化剂（交联剂、引发剂、促进剂）、短切玻纤同时喷射沉积于模具表面，固化成型。通常空压机压力为200~400kPa，每喷一层用辊筒压实，排除其中气泡，使玻纤渗透胶液，反复喷射直至2~4mm厚度。并在适当位置做预埋铁，以备组装时固定，最后再敷一层胶底，调配着色可根据需要。喷射时使用的是一种特制的喷枪，在喷枪头上有3个喷嘴，可同时分别喷出树脂液加促进剂；喷射短切20~60mm的玻纤树脂液加固剂，其施工程序如下：泥模制作→翻制模具→玻璃钢元件制作→运输或现场

搬运→基础和钢骨架制作→玻璃钢元件拼装→焊接点防锈处理→修补打磨→表面处理，最后罩以玻璃钢油漆。

这种工艺的优点在于成型速度快、薄、质轻，便于长途运输，可直接在工地施工，拼装速度快，制品具有良好的整体性。存在的主要问题是树脂液与玻纤的配比不易控制，对操作者的要求高，劳动条件差，树脂溶剂乃易燃品，工厂制作过程中有毒和气味，玻璃钢在室外是强日照下，受紫外线的影响，易导致表面酥化，故此其寿命为20~30年。但作为一个新生事物，它总会在不断地完善之中发展。

8.4.2.4 GRC 假山造景

GRC 指玻璃纤维强化水泥(glass fiber reinforced cement)，它是将抗碱玻璃纤维加入低碱水泥砂浆中硬化后产生的高强度的复合物。随着时代科技的发展，20 世纪 80 年代在国际上出现了用 GRC 造假山。它使用机械化生产制造假山石元件，使其具有重量轻、强度高、抗老化、耐水湿，易于工厂化生产，施工方法简便、快捷，成本低等特点，是目前理想的人造山石材料。用新工艺制造的山石质感和皴纹都很逼真，它为假山艺术创作提供了更广阔的空间和可靠的物质保证，为假山技艺开创了一条新路，使其达到“虽由人作，宛自天开”的艺术境界。

GRC 假山元件的制作主要有两种方法：一是席状层积式手工生产法；二是喷吹式机械生产法。现就喷吹式工艺简介如下。

(1)模具制作

根据生产“石材”的种类、模具使用的次数和野外工作条件等选择制模的材料。常用模具的材料可分为软模如橡胶模、聚氨酯模、硅模等；硬模如钢模、铝模、GRC 模、FRP 模、石膏模等。制模时应以选择天然岩石皴纹好的部位和便于复制操作为条件，脱制模具。

(2)GRC 假山石块的制作

该法是将低碱水泥与一定规格的抗碱玻璃纤维以二维乱向的方式同时均匀分散地喷射于模具中，凝固成型。喷射时应随吹射随压实，并在适当的位置预埋铁件。

(3)GRC 的组装

将 GRC“石块”元件按设计图进行假山的组装。焊接牢固、修饰、做缝，使其浑然一体。表面处理主要是使“石块”表面具憎水性，产生防水效果，并具有真石的润泽感。

8.4.2.5 CFRC 塑石

CFRC 指碳纤维增强混凝土(carbon fiber reinforced cement or concrete)。20 世纪 70 年代，英国首先制作了聚丙烯腈基(PAN)碳素纤维增强水泥基材料的板材，并应用于建筑，开创了 CFRC 研究和应用的先例。

在所有元素中，碳元素在构成不同结构的能力方面似乎是独一无二的。这使碳纤维具有极高的强度，高阻燃，耐高温，具有非常高的拉伸模量，与金属接触电阻低和良好的电磁屏蔽效应，故能制成智能材料，在航空、航天、电子、机械、化工、医学器材、体育娱乐用品等。工业领域中广泛应用。

CFRC 人工岩是把碳纤维搅拌在水泥中，制成的碳纤维增强混凝土，并用于造景工程。

CFRC 人工岩与 GRC 人工岩相比较，其抗盐侵蚀、抗水性、抗光照能力等方面均明显优于 RGC，并具抗高温、抗冻融干湿变化等优点。其长期强度保持力高，是耐久性优异的水泥基材料。因此，适合于河流、港湾等各种自然环境的护岸、护坡。由于其具有的电磁屏蔽功能和可塑性，因此可用于隐蔽工程等，更适用于园林假山造景、彩色路石、浮雕、广告牌等各种景观的再创造。

8.5 假山工程施工质量检测

8.5.1 园林假山工程施工质量检测基本标准

8.5.1.1 一般规定

①假山一般是指人为地利用自然纹理、自然风化的天然石材，按照一定比例和结构堆砌而成的高于 1.5m 并具有一定仿自然真山造型的石山。

②假山应在工序中统筹考虑给排水系统、灯光系统、植物种植的需要，提前做好分项工程技术交底。

8.5.1.2 主控项目检测标准

①假山地基基础承载力应大于山石总荷载的 1.5 倍；灰土基础应低于地平面 20cm，其面积应大于假山底面积，外沿宽出 50cm。

②假山设在陆地上，应选用 C20 以上混凝土制作基础；假山设在水中，应选用 C25 混凝土或不低于 M7.5 的水泥砂浆砌石块制作基础。根据不同地势、地质，有特殊要求的可做特殊处理。

③拉底石材应选用厚度大于 40cm、面积大于 $1m^2$的石块；拉底石材应统筹向背、曲折连接、错缝叠压。

④假山结构和主峰稳定性应符合抗风、抗震强度要求。

⑤叠山选用的石材应质地要求一致，色泽相近，纹理统一。石料应坚实耐压，无裂缝、损伤、剥落现象。

⑥石山主体山石应错缝叠压、纹理统一；每块叠石的刹石不少于 4 个受力点且不外露；跌水、山洞山石长度不小于 1.5m，厚度不小于 40cm；整块大体量山石无倾斜；横向悬挑的山石悬挑部分应小于山石长度的 1/3；山体最外侧的峰石底部灌 1∶3 水泥砂浆。

8.5.1.3 其他规定

①勾缝应满足设计要求，做到自然、无遗漏。如设计无说明，则用 1∶3 水泥砂浆进行勾缝，砂浆色泽应与石料色泽相近。

②叠山山体轮廓线应自然流畅协调，观赏效果满足设计要求。

8.5.2 园林假山工程施工质量检测具体标准

8.5.2.1 一般规定

本详细标准适用于假山堆筑、土山点石、塑山塑石项目。

假山置石工程项目划分见表 8-1 所列。

表 8-1 假山置石工程分部分项工程

序号	分部工程名称	分项工程名称
1	基础工程	土方工程、灰土工程、混凝土工程
2	主体工程	假山底部工程、普通叠石与点石、假山山洞主体工程、孤赏峰石、塑山塑石工程

8.5.2.2 假山叠石土方及基础工程检测标准

(1)土方工程

①主控项目　基础开挖必须至老土，基底土层不得有阴沟、基窟等现象。

②一般项目　槽底应平整。

槽底允许偏差应符合表 8-2 规定。

表 8-2 假山槽底允许偏差及检验方法

序号	项目	允许偏差(mm)	检验频率		检验方法
			范围(m^2)	点数	
1	平整度	20	30	2	用 3m 直尺量取最大值
2	槽底尺寸	20	30	2	用 3m 直尺量取最大值

(2)灰土工程

①主控项目　严禁使用未消解石灰。

②一般项目　灰土应拌和均匀，最大的土块粒径不得大于 50cm。灰土应夯实，密实度应大于 90%。

灰土工程允许偏差应符合表 8-3 的规定。

表 8-3 灰土工程允许偏差及检验方法

序号	项目	允许偏差(mm)	检验频率		检验方法
			范围(m^2)	点数	
1	厚度	+20	30	2	用尺量
2	平整度	10	30	2	用尺量
3	宽度	+20	30	2	用尺量

检验方法为尺量，检查材料合格证及复检报告。

(3)混凝土基础工程

①主控项目　基础尺寸和混凝土强度必须符合设计要求。

②一般项目　单块高度大于 1.2m 的假山与地坪、墙基黏接处必须用混凝土窝脚，塑山与围墙的基础必须分开。

水中堆砌山石的基础应与水池底面混凝土同时浇筑，形成整体。一般项目平地堆砌，基础顶面应低于地平面 20cm 以下。混凝土基础工程允许偏差应符合表 8-4 的规定。

检查方法为尺量，检查材料合格证、复检及强度报告。

表 8-4 混凝土基础工程允许偏差及检验方法

序号	项目	允许偏差(mm)	检验频率		检验方法
			范围(m^2)	点数	
1	厚度	+20，-5	30	2	用尺量
2	宽度	5	30	2	用尺量

8.5.2.3 假山及置石主体工程检测标准

(1)假山底部工程

一般规定本项目适用于大型假山主体与基础结合部新铺置的最底层自然山石工程。

①主控项目　山石强度必须符合设计要求。严禁使用风化石材。

②一般项目　底石材料应块大、坚实耐压。

底脚轮廓线应曲折、错落。

底石结构应紧连互咬，接口紧密，重心稳定，整体性强，及时用小石块密实填充石间空隙。

基石应大而水平面向上，保持重心稳定。

底石应铺满基础。

③检验方法　观察。

④检查数量　全数检查。

(2)普通叠石与点石

一般规定本项适用于土山点石和假山叠石的一般山石堆筑项目。

①主控项目　山石选材应符合设计要求。石料不得有明显的裂缝、损伤、剥落现象。

②一般项目　同一山形选用石料应质地、品种一致，色泽基本一致。

不同石块叠接应衔接自然，石形走向及纹理一致。

石块嵌缝应密实、光滑，外观无明显痕迹，缝宽不得超过 2cm。

上下石相接时，下表面应平整。

悬挑部分必须以钢筋或铁件进行钩托，保证稳固。钢筋和铁件做防腐处理。

采用叠石和片石，叠石用料单块大于 200kg 的石头的总重量应大于 80%；单块小于 50kg 的石头的总重量应小于 5%；采用片石、叠石用料大于 100kg 的石头总重量应大于 50%；单块小于 30kg 的石头的总重量应小于 20%。

用于挡土护坡等具有功能要求的景石。

当堆筑墙前壁下的壁石时，石块与墙体之间应留有空当，山石不得倚墙、欺墙。山石与墙体之间不得有积水现象。

③检验方法　观察。

④检查数量　全数检查。

(3)假山山洞主体工程

①主控项目　主体工程必须符合设计要求，截面符合结构需要。

假山结构必须安全稳固，悬挑石块必须采用钢筋、铁件等进行勾托，确保安全。钢筋和铁件做防腐处理。

②一般项目　山洞结构合理安全。黄石、青石等墩状山石宜采用梁柱式结构，湖石宜

采用券拱式结构，片石宜采用挑梁式结构。

造型良好，山势起伏有致，山洞曲折蜿蜒。

整体性良好，无明显灰缝。

大型山洞不得出现渗漏现象。

③检验方法　观察。

④检查数量　全数检查。

(4)孤赏峰石

一般规定本项目适用于体量较大的特置山石。

①主控项目　必须轮廓线突出，姿态多变，造型优美色彩突出，不同于周围的一般山石。

孤赏峰石必须采用混凝土浇筑或石榫头稳固，当采用石榫头稳固时，石榫头必须位于重心线上。

②一般项目　峰石体量应与环境相协调。

采用石榫头稳固的峰石，石榫头直径不应过小，周围石边留 3cm 为宜，石榫头长以 15~25cm 为宜，以保证安装稳定。

石榫头与石眼结合应以黏合材料填充密实。

③检验方法　观察。

④检查数量　全数检查。

(5)塑山塑石工程

一般规定本项目适用于混凝土、玻璃钢、有机树脂、GRC 假山材料等进行塑筑山石的工程项目。

①主控项目　支架的梁柱支撑等应符合设计要求，保证安全及稳固性；塑筑砂浆强度符合设计要求。

喷涂必须采用非水溶性颜料。

单体山石面积超过 2m 的塑石面层结构，必须铺设钢丝网。

②一般项目　支撑体系的框架密度应适当，使框架外形符合设计要求的山石的形状。

钢丝网与基架应绑扎牢固。

塑筑砂浆当设计无要求时，应在水泥砂浆中加入纤维性附加料，防止裂缝。

塑筑山石形体应符合设计要求。

山石面层应质感良好、纹理清晰逼真、色泽自然，符合自然山石的规律。

③检验方法　观察。

④检查数量　全数检查。

实践教学

实训 8-1　假山模型制作

一、实训目的

理解假山堆叠的技法，掌握假山模型制作方法。

二、材料及用具

假山施工图(平面图、立面图、节点大样图等)、假山石(可选英德石、砂积石、千层石等)ϕ5~15cm、假山模型底盘50cm×60cm(根据条件选用木质底盘或不锈钢底盘)、小木锤等。

三、方法及步骤

1. 根据假山平面图在底盘上进行定位，设定合理比例，描绘出假山底平面轮廓。

2. 确定假山主峰位置，选择合适石料先完成该区域的假山堆叠任务。按照假山起脚、立柱支撑、过洞、封顶的步骤进行。

3. 由主峰区域往四周延伸。

4. 回土，栽种小植物。

5. 修饰细节(修饰山脚、布置苔藓)。

四、考核评价

序号	考核项目	评价标准				等级分值			
		A	B	C	D	A	B	C	D
1	假山图纸完整、比例准确、注释清楚	优秀	良好	一般	较差	20	16	14	12
2	叠石注意同质、同色、接形、合纹，整体性强	优秀	良好	一般	较差	30	26	20	16
3	工序合理、山形美观，植物配置比例协调	优秀	良好	一般	较差	30	26	20	16
4	小组分工明确，组织协调	优秀	良好	一般	较差	20	16	12	10
考核成绩(总分)									

五、作业

完成假山模型制作。

实训8-2 塑山模型制作

一、实训目的

掌握塑山制作流程及技术要点。

二、材料及用具

假山施工图(平面图、立面图、节点大样图等)、轻质黏土(或橡皮泥、泡沫塑料等)、细铁丝、细铁丝网、泥塑工具、KT板、操作工具等。

三、方法及步骤

1. 假山定位。根据图纸比例换算适当底板大小，然后在底板上进行定位，描绘出假山底平面轮廓。

2. 制作假山骨架。用铁丝制作假山骨架，应注意假山的特征，在变化明显的地方一定要有相应的骨架结构。

3. 绑扎铁丝网。在完成的假山骨架上绑扎铁丝网，操作时注意要将铁丝网绑紧，与假山骨架贴合，不应有松动离散的现象。

4. 批塑假山形体。将塑面材料按照假山的形状分层贴到绑扎好的铁丝网上，塑形时可以将材料先摊薄为片状，分层进行塑形。

5. 修饰细节。整体形状完成后，用刻刀或其他工具在表面做出假山罅隙、皴纹等，力求自然协调。

四、考核评价

序号	考核项目	评价标准				等级分值			
		A	B	C	D	A	B	C	D
1	塑山图纸完整、比例准确，注释清楚	优秀	良好	一般	较差	30	24	18	12
2	塑山结构合理、比例适宜	优秀	良好	一般	较差	10	8	6	4
3	塑山面层纹理效果好、拟真度高	优秀	良好	一般	较差	40	32	24	16
4	小组分工明确，组织协调	优秀	良好	一般	较差	20	16	12	8
考核成绩(总分)									

五、作业

完成塑山模型制作。

单元小结

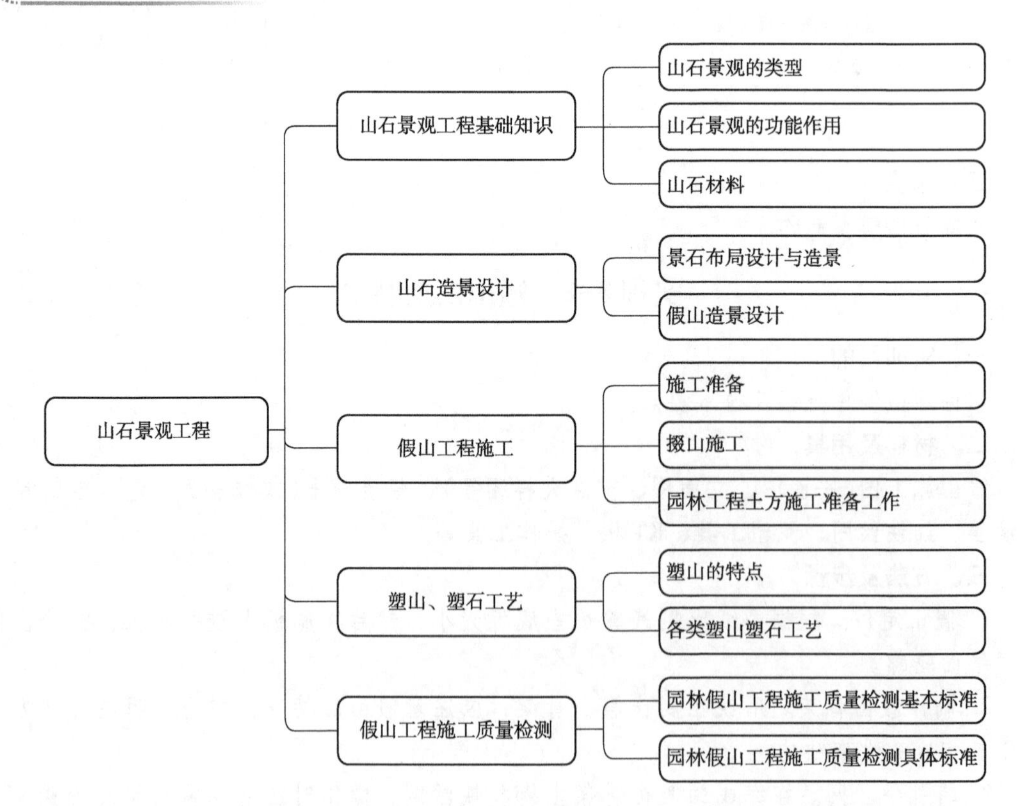

知识拓展

假山虽有峰、峦、洞、壑等各种组合单元的变化，但就山石相互之间的结合而言却可概括为10多种基本的形式(图8-39)。

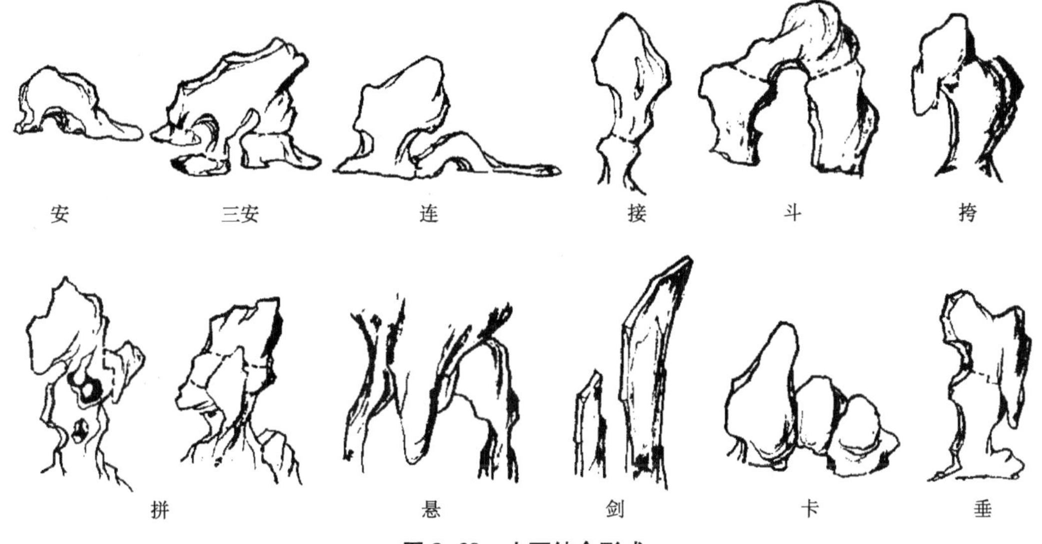

图8-39 山石结合形式

1. 安

"安"指安放和布局，既要玲珑巧安，又要安稳求实。安石要照顾向背，有利于下一步石头的放置。放置一块山石叫作"安"一块山石。特别强调这块山石放下去要稳。其中又分单安、双安和三安。

2. 连

山石之间水平向衔接称为"连"。"连"要求从假山的空间形象和组合单元来安排，要"知上连下"，有宾有主，摆布高低，既可一组，也可延伸出去，从而产生前后左右参差错落的变化，同时又要符合皴纹分布的规律。犹如拔地数仞，又有连绵不断的气韵。

3. 接

山石之间竖向衔接称为"接"。"接"既要善于利用天然山石的茬口，又要善于补救茬口不够吻合的所在。最好是上下茬口互咬，纹理相通，同时不因相接而破坏了石的美感。接石要根据山体部位的主次依皴结合。一般情况下是竖纹和竖纹相接，横纹和横纹相接。但有时也可以以竖纹接横纹，形成相互间既有统一又有对比衬托的效果。

4. 斗

"斗"指发券成拱，创造腾空通透之势。置石成向上拱状，两端架于二石之间，腾空而起。拱状叠置，腾空而立，如洞谷又不是洞谷，形体环透，构筑别致，如自然岩石之环洞或下层崩落形成的孔洞。北京故宫乾隆花园第二进庭院东部偏北的石山上，可以明显地看到这种模拟自然的结体关系，一条山石蹬道从架空的谷间穿过，为游览增添了不少险峻的气氛。

5. 挎

指顶石弯倒斜出，悬垂挂石，如山石某一侧面过于平滞，可以旁挎一石以全其美，称为“挎”。挎石可利用茬口咬压或上层镇压来稳定。必要时加钢丝绕定。钢丝要藏在石的凹纹中或用其他方法加以掩饰。一竖一挂，凌空而立，如同悬崖绝壁，造成山水风景的险峻，使人感到有绝岩之美。

6. 拼

“拼”指聚零为整，欲拼石得体，必须熟知风化、解理、断裂、溶蚀、岩类、质色等不同特点，只有相应合皴，才可拼石对路，纹理自然。例如，在缺少完整石材的地方需要特置峰石，也可以采用拼峰的办法。例如，南京莫愁湖庭院中有两处拼峰特置，上大下小，有飞舞势，俨然一块完整的峰石，但实际上是数十块零碎的山石拼掇成的。实际上这个“拼”字也包括了其他类型的结体，但可以总称为“拼”。

7. 悬

在下层山石内倾环拱形成的竖向洞口下，插进一块上大下小的长条形的山石。由于上端被洞口扣住，下端便可倒悬当空。多用于湖石类的山石模仿自然钟乳石的景观。黄石和青石也有“悬”的做法，但在选材和做法上区别于湖石。它们所模拟的对象是竖纹分布的岩层，经风化后部分沿节理面脱落所剩下的倒悬石体。

悬与垂：悬与垂凌空倒挂，方能成悬；主峰而立，另侧挂灵巧之石，谓之垂。章法简要，却又非常奏效。

8. 剑

剑是以竖长形象取胜的山石直立如剑的做法。峭拔挺立，有刺破青天之势。多用于各种石笋或其他竖长的山石。北京西郊所产的青云片亦可剑立。现存礼王府中之庭园以青石为剑，很富有独特的性格。立剑可以造成雄伟昂然的景象，也可以作成小巧秀丽的景象。因境出景，因石制宜。作为特置的剑石，其地下部分必须有足够的长度以保稳定。一般石笋或立剑都宜自成独立的画面，不宜混杂于他种山石之中，否则很不自然。就造型而言，立剑要避免“排如炉烛花瓶，列似刀山剑树”。假山师傅立剑最忌“山、川、小”，即石形像这几个字那样对称排列就不会有好效果。峰石峻拔而立，突兀宛转，又如同拔地而起，如再合理地配以古松花树，常成为耐人寻味的园林小景，苏州天平山“万笏朝天”的景观就是“剑”所宗之本。

9. 卡

下层由两块山石对峙形成上大下小的楔口，再于楔口中插入上大下小的山石，这样便正好卡于楔口中而自稳。承德避暑山庄烟雨楼侧的峭壁山，以“卡”做成峭壁山顶。结构稳定，外观自然。“卡”有两层含义，一是用小石卡住大石之间隙以求稳固；二是特选大块落石卡在峡壁石缝之中，呈千钧一发、垂石欲堕之势，兼有加固与造型之功。

10. 垂

从一块山石顶面偏侧部位的企口处，用另一山石倒垂下来的做法称“垂”。悬和垂很容易混淆，但它们在结构上受力的关系是不同的。垂主要指峰叠石，有侧垂、悬垂等做法。

11. 挑

挑又称出挑，即上石挑伸于下石之外侧，但要保证上石之重心线穿过下石，并用数倍重力镇压于石山内侧的做法。上大下小，上伸下缩，数石相叠。其顶部间一面或两侧上翘或平出，腾空而出，姿如飞舞。常用单挑、重挑、担挑，形成优美的石景。假山中之环、岫、洞、飞梁，特别是悬崖都基于这种结体的形式。如果挑头轮廓线太单调，可以在上面接一块石头来弥补。这块石为“飘”。挑石每层约出挑相当于山石本身重量1/3的长度。从现存园林作品中看，出挑最多的约有2m。“挑”的要点是求浑厚而忌单薄，要挑出一个面才显得自然。因此要避免直线地向一个方向挑。再就是巧安后坚的山石，使观者但见“前悬”而不一定观察到后坚用石。在平衡重量时应把前悬山石上面站着人的荷重也估计进去，使之“其状可骇”而又“万无一失”。

12. 飘

与挑差异之处是挑石的挑头又叠一石。挑头点置一石更增加挑的变化，如静中有动的飘云，有着极美好的姿势。飘分为单飘、双飘、压飘、过梁飘。

13. 撑

撑或称戗，即用斜撑的力量来稳固山石的做法。要选取合适的支撑点，使加撑后在外观上形成脉络相连的整体。扬州个园的夏山洞中，作撑以加固洞柱并有余脉之势，不但解决了结构和景观的问题，而且利用支撑山石组成的透洞采光，很合乎自然之理。苏州大石山的“仙桥”就是撑的自然风貌。

自主学习资源库

1. 叠石造山的理论与技法．方惠．中国建筑工业出版社，2005.
2. 中国古典园林史．周维权．清华大学出版社，2003.
3. 扬州画舫录．李斗．中华书局，2007.
4. 园林工程．孟兆祯，毛培琳，黄庆喜．中国林业出版社，2001.
5. 江南园林志．童寯．中国建筑工业出版社，1984.
6. 风景园林工程．梁伊任，瞿志，王沛永．中国林业出版社，2010.
7. 景观与景园建筑工程规划设计．吴为廉．中国建筑工业出版社，2005.
8. 山水景观工程图解与施工．陈祺．化学工业出版社，2008.

自测题

1. 说明假山用石材的类别与特点。
2. 说明湖石类面材的开采和运输的注意点。
3. 在置石施工中，为什么要进行相石？
4. 假山叠石工程中，对土质山体有哪些质量要求？
5. 说明石假山的基本特点。
6. 拼叠山石有哪些基本原则？
7. 假山堆叠中有哪几种技法？并说出相应的用途。
8. 简述铁件加固件在假山堆筑时的注意事项。
9. 石假山施工准备工作有哪些内容？

10. 简述石假山基础施工的基本要求。
11. 分别说明拉底、起脚的施工特点与要求。
12. 石假山主体部分堆叠施工中有哪些技术要点和技术措施?
13. 如何做好石假山的收顶施工?
14. 假山的装饰工程有哪些工作内容?如何做相应的工作?
15. 简述石假山工程质量检验的基本内容与相应的要求。

单元 9 园林供电及景观照明工程

知识目标

(1)了解园林供电配电基本知识;
(2)理解园林照明的基本理论知识;
(3)掌握园林景观照明施工图纸的识别方法;
(4)掌握园林景观照明施工的流程与方法。

技能目标

(1)能看懂园林景观电路施工图纸;
(2)能够根据不同的园林照明特点制订简单的园林景观照明施工方案;
(3)能组织简单的园林景观照明施工。

素质目标

(1)培养学生一丝不苟的学习态度;
(2)培养学生安全施工意识;
(3)培养学生团队协作精神。

9.1 园林供电及景观照明基础知识

园林景观照明不仅是为游人提供明亮的游憩环境，满足人们夜间游园、节日庆祝活动及安全工作等功能要求，还与园景密切相关。通过科学合理的照明设计，能够创造园林丰富多彩的景观效果，是园林造景的现代化手段之一。随着照明技术与材料的不断发展，夜景照明的范围与内涵得到了进一步扩展。在当今园林景观中夜景照明已经成为必不可少的重要内容，各地的“亮化美化”工程无一不是这种造园方式的具体体现。从夜景照明的功能与作用来看，园林景观照明既有普通照明的共性，又有其自身的特殊性。在进行园林景观照明及供电工程施工时，需要掌握一定的基础知识，从而较好地完成相关工作(图 9-1)。

图 9-1　园林夜景照明

9.1.1　园林供电基础知识

园林绿地用电，既要有动力电（如电动游艺设施、喷水池、喷灌以及电动机具等），又要有照明用电。一般来说，园林照明用电多于动力用电，并且园林景观照明用电是构成园林用电的主要部分。

9.1.1.1　交流电源

交流电是指电流方向随时间作周期性变化的电流。以交流电的形式产生电能或供给电能的设备称为交流电源，如发电厂的发电机、公园内的配电变压器、室内的电源插座等。园林供电的电源基本上都来自地区电网，园林照明、喷泉、喷灌、游艺设施等都采用的是交流电源。我国的电力标准频率为 50Hz 频率、幅值相同而相位互差 120°的 3 个正弦电动势按照一定的方式连接而成的电源，并接上负载形成的三相电路，就称为三相交流电路。三相交流电压是由三相发电机产生的。

在三相低压供电系统中，最常采用的便是“380/220V 三相四线制供电”（图 9-2、图 9-3），即由这种供电制可以得到三相 380V 的线电压（多用于三相动力负载），也可以得到单相 220V 的相电压（多用于单相照明负载及单相用电器），这两种电压供给不同负载的需要。

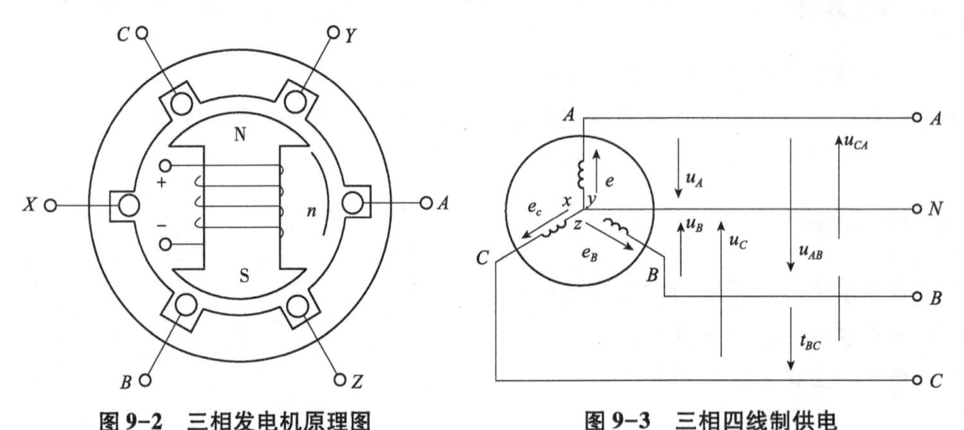

图 9-2　三相发电机原理图　　图 9-3　三相四线制供电

9.1.1.2　供电电压

照明线路的供电电压，对配电方式及线路敷设费用都有较大影响。当负荷相同时，如采用较高的电压等级，线路负荷电流便相应减小，因而就可以选用较小截面的导线。我国的配电网络电压，在较低的交流电压范围内的标准等级为 500V、380V、220V、127V、110V、36V、24V、12V 等。一般照明用的白炽灯电压等级主要有 220V、127V、110V、36V、24V、12V 等。荧光灯的适用网络电压为 220V、110V，其他光源的额定网络电压常为 220V。所谓光源的电压是指对光源供电的网络电压，不是指灯泡（灯管）两端的电压。供电电压必须符合标准的网络电压等级和光源的电压等级。从安全角度出发，照明的电源电压一般需要符合下列规定：

①在正常环境中，一般照明电压应采用220V。

②在有触电危险的场所，如地面潮湿或周围有许多金属结构并且容易触及的房间，当灯具的安装高度离地面小于2.4m时，无防止触及措施的固定式或移动式照明的供电电压，不宜超过36V。

③手提灯的供电电压不应超过24V。在环境条件极为恶劣的场所，如由于工作面狭窄或工作人员需在金属环境下工作有触电危险时，移动照明电源电压不得超过12V。

9.1.1.3 供电与配电

发电厂所产生的电能和用户使用的电能，两者在空间上是分离的。所以，必须通过电力系统来输送和分配电能，满足产生于使用之间的关系(图9-4)。

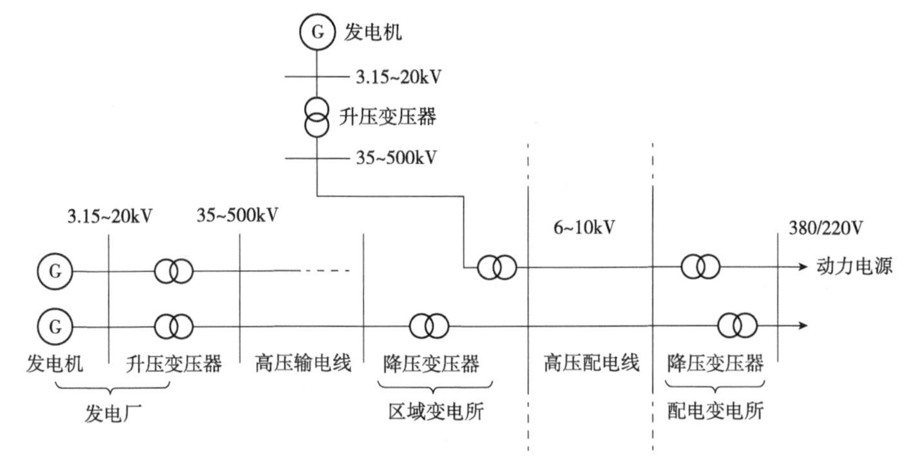

图9-4 送配电过程示意

电力系统是由发电厂、电力网和用电设备组成的统一体。电力网包括设变电所、配电所以及各种电压等级的电力路线。其中的变电所、配电所是为了实现电能的经济输送以及满足用电设备对供电质量的要求，对发电机的端电压进行多次变换而进行变换电压、电能接收和分配的场所。

根据变换电压的任务不同，将低电压变为高电压的称为升压变电所，一般设置于发电厂厂区内；而将高电压变换成低电压的称为降压变电所，一般设置于靠近电能服务的中心地点。

单纯用来接收和分配电能电压的场所称为配电所，一般设置于用户的建筑物内部。

我国规定，通常把1kV及以上的电压称为高电压，而1kV以下的电压称为低电压。一般园林的用电均为380/220V三相四线制供电方式。但需特别提出的是所谓低压只是相对高压而言，决不说明它对人身没有危险。

在我国的电力系统中，220kV以上电压等级都用于大电力系统的主干线，输送距离在几百千米；110kV的输送距离在100km左右；35kV电压输送距离为30km左右；而6~10kV为10km左右，一般城镇工业与民用用电均由380/220V三相四线制供电。

9.1.1.4 配电变压器

变压器是电力系统中输电、变电、配电时用以改变电压、传输电能的设备，其种类很多，功能各异，配电变压器是其中的一种。配电变压器是电力系统的末级变压器，是直接向用户提供所需电压的设备。

在配电变压器的铭牌中，制造厂对设备的特点、额定参数和使用条件都做了具体的规定电压(图9-5)。在铭牌规定值运行，称为额定运行。配电变压器的技术参数中，主要为额定容量和额定电压。额定功率是指变压器在额定工作条件下的输出能力，以视在功率(kV·A)表示。对三相变压器的额定容量为三相容量之和，标准规定为若干等级。额定电压是指变压器运行时的工作电压，以V或kV表示，一般的常用变压器，高压侧电压为6300V、1000V等，而低压侧电压为230V、400V等。

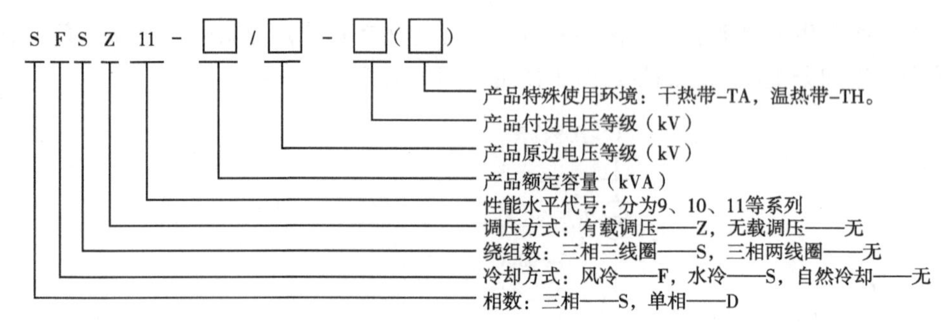

图9-5 配电变压器型号示意

9.1.1.5 电线电缆

电线电缆是指用于电力、通信及相关传输用途的材料。电线电缆主要包括裸线、电磁线及电机电器用绝缘电线、电力电缆、通信电缆与光纤光缆。电线和电缆没有严格的界限。通常将芯数少、产品直径小、结构简单的产品称为电线，没有绝缘的称为裸线，其他的称为电线；导体截面较大的(大于6mm^2)称为大电线，较小的称为小电线。

能长期安全可靠地传输在容量电能的绝缘电线称为电力电缆。电力电缆是导体外包有优质绝缘材料并有各种保护层的电缆。园林供电工程中主要使用电缆，其优点是不受外界环境影响，供电可靠性高，不占用土地，有利于环境美观。缺点是材料和安装成本较高。

电缆敷设方式有直埋、电缆沟、排管、架空等，直埋电缆必须采用有铠装保护的电缆、埋设深度不小于0.7m；电缆敷设应选择路径最短、转弯最少、少受外界因素影响的路线。地面上在电缆转弯处或进建筑物处要埋设标示桩，以备日后施工维护时参考。

电缆的基本结构由线芯、绝缘层和保护层三部分组成(图9-6、图9-7)。线芯导线要有良好的导电性能，以减少输电时线路上能量的损耗；绝缘层的作用是将线芯导体间及保护层隔离，因此必须绝缘性能、耐热性能良好；保护层又可分为内护层和外护层两部分，用来保护绝缘层使电缆在运输、贮存、敷设和运行中，绝缘层不受外力的损伤和防止水分侵入，故应有一定的机械强度。在油浸纸绝缘电缆中，保护层还有防止绝缘油外流的作用。

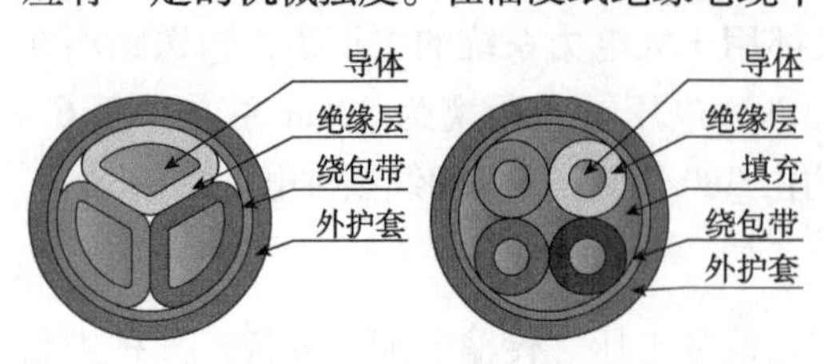

图9-6 非铠装类电缆

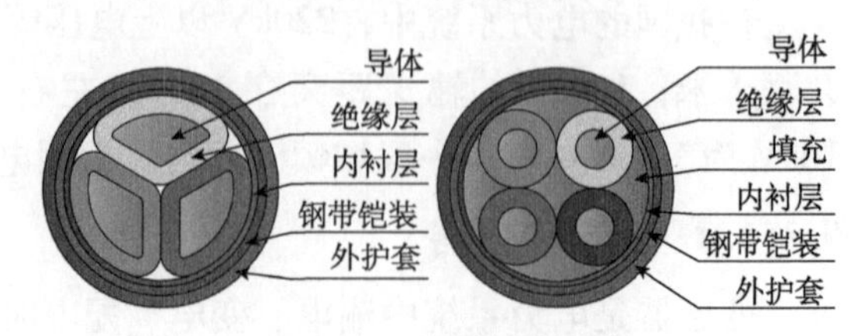

图9-7 铠装类电缆

我国生产的电缆产品型号由几个大写汉语拼音字母和阿拉伯数字组成，用字母表示电缆的类别、导体材料、绝缘种类、内护套材料、特征，用阿拉伯数字表示铠装层和外护层类型，如图9-8所示。

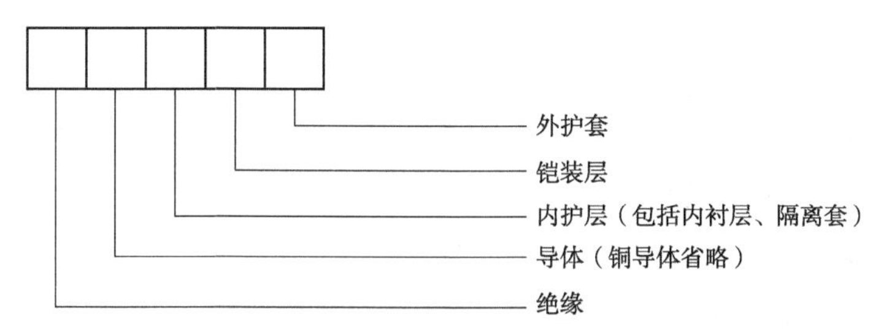

图9-8　电缆编号格式示意

例如，ZQ21表示油浸纸绝缘、铜芯、铅套、双钢带铠装、纤维线外被套。表9-1、表9-2表明电缆编号的意义。

表9-1　电缆型号字母表含义

类别	导体	绝缘	内护套	特征
B：电力电缆（可省略） K：控制电缆 P：信号电缆 YT：电梯电缆 U：矿用电缆 Y：移动式软缆 H：室内电话缆 UZ：电钻电缆 DC：电气化车辆用电缆	T：铜线（可省略） L：铝线	Z：油浸纸 X：天然橡胶 (X)D：丁基橡胶 (X)E：乙丙橡胶 V：聚氯乙烯 Y：聚乙烯 YJ：交联聚乙烯 E：乙丙胶	Q：铅套 L：铝套 H：橡套 (H)P：非燃性 HF：氯丁胶 V：聚氯乙烯护套 Y：聚乙烯护套 VF：复合物 HD：耐寒橡胶	D：不滴油 F：分相 CY：充油 P：屏蔽 C：滤尘用或重型 G：高压

表9-2　外护层代号含义

第一数字		第二数字	
代号	铠装层类型	代号	外护层类型
0	无	0	无
1	钢带	1	纤维线包
2	双钢带	2	聚氯乙烯护套
3	细圆钢丝	3	聚乙烯护套
4	粗圆钢丝	4	—

电缆型号复杂，需要根据不同场合认真选择，具体编号方式和字符可根据相应的国家规范确定。

9.1.1.6　负荷分级及供电要求

根据《供配电系统设计规范》(GB 50052—2009)，对供电可靠性的要求及中断供电在对人身安全、经济损失上所造成的影响程度分为3级，即一级负荷、二级负荷、三级负荷。

符合下列情况之一时，应视为一级负荷：中断供电将造成人身伤害时；中断供电将在经济上造成重大损失时；中断供电将影响重要用电单位的正常工作。

在一级负荷中，当中断供电将造成人员伤亡或重大设备损坏或发生中毒、爆炸和火灾等情况的负荷，以及特别重要场所的不允许中断供电的负荷，应视为一级负荷中特别重要的负荷。

符合下列情况之一时，应视为二级负荷：中断供电将在经济上造成较大损失时；中断供电将影响较重要用电单位的正常工作。

不属于一级负荷和二级负荷者应为三级负荷。

9.1.1.7 照明线路的供电方式

总配电箱到分配电箱的干线有放射式、树干式和混合式 3 种供电方式，如图 9-9 所示。

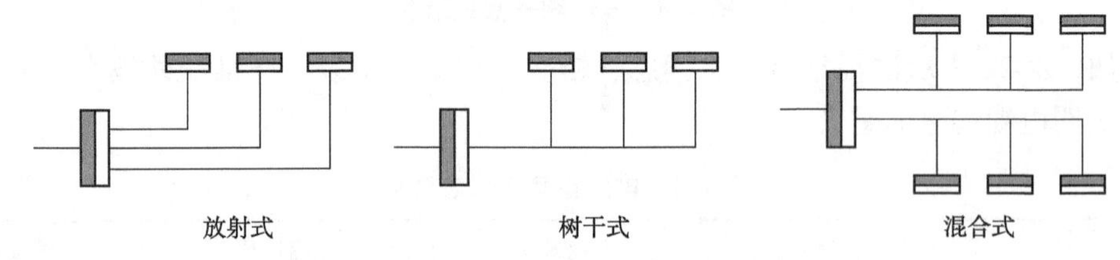

图 9-9 总配电箱到分配电箱的干线供电方式

(1)放射式

各分配电箱分别由各干线供电。由变压器的低压端引出低压主干线至各个主配电箱，再由每个主配电箱各引出若干条支干线，连接到各个分配电箱。最后由每个分配电箱引出若干小支线，与用户配电板及用电设备连接起来。这种线路分布是呈三级放射状的，供电可靠性高，但线路和开关设备等投资较大，较适合用电要求比较严格、用电量也比较大的用户地区。

(2)树干式

从变压器引出主干线，再从主干线上引出若干条支干线，从每一条支干线上再分出若干支线与用户设备相连。这种线路呈树木分枝状，减少了许多配电箱及开关设备，投资较少。但是，若主干线出故障，则整个配电线路都不能通电，所以，这种形式用电的可靠性不太高。

(3)混合式

采用上述两种以上形式进行线路布局，构成混合了几种布置形式优点的线路系统。例如，在一个低压配电系统中，对一部分用电要求较高的负荷，采用局部的放射式或环式线路，对另一部分用电要求不高的用户，则可采用树干式局部线路。整个线路则构成了混合式线路。

9.1.2 照明的相关概念及技术参数

景观照明的视觉表现是一个复杂的系统，在设计或者评价一个景观环境照明时，通常要考虑相关的一些技术参数，如照度、发光强度、亮度、眩光及视觉敏锐度等。

9.1.2.1 光通量

光通量是指单位时间内光源发出可见光的总能量，单位为流明(lm)。例如，一个发光体发出波长为 555nm 黄绿色光时，其辐射基功率为 1W 时，它所发出的光通量为 683lm。

100W 的普通白炽灯发光通量为 1400lm，70W 的低压钠灯发光通量为 6000lm。

9.1.2.2 照度

照度是指受到照射平面上接受的光通量的面密度，用符号 E 表示。单位为勒克斯(lx)。照度是决定物体明亮程度的间接指标；在一定范围内，照度增加，视觉能力也相应提高。

9.1.2.3 发光强度

点光源在给定方向的发光强度，是光源在这一方向上立体角元内发射的光通量与该立体角元之商，用符号 I 表示，单位为坎德拉(cd)。发光强度常用于说明光源和照明灯具发出的光通量在空间各方向或在选定方向上的分布密度。

9.1.2.4 亮度

光源或受照物体反射的光线进入眼睛，在视网膜上成像，使人能够识别它的形状和明暗。亮度是一单元表面在某一方向上的光强密度。它等于该方向上的发光强度与此面元在这个方向上的投影面积之商，用符号 L 表示，单位是 cd/cm^2 或 fL($1fL=3.426cd/m^2$)。亮度是观察者看到的，环境中的道路、停车场、广场等经过照明会变成水平方向的亮度表面；而建筑的立面、构筑物、雕塑以及树木等经过照明会变成垂直方向的亮度表面。各种亮度表面构成了夜间的园林景观。

9.1.2.5 眩光

眩光可能使人看不清目标物体，使人感到视觉不舒适，或使人感到不快。眩光表现出失能眩光(光幕)、不适眩光和干扰眩光 3 类。失能眩光是由于杂散光进入人眼从而降低视网膜上影像的对比度而造成的。不适眩光是由视野中过强的亮度对比或亮度分布不均匀造成的。

9.1.2.6 色温

色温是灯的色表的定量指标。光源的发光颜色与温度有关。光源的发光颜色与黑体(指能吸收全部沟通的物体)加热到某一温度所发出的颜色相同时的温度，就称为该光源的颜色温度，简称色温。单位用绝对温标 K 表示。例如，白炽灯的色温为 2400~2900 K；LED 的色温为 2700~6000 K。

9.1.2.7 显色性与显色指数

当某种光源的光照射到物体上时，所显现的色彩不完全一样，有一定的失真度。这种同一颜色的物体在具有不同光谱的光源照射下，显出不同的颜色的特性，即光源的显色性。它通常用显色指数(Ra)来表示光源的显色性。显色指数越高，颜色失真越少，光源的显色性就越好。国际上规定参照光源的显色指数为 100，常见光源的显色指数及评价见表 9-3、表 9-4 所列。

表 9-3 常见光源显色指数

光源	显色指数(Ra)	光效	功率因数($\cos\psi$)
白炽灯	95~99	6.5~19	1
卤钨灯	95~99	19.5~21	1
荧光灯	70~80	25~67	0.33~0.7

（续）

光源	显色指数(Ra)	光效	功率因数($\cos\psi$)
荧光高压汞灯	30~40	30~50	0.44~0.67
高压钠灯	20~25	90~100	0.44
金属卤化物灯	65~85	60~80	0.4~0.01
管形氙灯	90~94	20~37	0.4~0.9
LED	70~80	90~110	

表 9-4 显色指数与显色性评价

显色指数(Ra)	等级	显色性评价	一般应用
90~100	1A	优良	需要色彩精确比对与检测的场合
80~89	1B	优良	需要色彩正确判断及表达的场合
60~79	2	普通	需要中等显色性的场合
40~59	3	普通	显色性要求较低，但色差不可过大的场合
20~39	4	较差	显色性不重要，明显色差也可以接受的场合

9.1.3 园林景观照明的电光源分类及应用

9.1.3.1 光源分类

根据光源发光特性，园林中使用的电光源有如下分类。

(1)热辐射光源

利用金属灯丝通电加热到白炽状态而辐射发光，如白炽灯和卤钨灯。这类光源的优点主要为显色性好、可即开即关、可使用于较低电压的电源上、可以调光、品种规格多、选择余地大等(图 9-10、图 9-11)。

图 9-10 白炽灯

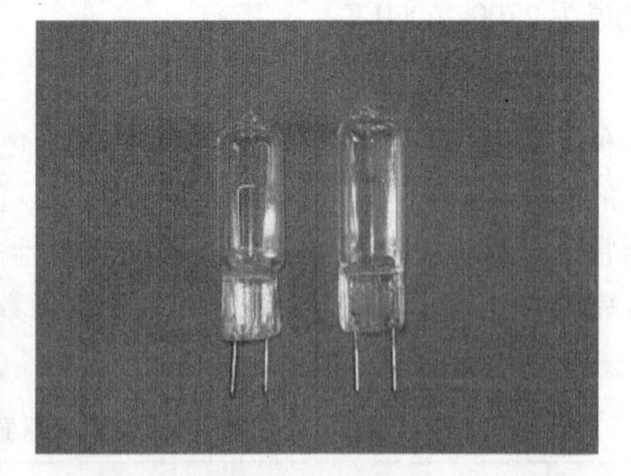

图 9-11 卤钨灯

(2)气体放电光源

利用气体放电辐射发光原理制造的光源，如高压汞灯、氙灯、荧光灯等。气体放电光源的优点主要为灯效高、寿命长、品种多、特色性明显与多样(图 9-12、图 9-13)。

图9-12　荧光灯

图9-13　高压汞灯

(3)新型光源

随着科学技术的进步，新型的发光材料得以广泛应用，新光源在照度、节能、色彩等方面有更好的表现。目前在园林中使用的新型光源有LED、光纤、场致发光等，为园林照明提供了更多的选择(图9-14、图9-15)。

图9-14　LED灯带

图9-15　场致发光灯带

9.1.3.2　光源应用

园林景观中一般宜采用白炽灯、荧光灯、节能灯、LED灯或其他气体放电光源，但因光源存在频闪现象，在特定场地不宜使用气体放电光源。振动较大的场所，宜采用荧光高压汞灯或高压钠灯。在有高挂条件又需要在面积照明的场所，宜采用金属卤化物灯、高压钠灯或长弧氙灯。当需要人工照明和天然采光相结合时，应使照明光源与天然光相协调。常选用色温在4000~4500 K的荧光灯或其他气体放电光源。在园林中常用的照明光源的主要特性比较及适用场合见表9-5所列。

表9-5　常用园林照明电光源主要特性比较及适用场合

光源名称特性	白炽灯(普通照明灯泡)	卤钨灯	荧光灯	荧光高压汞灯	高压钠灯	金属卤化物灯	管形氙灯
额定功率范围	10~1000	500~200	6~125	50~1000	250~400	400~1000	1500~10 000
光效(lm/W)	6.5~19	19.5~21	25~67	30~50	90~100	60~80	20~37
平均寿命(h)	1000	1500	2000~3000	2500~5000	3000	2000	500~1000
一般显色指数 *Ra*	95~99	95~99	70~80	30~40	20~25	65~85	90~94
色温(K)	2700~2900	2900~3200	2700~6500	5500	2000~2400	5000~6500	5500~6000

（续）

光源名称特性	白炽灯（普通照明灯泡）	卤钨灯	荧光灯	荧光高压汞灯	高压钠灯	金属卤化物灯	管形氙灯
功率因数（$\cos\psi$）	1	1	0.33~0.7	0.44~0.67	0.44	0.01~0.4	0.4~0.9
表面亮度	大	大	小	较大	较大	大	大
频闪效应	不明显	不明显	明显	明显	明显	明显	明显
耐震性能	较差	差	较好	好	较好	好	好
所需附件	无	无	镇流器 启辉器	镇流器	镇流器	镇流器 触发器	镇流器 触发器
适用场所	彩色灯泡：可用于建筑物、商店橱窗、展览馆、园林构筑物、孤植树、树丛、喷泉、瀑布等处装饰照明。 水下灯泡：可用于喷泉、瀑布等处装饰用。 聚光灯：舞台照明、公共场所等作强光照明	适用于广场、体育场、建筑物等照明	一般用于建筑物室内照明	广泛用于广场、道路、园路运动场所等作大面积室外照明	广泛用于道路、园林绿地、广场、车站等处照明	主要用于广场、大型游乐场、体育场照明及调整摄影灯方面	特别适用于作大面积场所照明，工作稳定，点燃方便

9.1.4 园林景观照明的方式和照明质量

9.1.4.1 照明方式

(1) 一般照明

一般照明是指在设计场所（如景点、园区）内不考虑局部的特殊需要，为照明整个场所而设置的照明。一般照明的照明器均匀或均匀且对称地分布在被照明场所的上方，因而可以获得必需的、较为均匀的照度。

(2) 局部照明

局部照明是为了满足景区内某些景点、景物的特殊需要而设置的照明。如景点中某个场所或景物需要有较高的照度并对照射方向有所要求，宜采用局部照明。局部照明具有高亮点的特性，容易形成被照明物与周围环境呈亮度对比明显的视觉效果。

(3) 混合照明

混合照明是一般照明和局部照明共同组成的照明方式，即在一般照明的基础上，对某些有特殊要求的点实行局部照明，以满足景观设施的要求。

9.1.4.2 照明质量

(1) 合理的照度

照度是决定被照物体明亮程度的间接指标。在一定范围内，照度增加，视觉反应能力也相应提高。各种场景、各项活动的性质，需要相应的照度。表9–5列出了各类建筑物、道路、庭院等设施一般照明的推荐照度。

(2)照明均匀度

对于单独采用一般照明场所，表面亮度与照度是密切相关的，在视野内照度的不均匀容易引起视觉疲劳。游人置身于园林中，如果有彼此亮度不相同的表面，当视觉从一个面转到另一个面时，眼睛就有一个被迫适应的过程。当适应过程不断反复时，就会导致视觉疲劳。所以，在设计园林照明时，除了满足景色的置景要求外，还要注意周围环境的照度与亮度的分布，力求均匀。

(3)眩光控制

由于亮度分布不均匀或亮度变化幅度过大，在空间和时间上存在极端的亮度对比，引起不舒服或降低观察物体的能力，这种现象称为眩光。严重的眩光可以使人眩晕，甚至引发事故。控制眩光的方法主要是减少在水平视线以上、高度角在45°~90°范围内的光源表面照度。为了防止眩光产生，常采用的方法为：

- 注意照明灯具的最低设置高度。
- 力求使照明灯源来自合理方向。
- 使用发光表面积大、亮度低的灯具。

(4)阴影控制

定向的光照射到物体上就会形成阴影和产生反射光，这种现象称为阴影效应。不良的阴影效应可能构成视觉障碍，产生不良的视觉观赏效果；良好的阴影效应可以把景物的造型和材质完美地表现出来。阴影效应与光的强弱、光线的投射方向、观察者的视线位置和方向等因素有关。表9–6是关于场景照明的相关适用指标。

表9–6　照明分类适用场景

照明分类	适用场所	参考照度（lx）	安装高度（m）	注意事项
车行照明	居住区主次道路	10~20	4.0~6.0	1. 灯具应选用带遮光罩下照明式 2. 避免强光直射到住户屋内 3. 光线投射在路面上要均衡
	自行车、汽车场	10~30	2.5~4.0	
人行照明	步行台阶(小径)	10~20	0.6~1.2	1. 避免眩光，采用较低处照明 2. 光线宜柔和
	园路、草坪	10~50	0.3~1.2	
场地照明	运动场	100~200	4.0~6.0	1. 多采用向下照明方式 2. 灯具的选择应有艺术性
	休闲广场	50~100	2.5~4.0	
	广场	150~300		
装饰照明	水下照明	150~400		1. 水下照明应防水、防漏电，参与性较强的水池和泳池使用12V安全电压 2. 应禁用或少用霓虹灯和广告灯箱
	树木绿化	150~300		
	花坛、围墙	30~50		
	标志、门灯	200~300		

（续）

照明分类	适用场所	参考照度（lx）	安装高度（m）	注意事项
安全照明	交通出入口	50~70		1. 灯具应设在醒目位置 2. 为方便疏散，应急灯设在墙壁为好
	疏散口	50~70		
特写照明	浮雕	100~200		1. 采用侧光、投光和泛光等多种形式 2. 灯光色彩不宜太多 3. 泛光不应直接射入室内
	雕塑、小品	150~500		
	建筑立面	150~200		

9.1.5 园林灯具

灯具的作用是固定光源，把光源发出的光通量分配到设计的区域和地方，防止光源引起的眩光以及保护光源不受外力及外界潮气影响等。在园林中灯具除了满足照明功能需求外，还应考虑灯具的装饰性、安装维护等因素。

灯具按结构功能不同可以分为开启式、保护式、防水式、密封式及防爆式等。

灯具按光通量在空间中上、下半球的分布情况，可分为直射型灯具、半射型灯具、漫射型灯具、半反射型灯具、反射型灯具等。而直射型灯具又分为广照型、均匀配光型、配射型、深照型和特深照型5种灯具。

园林灯具根据使用环境的不同一般可做如下分类：

（1）路灯

路灯是城市环境中体现道路照明特点的照明装置。一般路灯排列于道路、城市广场及园林绿地的主干道旁，为夜晚交通提供照明。路灯在园林照明中应用非常广泛，是园林环境重要的引导因素。路灯主要由光源、灯具、灯柱、基座、基础几部分组成。根据路灯所处的环境、照明方式的不同要求，灯具灯柱和基座的造型、布置的方式也有区别。常见形式有：

①低位置路灯　此种路灯一般应用于较小的空间，表现出亲切温馨的气氛。常设置于园林地形或建筑物入口处，或周围空间较小的环境中。

②步行街路灯　灯柱的高度一般为3.5~4m，灯具造型各异，可根据不同的环境氛围进行选型与排列。

③停车场和干道路灯　灯柱高度一般4~12m，通常采用较强的光源和较远的距离（10~50m）。

④专用灯和高杆灯　专用灯指设置于具有一定规模的区域空间，高度为6~10m的照明装置。照明不限于交通路面，还包括场所中的相关设施及夜间活动场地。高杆灯一般用在区域照明，高度一般为20~40m，组合多个光源，照射覆盖面广、亮度高，常设置于大型停车场、露天活动场所等地。

（2）草坪灯

草坪灯的设计主要以外形和柔和的灯光为城市绿地景观增添安全与美丽，并且普遍具有安装方便、装饰性强等特点，可用于公园、花园别墅、广场绿化等场所的绿化带的装饰性照明。

(3) 地灯

地灯又称地埋灯或藏地灯，是镶嵌在地面上的照明设施。主要是埋于硬化地面上，广泛用于商场、停车场、绿化带、公园旅游景点、住宅小区、城市雕塑、步行街道、大楼台阶等场所用来做装饰或指示照明，还可以用来照墙或是照树。埋地灯造型时尚，美观大方，而且具有防水、防尘、耐压和耐腐蚀的特点。

(4) 庭院灯

庭院灯是户外照明灯具的一种，通常是指6m以下的户外道路照明灯具。

庭院灯具有多样、美观的特点，所以也被称为景观庭院灯。主要应用于城市慢车道、窄车道、居民小区、旅游景区、公园、广场等公共场所的室外照明，能够延长人们户外活动的时间，提高财产的安全。

(5) 壁灯

壁灯是一系列壁嵌式的照明灯具。壁灯多装于阳台、楼梯、走廊过道。

(6) 投光灯

投光灯装有高纯度铝镜面抛光反射板，光源按一定角度和方向投射到物体上，可使被照物体的亮度高于周围环境背景的亮度。投光灯一般采用高强度气体放电光源，透光玻璃为耐高温防热钢化安全玻璃，安装在能调整角度的支架上。一般作为建筑外立面、广场、树木、雕塑等的泛光照明。投光灯的出射光束角度有宽有窄，变化范围在0°~180°。

(7) 华灯

华灯也称中华灯。华灯造型美观大方，一般有多个光源，光线柔和，照明度较高。它属于高功率的节能灯或高压钠灯、金卤灯。适用于园林亮化工程和园内道路照明，也可以用于园林广场。

(8) 霓虹灯管

霓虹灯是一种冷阴极辉光放电管，其辐射光谱具有极强的穿透大气的能力，色彩鲜艳绚丽、多姿，发光效率明显优于普通的白炽灯。它的线条结构表现力丰富，可以加工弯制成任何几何形状，满足设计要求，通过电子程序控制，可变幻色彩的图案和文字，受到人们的欢迎。

霓虹灯亮、美、动的特点，是目前任何电光源所不能替代的，在各类新型光源不断涌现和竞争中独领风骚。霓虹灯是冷阴极辉光放电，因此一支质量合格的霓虹灯其寿命可达20 000~30 000h。

园林灯具应根据使用环境条件、场地用途、光强分布及限制眩光等因素选用。一般可采用如下原则：

①正常环境中宜选用开启式灯具。

②潮湿或特别潮湿的场所可选用密闭型防水灯或带防水防尘密封式灯具。

③按光强分布特性选择灯具，如灯具安装高度在6m以下，可采用探照型灯具。

④安装高度在6~15m时，可采用直射型灯具。

当灯具上方有需要观察的对象时，可采用漫射型灯具，对于大面积的绿地，可采用投光灯等高光强灯具。

9.2 园林供电及景观照明工程设计

9.2.1 园林供电设计内容及程序

园林供电设计与园林规划、园林建筑、给排水等设计内容联系紧密，因此供电设计应与上述设计密切配合，形成合理的布局。

9.2.1.1 园林供电设计的内容

①确定各种园林设计中的用电量，选择变压器和数量及容量。

②确定电源供给点(或变压器的安装地点)进行供电线路的配置。

③进行配电导线截面的计算。

④绘制电力供电系统图、平面图。

9.2.1.2 设计程序

在进行具体的设计之前应收集以下相关资料。

①设计区域内各建筑、用电设备、给排水、暖通等平面布置图及主要剖面图，并附有备用电设备的名称、额定容量(kW)、额定电压(V)、周围环境(潮湿、灰尘)等。这些是设计的重要基础资料，也是进行负荷计算和选择导线、开关设备及变压器的重要依据。

②了解各用电设备及用电点对供电可靠性的要求。

③供电局同意供给的电源容量。

④供电电源的电压、供电方式(架空线或电缆线、专用线或非专用线)、进入用电区域或绿地的方向及具体位置。

⑤当地电价及电费收取方法。

⑥应向气象、地质部门了解以下资料(表 9-7)：

表 9-7 气象、地质资料的内容及用途

资料内容	用途	资料内容	用途
最高年平均气温	选变压器	年雷电小时数和雷电数目	防雷装置
最热月平均最高温度	选室外导线	土壤冻土深度	接地装置
最热月平均温度	选室内导线	土壤电阻率	接地装置
一年中连续 3 次的最热月昼夜温度	选架空电缆	50 年一遇的最高洪水位置	变压器安装地点选定
土壤中 0.7~1.0m 深处 1 年中最热月平均温度	选地下电缆	地震烈度	防震装置

9.2.1.3 用电量估算

园林用电量分为动力用电和照明用电，可用下式表示：

$$S_{总}=S_{动}+S_{照} \tag{9-1}$$

式中 $S_{总}$——园林用电总容量；

$S_{动}$——园林中动力设备所需总容量；

$S_{照}$——照明用电计算总容量。

(1)动力用电估算

园林中的动力用电具有较强的季节性和周期性，因此做动力用电估算时应考虑这些相关因素。动力用电估算常用下式进行计算：

$$S_{动} = K_c \sum P_{动} / \eta \cos\psi \tag{9-2}$$

式中 $\sum P_{动}$——各动力设备铭牌上额定功率的总和，kW；

η——动力设备的平均效率，一般可取0.86；

$\cos\psi$——各类动力设备的功率因数，一般在0.6~0.95，计算时可取0.75；

K_c——各类动力设备的需要系数。由于各台设备不一定都同时满负荷运行，因此计算容量时需进行折算，此系数大小可查询相关设计手册，估算时可取0.5~0.75(一般可取0.75)。

(2)照明用电估算

照明设备的容量，在初步设计中可按不同性质建筑物的单位面积照明容量法(W/m²)来估计：

$$P = S \times W / 1000 \tag{9-3}$$

式中 P——照明设备容量，kW；

S——建筑物平面面积，m^2；

W——单位容量，W/m^2。

表9-8列出了各种建筑的单位容量。其估算方法是：依据工程设计的建筑物或场地，查表或相关手册，得到单位建筑面积耗电量，将此值乘以该区域面积，其结果即为该区域照明供电估算负荷。

表9-8 单位建筑面积照明容量

建筑名称	功率指标(W/m^2)	建筑名称	功率指标(W/m^2)
一般住宅	10~15	锅炉房	7~9
高级住宅	12~18	变配电房	8~12
办公室、会议室	12~15	水泵房、空压站房	6~9
设计室、打字室	12~18	材料库	4~7
商店	12~15	机修车间	7~9
餐厅、食堂	10~13	图书馆、阅览室	8~15
泳池	50	警卫照明	3~4
俱乐部(不包括舞台灯光)	10~13	广场、车站	0.5~1
托儿所、幼儿园	9~12	公园路灯照明	3~4
厕所、浴室、更衣室	6~8	汽车道	4~5
汽车库	7~10	人行道	2~3

(3)供电线路导线截面的选择

在园林绿地供电线路采用直埋敷设方式时，应尽量选用电缆。电缆、电线截面选择的合理性直接影响到投资的经济性及供电系统的安全运行，目前在园林建筑中通常选用铜芯线。电缆、电线截面的选择可以按以下原则：

①按线路工作电流及导线型号，查导线的允许载流量表，使所选的导线发热不超过线芯所允许的强度，因而所选的导线截面的载流量应大于或等于工作电流。

$$I_{载} \geqslant KI_{工作} \tag{9-4}$$

式中 $I_{载}$——电线、电缆按发热条件允许的长期工作电流，A，具体可查阅相关手册；

$I_{工作}$——线路计算电流，A；

K——考虑到空气温度、土壤温度、安装敷设等情况的校正系数。

②所选用导线截面应大于或等于机械强度允许的最小导线截面。

③验算线路的电压偏移，要求线路末端负载的电压不低于其额定电压的允许偏移值。一般工作场所的照明允许电压偏移相对值是5%，而道路、广场照明允许电压偏移值相对值为10%，一般动力设备为±5%。经验公式为：1mm^2(铜导线)对应1kW(负荷)。

9.2.1.4 园林绿地配电线路的常用布置

(1)确定电源供给点

公园绿地的电力来源，常见的有以下几种。

①借用就近现有变压器，但必须注意该变压器的多余容量是否能满足新增园林绿地中各用电设施的需要，且变压器的安装地点与公园绿地用电中心之间的距离不宜太长。中小型公园绿地的电源供给常采用此法。

②利用附近的高压电力网，向供电局申请安装供电变压器，一般用电量较大(70~80kW以上)的公园绿地最好采用此种方式供电。

③如果公园绿地(特别是风景点、区)距离现有电源太远或当地电源供电能力不足，可自行设立小发电站或发电机组以满足需要。

一般情况下，当公园绿地独立设置变压器时，需向供电局申请安装变压器。在选择地点时，应尽量靠近高压电源，以减少高压进线的长度。同时，应尽量设在负荷中心或发展负荷中心。表9-9为常用电压电力线路的传输功率和传输距离。

表9-9 常用电压电力线路的传输功率和传输距离

额定电压(kV)	线路结构	输送功率(kV)	输送距离(km)
0.22	架空线	50以下	0.15以下
0.22	电缆线	100以下	0.20以下
0.38	架空线	100以下	0.25以下
0.38	电缆线	175以下	0.35以下
10	架空线	3000以下	15~8
10	电缆线	5000以下	10

(2)配电线路的布置

公园绿地布置配电线路时，要全面统筹安排考虑，应注意以下原则：经济合理、使用维修方便，不影响园林景观，从供电点到用电点，要尽量取近，走直路，并尽量敷设在道路一侧，但不要影响周围建筑及景色和交通；地势越平坦越好，要尽量避开积水和水淹地区，避开山洪或潮水起落地带。在各具体用电点，要考虑到将来发展的需要，留足接头和插口，尽量经过能开展活动的地段。因此，对于用电问题，应在公园绿地平面设计时做出全面安排。

线路敷设形式可分为两大类：架空线和地下电缆。架空线工程简单，投资费用少，易于检修，但影响景观，妨碍种植，安全性差；而地下电缆的优缺点正与架空线相反。目前在公园绿地中都尽量地采用地下电缆，尽管它一次性投资大些，但从长远的观点和发挥园林功能的角度出发，还是经济合理的。架空线仅常用于电源进线侧或在绿地周边不影响园林景观处，而在公园绿地内部一般均采用地下电缆。当然，最终采用什么样的线路敷设形式，应根据具体条件，进行技术经济的评估之后才能确定。

(3)线路组成

①对于一些大型公园、游乐场、风景区等，其用电负荷大，常需要独立设置变电所，其主结线可根据其变压器的容量进行选择。

具体设计应由电力部门的专业电气人员设计。

②变压器-干线供电系统　对于变压器已选定或在附近有现成变压器可用时，其供电方式常有以下4种。

• 在大型园林及风景区中，常在负荷中心附近设置独立的变压器、变电所，但对于中、小型园林而言，常常不需设置单独的变压器，而是由附近的变电所、变压器通过低压配电盘直接由一路或几路电缆供给。当低压供电采用放射式系统时，照明供电线可由低压配电屏引出。

• 对于中、小型园林，常在进园电源的首端设置干线配电板，并配备进线开关、电度表以及各出线支路，以控制全园用电。动力、照明电源一般单独设回路。仅对于远离电源的单独小型建筑物才考虑照明和动力合用供电线路。在低压配电屏的每条回路供电干线上所连接的照明配电箱，一般不超过3个。每个用电点(如建筑物)进线处应装刀开关和熔断器。

• 一般园内道路照明可设在警卫室等处进行控制，道路照明除各回路有保护处，灯具也可单独加熔断器进行保护。

• 大型游乐场的一些动力设施应由专门的动力供电线路，并有相应的措施，保证安全、可靠供电，以保证游人的生命安全。

③照明网络　照明网络一般采用380/220V中性点接地的三相四线制系统，灯用电压220V。

为了便于检修，每回路供电干线上连接的照明配电箱一般不超过3个，室外干线向各建筑物等供电时不受此限制。

室内照明支线每一单相回路一般采用不大于15A的熔断器或自动空气开关保护，对于安装大功率灯泡的回路允许增大到20~30A。

每一个单相回路(包括插座)一般不超过25个，当采用多管荧光灯具时，允许增大到50根灯管。

照明网络零线(中性线)上不允许装设熔断器，但在办公室、生活福利设施及其他环境，当电气设备无接零要求时，其单相回路零线上宜装设熔断器。

一般配电箱的安装高度为中心距地1.5m，若控制照明不是在配电箱内进行，则配电箱的安装高度可以提高到2m以上。

拉线开关安装高度一般距地2~3m(或者距顶棚0.3m)，其他各种照明开关安装高度宜为1.3~1.5m。

一般室内暗装的插座，安装高度为0.3~0.5m(安全型)或1.3~1.8m(普通型)；明装插座安装高度为1.3~1.8m，低于1.3m时应采用安全插座。潮湿场所的插座安装高度距地面不应低于1.5m，儿童活动场所(如住宅、托儿所、幼儿园及小学)的插座，安装高度距地面不应低于1.8m(安全型插座例外)，同一场所安装的插座高度应尽量一致。

9.2.2 园林景观照明设计内容及程序

园林绿地灯光照明需要用艺术的思维、科学的方法和现代的技术，从全局着眼，细部入手，全面考虑各构景要素的特点，确定合理的布置方案和照明方式，创造集功能性、舒适性、艺术性于一体的灯光环境。

9.2.2.1 园林景观照明设计需要的原始资料

①园林平面布置图及地形图，主要建筑物、园林建筑小品、雕塑的平立剖面图。

②园林项目对电气的要求，特别是一些专用性强的公司、景观建筑、雕塑的照明，应明确提出照度、灯具选择、布置位置、安装的要求。

③电源的供电情况及进线方位。

9.2.2.2 景观照明设计原则

园林照明设计应符合现行的国家标准、设计规范和有关的规定。设计时要结合实际情况，积极、稳妥地采用新技术，推广应用安全可靠、节能经济的新技术、新产品。

园林照明基本上属于室外照明，由于环境气象条件复杂、照明置景对象各异、服务功能多样，因而提出以下基本原则，以供设计参考：

(1)实用与造景相结合的原则

应结合园林景观的特点，以能最充分体现其在灯光下的景观效果为原则来布置照明设施，同时要起到恰当的照明作用。

(2)合理选择灯光的颜色和投射方向

灯光的颜色、投射方向的选择，应以增加被照射物的美感为前提。如针叶树在强光下才有较好地反映效果，一般只宜于采取暗影处理法；而阔叶树种对冷光照明有良好的反映效果；白炽灯、卤钨灯能使红、黄的色彩加强，汞灯却能使绿色鲜明夺目。

(3)合理使用彩色装饰灯

彩色装饰灯容易营造节日气氛。但是，这种装饰灯不易获得宁静、安详的气氛，也难以表现大自然的壮观景象。所以，只能有限地合理使用。

(4)注意照明设备的隐蔽设置

无论是白天还是黑夜使用的灯光，其照明设备均需隐蔽在视线之外，最好使用敷设的电缆线路。

9.2.2.3 园林景观照明设计程序

(1)明确景观照明对象的功能和照明要求

以照明与园林景观相结合，突出园林景观特色为原则，明确照明对象的功能和要求，正确区分照明对象，确定照明方式，选择合理的照度。

(2)选择景观照明方式

可根据设计任务书中园林绿地对电气的要求，在不同场合和地点，选择不同的照明方式。一般照明方式常采用均匀布置方式，即照明的形式、悬挂高度、灯管灯泡容量均匀对称设置。

(3)光源和灯具的选择

主要根据园林绿地的配光和光色要求、与周围环境景观的协调等因素来选择光源和灯具。光源的选择设计中，要注意利用各种光源显色性的特点。除了显示被照物的基本形体外，应突出表现其色彩，并根据人们的色彩心理感觉进行色光的组景设计。

在园林中灯具的选择除了考虑到安全和便于安装维修外，更要考虑灯具的外形和周围园林环境相协调，选用艺术特色明显的灯具，以达到丰富空间层次、能为园林景观增色的目的与效果。

(4)灯具的合理布置

灯具的布置应满足相应的照明质量要求，并与周围的景色配合协调，确保维护方便。灯具的布置包括确定灯具的配置数量与设置位置。配置数量主要根据照明质量而定，设置位置主要根据光线投射角度和维护要求而定。

(5)进行照度计算

具体照度计算可参考有关照明手册。

(6)照明线路保护与控制

9.2.2.4 明视照明与环境照明

根据视觉生理和视觉心理等方面的不同，在研究上可分为明视照明与环境照明。通常需要进行视觉工作的场所和区域内，需要的照明水平一方面要考虑人对视觉的满意程度，另一方面还取决于视觉工作的难易程度和视功能水平。而在交通区域和进行社交以及休息的场所，视功能需要就不那么重要，重点是考虑视环境的满意程度(表9-10)。

表9-10 明视照明与环境照明的不同

环境满意度	明视照明	环境照明
亮度分布	亮度变化不能太大	适当的变化，体现中心感
照度的均匀性	照度分布均匀	照度差别，造成不同的感觉

（续）

环境满意度	明视照明	环境照明
眩光	不能有眩光	适当的眩光，显现魅力感
阴影	阴影适当	夸大阴影，突出立体感
显色性	显色性好	特殊的光色营造环境气氛
经济性	经济、节能	局部奢华，整体节能

(1)园路广场照明

园路照明主要以明视照明为主，在设计中必须根据有关规范规定的照度标准进行设计。从照明效率和维修方面考虑，一般采用4~8m高的杆头式汞灯照明器。

照明灯具的布置方式有单侧、中心、双侧等几种形式。

对于有特定艺术要求的园路照明，可以采用低压灯座式的灯具，以获得极好的园路景观效果。一、二级道路照度要求高，可采用高杆路灯或庭院灯，侧重点在路面或路边行道树、草地，造成不同的空间感。

游步道选用美耐灯、LED光源，结合草坪照明或沿路缘布置光带，体现园路的引导性。

(2)雕塑照明

在园林中的雕塑，高度一般不超过6cm，其饰景照明的方法如下：

①照射灯的数量和排列，取决于被照目标的类型。布置的要求是照明整个目标，但不要均匀，以通过阴影和不同的高光亮度，在灯光下再创造一个轮廓鲜明的立体形象。

②根据被照明雕塑的具体形式和周围环境情况确定灯具的设置位置和高度：

• 对于处于地面并孤立与草地或开阔场地的雕塑物，此时的灯具应安装于地面，以保持周围环境的景观不受影响和眩光的产生。

• 对坐落在基座并位于开阔地中的雕塑物，为了控制基地的高度、防止基座的边在雕塑物底部产生阴影，灯具应设置在远离一些的地方。

• 对坐落于基座并位于行人可接近处的雕塑物，应将灯具提高设置，并注意眩光现象的产生。

③对于人物塑像，通常照明脸部的主体部分以及雕塑的主要朝向面，次要的朝向面或背部的照明要求低，或某些情况下甚至不需要照明。应注意避免脸部所产生不良的阴影。

④对于有色雕塑，注意光源色彩的选择，最好做光色实验，以形成良好的色彩效果。

(3)景观建筑及构筑物的照明设计

①轮廓照明结合泛光照明　采用节能灯、美耐灯等勾画建筑轮廓，再采用泛光灯照射构筑物主体墙面或柱身，并使灯光由下向上或由上向下呈现强弱变化，展现建筑的造型美，结合适当光色，突出建筑的色彩和质感。

②内透光照明　光源置于内部，体现建筑的轻盈和通透。

③泛光照明　对小型构筑物，确定合适的角度，体现建筑的造型美。

(4) 地形的照明设计

选择适当的照明点和灯具，通过光影变化，体现地形的起伏和层次感。

灯具包括埋地灯、泛光灯等。

(5) 墙垣的照明设计

绿地的边缘线界，照度要求低，显色性要求不高。常用轮廓照明方式简洁处理，标示其轮廓。墙垣有景窗结合内透光照明，也别有情趣。

(6) 植物景观照明设计

对植物的照明应遵循的原则如下：

①要了解植物的一般几何形体以及植物在空间中所展示的程度，照明灯型必须与各种植物的几何形体相一致。

②不宜使用某些光源色去改变植物原来的颜色，但可以使用某些光源色去增强植物固有的色彩。许多植物的颜色和外观是随着季节的变化而变化的，饰景照明也适应于这种变化。

③对淡色和耸立于空中的植物，可以用强光照射而达到一种醒目的轮廓效果。成片树木的投光照明通常作为背景而设置，故只考虑其颜色和总的外形大小。

④对被照明物附近的一个点或许多点在观察欣赏照明的目标设置时，要注意消除眩光现象。

⑤从近处观察欣赏目标并需要对目标直接评价的，则应该对目标作单独的光照处理。

乔木：孤植树可运用彩色串灯，描绘树体轮廓，再结合泛光照明树干；行列式乔木，采用泛光照明树干或树体内部乡下照射；落叶乔木可夏季采用绿色更浓的高压汞灯，形成生机盎然景象，冬季运用冷色，形成清冷、寂寞感。

植物群落：大功率反光灯照亮背景，前景采用暗调子处理，明暗对比，形成美丽剪影；或用彩色串灯，描绘背景树的轮廓线，沿林缘线布置灯具，突出植物造型。

花境（带）的照明设计：动态照明勾勒边缘线，体现花色和叶色。

草地照明：简洁明快，由低矮的草坪灯和泛光灯沿绿地周边布置，形成有韵律的光斑；大面积草坪，可用埋地灯组成图案，表现光影的魅力。

(7) 水景的照明

园林中的水景，通过饰景照明处理，不但能听到流水的声音，还能看到动水的闪烁与色彩的变幻。对于水景的饰景照明，一般有以下几种方式：

①喷水的照明　对喷水的饰景照明，以投光灯设置于喷水体的内部，通过空气与水柱的不同折射率，形成闪闪发光的景观效果。

②瀑布的照明　将投光灯设于瀑布水帘的里侧，由于瀑布落差的大小不同，灯光的投射方向不同，可以形成不同的观赏效果。

③湖的照明　对湖的照明，一般采用以下的方式：

- 在地面上设置投光灯，照射湖岸边的景象，依靠静水或慢慢流动的水，其水体的镜面效果十分动人。
- 对岸上引人注目的景象或者突出水面的物体，依靠埋设于水下的投光灯照射，能在被照景物上产生变幻的景象。

• 对于水体表面波浪汹涌的景象，通过设置于岸上或高处的投光灯直接照射水面，可以获得一系列不同亮度、不同色彩区域中连续变化的水浪形状。

9.3 园林供电及景观照明工程施工准备

9.3.1 园林供电及照明图纸内容

9.3.1.1 园林供电及照明施工图构成

(1) 电气设计说明及设备表

电气设计说明及设备表包括图纸内容、数量、工程概况、设计依据以及图中未能表达清楚的各有关事项。如供电电源的来源、供电方式、电压等级、线路敷设方式、防雷接地、设备安装高度及安装方式、工程主要技术数据、施工注意事项等。主要材料设备表包括工程中所使用的各种设备和材料的名称、型号、规格、数量等，它是编制购置设备、材料计划的重要依据之一(图 9-16)。

(2) 电气系统图

系统图反映了系统的基本组成、主要电气设备、元件之间的连接情况以及它们的规格、型号、参数等(图 9-17)。

(3) 电气平面图

平面布置图是电气施工图中的重要图纸之一，如变、配电所电气设备安装平面图、照明平面图、防雷接地平面图等，用来表示电气设备的编号、名称、型号及安装位置、线路的起始点、敷设部位、敷设方式及所用导线型号、规格、根数、管径大小等。

(4) 动力系统平面图

在总平面图基础上标明各种动力系统中的泵、大功率用电设备的名称、型号、数量、平面位置线路布置，线路编号、配电柜位置、图例符号、指北针、图纸比例。

(5) 水景电力系统平面图

在水景平面图中标明水下灯具、水泵的位置及型号，标明电路管线的走向及套管、电缆的型号，材料用量统计表。

(6) 安装详图

安装大样图是详细表示电气设备安装方法的图纸，对安装部件的各部位注有具体图形和详细尺寸，是进行安装施工和编制工程材料计划时的重要参考(图 9-18)。

9.3.1.2 园林供电及照明施工图图例及符号

电气图例与符号类型数量多、使用比较复杂，园林供电及照明施工图相对简单，下面表格中列出园林供电及照明工程中常用的图例与符号(表 9-11 至表 9-13)，如有不熟悉的图例与符号可查阅电气图图像与符号标准。

景观电气设计说明

1. 设计依据

1.1 环境景观设计方案及相关专业提供的工程设计资料

1.2 建设单位提供的设计任务书及设计要求

1.3 中华人民共和国现行主要标准及法规

《低压配电设计规范》（GB 50054—1995）

《电力工程电缆设计规范》GB50217—1994

《城市道路照明工程施工及验收规范》（CJJ 89—2001）

《建筑电气工程施工质量验收规范》（CB50303—2002）

国家现行的其他相关规范

2. 工程概况及设计范围

2.1 本工程景观总面积约为20 428m²，其中绿化面积14 150m²，水体面积995m²，道路及硬质铺地面积5 283m²。

2.2 本工程包括项目红线内的景观照明及景观水泵用电，配电系统、保护扶地等设计。

3. 照明配电

3.1 本工程配电为三级负荷，为方便管理分片区设置二个配电箱，配电箱进线由甲方指定的T接配电箱就放近引入。

3.2 本工程照明配电箱由厂家定做，箱体为不锈钢制作，配电箱为防水型门上加锁，门与控制屏分开设置，箱体落地安装，箱体下方做0. 2m高混凝土台。

3.3 供电原则:配线半径控制在150m内(系统负荷矩小于150kW・m)，尽量减少穿越各种管线及道路，尽量沿道路边线配线，便于维修，减少线路电压损失(控制在±5%)，电缆和绝缘导线的分支接头尽量采用绝缘穿刺线夹作电缆或导线的分支连接。

3.4 电气管线敷设在地坪下0.5m以下，庭园灯及草坪灯参网格线定位，杆脚距道牙或路沿0.3m，其他灯具结合景观意向及观场照明效果安装。

3.5 为节约用电，照明系统采用分时段分回路控制，控制方式如下:

照明控制分回路方式详见配电系统图;

景观水泵的控制采用手动按扭控制。

4. 接地保护

4.1 本工程采用TN–S接地形式，室外照明及其配电装置的金属外壳、金属构架，钢筋混凝土构架的钢筋及靠近带电部分的金属围栏等均通过设置PE线连接后接入配电箱接地极。

4.2 供电于线末端应将PE线重复接地，其接地电阻应小于等于10Ω。

4.3 各配电箱就地做一组接地装置，接地根:50*5热镀锌角钢，卡2.5m，配电箱系绕接地电阻<4Ω。

4.4 本工程水景处设接地端子板做等电位联结，水下地埋灯、潜水泵等配套金属管线及水池金属构件等均须做等电位联结，等电位联结施工安装参国家建筑标准设计《等电位联结安装》。

5. 施工要求

5.1 灯具安装需在充分理解设计意图的基础上地工，据现场情况调整位置，尽量达到设计效果。

5.2 为防止因一盏灯漏电或烧毁引起整条线路被破坏，故庭园灯杆底部设一接线盒，内装6A空气断路器一只。

5.3 未尽事宜参建筑电器通用图集并遵照《建筑电气工程施工质量验收规范》（GB 50303—2002）执行。

6. 工程施工验收

本工程施工验收严格按照《电气装置安装工程1kV及以下配线工程施工及验收规范》(GB 50258—1996)中规定。

7. 未尽事宜，按照国家有关规范、规定执行

8. 主要设备材料表

主要材料设备表

序号	名称	型号，规格	单位	数量	备注
1	庭园灯一	100W节能灯，色温4000K，H=4.2m，IP23	个	22	
2	庭园灯二	100W节能灯，色温4000K，H=3.2m，IP23	个	34	
2	庭园灯二	100W节能灯，色温4000K，H=3.2m，IP23	个	85	
4	LED水下灯	5WLED光源，黄色，24V，IP68 灯具直径100	个	12	
5	PAR水下灯	50WPAR36光源，黄色，24V，IP68 灯具直径150	个	48	
6	地埋灯	70W金卤灯，色温3000K，IP67 灯具直径220	个	14	
7	泛光灯	70W金卤灯，色温3000K，IP65 灯具尺寸220×280	个	55	
8	壁灯(上下发光)	2×35W卤素灯，黄色，IP23，灯具尺寸ϕ130	个	29	
9	小射灯(嵌入式)	25WMR光源，白色，IP23	个	21	
10	带土陶罐射灯	75WPAR36光源，白色，IP23	个	32	
11	吊线灯	18W节能灯，色温5600K	个	3	
12	铜芯绝缘电缆	YJV–0.6/1kV 5×25	m		
13	铜芯绝缘电缆	YJV–0.6/1kV 3×25	m		
14	铜芯绝缘电缆	YJV–0.6/1kV 4×6	m		
15	铜芯绝缘电缆	YJV–0.6/1kV 4×4	m		
16	阻燃PVC管	DN50	m		
17	阻燃PVC管	DN32	m		
18	阻燃PVC管	DN20	m		
19	配电箱	防水型，落地安装	个	3	
20	集绕井		个	2	

说明：1.所有塑料管管径均指外径，本表统计量仅供参考，实际用量应以工程结算为准

2.灯具宜自带补偿装置，以提高功率因数。

图9–16 电气设计说明及设备表

电源引入线	原明配电箱		布管配电线路					供电范围
电缆型号及敷设方式	总开关	分路开关		回路编号	相序	功率（kW）	导线型号根数及敷设方式	
由建筑预留回路接入 YJV-4×16+1×10-PVC50	AL1 Pe=25.83kw Pc=23.25kw Kc=0.90 Ic=46.18A COSϕ0.9 WH 3×DD862-4 1.5（6） 60/5 C65N 60/4P N.PE ϕ12镀锌圆钢	C65N/2P 20A VIGI/ELE	CJX2-25A HHQ4时控器	AL1-1A	L1.N.PE	1.88	YJV-1KV 3X2.5 PVC25 FC	14×庭园灯（100W节能灯 色温4000K高2.3m IP23） 2×壁灯（100W的节能灯光源4000K IP23）
		C65N/2P 20A VIGI/ELE	CJX2-25A HHQ4时控器	AL1-1B	L2.N.PE	1.76	YJV-1KV 3X2.5 PVC25 FC	14×庭园灯（100W节能灯 色温4000K高3.5m IP23） 1×壁灯（100W的节能灯光源4000K IP23）
		C65N/2P 20A VIGI/ELE	CJX2-25A HHQ4时控器	AL1-2A	L3.N.PE	0.91	YJV-1KV 3X2.5 PVC25 FC	43×草坪灯（18W的节能灯 色温4000K 高0.8m IP44）
		C65N/2P 20A VIGI/ELE	CJX2-25A HHQ4时控器	AL1-3A	L2.N.PE	2.79	YJV-1KV 3X2.5 PVC25 FC 220/12 YJV 2X1.5 PVC16 FC	18×泛光灯（70W金卤灯 色温3000K IP65 灯具尺寸225×280） 10×PAR水灯（50W的PAR36光源 黄色 24V IP68 灯具直径150）
		C65N/2P 20A VIGI/ELE	CJX2-25A HHQ4时控器	AL1-4A	L3.N.PE	3.55	YJV-1KV 3X2.5 PVC25 FC 220/12 YJV 2X1.5 PVC16 FC	12×泛光灯（70W金卤灯 色温3000K IP65 灯具尺寸225×280） 8×埋地灯（70W金卤灯 色温3000K IP67 灯具尺寸ϕ225） 10×带土陶罐射灯（50W的PAR36光源 白色 IP44） 10×PAR水灯（50W的PAR36光源 黄色 24V IP68 灯具直径150）
		C65N/2P 20A VIGI/ELE	CJX2-25A HHQ4时控器	AL1-5A	L1.N.PE	1.65	YJV-1KV 3X2.5 PVC25 FC	9×泛光灯（70W金卤灯 色温3000K IP65 灯具尺寸225×280） 10×带土陶罐射灯（50W的PAR36光源 白色 IP44）
		C65N/2P 20A VIGI/ELE	CJX2-25A	AL1-6A	L1.N.PE	0.10	YJV-1KV 3X2.5 PVC25 FC	值班室 2×吸顶灯，带按钮开关
		C65N/3P 16A VIGI/ELE	CJX2-16A HHD2-（4 10A）	AL1-7	L1.L2.L3.PE	2.2	YJV-1KV 4X4.0 PVC32 FC	泵1
		C65N/3P 16A VIGI/ELE	CJX2-16A HHD2-（4 10A）	AL1-8	L1.L2.L3.PE	2.2	YJV-1KV 4X4.0 PVC32 FC	泵2
		C65N/3P 16A VIGI/ELE	CJX2-16A HHD2-（4 10A）	AL1-9	L1.L2.L3.PE	2.2	YJV-1KV 4X4.0 PVC32 FC	泵3
		C65N/3P 16A VIGI/ELE	CJX2-16A HHD2-（4 10A）	AL1-10	L1.L2.L3.PE	3.0	YJV-1KV 4X4.0 PVC32 FC	泵4
		C65N/3P 16A VIGI/ELE		AL1-11	L1.L2.L3.PE			备用

图9-17 电气系统图

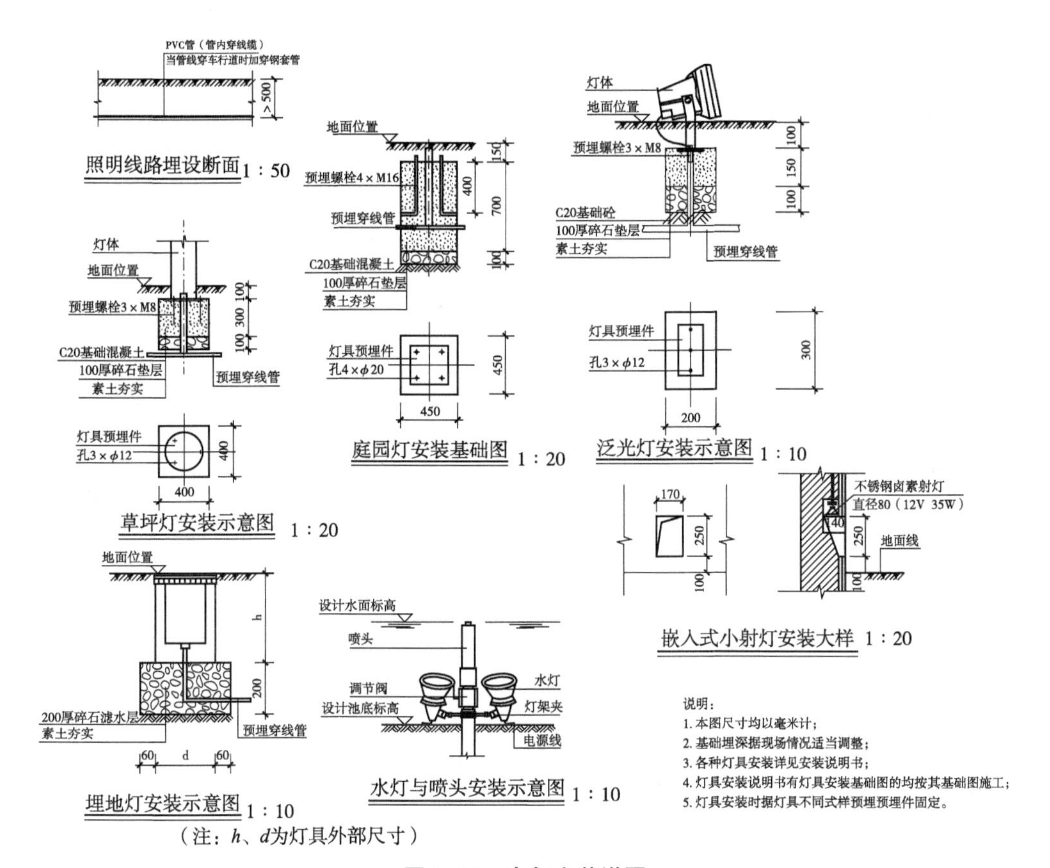

图 9-18　电气安装详图

表 9-11　园林工程常用电气图图形符号

	屏、台、箱柜一般符号		熔断器式开关
	动力或动力—照明配电箱		熔断器式隔离开关
	照明配电箱（屏）		避雷器
	事故照明配电箱（屏）	MDF	总配线架
	室内分线盒	IDF	中间配线架
	室外分线盒		壁龛交接箱
	灯的一般符号		分线盒的一般符号

（续）

	球型灯		防水防尘灯
	壁灯		密闭(防水)

表 9-12　园林工程电气图常用文字符号

序号	名称	示例	基本文字符号	
			单字母	双字母
1	发电机	直流发电机	G	GD
		交流发电机		GA
2	电动机	直流电动机	M	MD
		交流电动机		MA
3	变压器	电力变压器	T	TM
		控制变压器		TC
4	继电器	电压继电器	K	KV
		电流继电器		KA
5	开关	控制开关	S	SA
		行程开关		ST
6	灯	照明灯	E	EL
		指示灯	H	HL
7	接线端子	插　头	X	XP
		插　座		XS

表 9-13　园林工程电气图常用辅助文字符号

名称	文字符号	名称	符号
高	H	自动	A，AUT
低	L	手动	M，MAN
升	U	启动	ST
降	D	异步	ASY
主	M	同步	SYN
辅	AUX	停止	STP
中	M	控制	C
正	FW	模拟	A
反	R	加速	ACC
红	RD	可调	ADJ
绿	GN	辅助	AUX
黄	YE	制动	B、BRK
白	WH	向后	BW
蓝	BL	延时(延迟)	D
直流	DC	接地	E

（续）

名称	文字符号	名称	符号
交流	AC	紧急	EM
电流	A	快速	F
电压	V	正，向前	FW
时间	T	输入	IN
闭合	ON	输出	OUT
断开	OFF	限制	L
附加	ADD	中性线	N

9.3.1.3 园林供电及照明施工图识读

识读园林供电电气工程图，除了应了解电气工程图的特点外，还应当注意按照一定的识读程序进行读图，这样能够比较迅速、全面地理解图纸内容，为后续施工打下良好基础。

①看图纸目录及标题栏　了解工程名称项目内容、设计日期、工程全部图纸数量、图纸编号等。

②看电气设计说明及设备表　了解工程总体概况及设计依据，了解图纸中未能表达清楚的各有关事项。如供电电源的来源、电压等级、线路敷设方式、设备安装高度及安装方式，补充使用的非国标图形符号，施工时应注意的事项等。有些分项局部问题是在各分项工程的图纸上说明的，看分项工程图纸时也要先看设计说明。通过设计说明了解配电装置、线路敷设、电器安装、防震装置以及图例符号和技术保安措施。通过设备表了解设备型号、数量、用途等。

③看电气系统图　通过配电系统图了解供电方式、电气设备的规格型号、导线数量与规格型号、电器与导线的连接与敷设等以及各条回路所使用的电线型号、所使用的控制器型号、安装方法、配电柜尺寸等。

④看电气平面图　平面布置图是园林工程图纸中重要的图纸之一，如变、配电所设备安装平面图(剖面图)、电力平面图、照明平面图、防雷与接地平面图等，常用来表示设备安装位置、线路敷设部位、敷设方法以及所用导线型号、规格、数量、管径大小的，是安装施工、编制工程预算的主要依据图纸。

⑤看安装详图　通过安装详图掌握电器设备的安装方法，按《电器安装施工图册》中规定的各种安装方式进行学习。对于没有给出安装详图的设备，要写出各种电器设备安装方法和绘制安装详图，并指明图册名称、页数及采用的是哪个详图。

⑥列出各种电器元件材料数量表　施工图都是按照国家标准图例和代号所表示的，某些内容难以具体准确表示，施工人员应会根据电气图纸做出具体统计和备料，把元器件和材料数量统计清楚，表格形式见表9-14所列。

表9-14　电器元件材料数量表

序号	元器件名称或代号	规格	单位	数量	备注

⑦撰写读图报告　根据读图结果，写出施工图判读报告，在报告中要详细描述关键性施工点，做出电气设计、电气系统、电气平面和基础接地等图面分析、施工要求等，在此基础上草拟施工指导意见。

9.3.2　直埋电缆施工准备

9.3.2.1　电缆施工前检测

根据园林供电设计要求，对材料及设备施工前应对电缆进行详细检查；规格、型号、截面电压等级等均要符合要求，外观无扭曲、损坏等现象。

电缆敷设前进行绝缘摇测或耐压试验：用 1kV 摇表摇测线间及对地的绝缘电阻应不低于 10MΩ。电缆测试完毕，电缆应用聚氯乙烯带密封后再用黑胶布包好。

9.3.2.2　施工机具准备

电动机具、敷设电缆用的支架及轴、电缆滚轮、转身导轮、吊链、滑轮、钢丝绳、大麻绳、千斤顶等。

9.3.2.3　附属材料准备

电缆盖板、电缆标示桩、电缆标志牌、油漆、汽油、封铅、硬脂酸、黑胶布、聚氯乙烯带、聚酯胶黏带等均应符合要求。

9.3.2.4　作业条件准备

土建工程应具备如下条件：预留孔洞、预埋件符合设计要求、预埋件安装牢固，强度合格；电缆沟排水畅通、无积水；电缆沿线无障碍；场地清理干净、道路畅通、保护板齐备；架电缆用的机具准备完毕，且符合安全作业要求；直埋电缆沟挖好，底砂铺完，并清除沟内杂物；保护板和砂子运到沟旁。

9.3.3　配电箱安装施工准备

9.3.3.1　材料准备

配电箱本体外观检查应无损伤及变形，油漆完整无损。柜(盘)内部检查：电器装置及元件、绝缘瓷件齐全，无损伤、裂纹等缺陷。安装前应核对配电箱编号是否与安装位置相符，按设计图纸检查其箱号、箱内回路号。箱门接地应采用软铜编织线，专用接线端子。箱内接线应整齐，满足《建筑电气工程施工质量验收规范》的规定。

9.3.3.2　施工工具准备

铅笔、卷尺、方尺、水平尺、钢板尺、线坠、桶、刷子、灰铲、手锤、钢锯、锉子、电工工具套装等。

9.3.3.3　附属材料准备

角钢、扁铁、铁皮、螺丝、垫圈、圆钉、熔丝、焊锡、塑料带、绝缘胶布、焊条等。

9.3.3.4　作业条件准备

配电箱安装场所土建应具备内部粉刷完成，门窗已经安装好。预埋管道及预埋件安装清理完毕，场地具备运输条件。

9.3.4 园林灯具施工准备

9.3.4.1 灯具准备

园林中使用的灯具在选择上除满足照明要求、便于安装维护外，还要考虑灯具的外形与周围环境的协调，使灯具能够为园林增加景观效果。

9.3.4.2 灯具检查

各种灯具的型号、规格必须符合设计要求和国家标准的规定。配件齐全，无机械损伤、变形、油漆剥落、灯罩破裂和灯箱歪翘等现象，各种型号的灯具应有出厂合格证、3C认证和认证证书复印件，进场时做好验收检查。

9.3.4.3 材料准备

灯具导线、支架、灯卡具、胀管、螺丝、螺栓、螺母、垫圈、灯头铁件、灯架、灯泡（灯管）、线卡、焊锡、绝缘带、扎带等。

9.3.4.4 施工机具准备

电工工具、卷尺、水平尺、铅笔、安全带、手锤等。

9.3.4.5 作业条件准备

①安装灯具有关的建筑和构筑物的土建工程质量应符合现行的建筑工程施工质量验收规范中的有关规定。

②灯具安装前对安装有妨碍的设施应拆除，相关位置的抹灰工作必须完成，地面清理工作应结束。

③在结构施工中配合土建已做好灯具安装所需预埋件的预埋工作。

④安装灯具用的接线盒已经安装好。

9.4 园林供电及照明工程施工与组织

9.4.1 园林供电及照明施工流程

园林工程电缆铺设、设施安装等低电压电缆配线工程的施工流程如图9-19所示：

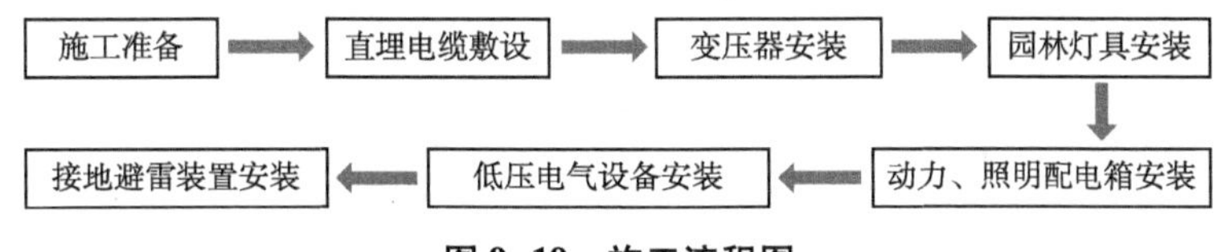

图9-19 施工流程图

9.4.2 电路铺设与安装

9.4.2.1 电缆敷设

（1）施工流程

准备→电缆定位放线→开挖电缆沟→电缆敷设→隐蔽验收→电缆沟回填→埋设标桩。

（2）施工准备

在具体施工前首先要熟悉电气系统图，包括动力配电系统图和照明配电系统图中的电缆型号、规格、敷设方式及电缆编号，熟悉配电箱中开关类型、控制方法，了解灯具数量、种类等。熟悉电气接线图，包括电气设备与电器设备之间的电线或电缆连接、设备之间线路的型号、敷设方式和回路编号，了解配电箱、灯具的具体位置，电缆走向等。

设备及材料的准备，电缆材料的规格、型号及电压等级应符合设计要求，并应有产品合格证，无损坏。

(3)施工步骤

①电缆定位放线　先按施工图找出电缆的走向，再按图示方位打桩放线，确定电缆敷设位置、开挖宽度、深度及灯具位置等，以便于电缆连接。

②开挖电缆沟　采用人工挖槽，槽帮必须按 1∶0.33 放坡，开挖出的土方堆放在沟槽的一侧。土堆边缘与沟边的距离不得小于 0.5m，堆土高度不得超过 1.5m，堆土时注意不得掩埋消火栓、管道闸阀、雨水口、测量标志及各种地下管道的井盖，且不得妨碍其正常使用。开槽中若遇有其他专业的管道、电缆、地下构筑物或文物古迹等时，应及时与甲方、有关单位及设计部门联系，协同处理。要求沟底是坚实的自然土层。

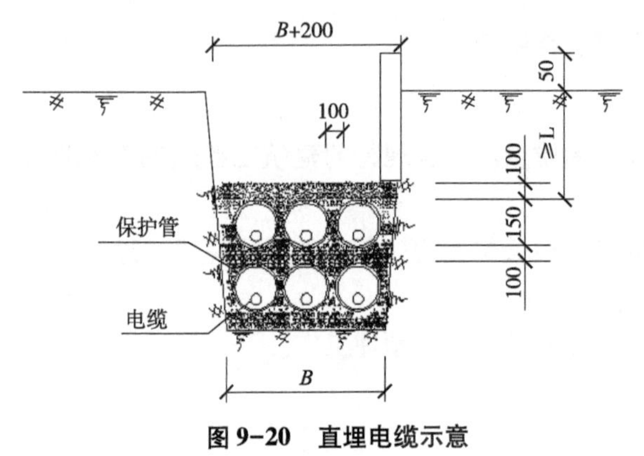

图 9-20　直埋电缆示意

③电缆敷设　电缆若为聚氯乙烯铠装电缆均采用直埋形式，埋深不低于 0.8m(图 9-20)。在过铺装面及过路处均加套管保护。为保证电缆在穿管时外皮不受损伤，将套管两端打喇叭口，并去除毛刺(图 9-21)。电缆、电缆附件(如终端头等)应符合国家现行技术标准的规定，具备合格证、生产许可证、检验报告等相应技术文件；电缆型号、规格、长度等符合设计要求，附件材料齐全。电缆两端封闭严格，内部不应受潮，并保证在施工使用过程中，随用随断，断完后及时将电缆头密封好。电缆铺设前先在电缆沟内铺砂不低于 10cm，电缆敷设完后再铺砂 5cm，然后根据电缆根数确定盖砖或盖板。

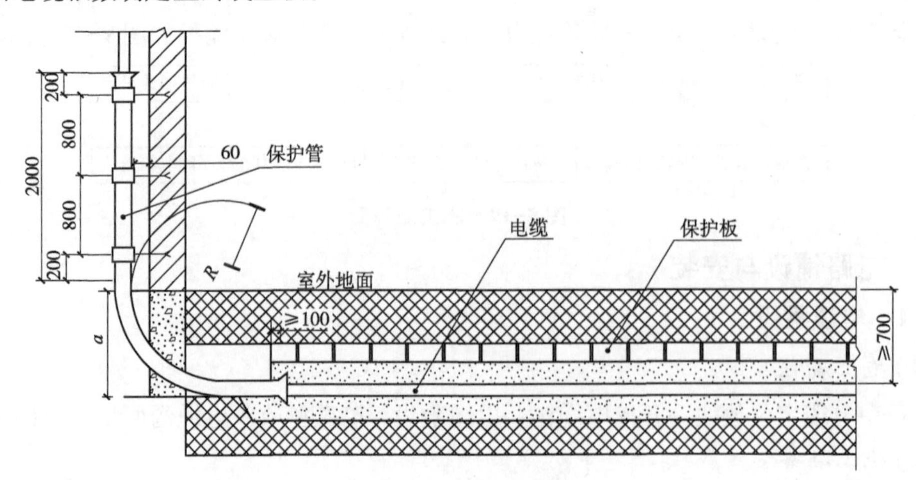

图 9-21　电缆套管敷设

④隐蔽验收　电缆敷设完毕，应请项目业主、监理、项目部及质量监督部门做隐蔽工程验收，做好记录、签字。

⑤电缆沟回填　电缆铺砂盖砖(板)完毕后并经甲方、监理验收合格方可进行沟槽回填，宜采用人工回填。一般采用原土分层回填，其中不应含有砖瓦、砾石或其他杂质硬物。要求用轻夯或踩实的方法分层回填。在回填至电缆上50cm后，可用小型打夯机夯实。直至回填到高出地面100mm左右为止。回填到位后必须对整个沟槽进行水夯，使回填土充分下沉，以免绿化工程完成后出现局部下陷，影响绿化效果。

⑥埋设标桩　沿电缆路径直线间隔100m、转弯处、电缆接头处设明显的电缆标志桩。当电缆线路敷设在道路两侧时电缆桩埋在靠近路侧、间隔距离为20m。

9.4.2.2　管内穿线

(1)操作流程

选导线→扫管→穿带线→放线与断线→导线与带线的绑扎→管口带护口→导线连接→线路绝缘检测。

(2)施工准备

钢丝钳、尖嘴钳、剥线钳、压接钳、放线架、一字改锥、十字改锥、电工刀、登高梯、万用表、兆欧表、其他辅助材料。

(3)施工步骤

①选择导线

• 应根据设计图纸规定选择导线。进出户的导线宜使用橡胶绝缘导线。

• 相线、中性线及保护地线的颜色应加以区分。淡蓝色的导线为中性线，黄绿色相间的导线为保护地线。

②清扫管路

• 清扫管中的目的是清除管路中的灰尘、泥水等杂物。

• 清扫管路的方法是将布条的两端牢固地绑扎在带线上，两人来回拉动带线，将管内杂物清净。

③穿带线

• 穿带线的目的是检查管路是否畅通，管路的走向及盒、箱的位置是否符合设计及施工图的要求。

• 穿带线的方法是：带线一般均采用ϕ1.2~2.0mm的钢丝。先将钢丝的一端弯成不封口的圆圈，再利用穿线器将带线穿入管路内，在管路的两端均应留有10~15cm的余量。

• 在管路转弯较多时，可以在敷设管路的同时将带线一并穿好。

• 穿带线受阻时，应用两根铁丝同时搅动，使两根钢丝的端头互相钩绞在一起，然后将带线拉出。

• 阻燃型塑料波纹管的管壁呈波纹状，带线的端头要弯成圆形。

④放线及断线

• 放线前应根据施工图对导线的规格、型号进行核对。

• 放线时导线应置于放线架或放线车上。

• 剪断导线时，接线盒、开关盒、插销盒及灯头盒内导线的预留长度应为15cm。

• 剪断导线时，配电箱内导线的预留长度应为配电箱箱体周长的1/2。

• 剪断导线时，出户导线的预留长度应为1.5m。

• 剪断导线时，公用导线在分支处，可不剪断导线而直接穿过。

⑤导线与带线的绑扎

• 当导线根数较少时，例如，2~3根导线，可将导线前端的绝缘层削去，然后将线芯直接插入带线的盘圈内并折回压实，绑扎牢固，使绑扎处形成一个平滑的锥形过渡部位。

• 钢管(电线管)在穿线前，应检查各个管口的护口是否整齐，如有遗漏和破损，均应补齐和更换。

• 当管路较长或转弯较多时，要在穿线的同时往管内吹入适量的滑石粉。

• 两人穿线时，应配合协调，一拉一送。

⑥导线连接

• 一般4mm²以下的导线原则上使用剥线钳，但使用电工刀时，不允许直接在导线周围转圈剥离绝缘层。

知识链接

1. 铜导线在接线盒内的连接

单芯线并接头，导线绝缘台并齐合拢。在距绝缘台约12mm处用其中一根线芯在其连接端缠绕5~7圈后剪断，把余头并齐折回压在缠绕线上；不同直径导线接头，如果是独根(导线截面小于2.5mm²)或多芯软线，则应先进行刷锡处理，再将细线在粗线上距离绝缘层15mm处交叉，并将线端部向粗导线(独根)端缠绕5~7圈，将粗导线端折回压在细线上。

2. LC安全型压线帽

铜导线压线帽分为黄、白、红3种颜色，分别适用于导线截面积1.0mm²、1.5mm²、2.5mm²、4mm²的2~4条导线的连接。操作方法是：将导线绝缘层剥去10~12mm(由接帽的型号决定)，清除氧化物，按规格选用适当的压线帽，将线芯插入压线帽的压接管内，若填不实，可将线芯折回头(剥长加倍)，填满为止。线芯插到底后，导线绝缘应和压接管平齐，并在帽壳内，用专用压接钳压实即可。

3. 加强型绝缘钢壳螺旋接线钮(简称接线钮)

6mm²及以下的单芯铜、铝导线在用接线钮连时，剥去导线的绝缘后，在连接时，把外露的线芯对齐顺时针方向拧花，在线芯的12mm处剪开，前端，然后选择相应的接线钮顺时针方向拧紧，要把导线的绝缘部分拧入接线钮的上端护套。

9.4.2.3 配电箱(柜)的安装

(1)操作流程

弹线定位→配合土建预埋箱体→管与箱连接→安装盘面与结线→装盖板→绝缘测量。

(2)施工准备

配电箱(柜)和绝缘导线的准备应符合设计要求并有产品合格证；角铁、扁铁、螺钉。

(3)施工步骤

①低压电力和照明配电箱安装方法分为明装(悬挂式)和暗装(嵌入式)，配电箱应根据设计由工厂定制。

②嵌入式暗装箱体　预埋前，箱体与箱盖(门)和盘面解体后要做好标志。预埋要配合土建基础施工进行，箱体埋入墙内要平正、固定牢固，箱体与墙面的定位尺寸应根据制造厂面板安装形式决定。盘面电器元件安装应按制造厂原组件整体进行恢复安装，接线应美观、整齐、可靠。面板四周边缘应紧贴墙面，不能缩进抹灰层内或突出抹灰层。

③明装箱体　明装配电箱一般有铁架固定配电箱和金属膨胀螺栓固定配电箱。需铁架固定的配电箱的铁架的固定形式可采用预埋或用膨胀螺栓固定。明配钢管和暗配的镀锌钢管与配电箱采用锁紧螺母固定，管端螺纹宜处露2~3扣，管口要加插一个护线套(护口)。配电箱(盘、板)安装的允许偏差，同《成套配电柜(盘)及动力开关柜安装》。

漏电开关的安装：漏电开关后的N(零)线不准重复接地，不同支路不准共用(否则误动作)，不准作保护线用(否则拒动)，应另敷设保护线。

9.4.2.4　开关、插座安装

(1)操作流程

盒内清理→接线→安装→通电检查。

(2)施工准备

按照设计要求准备开关、插座，并有产品合格证；木板、塑料板，板面要平整无弯翘变形情况。

(3)施工步骤

①清理将预埋的底盒内残存的灰块剔掉，同时将其他杂物清出盒外。

②接线　按照开关、插座的接线示意图进行接线。盒内导线应留有维修长度，剥削线不要损伤线芯，线芯固定后不得处露。

③开关、插座安装　暗装开关的面板应端正严密并与墙面平，成排安装开关高度应一致，高低差不大于2mm。同一室内安装插座高低差不应大于5mm，成排插座高低差不应大于2mm。

④插座接线应符合下列规定：

- 面对插座的右孔与相线连接，左孔与零线连接。
- 接地(PE)或接零(PEN)线在插座间不得串联连接。

⑤插座、开关安装完毕，应通电逐一检查其接线是否正确。

9.4.3　照明灯具安装

9.4.3.1　工艺流程

灯具检查→灯具组装→灯具接线安装→校正固定。

9.4.3.2　操作步骤

(1)灯具检查

①附件检查　灯具的产品合格证、检测报告、3C认证是否齐全。

②参数检查　灯具的额定功率、电压、IP 防水等级、工作寿命、显色效果是否符合设计要求。

③灯具外观检查

• 灯具配件应齐全，无机械损伤、变形、油漆剥落、灯罩破裂等现象；

• 透明罩外观应无气泡、明显的划痕和裂纹；

• 封闭灯具的灯头引线应采用耐热绝缘导线，灯具外壳与尾座连接紧密；

• 灯杆、灯臂等外表涂层，外观应无鼓包、针孔、粗糙、裂纹或漏喷区等缺陷，覆盖层与基体应有牢固的结合强度；

• 检查顶盖螺丝是否牢固，底部进线索头是否松动，并在安装前进行通电试验。

知识链接

一般要求：

1. 灯具外露电线或电缆应有柔性金属导管保护，柔性导管的长度在照明工程中不宜大于 1.2m；柔性导管与刚性导管经电气设备、器具连接时，应采用专用接头。

2. 在灯臂、灯杆内穿线不得有接头，穿线孔口或管口应光滑、无毛刺，并应采用绝缘套管或包带包扎(电缆、护套线除外)，包扎长度不得小于 200mm。

3. 灯杆检修门朝向应一致，宜朝向背对道路侧，检修门要紧固牢固。

金属构架和灯具的可接近裸露导体和金属软管的接地可靠，且有标识，防止人触及而发生安全事故。

4. 传统接线接头处理，内层线头接完之后先包裹 1 层防水胶带(防水胶布、高压防水自黏带、丁基胶带)包裹时一定要勒紧包 2 层以上，包裹完毕用电工再用塑料胶带包裹 2 层，最后用黑胶布包裹 2 层，滴水不漏，三重保险。

5. 校正固定

(1)灯具安装使用的抱箍、螺栓、压板、垫片等金属构件应采用镀锌构件。

(2)各种螺栓紧固，宜加垫片和防松装置。紧固后螺丝露出螺母不得少于 2 个螺距，最多不宜超过 5 个螺距。

(3)对于无涂层的法兰及螺栓进行防腐处理。

(4)灯具基础螺栓低于地面时，基础螺栓顶部宜低于地面 150mm，灯杆紧固校正后，将法兰、螺栓用混凝土包封或采取其他防腐措施。

(5)灯具基础螺栓、法兰高于基础面或地面时，灯具紧固校正后，应将根部法兰、螺栓现浇厚度不小于 100mm 的混凝土保护或采取其他防腐措施，表面平整光滑且不积水。

(2)灯具安装

①路灯安装

• 同一街道、景观道、公路、广场的路灯安装高度(从光源到地面)、仰角、装灯的方向宜保持一致。

●灯杆的位置应选择合理，灯杆的位置不得设在宜被车辆碰撞的地点，且与供电线路等空中障碍物的安全距离应符合供电的有关规定。

●基础坑开挖尺寸应符合设计规定，基础混凝土强度等级不应低于 C20，基础内电缆护管从基础中心穿出应超出基础平面 30～50mm。浇制钢制混凝土基础前必须排除坑内积水。路灯现浇基础图如图 9-22、图 9-23 所示。

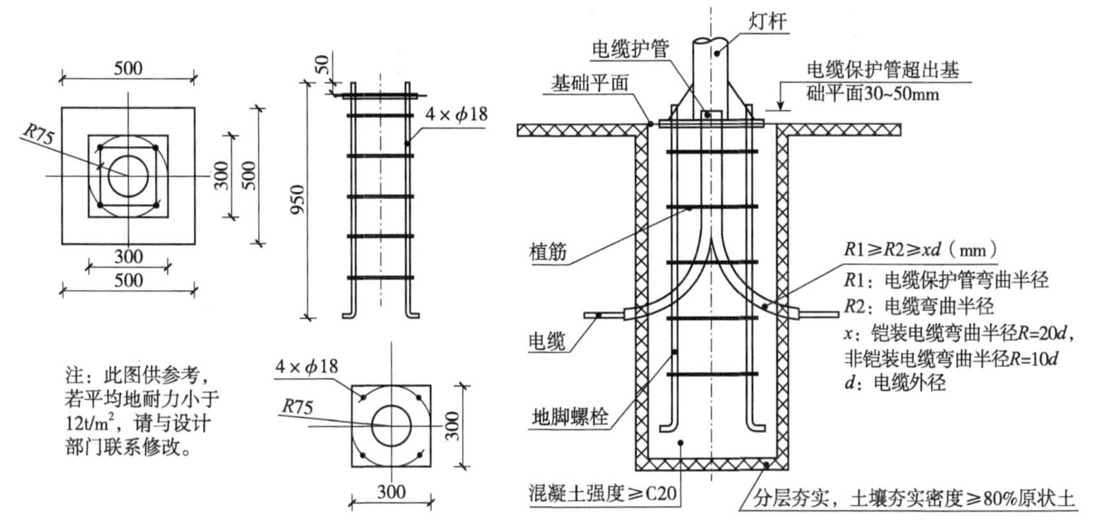

图 9-22　6m 路灯钢筋混凝土基础配筋　　**图 9-23　6m 路灯现浇钢筋混凝土基础**

操作提示：图中"人"字形穿线管，在实际工程中，穿线难度大，还需要把电缆切断。可以改为单侧单根 45°硬质 PVC 穿线管。在布线时可不用切断电缆，把电缆折成"Ω"形穿入单侧单根硬质 PVC 穿线管内。这样可以不剪断电缆布线，比较方便。也可使作 PE 线的导线不被剪断，使用"T"形连接件直接与钢筋预埋件、金属灯具外壳相连，满足规范要求。

●灯具安装纵向中心线和灯臂的纵向中心线应一致，灯具横向水平线应与地面平行，紧固后目测应无歪斜。

●常规照明灯具的效率不应低于 60%，且应符合下列规定：

灯具配件应齐全，无机械损伤、变形、油漆剥落、灯罩破裂等现象。灯具的保护等级、密封性能必须在 IP55 以上。

反光器应干净整洁，并应进行抛光氧化或镀膜处理，反光器表面无明显划痕。

透明罩的透光率应达到 90%以上，并应无明显的划痕和气泡。

●封闭灯具的灯头引线应采用耐热绝缘管保护，灯罩与尾座的连接应无间隙。灯具应抽样进行温升和光学性能等测试，测试结果应符合现行国家标准《灯具》(GB 7000.1—2015)的规定，测试单位应具备资质证书。灯头应固定牢靠，可调灯头应按设计调整至正确位置，灯头接线应符合下列规定：

相线应接在中心触点端子上，零线应接在螺纹口端子上。

灯头绝缘外壳应无损伤、开裂。

高压汞灯、高压钠灯宜采用中心触点伸缩式灯口。

•灯头线应使用额度电压不低于500V的铜芯绝缘线。功率小于400W的最小允许线芯截面应为1.5mm²，功率在400~1000W的最小允许线芯截面应为2.5mm²。

•在灯臂、灯盘、灯杆内穿线不得有接头，穿线孔口或管口应光滑、无毛刺，并应采用绝缘套管或包带包扎，包扎长度不得小于200mm。穿线孔的处理方法如图9-24所示。

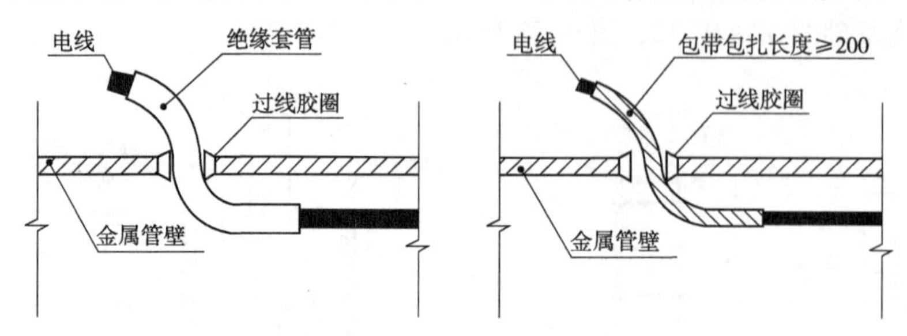

图9-24 穿线孔的处理方法

•每盏灯的相线宜装设熔断器。熔断器应固定牢靠，接线端子上线头弯曲方向应为顺时针方向并用垫圈压紧，熔断器上端应接电源进线，下端应接电源出线。

•气体放电灯应将熔断器安装在镇流器的进电侧，熔丝应符合下列规定：

250W及以下汞灯、150W及以下钠灯和白炽灯可采用4A熔丝。

250W钠灯和400W汞灯可采用6A熔丝。

400W钠灯可采用10A熔丝。

1000W钠灯和汞灯可采用15A熔丝。

•高压汞灯、高压钠灯等气体放电灯的灯泡、镇流器、触发器等应配套使用，严禁混用。镇流器、电容器的接线端子不得超过两个接头，线头弯曲方向应按顺时针方向并压在两垫片之间，接线端子瓷头不得破裂，外壳应无渗水和腐蚀现象，当钠灯镇流器采用多股导线接线时，多股导线不得散股。

•路灯安装使用的灯杆、灯臂、抱箍、螺栓、压板等金属构件应进行热镀锌处理，防腐质量应符合现行国家质量标准《金属材料 金属及其他无机覆盖层的维氏和努氏显微硬度试验》(GB/T 9790—2021)、《热喷涂 金属件表面预处理通则》(GB/T 11373—2017)、现行的行业标准《金属覆盖层 钢铁制品热浸镀铝 技术条件》(GB/T 13912—2020)的有关规定。

•灯杆、灯臂等热镀锌后应进行油漆涂层处理，其外观、附着力、耐湿热性应符合现行的行业标准《灯具油漆涂层》(QB/T 1551—1992)的有关规定；进行喷塑处理后覆盖层应无鼓包、针孔、粗糙、裂纹或漏喷区缺陷，覆盖层与基体应有牢固的结合强度。

•各种螺母紧固，宜加垫片和弹簧垫。紧固后螺纹露出螺母不得少于两个螺距。

②庭院灯安装

•庭院灯宜采用不碎灯罩，灯罩托盘宜采用铸铝材质；若采用玻璃灯罩，紧固时螺栓应受力均匀，并应采用不锈钢螺栓，玻璃灯罩卡口应采用橡胶圈衬垫。

•庭院灯具铸件油漆涂层和喷塑后的外观应符合路灯的规定。

•铝制或玻璃钢灯座放置的方向应一致，可开启式门孔的铰链应完好，开关应灵活可靠，开启方向宜朝向慢车道或人行道侧。

●庭院灯现浇基础尺寸比路灯相对小些，其他技术要求与路灯相同。

●灯杆根部应做保护装饰罩，防止螺栓生锈，且不能积水。使用大理石板拼接或两块不锈钢板对接，做成保护装饰罩，如图9-25所示。

●基础尺寸、标高与混凝土强度等级应符合设计要求。

●金属灯杆灯座均应接地(接零)保护，接地线端子固定牢靠。

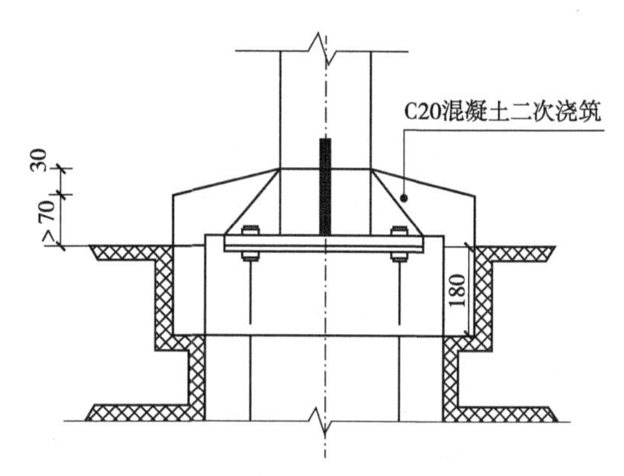

图9-25 灯杆根部保护示意

●庭院灯现浇混凝土基础采用的主筋地脚螺栓部分必须镀锌，混凝土应按《混凝土结构工程施工质量验收规范》(GB 50204—2015)浇制。

灯杆保护接地按设计施工图与基础同时施工，接地电阻不小于4Ω。

地基开挖时，一定要挖到要求的尺寸，避免"子弹头"坑，尽量利用原土较好特性，回填时应分层夯实，分层厚度不宜大于0.3m。

如施工时发现地质条件不符，应及时与设计方联系。

现浇混凝土基础示意图如图9-26所示。

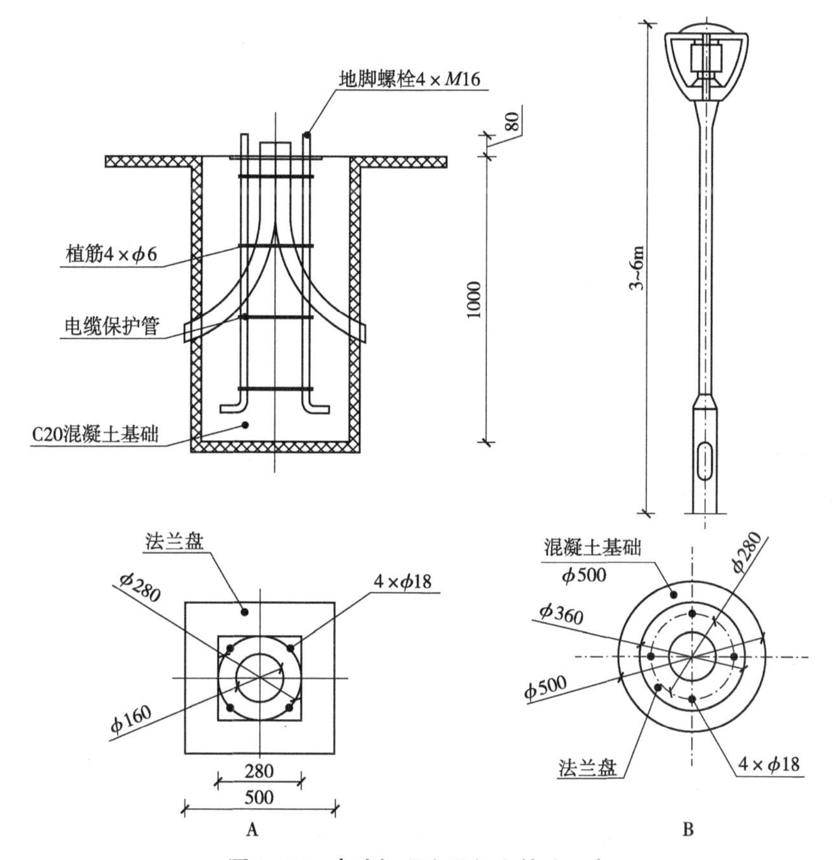

图9-26 庭院灯现浇混凝土基础示意

A. 方形混凝土基础 B. 圆形混凝土基础

③草坪灯安装

• 草坪灯一般安装在草坪当中，容易受到水的侵害。为了避免水造成腐蚀、电路短路，混凝土基座要高出土壤5cm左右。

• 混凝土基座要严格达到标号C20，否则在安装膨胀螺栓打眼时，会造成混凝土开裂。

• 灯柱内电缆与二次接线导线的接头要高于20cm以上，进入灯座的二次接线需要外套绝缘蜡管，增强安全性。

• 灯头与灯柱的连接，厂家一般采用在灯头上安装3颗螺栓压紧灯柱外壁，当受到较大外力时容易脱落。应当在灯柱上打眼使灯头上的螺栓拧入灯柱加以固定。

④地埋灯安装

• 划线定位：参照图纸大样图在安装部位划线定位，同一直线上的灯位要在同一直线上，尺寸偏差要小于2%。

• 位置开孔：根据定位位置，采用与预埋件直径尺寸相适宜钻孔设备；例如，在木结构采用开孔器开孔；在混凝土、石材、砖等结构面开孔采用水钻开孔。

• 灯具安装：在地埋灯安装前，应先按照预埋件的外形大小挖好一个孔，将电源进出线从预埋件(也称预埋套筒)底部的孔中穿出，再将预埋件放入地面预留孔内固定，外部夯实或在其周围浇筑砼(混凝土)，使其固定。

在地埋灯安装前，地埋灯必须套专用水桶防护，开关电源合理走线，防护等级不小于IP65。

在地坪、混凝土、石材、砖等结构面安装，在下部放入碎石、粗砂(排水用)，然后安装预埋外壳，顶部和地面齐平，在预埋外壳和基坑之间填满细砂或1∶3水泥砂浆，接好线后放置灯体。

• 灯具接线：拨去线头绝缘层，再将进出线的相线与地埋灯引出线的红(或棕)线相连接，将进出线的零线与地埋灯引出线的蓝线连接，将保护线与地埋灯引出线的黄绿线连接(如果有黄绿线)。

传统接线接头处理，内层线头接完之后先包裹一层防水胶带(防水胶布、高压防水自黏带、丁基胶带)包裹时一定要勒紧包二层以上，包裹完毕用电工用塑料胶带包裹二层，最后用黑胶布包裹二层，滴水不漏，三重保险。

如在雨量较大的区域，应采用防水接线器进行连接。

• 固定密封：连接完毕检查无误后，将地埋灯灯体方入套筒内用固定。如安装在平整的结构面，灯具边缘部位要采用防水密封胶密封处理。

⑤户外壁灯、嵌墙灯安装

• 壁灯的安装方法比较简单，待位置确定好后，主要是壁灯灯座的固定，往往采用预埋件或打孔的方法，将壁灯固定在墙壁上。

• 各种螺母坚固，宜加热片或弹簧垫。紧固后螺出螺母不得少于两个螺距。

• 同一直线段上的灯具安装要在同一直线上，同一平面上的灯具安装高度要一致。

⑥LED点光源安装

• 按图纸设计要求测量好安装位置，定好位置放线安装。

●为了安装整体外观效果，LED 点光源与 LED 点光源连接方式采用外部用密封接头串联在灯内部并联方式，使每行电光源看不到电线管，不仅外部美观而且维修方便。

●开箱检查灯体外观，表面在运输的搬运中是否完好，安装前进行通电试验，把灯具安装牢固并做好建筑表面密封处理。

⑦LED 投光灯安装

●按图纸设计要求测量好安装位置，定好位置放线安装。

●开箱检查灯体外观，表面在运输的搬运中是否完好，安装前进行通电试验，把灯具安装牢固并做好建筑表面密封处理，调好灯光角度。

9.4.4 潜水泵安装

9.4.4.1 安装前技术检验

潜水泵的电气线路应当完整连接、正确可靠，必须有过流保护装置。若用刀闸式开关，则必须使用合格的保险丝，不得随意加粗或用金属丝代替。电缆线要连接准确，防止把电源线错接在电机的零线上。电机的引出线与电缆线的连接必须可靠，否则会产生接触不良而发热，导致短路或断路。电机必须有符合技术标准的接地线。将电机、电缆放入水中浸 22h 后，用 500V 或 1000V 兆欧表检查电机绕组对地的绝缘，电阻应不小于 5MΩ。

电机旋转方向检验，有些潜水泵正反转都能出水，但反向转运出水量小，且使电流增大对电机绕组不利。在机组下水前应首先将电机内充满纯净清水(湿式潜水泵)，并向泵体内灌水，润滑轴承后接通电源，瞬时启动电机观察电机旋转方向，确定正确并无异常后方可正式下水。泵组在水下应当正确放置，不应倾斜、倒立。

9.4.4.2 安装

潜水泵安装基本要求：

①潜水泵所接电源的容量应大于 5.5kV·A。如果电源容量过小，潜水泵启动时电压会下降过多，对其他用电设备造成影响甚至不能启动。

②潜水泵所接电源电压 340~420V(三相电源)。低于这一范围潜水泵难以启动，高于这一范围容易损坏电机。

③潜水泵的控制开关一般要求使用磁力起动器或空气开关，以保证水下工作的电机发生短路、缺相、过载等故障时能够自动断路。

④潜水泵应做好可靠接地保护，以保证使用时的设备与人身安全。接地线要用截面大于 $4mm^2$ 的铜导线，并牢固地连接在接地装置上，接地电阻要小于 10Ω。

⑤潜水泵投入使用前，要用 500V 的兆欧表检查电机的绝缘，相间电阻及对地电阻应在 0.5MΩ 以上，还要通电检查电机的旋转方向与标注方向是否一致。若不一致，则把电缆中某两引出线交换接在电源上即可。

⑥潜水泵在空气中通电检查或运行的时间不能超过 5min。过长易造成电机过热或损坏。

9.4.4.3 其他注意事项

出水配管连接到潜水泵出水接口时，一定要使用管卡或其他配件扎牢，以防松脱或漏水。

将电缆分节绑扎在出水管上，用直径 4mm 的钢丝或较粗的尼龙绳拴在泵体的提手或耳环上慢慢放入水中。严禁将电缆作为吊绳使用。

潜水泵应垂直悬吊在水中，不能横放或斜放。干式与充水式悬吊的深度在水下 1m 左右即可。

潜水泵的进水滤网外面要套上铁丝网，以防杂草污物堵塞滤网影响流量或堵塞叶轮后烧坏电机。

在潜水泵附件设置“防止触电”警示牌。

9.5 园林供电及照明工程质量检测

9.5.1 工程施工质量检测基本标准

本规定适用于 10kV 及以下的园林工程电缆敷设、照明设施安装等低电缆配线工程的施工及验收。供电及照明工程作为园林工程的子单位进行验收评定。验收的分部分项工程见表 9-15 所列。

表 9-15 园林供电及照明工程验收的分部分项工程

序号	分部工程	分项工程
1	电缆敷设	原材料、沟槽工程、直埋电线敷设、沟槽回填、非直埋电缆敷设、电缆头制作、接线和线路绝缘测试
2	园林灯具安装	原材料、灯具基础、灯具安装
3	变配电室	执行《建筑电气工程施工质量验收规范》(GB 50303—2015)
4	成套配电柜、控制柜(屏、台)和动力、照明配电箱(盘)安装	执行《建筑电气工程施工质量验收规范》(GB 50303—2015)
5	低压电气设备安装	执行《建筑电气工程施工质量验收规范》(GB 50303—2015)
6	接地装置安装	执行《建筑电气工程施工质量验收规范》(GB 50303—2015)
7	避雷装置	执行《建筑电气工程施工质量验收规范》(GB 50303—2015)
8	通电试验	执行《建筑电气工程施工质量验收规范》(GB 50303—2015)
9	安全保护	执行《建筑电气工程施工质量验收规范》(GB 50303—2015)

9.5.2 电缆敷设检测

9.5.2.1 一般规定

当电缆的规格、型号需作变更时，应办理设计变更文件；在回填之前，应进行隐蔽工程验收。其内容包括电缆的规格、型号、数量、位置、间距等。

9.5.2.2 原材料检测

(1)主控项目

电缆必须有合格证、检验报告。合格证有生产许可证编号，有安全认证标志。外护层有明显标识与制造厂商标志。

电缆在敷设前应用 500V 兆欧表进行绝缘电阻测量，阻值不得小于 10MΩ。

电缆外观应无损伤，绝缘良好，严禁有绞拧、铠装压扁、护层断裂和表面严重划伤等缺陷。电缆保护管必须有合格证，检验报告。

金属电缆管连接应牢固，密封良好；金属电缆管严禁对口熔焊连接；镀锌和壁厚小于等于2cm的钢导管不得套管熔焊连接。

检验方法：检查合格证、检验报告，观察、表测。检查数量：按批抽样。

(2)一般项目

直埋电缆宜采用铠装电缆。

三相四线制应采用等芯电缆；三相五线制的PE线可小一级，但不应小于16mm²。

电缆保护管不应有孔洞、裂缝和明显的凹凸不平，内壁应光滑无毛刺，管口宜做成喇叭形，金属电缆管应采用热镀锌或铸铁管，其内径不宜小于电缆外径的1.5倍，混凝土管、陶土管、石棉水泥管其内径不宜小于100mm。

电缆管在弯制后不应有裂缝和明显的凹凸现象，其弯扁程度不宜大于管外径的10%。

硬制塑料管连接应采用插接，插入深度为管内径的1.1~1.8倍，在插接面上应涂以胶合剂粘牢密封。

电缆管连接时，管孔应对准，接缝应严密，不得有地下水和泥浆渗入。电缆管应有不小于0.1%的排水坡度。

金属电缆管应在外表涂防腐防锈漆或沥青，镀锌管锌镀层剥落处应涂防腐漆。

电缆管的弯曲半径不应小于所穿入电缆的最小允许弯曲。

检验方法：观察、尽量。检查数量：按批抽样，全数检查。

9.5.2.3 沟槽工程检测

(1)主控项目

沟槽必须清理二次，不得受水浸泡。

沟槽位置必须符合设计要求。

检验方法：观察、尺量。检查数量：全部检查。

(2)一般项目

电缆在埋地敷设时，覆土深度不得小于700mm。

检验方法：尺量。检验数量：全数检查。

沟槽高程、宽度、长度允许偏差符合表9-16规定。

表9-16 沟槽高程、宽度、长度允许偏差

序号	项目	允许偏差	检验方法
1	槽底高程	±30mm	水准仪测量
2	沟槽宽度	0~50mm	钢尺测量
3	沟槽长度	与设计间距差小于2%	钢尺测量

9.5.2.4 直埋电缆敷设检测

(1)主控项目

交流单相电缆单根穿管时，不得用钢管或铸铁管。不同回路和不同电压等级的电缆不得穿于同一根金属管，电缆管内电缆不得有接头。

检验方法：观察。检查数量：全数检查。

(2)一般项目

电缆直埋敷设时，沿电缆全长上下应铺设厚度不小于100mm细土或细砂，沿电缆全长应覆盖宽度不小于电缆两侧各50mm的保护板，保护板上宜设醒目的标志。

直埋敷设的电缆穿越广场、园路时应穿管敷设，电缆埋设深度应符合如下规定：

①绿地、车行道下不应小于0.7m；在不能满足上述要求的地段应按设计要求敷设。电缆之间、电缆与管道之间平行和交叉的最小净距应符合表9-17的指标。

②过街管道、绿地与绿地间管道应在两端设置工作井，超过50m时应增设工作井，灯杆处宜设置工作井。工作井规定：井盖应有防盗措施；井深不得小于1m，井应有渗水孔；井宽不小于70cm。

③直埋电缆进入电缆沟、隧道、竖井、构筑物、盘(柜)以及穿入管时，出入口应封闭，管口应密封。

④直埋电缆应在直线段每隔20~100m以及转弯处和进入构筑物处设置固定明显的标记。

⑤敷设混凝土管、陶土管时，地基应坚实、平整，不应有沉降。同一回路的电缆应穿于同一金属管内。

检验方法：观察、尺量。检查数量：全数检查。

表9-17 电缆之间、电缆与管道之间平行和交叉时的最小净距

项目	最小净距(m)	
	平行	交叉
电力电缆间及其控制电缆间	0.1	0.5
不同使用部门的电缆间	0.5	0.5
电缆与地下管道间	0.5	0.5
电缆与油管道、可燃气体管道间	1.0	0.5
电缆与建筑物基础(边线)间	0.6	—
电缆与热力管道(管沟)及热力设备间	2.0	0.5

9.5.2.5 沟槽回填检测

(1)主控项目

回填前应将槽内清理干净，不得有积水、淤泥。严禁含有建筑垃圾、碎砖等块料。

(2)一般项目

直埋电缆沟回填应分层夯实。压实密度应满足如下要求：在电缆上30cm以内达到75%~80%，30cm以上达到85%以上。

检验方法：环刀法。检查数量：每100m检查1组。

9.5.2.6 电缆头制作、接线和线路绝缘测试

低压电线和电缆，线间和线对地间的绝缘电阻值必须大于0.5MΩ。铠装电力电缆头的

接地线应采用铜绞线或镀锡铜编织线。电缆线芯线截面积在 16mm² 及以下，接地线截面积与电缆芯线截面积相等；电缆芯线截面积在 16~200mm² 的，接地线截面积为 16mm²。电线电缆接线必须准确，并联运行电线或电缆的型号、规格、长度、相位应一致。

芯线与电器设备的连接应符合下列规定：

①截面积在 1.0mm² 及以下的单股铜芯线和单股铝芯线直接与设备、器具的端子连接。

②截面积在 2.5mm² 及以下的多股铜芯线拧紧搪锡或接续端子后与设备的端子连接。

③截面积大于 2.5mm² 的多股铜芯线，除设备自带插接式端子外，接续端子后与设备或器具的端子连接；多股铜芯线与插接式端子连接前，端部拧紧搪锡。

④每个设备和器具的端子接线不多于 2 根电线。

⑤电线电缆的芯线连接金具(连接管和端子)，规格应与芯线的规格适配，且不得采用开口端子。电线电缆的回路标记应清晰、编号准确。

检测方法：观察、尺量。检验数量：全数检查。

9.5.3 园林灯具安装检测

9.5.3.1 原材料检测

(1)主控项目

灯具必须有合格证、检验报告。每套灯具的导电部分对地绝缘电阻值必须大于 2MΩ，有安全认证标志。灯具内部接线为铜芯绝缘电线，芯线截面积不小于 0.5mm²，橡胶或聚氯乙烯(PVC)绝缘电线绝缘层厚度不小于 0.6mm。

使用额定电压不低于 500V 的铜芯绝缘线。功率小于 400W 的最小允许线芯截面积应为 1.5mm²，功率在 400~1000W 的最小允许线芯截面积应为 2.5mm²。

水池和类似场所灯具(水下灯和防水灯)的密闭和绝缘性能有异议时，按批抽样送有资质的试验室检测。

检测方法：检查合格证、检验报告，表测，尺量。检查数量：按批抽样。

(2)一般项目

灯具配件齐全，无机械损伤、变形、油漆剥落、灯罩破裂等现象；反光器应干净整洁，表面应无明显划痕；灯头应牢固可靠，可调灯头应按设计调整至正确位置。

灯具的自动通、断电源控制装置动作准确，每套灯具熔断器盒内熔丝齐全，规格与灯具适配。

灯具应防水、防虫并能耐除草剂与除虫药水的腐蚀。

检测方法：检查合格证、检验报告，观察。检查数量：按批抽样。

9.5.3.2 灯具基础检测

(1)主控项目

灯具基础不应有影响结构性能安全性能和灯具安装的尺寸偏差。外观质量不应有严重缺陷。

检测方法：尺量，观察。检查数量：全数检查。

(2)一般项目

灯具基础尺寸、位置应符合设计规定。设计无要求时，基础埋深不小于 600mm，基础平面尺寸应大于灯座尺寸100mm，基础应采用钢筋混凝土基础，强度等级不应低于C20。

检测方法：尺量，观察。检查数量：全数检查。

基础内电缆护管从基础中心穿出并应超出基础平面30~50mm，浇筑钢筋混凝土基础前必须排除坑内积水。

检测方法：尺量、观察。检查数量：全数检查。

在保证安全情况下基础不宜高出草地，以避免破坏景观效果。

允许偏差项目 见表9-18所列。

表9-18 灯具基础允许偏差

序号	项目		允许偏差(mm)	检验方法
1	坐标位置		20	钢尺检查
2	平面标高		0，-20	水准仪或接线、钢尺检查
3	平面外形尺寸		±20	钢尺检查
4	平面水平度		5	水平尺、水准仪或拉线、钢尺检查
5	垂直度		5	经纬仪或吊线、钢尺检查
6	预埋地脚螺栓	标高	20，0	水准仪或接线、钢尺检查
		中心距	2	钢尺检查
7	预埋地脚螺栓孔	中心线位置	10	钢尺检查
		深度	20，0	钢尺检查
		孔垂直度	10	吊线、钢尺检查
8	预埋活动地脚螺栓锚板	标高	20，0	水准仪或拉线、钢尺检查
		中心线位置	5	钢尺检查
		带梢锚板平整度	5	钢尺、塞尺检查
		带螺纹孔锚板平整度	2	钢尺、塞尺检查

9.5.3.3 灯具安装检测

(1)主控项目

立柱式路灯、落地式路灯、草坪灯、特种园艺灯等灯具与基础固定可靠，地脚螺栓备帽齐全。灯具的接线盒或熔断器盒盒盖的防水密封垫完整。立柱及灯具可接近裸露导体接地(PE)或接零(PEN)可靠。接地线单设干线，干线沿庭院灯布置位置形成环网状，且不少于2处与接地装置引出线连接。由线引出支线与金属灯柱及灯具的接地端子连接，且有标识。水下灯具安装应符合设计要求，电线接头应严密防水。要能够易于清洁或检查表面。对必须安装在树上的灯具，其安装环应可调，电线接头部分绝缘良好。

检测方法：表测，观察。检查数量：全数检查。

(2)一般项目

园路、广场的固定灯安装高度、仰角、装灯方向宜保持一致，并与环境协调一致。灯柱不得设在易被车辆碰撞地点，且与供电线路等空中障碍物的距离应符合供电有关规定。

检测方法：观察。检查数量：全数检查。

灯杆的允许偏差值应符合下列规定：

①长度允许偏差宜为杆长的±0. 5%。

②杆身横截面尺寸允许偏差宜为±0. 5%。

③一次成型悬臂灯杆仰角允许偏差宜为±1°。

④接线孔尺寸允许偏差宜为±0. 5%。

⑤灯杆应固定牢固，与园路中心线垂直，允许偏差应为3mm。

⑥灯间距与设计间距的偏差应小于2%。

检测方法：观察，尺量。检查数量：全数检查。

9. 5. 4 配电箱安装质量检测

低压成套柜(屏、台)质量要求符合《建筑电气工程施工质量验收规范》(GB 50303—2015)的规定，见表9-19所列。

表9-19 低压成套柜(屏、台)质量要求规定

<table>
<tr><th></th><th>序号</th><th colspan="2">项目</th><th>允许偏差或允许值</th></tr>
<tr><td rowspan="7">主控项目</td><td>1</td><td colspan="2">金属框架的接地或接零</td><td>第5. 1. 1条</td></tr>
<tr><td>2</td><td colspan="2">电击保护和保护导体的截面积</td><td>第5. 1. 2条</td></tr>
<tr><td>3</td><td colspan="2">手车抽出式柜的推拉和动、静头检查</td><td>第5. 1. 3条</td></tr>
<tr><td>4</td><td colspan="2">成套配电柜的交接试验</td><td>第5. 1. 5条</td></tr>
<tr><td>5</td><td colspan="2">低压成套配电柜线路绝缘电阻测试</td><td>第5. 1. 6条</td></tr>
<tr><td>6</td><td colspan="2">低压成套配电柜(盘)内末端用电回路防护</td><td>第5. 1. 8条</td></tr>
<tr><td>7</td><td colspan="2">柜、箱、盘内保护器安装</td><td>第5. 1. 10条</td></tr>
<tr><td rowspan="10">一般项目</td><td>1</td><td colspan="2">柜(台、箱、盘等)间或与基础型钢的连接</td><td>第5. 2. 3条</td></tr>
<tr><td>2</td><td colspan="2">柜(台、箱、盘等)间接缝、成列盘面偏差检查</td><td>第5. 2. 5条</td></tr>
<tr><td>3</td><td colspan="2">柜(屏、盘、台等)间内部检查试验</td><td>第5. 2. 6条</td></tr>
<tr><td>4</td><td colspan="2">低压电器组合</td><td>第5. 2. 7条</td></tr>
<tr><td>5</td><td colspan="2">柜(台、箱、盘等)间配线</td><td>第5. 2. 8条</td></tr>
<tr><td>6</td><td colspan="2">柜(屏、盘、台等)与其面板间可动部位的配线</td><td>第5. 2. 9条</td></tr>
<tr><td rowspan="3">7</td><td rowspan="3">基础型钢安装允许偏差</td><td>不直度(mm/m)</td><td>≤1</td></tr>
<tr><td>水平度(mm/全长)</td><td>≤5</td></tr>
<tr><td>不平行度(mm/全长)</td><td>≤5</td></tr>
<tr><td>8</td><td colspan="2">垂直度允许偏差</td><td>≤1. 5%</td></tr>
</table>

照明配电箱(盘)质量要求符合《建筑电气工程施工质量验收规范》(GB 50303—2015)的规定，见表9-20所列。

表 9-20 照明配电箱(盘)质量要求规定

	序号	项目	允许偏差或允许值
主控项目	1	金属箱体的接地或接零	第 5.1.1 条
	2	电击保护和保护导体的截面积	第 5.1.2 条
	3	箱(盘)间线路绝缘电阻值测试	第 5.1.6 条
	4	箱(盘)内结线及开关动作等	第 5.1.12 条
一般项目	1	箱(盘)内检查试验	第 5.2.6 条
	2	低压电器组合	第 5.2.7 条
	3	箱(盘)间配线	第 5.2.8 条
	4	箱与其面板间可动部位的配线	第 5.2.9 条
	5	箱(盘)安装位置、开孔、回路编号等	第 5.2.10 条
	6	垂直度允许偏差	≤1.5%

9.5.5 通电试验

照明系统通电，灯具回路控制应与照明配电箱及回路的标识一致；开关与灯具控制顺序相对应，风扇的转向及调整开关正常。

公园广场照明系统通电连续试运行时间应为 24h，游园、单位及居住区绿地照明系统通电连续试运行时间应为 8h。所有照明灯具均应开启，且应 2h 记录运行状态 1 次，连接试运行时间内无故障。

实训 9-1 草坪灯安装

一、实训目的

掌握电缆敷设、穿管的方法，接头的制作、掌握灯具的安装方法，能够完成一般草坪灯的安装与调试。

二、材料及用具

1. 材料：PVC 穿线管、BV2.5 铜线、草坪灯、绝缘胶布。
2. 用具：铁锹、工程线、木桩、穿线工具、电工工具。

三、方法及步骤

1. 查看施工图纸，明确场地内草坪灯位置及电路走向。
2. 场地施工放线，确定草坪灯位置与电路开挖区域。
3. 管沟开挖。
4. 电线穿管，敷设电线并做好草坪灯基础。
5. 回填管沟，压实。
6. 安装草坪灯并通电检测。

四、考核评估

序号	考核项目	评价标准				等级分值			
		A	B	C	D	A	B	C	D
1	图纸识别准确	优秀	良好	一般	较差	10	8	6	4
2	整体施工步骤合理、导线连接无误、线管对接合理	优秀	良好	一般	较差	70	60	50	40
3	工具使用合理，绝缘处理正确	优秀	良好	一般	较差	10	8	6	4
4	任务分工明确、组织有序	优秀	良好	一般	较差	10	8	6	4
考核成绩(总分)									

五、作业

按照施工图内容完成草坪灯的安装与调试。

单元小结

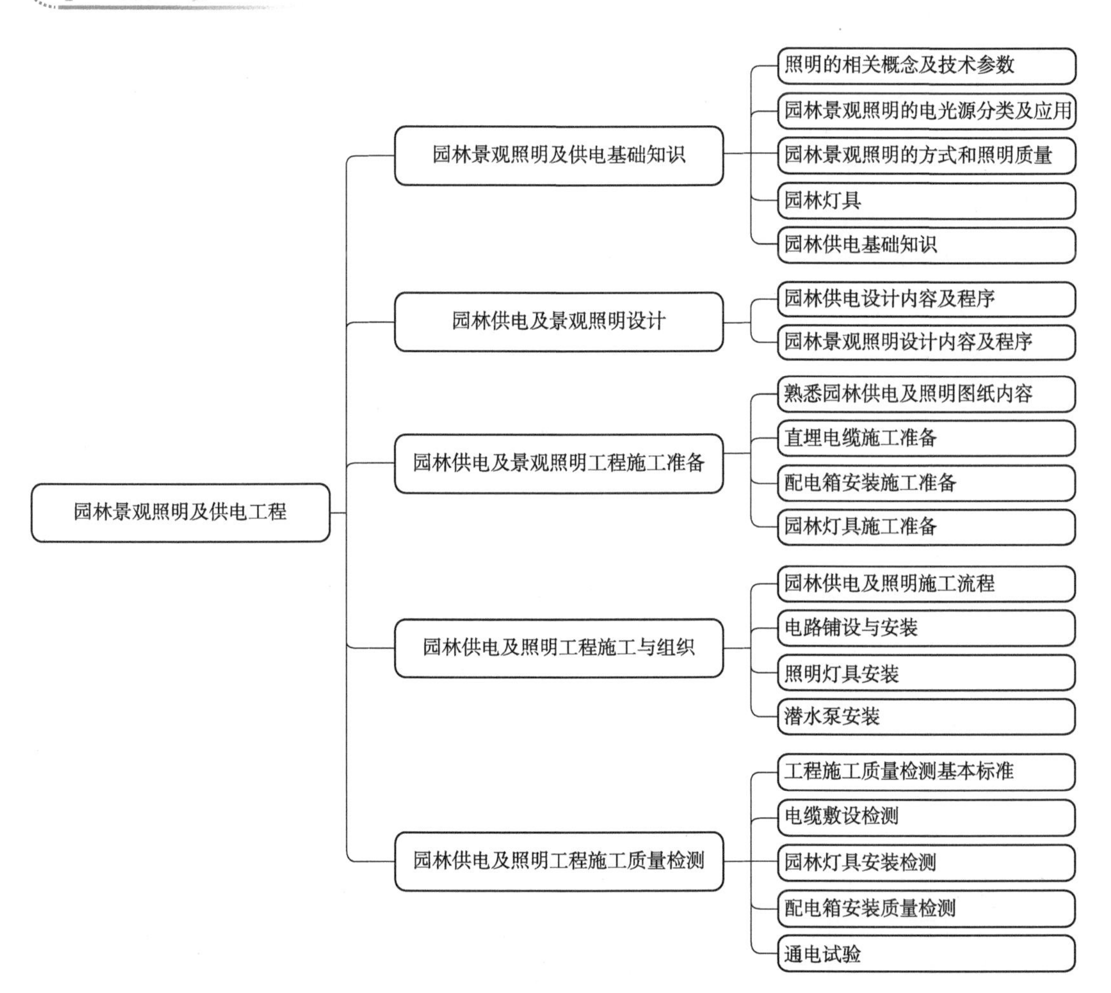

知识拓展

灯具其他分类

1. 按防触电保护类型分类

为了电器安全，灯具所有带电部分必须采用绝缘材料等加以隔离。灯具的这种保护人身安全的措施称为防触电保护。根据防触电保护方式，灯具可分为0、Ⅰ、Ⅱ和Ⅲ共4类。

(1)0类

保护依赖基本绝缘，在易触及的部分及外壳和带电体间绝缘；适用安全程度高的场合，且灯具安装维护方便。如空气干燥、尘埃少、木地板等条件下的吊灯、吸顶灯。

(2)Ⅰ类

除基本绝缘外，易触及的部分及外壳有接地装置，即使基本绝缘失效，也不致有危险。用于金属外壳灯具，如投光灯、路灯、庭院灯等，提高安全程度。

(3)Ⅱ类

除基本绝缘，还有补充绝缘，做成双重绝缘或加强绝缘，提高安全性，绝缘性好，安全程度高，适用于环境差、人经常触摸的灯具，如台灯、手提灯等。

(4)Ⅲ类(安全电压灯)

采用特低安全电压(交流有效值<50V)，且灯内不会产生高于安全等级的电压。灯具安全程度最高，适用于恶劣环境，如水下用灯、儿童用灯等。

2. 按灯具外壳的防护等级分类

IP防护等级根据水和异物的侵入防护程度进行分类，由特征字母IP和两个数字组成，第一个数字表示防尘、防外物侵入等级(表9-21)，第二个数字表示灯具防湿气、防水侵入等级(表9-22)。

表9-21 第一位特征数字表示的防护等级

第一位特征数字	防护等级
0	无防护
1	防止大于50mm异物进入，防止大面积的物体进入，如手掌等
2	防止大于12mm异物进入，防止手指等物体进入
3	防止大于2.5mm异物进入，防止工具、导线等进入
4	防止大于1.0mm异物进入，防止导线、条带等进入
5	防止小于1.0mm异物进入，不严格防尘，但不允许过量的尘埃进入以致使设备不能满意地工作
6	完全防尘，不准尘埃进入

表9-22 第二位特征数字表示的防护等级

第二位特征数字	防护等级
0	无防护，无特殊防护要求
1	防止水滴进入，垂直下滴水滴应无害

（续）

第二位特征数字	防护等级
2	防止倾斜15°的水滴，灯具外在正常位置和直到倾斜150°时垂直下滴水滴应无害
3	防止洒水进入，与垂直65°处洒下的水应无害
4	防止泼水进入，任意方向对灯具封闭体泼水应无害
5	防止喷水进入，任意方向对灯具封闭体喷水应无害
6	防海浪进入，防止强力喷射的灌水或进入量不损害灯具
7	防浸水，以一定压力和时间将灯具浸在水中时，进入水量不有害于灯具
8	防淹水，在规定的条件下灯具能持续淹没在水中而不受影响

自主学习资源库

1. 景观照明工程．张昕，徐华，詹庆旋．中国建筑工业出版社，2006.

2. 照明设计(原著第六版).[英]D. C. 普理查德．程天汇，徐蔚等译．中国建筑工业出版社，2006.

3. 城市光环境设计．克雷斯塔·范山顿．章梅译．中国建筑工业出版社，2007.

4. 景观照明设计与实例讲解．李农．人民邮电出版社，2001.

5. 城市灯光环境规划设计．MINKAVE城市灯光环境规划研究院．中国建筑工业出版社，2002.

6. 景观照明设计与应用．李鑫，张滩，潘慧锦．化学工业出版社，2009.

7. 园林工程设计．徐辉，潘福荣．机械工业出版社，2008.

自测题

1. 什么是色温、显色性和显色指数？
2. 决定照明质量的因素有哪些？
3. 园林照明的方式有哪些？
4. 庭园灯有哪些特点及适用哪些场合？
5. 简述园林供电的设计程序。
6. 园林配电线路布置有哪些方式？
7. 简述直埋电缆的敷设工序，说明其注意事项。
8. 简述庭园灯安装的步骤要点。
9. 灯具安装基础的检查项目有哪些？

参考文献

陈科东，2007. 园林工程施工技术[M]. 北京：中国林业出版社.

陈祺，2008. 山水景观工程图解与施工[M]. 北京：化学工业出版社.

陈植，2017. 园冶注释[M]. 北京：中国建筑工业出版社.

邓宝忠，陈科东，2013. 园林工程施工技术[M]. 北京：科学出版社.

李世华，徐有栋，2004. 市政工程施工图集(五)[M]. 北京：中国建筑工业出版社.

李欣，2004. 最新园林工程施工技术标准与质量验收规范[M]. 合肥：安徽音像出版社.

刘玉华，2015. 园林工程[M]. 北京：高等教育出版社.

毛培林，2004. 中国园林假山[M]. 北京：中国建筑工业出版社.

孟兆祯，2012. 风景园林工程[M]. 北京：中国林业出版社.

孙玲玲，2021. 园林工程从新手到高手：园林基础工程[M]. 北京：机械工业出版社.

土木在线，2015. 图解园林工程现场施工[M]. 北京：机械工业出版社.

吴戈军，田建林，2009. 园林工程施工[M]. 北京：中国建筑工业出版社.

吴立威，2008. 园林工程施工组织与管理[M]. 北京：机械工业出版社.

邢丽贞，2004. 给排水管道设计与施工[M]. 北京：化学工业出版社.

徐辉，潘福荣，2008. 园林工程设计[M]. 北京：机械工业出版社.

易军，2012. 园林工程材料识别与应用[M]. 北京：机械工业出版社.

《园林工程施工一本通》编委会，2008. 园林工程施工一本通[M]. 北京：地震出版社.

张建林，2009. 园林工程[M]. 北京：中国农业出版社.

赵兵，2011. 园林工程[M]. 南京：东南大学出版社.

周代红，2010. 园林景观施工图设计[M]. 北京：中国林业出版社.